KB260373

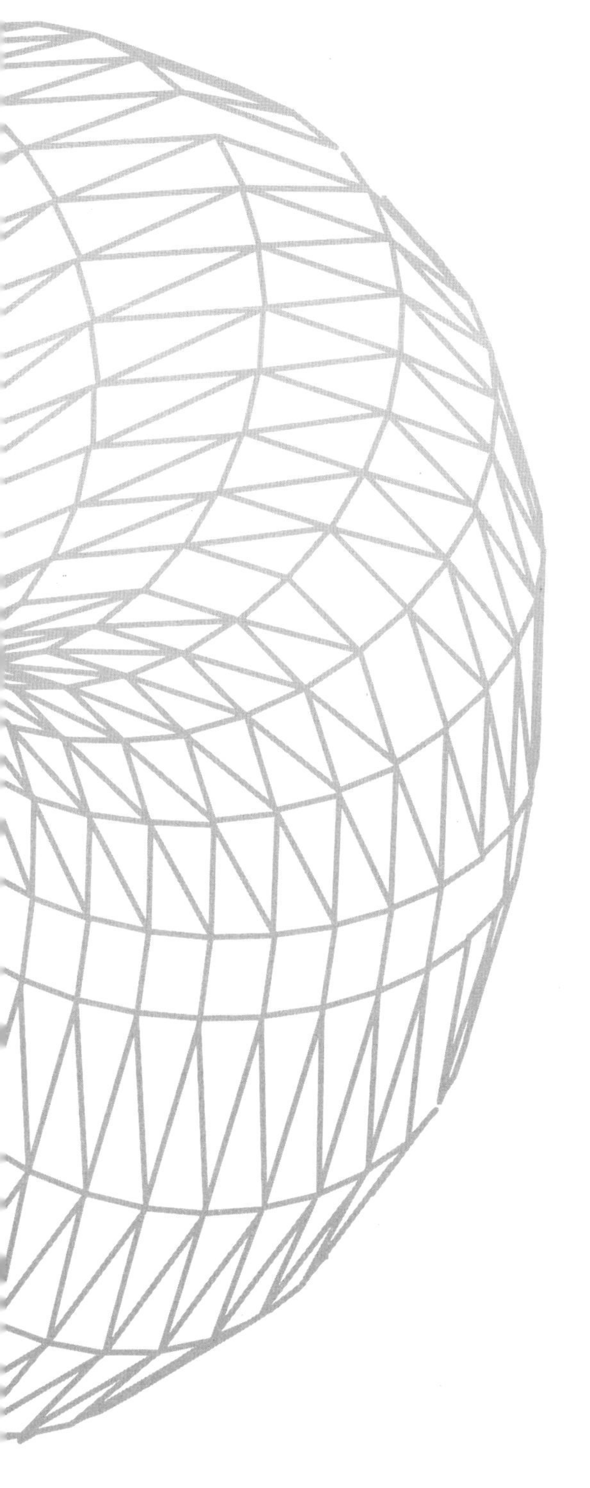

산업설비배관 CAD

INDUSTRIAL ENGINEER PIPING CAD

백양선 지음

가나북스

산업
설비
배관
CAD

2017년 06월 10일 초판 발행
지은이 백양선
펴낸이 배수현
디자인 유재헌
홍　보 배성령
제　작 송재호
펴낸곳 가나북스 www.gnbooks.co.kr
출판등록 제393-2009-12호
전 화 031-408-8811(代)
팩 스 031-501-8811
ISBN 979-11-86562-60-4 13540

머릿말

이제 IT는 우리의 생활 속에 파고들었습니다. 매일 사용하는 스마트폰을 비롯하여 가전제품, 3D 프린터, 드론 등 끊임없이 이슈가 되고 있습니다. 굴뚝산업의 대표적인 분야인 자동차 분야도 IT와 접목이 되면서 기계가 아니라 IT 제품이 되어가고 있습니다. 설비분야도 마찬가지 입니다. 도면 작업은 컴퓨터의 힘을 빌어야 하고 시공하는 현장에서도 IT 바람이 불고 있습니다. 건물이나 플랜트가 완공된 이후에 유지관리 분야도 IT 기술이 없으면 불가능하게 되었습니다. IT 기술이 발달하면서 10년 전에는 상상하지도 못했던 것들이 현실화되어 가고 있습니다.

그 중에서 가장 큰 영향을 받고 가장 빠르게 도입된 분야가 설계입니다. CAD 소프트웨어를 이용하여 도면을 작도하고, 어렵고 시간이 소요되는 계산을 수행하며, 시뮬레이션 프로그램을 통해 여러 상황에 대처할 수 있도록 미리 검토합니다. 초기에는 2차원의 단순한 도면을 그리는데 만족했지만 지금은 3차원 도면을 모델링하게 되었고 앞으로는 이를 활용한 공정관리, 유지관리에도 활용되게 됩니다. 따라서 설계에 있어 IT의 영향력은 두 말할 나위가 없을 것입니다.

이 책은 설계하는 도구의 하나인 AutoCAD에 대한 학습서입니다. 이 책에서는 CAD에 대한 기초지식과 함께 2차원 도면을 작도하기 위한 기본 명령어를 설명하고 도면 작도법을 설명합니다. 기초 도면작성이 끝나면 배관기능사 또는 배관산업기사 시험에서 출제되는 문제 도면을 해결할 수 있는 능력을 배양할 수 있도록 샘플 도면을 이용하여 작도 방법을 설명합니다. 또, 3차원 도면의 수요가 늘어나는 추세에 맞춰 이에 대처하기 위해 3차원 기본 명령어를 학습하고 모델링 방법을 설명합니다. 실제 시험에서 실습과제로 출제되는 동관제작 도면을 3차원 기능을 이용하여 모델링하는 실습을 하도록 하겠습니다.

아무쪼록 이 책을 통해 AutoCAD의 기본 명령어를 익히고 일반 도면작성은 물론 배관기능사 및 산업기사 시험에 대처할 수 있었으면 하는 바람입니다. 여기에 조금 더 욕심을 부려 간단한 3차원 모델을 모델링할 수 있는 능력까지 배양하는데 있어 도움이 되는 안내서가 되었으면 합니다. 이 책이 나오기까지 도와주신 ㈜디씨에스의 이진천 사장님과 폴리텍대학의 모든 관계자 여러분들께 감사드립니다.

저자 백 양 선

차례

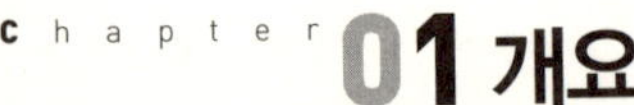

chapter **01 개요**

chapter **02 AutoCAD 기초 지식**

chapter **03 2차원 명령**

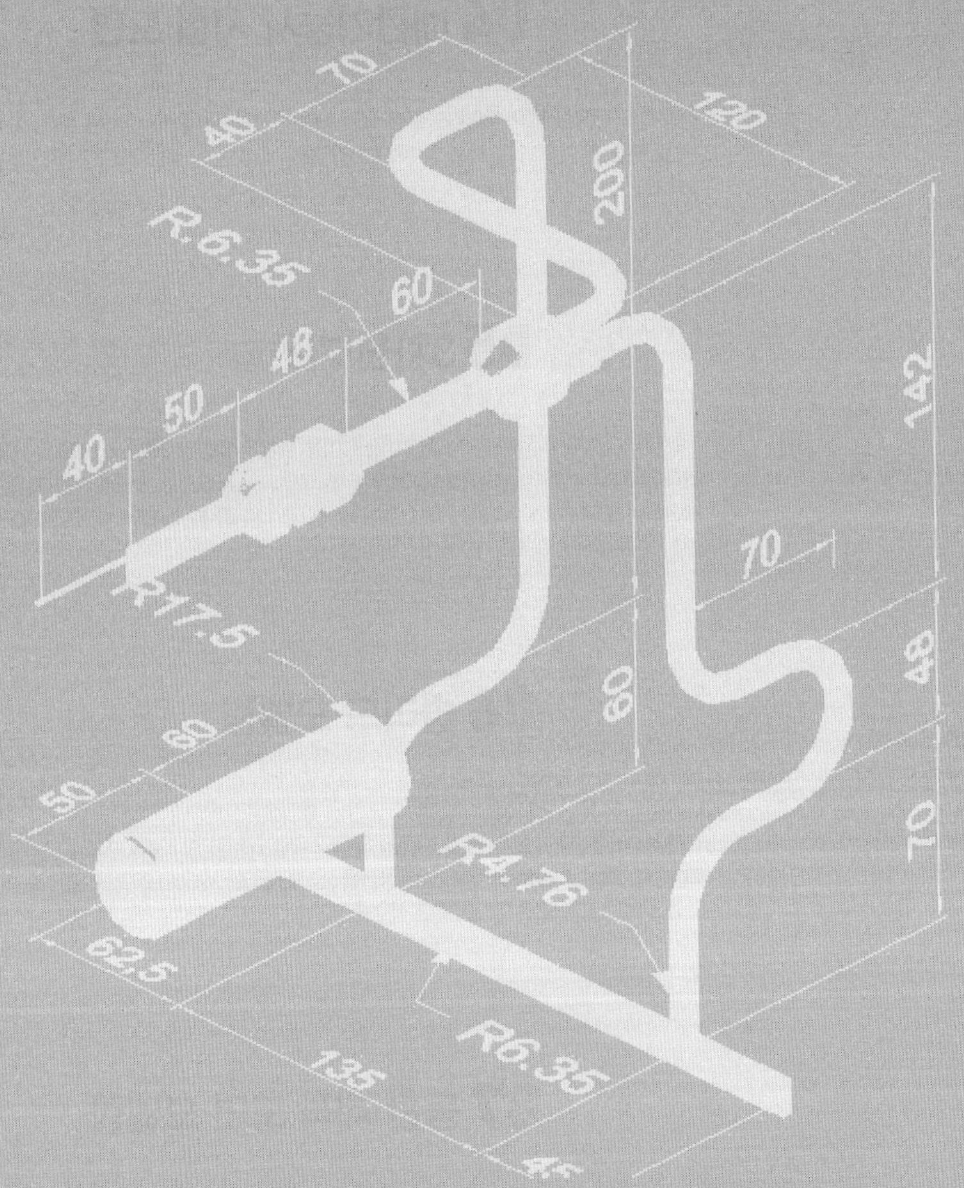

70
120
49
200
R.6.35
60
48
50
142
40
R17.5
70
60
48
80
50
R4.76
70
62.5
R6.35
135
45

1. CAD란?

CAD는 'Computer Aided Design/Drafting'는 '컴퓨터를 활용한 설계 및 설계관련 작업' 또는 '컴퓨터에 의한 설계 지원 도구(Tool)'입니다. 정리하면 '실제 또는 가상의 대상물에 대해 도면을 작성하고, 설계 대상에 대한 가상공간의 구현 및 시뮬레이션 등을 컴퓨터의 자동화된 수단으로 실시하는 제반 설계 업무'를 말합니다. 이 업무를 가능하게 하는 도구가 바로 CAD 소프트웨어입니다.

최근에는 산업 전반에 걸쳐 3차원 바람이 불고 있습니다. CAD도 평면의 2차원에서 입체의 3차원의 모델링으로 옮겨가고 있습니다. 건설분야에서는 BIM(Building Information Modeling)이라 하여 3차원 설계가 본격적으로 이루어지고 있습니다. 그만큼 현장에서 3차원의 필요성이 많아졌고 수요도 많아졌다고 할 수 있습니다.

1-1. AutoCAD란?

AutoCAD는 국내에서 가장 많이 사용되고 있는 PC용 범용 CAD 소프트웨어입니다. 국내에서도 압도적인 사용자 수를 확보하고 있으며 세계적으로 가장 많은 사용자를 확보한 소프트웨어입니다.

AutoCAD는 미국 오토데스크(Autodesk)사에서 개발한 설계 소프트웨어입니다. 2차원 도면 작도는 물론 3차원 기능도 막강합니다. 버전이 높아질수록 3차원 기능이 강화되고 있으며 클라우드 기반의 기능이나 모바일용 뷰어와 연계하여 언제 어디서나 접근할 수 있는 시스템으로 발전해가고 있습니다.

1-2. AutoCAD의 특징

AutoCAD가 많이 사용되고 있다는 것은 나름대로 장점이 많다는 것을 의미합니다. 마케팅 측면에서 강한 부분도 있겠지만 제품의 완성도가 떨어진다면 많은 사용자로부터 사랑을 받을 수가 없는 것입니다. AutoCAD의 특징을 간단히 살펴보면,

- 사용의 편의성: 직관적인 아이콘과 도구막대, 메뉴막대, 메뉴 탐색기, 리본 메뉴, 명령어 창, 단축키 기능 등 다양한 사용자 인터페이스(UI: User Interface)를 갖춰 사용자가 접근이 용이합니다.

- 막강한 커뮤니케이션 기능: 설계작업은 개인이 혼자 작업하는 경우도 많지만 프로젝트 단위가 되면 많은 사람이 참가하여 진행하게 됩니다. 해당 프로젝트에 참가하는 사람이 한 공간에 있지 않은 경우도 많은데 이를 위한 커뮤니케이션 기능을 지원하고 있습니다.

- 다양한 제품군에 의한 호환성: Autodesk에서 개발된 범용 CAD인 AutoCAD 외에도 다른 전문 분야의 CAD와 다양한 제품 라인업을 갖추고 있어 다른 CAD에 비해 호환성이 측면에서 폭이 넓습니다. AutoCAD의 파일 포맷인 *.DWG 파일은 대부분의 CAD에서 사용할 수 있는 포맷입니다.

- 제품의 안정성: 장기간에 걸친 버전업을 통해 안정성을 확보하고 있습니다. 특히, 사용자들이 자주 사용하는 기능은 다양한 의견수렴과 개선을 통해 안정적입니다. 안정성은 각 기능의 에러를 최소화하는 측면과 속도, 그래픽의 정도 등도 해당된다고 할 수 있습니다.

- 2차원과 3차원의 지원: 기존 2차원 기능과 함께 막강한 3차원 기능을 지원하고 있습니다. 특히, 최근의 몇 번의 버전업에서는 3차원 기능이 강화되어 여느 3차원 CAD 못지 않은 기능을 갖추고 있습니다. Solid, Surface, Mesh의 작성과 편집이 직관적이고 용이한 기능을 지원합니다.

- 다양한 개발 툴의 지원: 아무리 좋은 소프트웨어라 하더라도 사용자의 조작 패턴, 적용하는 업무의 내용, 요구사양에 따라 100% 충족시키기는 어렵습니다. 이럴 때 커스터마이즈 기능을 통해 사용자의 요구에 맞는 기능을 보완합니다. AutoCAD는 이러한 작업을 위한 다양한 개발 툴을 지원하고 있습니다. AutoLISP을 비롯해 Object ARX, VBA, Delphi 등 사용자가 쉽게 개발하기 위한 환경을 제공하고 있습니다.

이 밖에도 인터넷 기능, 다양한 포맷의 내보내기 기능을 비롯해 최근에는 모바일 시대에 맞춰 모바일 앱의 제공과 클라우드 시스템을 활용하는 기능을 선보이고 있습니다. 이러한 특징으로 인해 많은 사용자들이 AutoCAD를 사용하고 있습니다.

도면을 작업을 위해 작도 및 편집 명령을 실행해야 합니다. AutoCAD는 이러한 명령을 실행하기 위해 몇 가지의 방법을 제공하고 있습니다. 여기에서는 도면을 작도하기 위한 명령 실행을 방법에 대해 알아보도록 하겠습니다. 제시하는 방법 중에서 사용자 여러분에게 맞는 방법을 선택하여 실행하시기 바랍니다.

2-1. 도구막대에서 아이콘 선택

도구막대에서 해당 명령의 버튼을 클릭하는 방법입니다. 화면에 나타난 도구막대에서 선분, 원, 다각형 등의 아이콘을 클릭하면 바로 명령이 실행됩니다. 선의 경우, 그리기 도구막대의 선분 아이콘(/)을 클릭합니다.

[도구막대에서 명령 아이콘 선택]

2-2. 키보드에서 입력

명령행에서 원하는 명령어 또는 단축 명령어를 키보드를 통해 입력하여 명령을 실행시킬 수 있습니다. 예를 들어, 선을 작도하고자 할 경우는 'LINE' 또는 'L'을 입력하여 명령을 실행합니다. 여기에서 'LINE'은 실제 명령어의 명칭(철자)이며 'L'은 단축 명령어입니다. 단축 명령어는 단어의 수가 한 글자 또는 두 글자가 대부분입니다. 이 단축 명령어는 사용자가 임의로 지정할 수도 있습니다. 단어를 입력하면 자동완성 기능에 의해 입력한 단어와 연관된 키워드 목록이 나타납니다. 이때 목록에서 실행하고자 하는 메뉴를 클릭합니다.

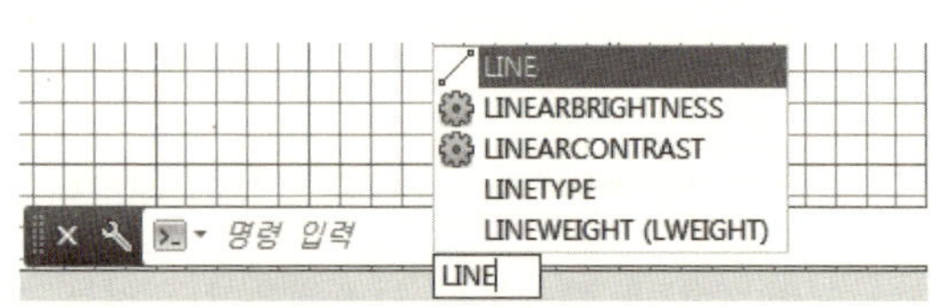

[명령행에서 명령어 직접 입력]

이 책에서는 명령어 명칭 및 단축 명령어를 같이 표기하도록 하겠습니다.

2-3. 메뉴 검색기에서 검색

화면 상단의 메뉴 검색기(■)에서 실행하고자 하는 명령(예: line)을 검색하여 검색된 목록에서 해당 명령을 선택합니다. 다음 그림의 경우는 검색 필드에 'LI'을 입력하여 검색된 목록에서 '선(L)'을 클릭합니다.

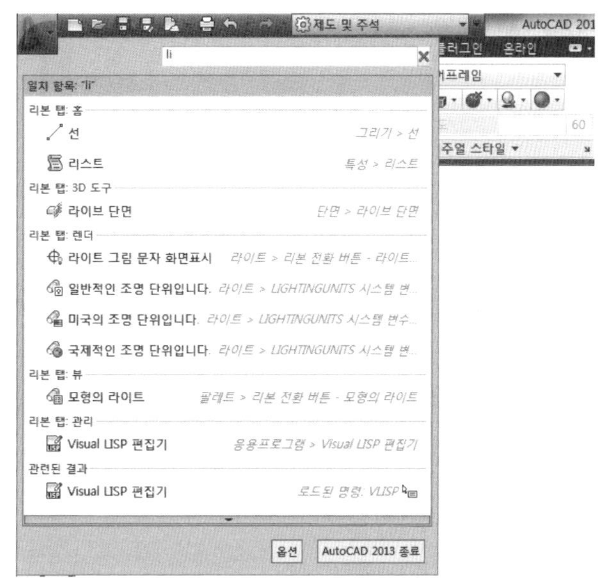

[메뉴 검색기에서 검색하여 실행]

2-4. 메뉴막대(풀다운 메뉴)에서 선택

메뉴막대(풀다운 또는 팝업 메뉴)에서 해당 명령을 선택합니다. 선 명령의 경우, 펼쳐진 풀다운 메뉴에서 [그리기(D)]-[선(L)]을 선택합니다.

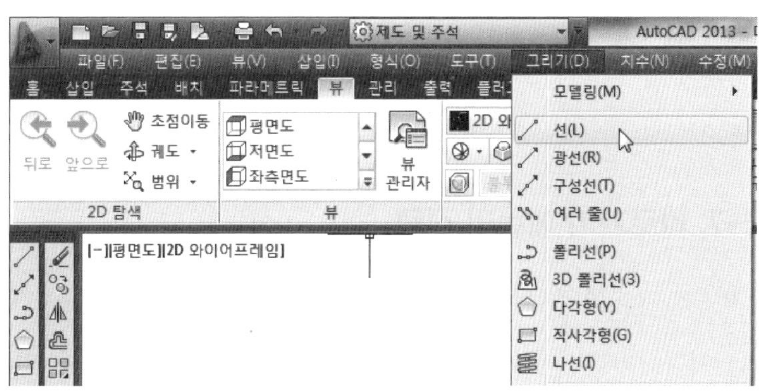

[메뉴막대에서 선택하여 실행]

2-5. 리본의 패널에서 선택

리본에서 해당 패널의 명령 컨트롤(아이콘)을 선택하여 실행합니다. 선 명령의 경우, '그리기' 패널에서 선( ) 을 선택하여 실행합니다.

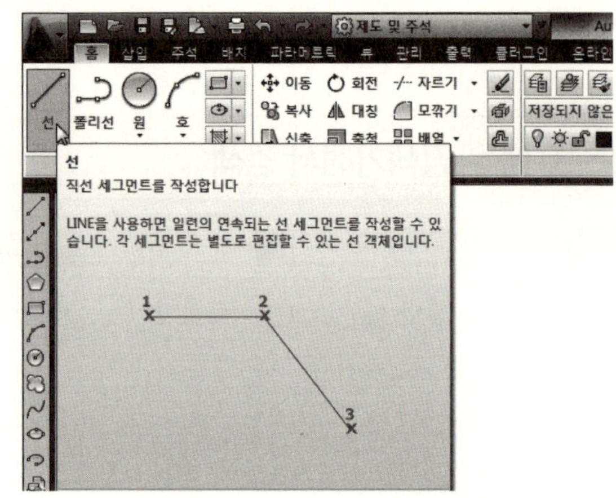

[리본의 패널에서 선택하여 실행]

2-6. 도구 팔레트에서 선택

도구 팔레트의 실행하고자 하는 명령어 그룹의 탭에서 해당 컨트롤(아이콘)을 선택하여 실행합니다. 선 명령의 경우, '그리기' 탭의 '선' 명령 컨트롤(아이콘)을 선택하여 실행합니다.

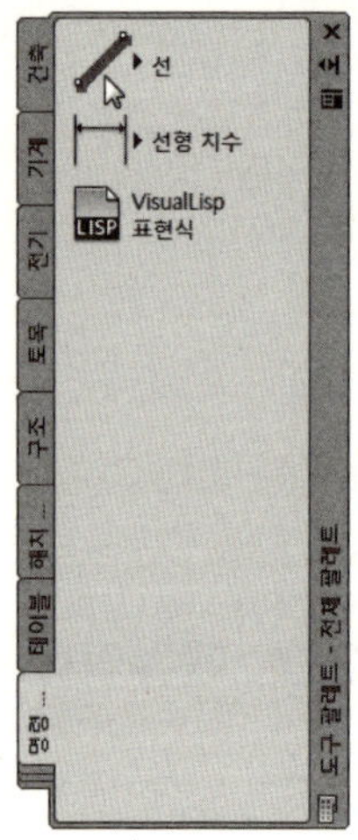

[도구 팔레트에서 선택하여 실행]

2-7. 바로가기 메뉴의 선택

마우스 오른쪽 버튼을 클릭하면 최근 입력한 명령 및 사용 메뉴가 표시되는 바로가기 메뉴가 나타납니다. 이때 실행하고자 하는 메뉴를 선택합니다. 이 기능은 이전에 사용했던 명령을 반복 사

용하거나 취소할 때 더욱 유용합니다. 또, 명
령 실행 중 '줌(ZOOM)'이나 '초점 이동(PAN)'
과 같이 화면을 조작할 때 유용하게 사용할 수
있습니다.

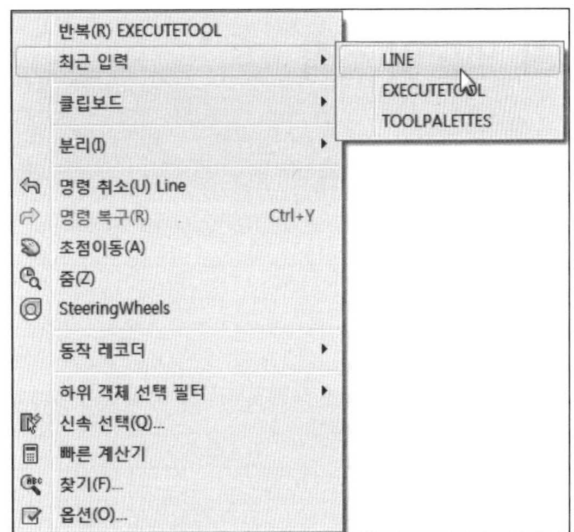

[바로가기 메뉴에서 실행]

2-8. 동일 명령의 반복 및 명령 중지

실행했던 명령을 다시 한 번 실행하고자 할 때는 〈엔터〉 또는 〈스페이스 바〉를 누르면 됩니다.
즉, 선 명령을 실행하고 나서 다시 선 명령을 실행하고자 할 경우는 〈엔터〉 또는 〈스페이스 바〉를
누르면 됩니다.

또, 실행 중인 명령을 중지하고자 할 때는 〈ESC〉를 누릅니다. 앞으로 명령의 재실행은 〈스페이
스 바〉를 누르는 것으로 통일하겠습니다.

3. 명령어 조작

본격적인 명령어 학습에 앞서 AutoCAD 명령을 맛보기로 조작해보면서 명령어의 구조와 실행되는 원리를 이해하도록 하겠습니다. 아울러, 기초용어 및 개념(좌표, 색상, 도면층, 선 종류, 선 가중치, 객체스냅 등)을 이해하도록 합시다.

이제부터 AutoCAD 명령을 실행하여 객체를 작도하겠습니다. 그대로 따라 해보시기 바랍니다.

> **✎ TIP**
>
> 따라하기에 앞서 새로운 도면에서 템플릿 파일은 'acadiso.dwt'파일을 지정하여 엽니다. 앞에서 설명한 작업공간을 '제도 및 주석'으로 설정합니다.

❶ 명령행에서 명령어 'LINE' 또는 단축키 'L'을 입력하거나, '홈' 탭의 '그리기' 패널에서 를 클릭합니다. 또는 도구막대의 버튼을 클릭합니다.

{첫 번째 점 지정:}에서 마우스를 움직여 점의 위치를 지정합니다. 지정할 위치는 임의로 지정하도록 합니다. 맛보기로 그려보는 것이니 임의의 위치를 지정합니다.

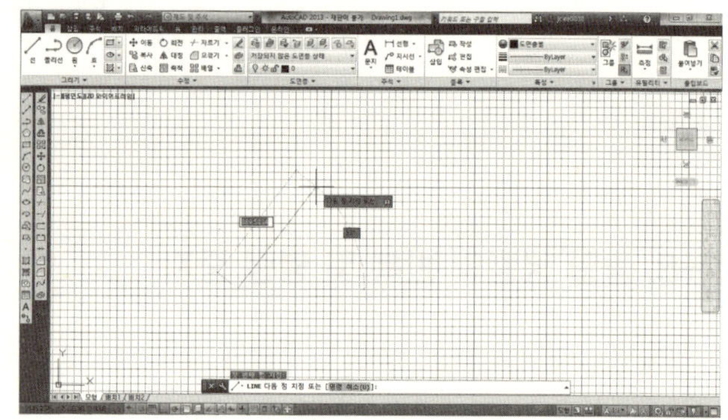

❷ **{다음 점 지정 또는 [명령 취소(U)]:}**에서 마우스를 움직여 다음과 같이 점을 지정합니다. 그러면, 다음 그림과 같이 첫 번째 점과 두 번째 점을 잇는 선이 작도됩니다.

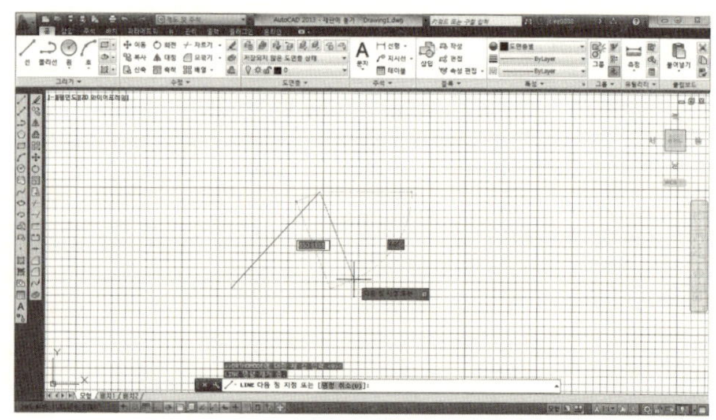

❸ {다음 점 지정 또는 [명령 취소(U)]:}
에서 다시 다음과 같이 점을 지정합니다.
그러면 두 번째 점과 세 번째 찍은 점을 잇
는 선이 작도됩니다.

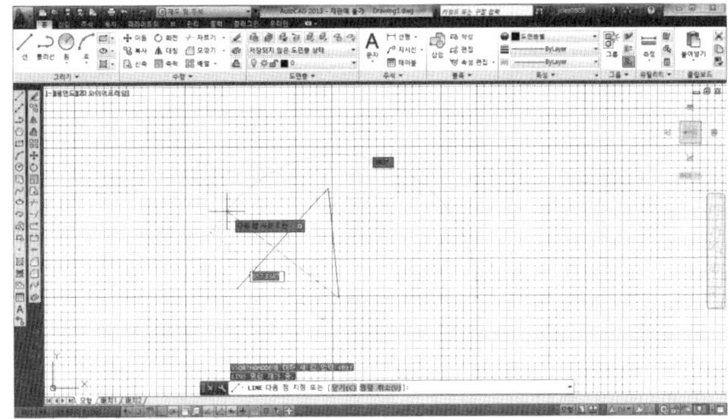

❹ {다음 점 지정 또는 [닫기(C)/명령 취
소(U)]:}에서 다음과 같이 지정합니다. 세
번째 점과 네 번째 점을 잇는 선이 작도됩
니다.

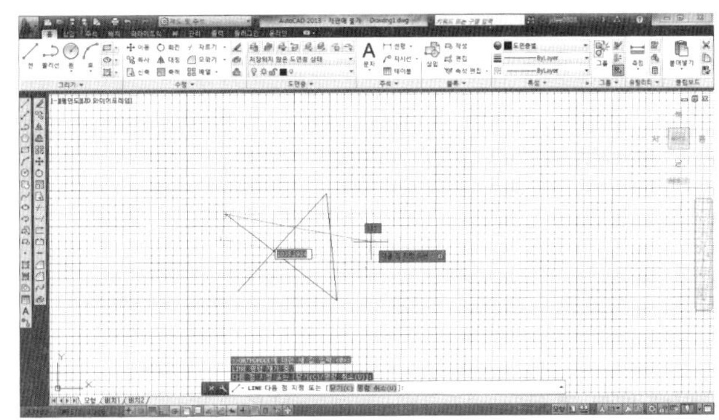

❺ {다음 점 지정 또는 [닫기(C)/명령 취
소(U)]:}에서 다음과 같이 지정합니다. 네
번째 점과 다섯 번째 점을 잇는 선이 작도
됩니다.

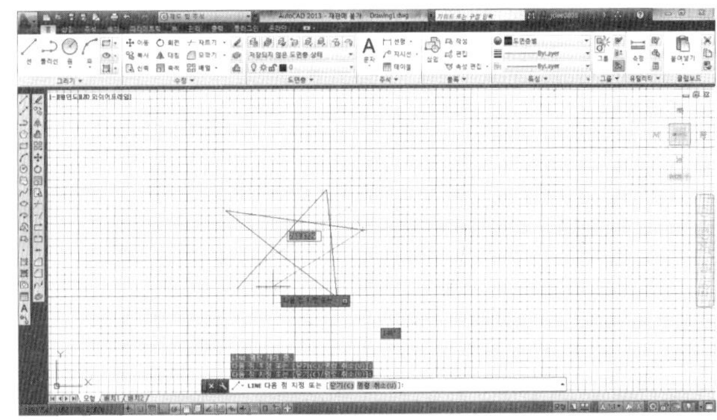

❻ {다음 점 지정 또는 [닫기(C)/명령 취소(U)]:}에서 키보드에서 'C'를 입력하고 〈엔터〉를 누릅니다. 그러면,
다음 그림과 같이 선이 처음 시작한 점에 이어지면서 폐쇄공간(별)이 작도됩니다. 여기에서 'C'는 'Close'의 의
미로 닫아주는 기능을 하는 키워드입니다.

별 모양이 작도되었습니까? AutoCAD에서 도면 작업은 이러한 작업(명령의 사용)의 반복입니다. 명령의 종류에 따라 지시하는 내용이 다르고 사용자가 그리고자 하는 도형의 크기에 따라 숫자를 달리하면서 작도하는 것입니다.

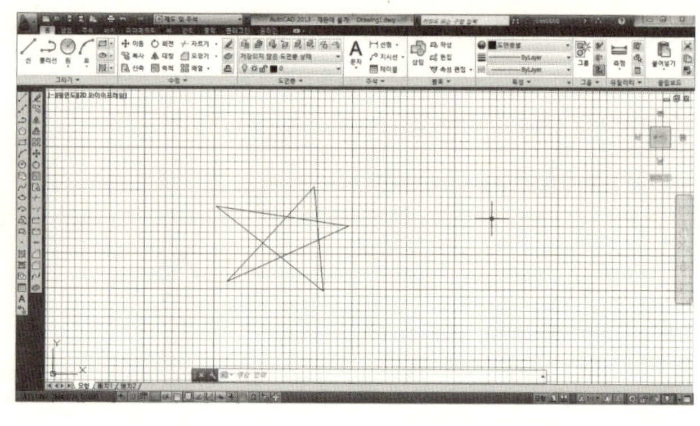

❼ 이제부터 원을 작성해 보겠습니다. 명령행에서 명령어 'CIRCLE' 또는 단축키 'C'를 입력하거나, '홈' 탭의 '그리기' 패널에서 ⊙를 클릭합니다. 또는 도구막대의 ⊙버튼을 클릭합니다.

{원에 대한 중심점 지정 또는 [3점(3P)/2점(2P)/Ttr – 접선 접선 반지름(T)]:}에서 임의의 위치를 지정합니다. 작성하고자 하는 원의 중심 위치를 지정합니다.

❽ 다음 그림과 같이 지정한 점을 중심으로 원이 나타납니다.

{원의 반지름 지정 또는 [지름(D)]:}에서 마우스를 움직여 작성하고자 하는 원의 크기에 해당하는 위치에 점(반지름)을 지정합니다.

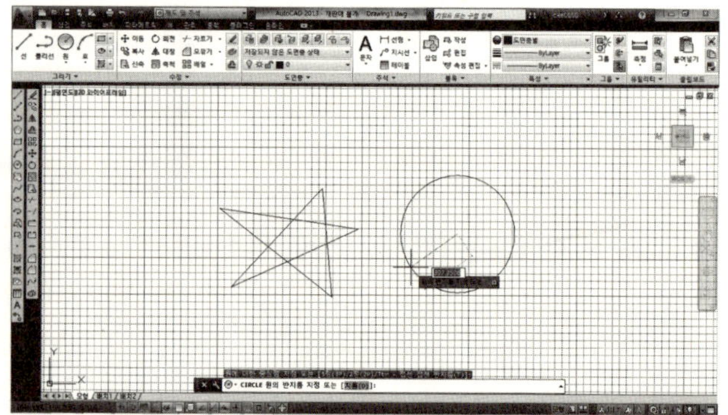

❾ 다음 그림과 같이 지정한 중심점과 반
지름 위치에 원이 작성됩니다.

> **TIP**
> 여기에서 반지름을 지정할 때는 키보드에
> 서 숫자를 입력하여 반지름 값을 지정할 수
> 도 있습니다.

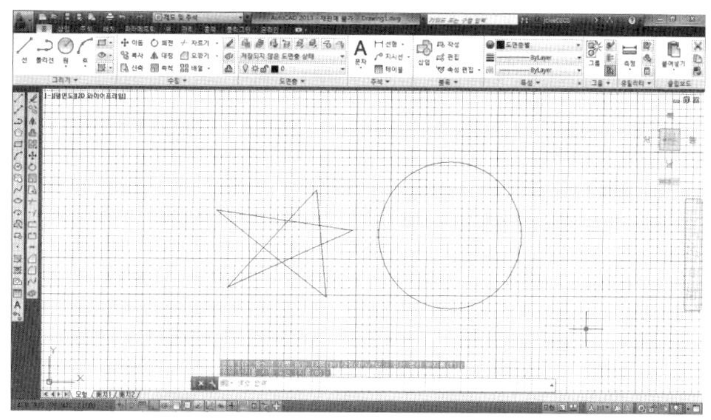

❿ 이제는 두 점을 지정하여 원을 작도해
보겠습니다.

명령어 'CIRCLE' 또는 단축키 'C'를 입력하
거나 '홈' 탭의 '그리기' 패널 또는 도구막대
에서 🖰을 클릭합니다. **{원에 대한 중심
점 지정 또는 [3점(3P)/2점(2P)/Ttr – 접
선 접선 반지름(T)]:}**에서 '2P'를 입력한
후 〈엔터〉를 누릅니다. 여기에서 '2P'는 두
개의 점으로 원을 그리는 옵션입니다.

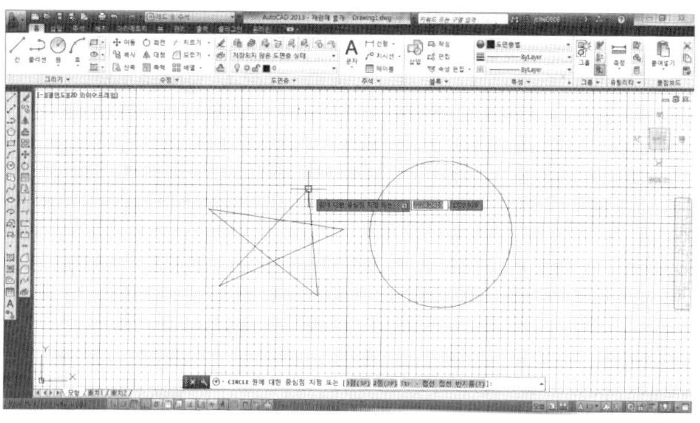

{원 지름의 첫 번째 끝점을 지정:}에서 다음과 같이 별 모양의 한 꼭지점을 지정합니다.

> **TIP**
> 한 번 실행한 명령을 반복해서 다시 실행하고자 할 경우는 〈엔터〉 또는 〈스페이스 바〉를 누르면 이전에 실행한 명령을
> 다시 실행하게 됩니다. 즉, 원을 한 번 작도하고 다시 원을 작도하고자 할 때는 〈엔터〉 또는 〈스페이스 바〉를 누르면
> 됩니다.

❿ {원 지름의 두 번째 끝점을 지정:}에서 별 모양의 반대편 끝점을 지정합니다. 다음과 같이 지정한 두 점을 지름으로 하는 원이 작도됩니다.

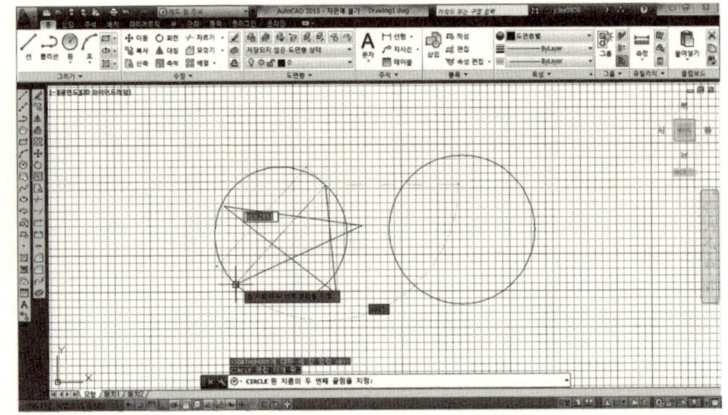

다음 그림과 같이 두 점을 지나는 원이 작도됩니다.

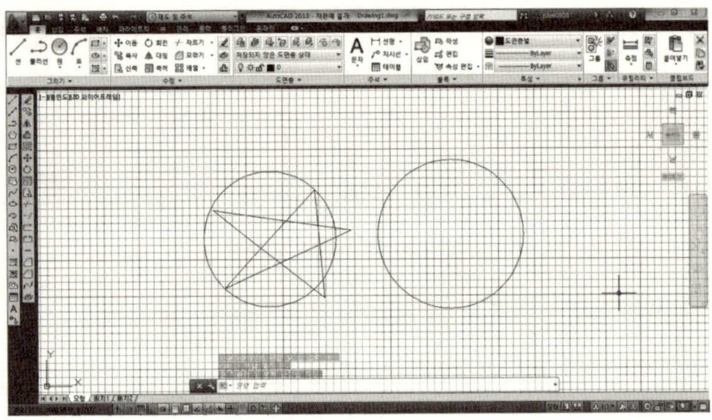

4. AutoCAD 기초 명령어

AutoCAD의 기초 명령어를 학습하겠습니다. 여기에서 학습한 명령은 향후 학습할 좌표 개념, 객체스냅, 직교모드와 같은 그리기 도구 등을 학습하는데 기초가 될 명령입니다.

4-1. 도형의 기초 선(LINE)

도형을 작도할 때 가장 기본이 되는 객체는 선입니다. AutoCAD에서 '선(LINE)' 그리기는 작도 명령 중 가장 많이 사용되는 명령입니다.

명령: LINE(단축키: L)

리본 메뉴: [홈]–[그리기] – 선

|Note| 모눈의 끄기

화면에 모눈 표시가 있어 객체를 표시하는데 거추장스러울 수 있으므로 이럴 때는 모눈을 끄면 됩니다.

❶ 화면 하단의 상태 영역(상태 막대)에 그리기 도구가 있습니다. 그리기 도구 중에 '그리드 '아이콘이 있습니다. 이 그리드 아이콘을 클릭하여 끕니다.

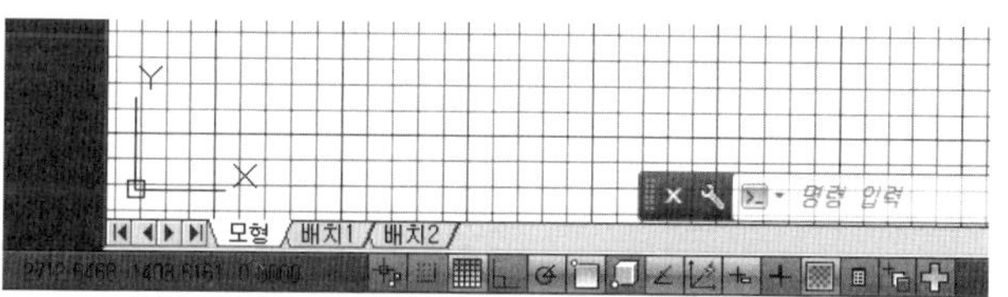

❷ 그러면 다음과 같이 그리드 표시가 사라집니다.

그리기 도구의 '그리드 █'아이콘을 누를 때마다 켜지고/꺼지기(On/Off)가 반복됩니다.

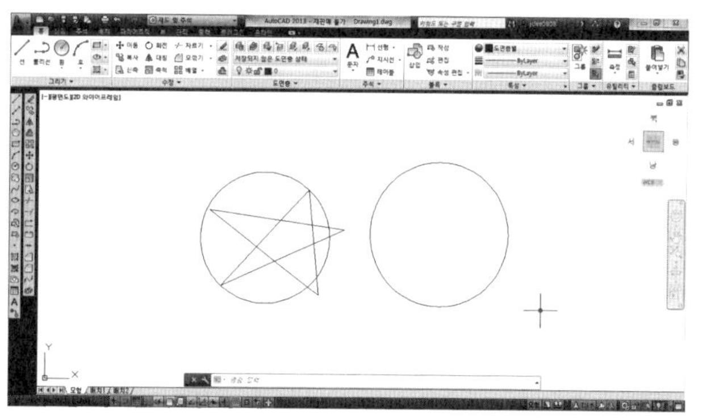

❶ 새로운 도면을 시작하겠습니다. 템플릿 파일 'acadiso.dwt'파일을 지정하여 새로운 도면을 시작합니다. 그리기 도구의 '그리드 ▦' 아이콘을 눌러 모눈(그리드) 표시를 끕니다.

❷ 도면의 양끝을 연결하는 대각선을 그려 보도록 하겠습니다. 도면의 크기가 A3인 '420x297'의 대각선 좌표인 '0,0'에서 '420, 297'을 잇는 선을 작도하겠습니다.

명령어 'LINE' 또는 단축키 'L'을 입력하거나 '홈' 탭의 '그리기' 패널 또는 '그리기' 도구막대에서 ▨을 클릭합니다.

{첫 번째 점 지정:}에서 키보드로 '0,0'을
입력한 후 〈엔터〉를 누릅니다. 좌표 (0,0) 위치에 선을 작도하기 위한 첫 번째 점을 지정하는 것입니다.

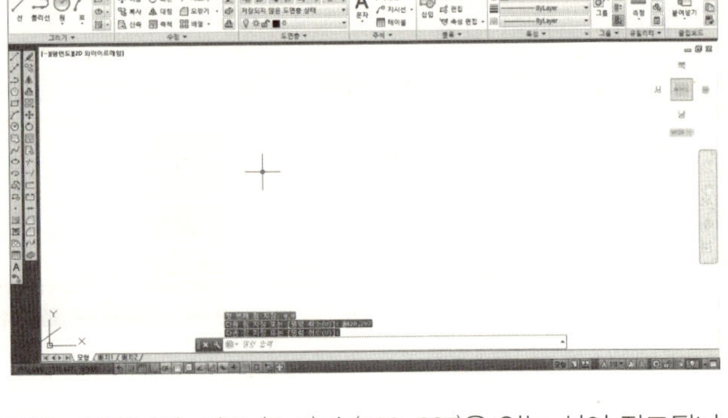

❸ (0,0) 좌표에 시작점을 지정했으면 다음 점을 지정해야 합니다.

{다음 점 지정 또는 [명령 취소(U)]:}가
표시되면 '#420,297'을 입력한 후 〈엔터〉를
누릅니다.

{다음 점 지정 또는 [명령 취소(U)]:}에서
〈엔터〉를 눌러 선 명령을 종료합니다.

여기에서 입력한 '420,297'은 절대좌표 값
입니다. 즉, 좌표 값을 직접 입력하여 선을 작도하는 것입니다. 좌표 (0, 0)과 (420, 297)을 잇는 선이 작도됩니다. 화면에서는 왼쪽 하단에 짧게 나타납니다.

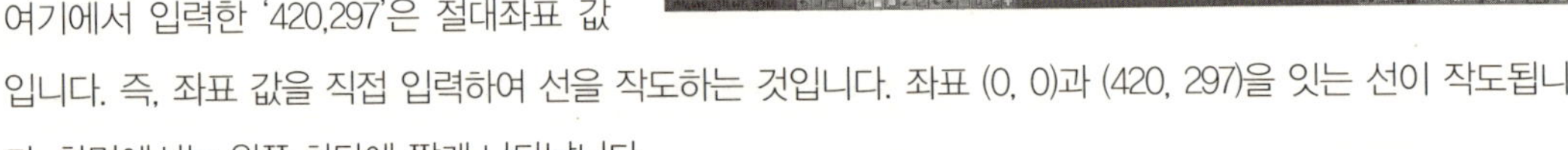

❹ 왼쪽 하단에 짧게 표시되는 이유는 화면이 A3 용지 크기에 맞춰서 펼쳐지지 않았기 때문입니다. 이때는 '줌(ZOOM)' 명령으로 화면을 펼칩니다. 화면 오른쪽에 있는 네비게이션 바에서 돋보기 마크의 드롭다

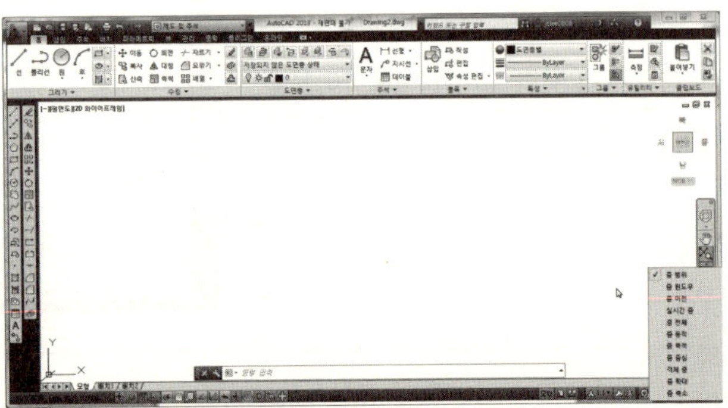

AutoCAD에서 좌표지정 방법에는 크게 절대좌표 지정과 상대좌표 지정이 있습니다. 절대좌표는 고정된 좌표이고, 상대좌표는 어느 기준점으로부터의 상대적 좌표입니다.

'동적 입력(DYN)'이 켜진 상태에서는 기본이 상대(극)좌표이므로 절대좌표를 입력할 때는 좌표 숫자 앞에 '#'을 붙여야 합니다. '#50,50'에서 '#'은 동적 입력에서 절대좌표를 의미합니다. 그러나 첫 번째 점은 '#'을 입력하지 않아도 (0,0)이 기준이기 때문에 절대좌표와 상대좌표가 동일하므로 생략해도 됩니다. 동적 입력이 꺼진 상태에서는 절대좌표를 입력할 때 '#'을 붙이지 않습니다.

상대좌표를 입력할 때는 좌표 앞에 '@'를 붙여야 합니다. 그러나 동적 입력이 켜진 상태에서는 기본적으로 상대좌표 입력 상태이기 때문에 '@'를 붙이지 않아도 됩니다. 좌표 지정 방법에 대해서는 '도면의 주소, 좌표의 이해'에서 자세히 다루도록 하겠습니다. 일단은 따라서 입력하시기 바랍니다.

TIP

동적 입력(DYN)'이 켜져(ON) 상태는 하단의 상태막대의 그리기 도구에서 아이콘 이 하늘색인 상태를 말합니다. 이 아이콘이 회색이면 동적 입력이 꺼진(OFF) 상태입니다. 동적 입력이 꺼진 상태에서는 '#'을 입력하지 않도록 합니다.

운 리스트 버튼(▼)을 클릭합니다. 표시되는 줌 목록에서 '줌 전체'를 선택합니다.

또는 명령어 'ZOOM'을 입력한 후

{윈도우 구석을 지정, 축척 비율 (nX 또는 nXP)을 입력, 또는 [전체(A)/중심(C)/동적(D)/범위(E)/이전(P)/축척(S)/윈도우(W)/객체(O)] 〈실시간〉:} 에서 전체 'A'를 입력합니다.

다음 그림과 같이 도면을 가로지르는 대각선이 작도됩니다.

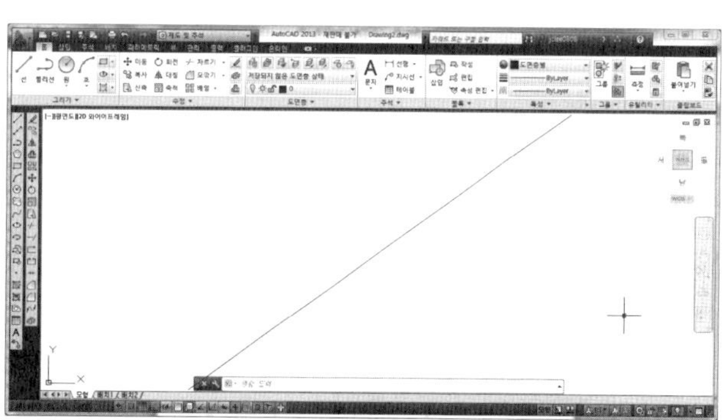

❺ 이번에는 다른 모서리의 대각선을 작도하겠습니다.

〈엔터〉 또는 〈스페이스 바〉를 눌러 선 명령을 재실행합니다. 또는, 명령어 'LINE' 또는 단축키 'L'을 입력하거나 '홈' 탭의 '그리기' 패널 또는 '그리기' 도구막대에서 을 클릭합니다.

{첫 번째 점 지정:}에서 키보드에서 '0, 297'을 입력한 후 〈엔터〉를 누릅니다. 다음과 같이 시작점이 지정됩니다.

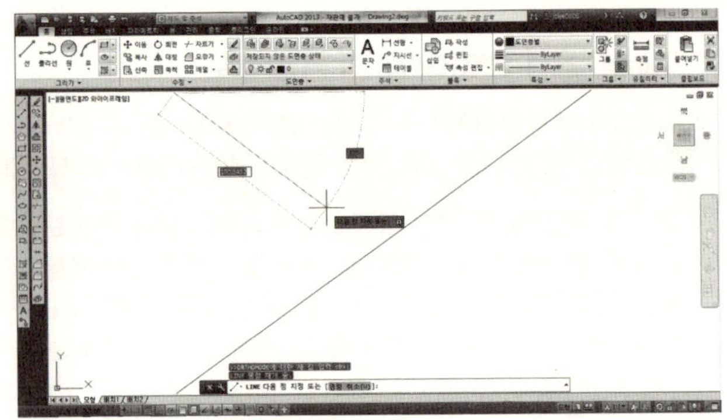

❻ **{다음 점 지정 또는 [명령 취소(U)]:}** 가 표시되면 '#420,0'을 입력한 후 〈엔터〉를 누릅니다.

{다음 점 지정 또는 [명령 취소(U)]:}에서 〈엔터〉를 눌러 선 명령을 종료합니다.

다음 그림과 같이 '0, 297'과 '420,0'을 잇는 대각선이 작도됩니다.

|Note| 명령어의 옵션에 대해

표시되는 메시지 중에서 {다음 점 지정 또는 [닫기(C)/명령 취소(U)]:}와 같이 대괄호 […] 사이의 내용은 옵션을 말합니다.

명령을 실행하는 과정에서 다양한 작도 방법이나 동작이 있는데 그 중에서 하나를 선택하는 것입니다. 선택할 수 있는 항목을 '/'로 분리하여 표시합니다. 괄호 안의 영문자(대문자)를 입력하면 옵션이 선택됩니다. 예를 들어, {다음 점 지정 또는 [닫기(C)/명령 취소(U)]:}의 경우는 '닫기'와 '명령 취소'가 있는데 'C'를 입력하면 닫기가 선택됩니다. 대소문자는 구별하지 않습니다. 또는 다음 그림과 같이 '닫기(C)'에 마우스 커서를 가져가 클릭하면 선택됩니다.

'동적 입력(DYN)'이 켜진 상태에서 옵션을 선택할 때는 아래쪽 화살표〈↓〉를 누르면 옵션 툴팁이 표시됩니다. 이때, 옵션 툴팁의 목록에서 원하는 옵션을 마우스로 지정하면 됩니다.

4-2. 다양한 옵션으로 원(CIRCLE) 그리기

원을 작도합니다. 조건에 따라 중심점과 반지름 또는 지름, 2개의 점, 3개의 점, 접선과 반지름 등 여러 조건으로 원을 작도할 수 있습니다.

명령: CIRCLE(단축키: C)
리본 메뉴: [홈]-[그리기] – 원

❶ 대각선의 중간 좌표인 (210, 148.5)에서 반지름이 '100'인 원을 작도해보도록 하겠습니다.
명령어 'CIRCLE' 또는 단축키 'C'를 입력하거나 '홈' 탭의 '그리기' 패널 또는 '그리기' 도구막대에서 을 클릭합니다.

{원에 대한 중심점 지정 또는 [3점(3P)/2점(2P)/Ttr – 접선 접선 반지름(T)]:}에서 '210, 148.5'를 입력한 후 〈엔터〉를 누릅니다.

❷ **{원의 반지름 지정 또는 [지름(D)]:}**에서 '100'을 입력한 후 〈엔터〉를 누릅니다. 다음과 그림과 같이 반지름이 '100'인 원이 작도됩니다.

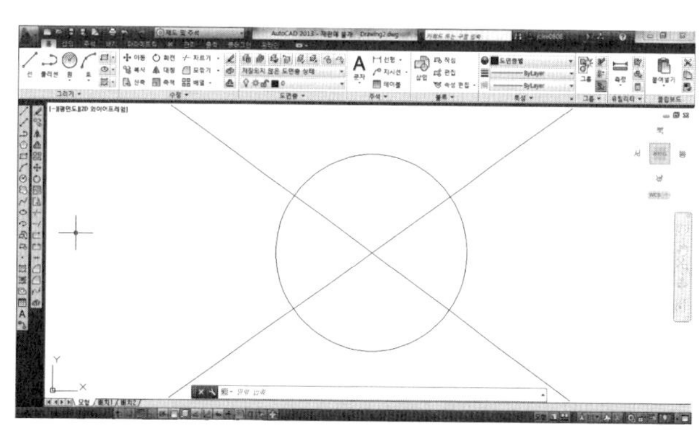

❸ 이번에는 두 대각선의 접선을 지나면서 반지름이 '50'인 원을 작도하겠습니다. 〈엔터〉 또는 〈스페이스 바〉를 눌러 원 명령을 재실행합니다. 또는, 명령어 'CIRCLE' 또는 단축키 'C'를 입력하거나 '홈' 탭의 '그리기' 패널 또는 도구막대에서 을 클릭합니다.

{원에 대한 중심점 지정 또는 [3점(3P)/2점(2P)/Ttr - 접선 접선 반지름(T)]:} 에서 'T'를 입력한 후 〈엔터〉를 누릅니다.

{원 지름의 첫 번째 접점에 대한 객체위의 점 지정:} 에서 다음 그림과 같이 대각선 근처에 대면 접점 마크가 나타납니다. 이때 클릭합니다.

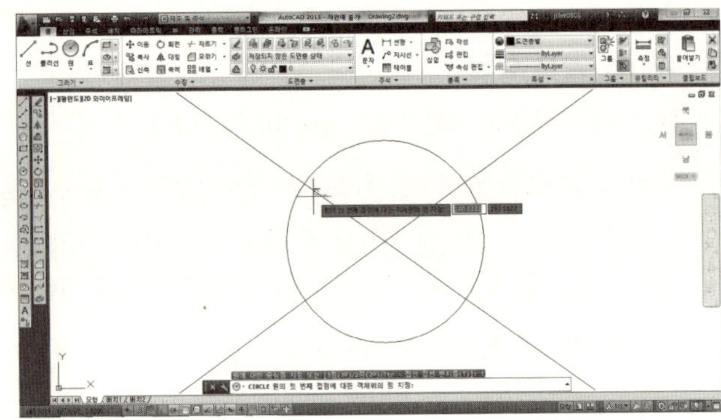

❹ **{원 지름의 두 번째 접점에 대한 객체위의 점 지정:}** 에서 아래쪽 대각선에 대면 접점 마크가 나타납니다. 이때 클릭합니다.

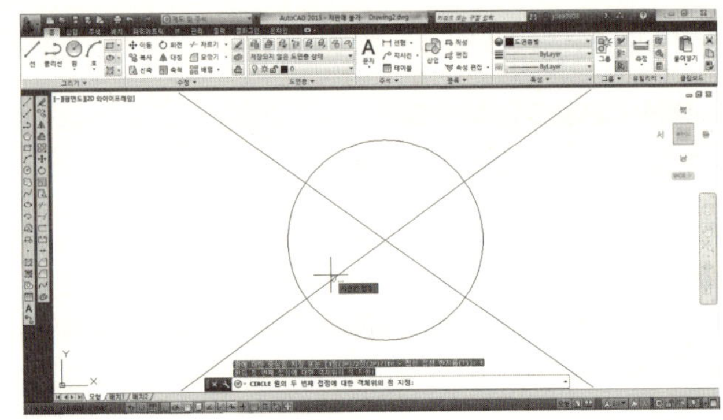

❺ **{원의 반지름 지정 〈100.0000〉:}** 에서 반지름 값 '50'을 입력합니다. 다음 그림과 같이 두 접점을 지나고 반지름이 '50'인 원이 작도됩니다.

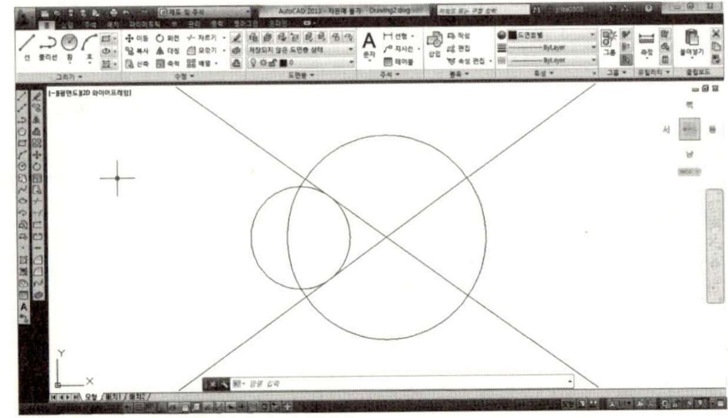

'홈' 탭의 '그리기' 패널에 원 명령 아이콘 아래쪽에 작은 역삼각형 (▼)이 나타납니다. 이 역삼각형을 클릭하면 다음과 같은 플라이아웃 메뉴가 펼쳐집니다.

이 메뉴는 원을 작도하는 다양한 옵션을 아이콘 메뉴로 제공하고 있습니다. 원 명령의 옵션을 별도로 옵션 키워드를 입력하지 않고 실행할 수 있습니다.

예를 들어, 세 점을 입력하여 원을 작도하고자 하는 경우 플라이아웃 메뉴에서 '3점'을 클릭하면 {원에 대한 중심점 지정 또는 [3점(3P)/2점(2P)/Ttr – 접선 접선 반지름(T)]:}에서 '3P'라는 키워드를 입력할 필요가 없습니다.

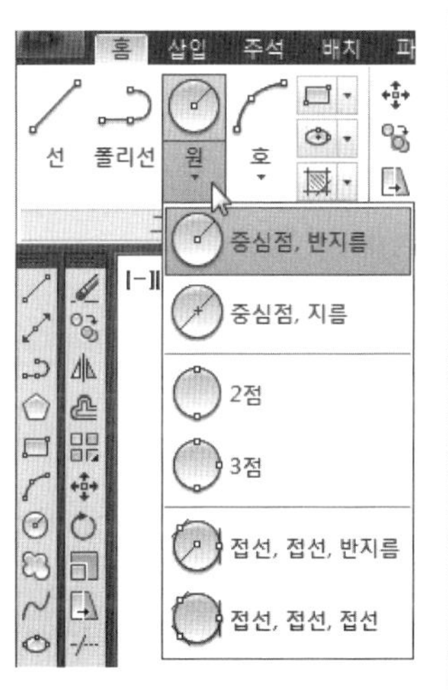

4-3. 복사(COPY)

도면을 작성하다 보면 동일한 크기와 모양을 가진 객체를 작도할 경우가 많이 발생합니다. 이때는 원본 객체 하나만 작도한 후 복사하여 사용하는 것이 효율적입니다. 이번에는 앞에서 작도한 원을 복사해보도록 하겠습니다.

명령: COPY (단축키: CP)

리본 메뉴: [홈]-[수정] - 복사

❶ 명령어 'COPY' 또는 단축키 'CP'를 입력하거나 '홈' 탭의 '수정' 패널 또는 도구막대에서 아이콘 을 클릭합니다. **{객체 선택:}**에서 다음 그림과 같이 선택 상자(Pick Box)를 복사하고자 하는 객체(왼쪽의 원) 위에 맞춘 후 클릭하여 선택합니다. {1개를 찾음}이라는 메시지가 표시됩니다.

{객체 선택:}에서 〈엔터〉를 눌러 객체 선택을 종료합니다. 이때, 선택된 객체는 하이라이트(점선) 됩니다.

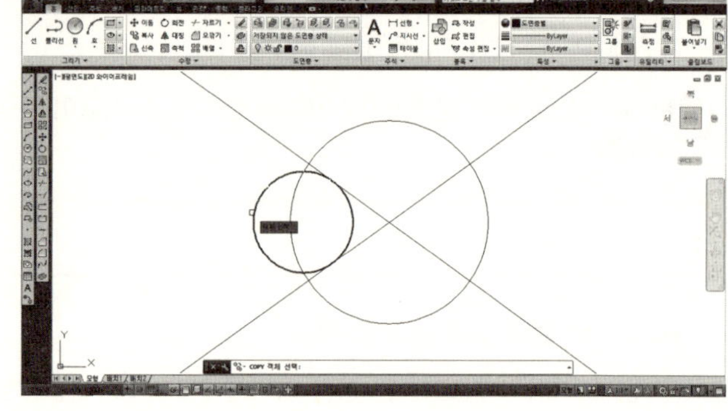

📖 **TIP**

객체 선택이 끝나면 {객체 선택:}에서 반드시 〈엔터〉 또는 〈스페이스 바〉를 누릅니다. 객체를 선택하는 방법은 여러 가지 방법이 있는데 뒤에 '객체의 선택 방법'에서 자세히 다루기로 하겠습니다.

|Note| 선택 상자(Pick Box)

객체를 선택할 때는 {객체 선택:}이라는 메시지가 표시됩니다. 이와 동시에 작도 영역에는 작은 사각형(□)이 나타나는데 이는 객체를 선택하는 선택 상자(Pick Box)입니다. 이 상자를 이용하여 객체를 선택합니다.

---

❷ **{현재 설정: 복사 모드 = 다중(M)} {기본점 지정 또는 [변위(D)/모드(O)] 〈 변위(D)): }**에서 커서를 원의 중심으로 가져가면 작은 원이 나타나면서 '중심점'이란 툴팁이 표시됩니다. 이때, 클릭합니다.

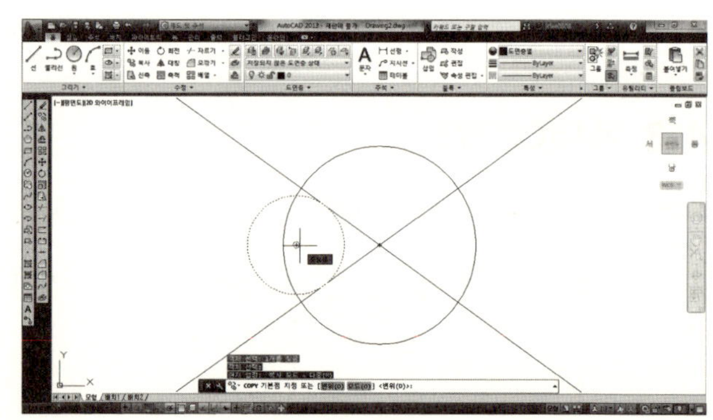

❸ 기준점 좌표를 지정하고 나면 기준점으로부터 고무줄(러버밴드)과 함께 복사된 객체가 나타납니다. 마우스를 움직이면 복사된 객체도 함께 움직입니다.

{두 번째 점 지정 또는 [배열(A)] 〈첫 번째 점을 변위로 사용〉:}에서 새롭게 복사할 대각선의 교차점에 마우스를 가져가면 'X'표시가 나타납니다. 이때 클릭합니다.

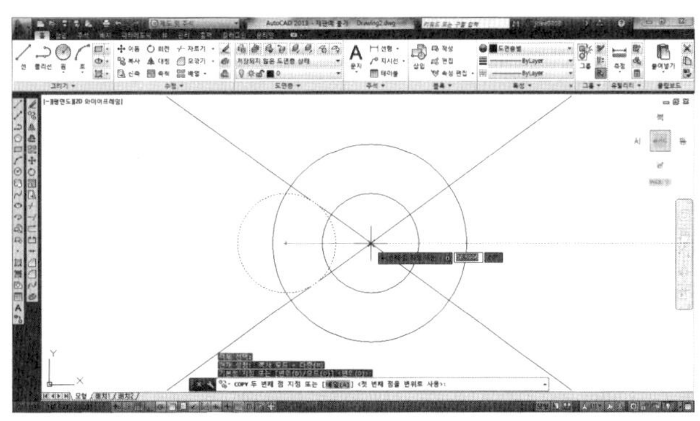

❹ **{두 번째 점 지정 또는 [배열(A)/종료(E)/명령 취소(U)] 〈종료〉:}**에서 복사를 종료하려면 〈엔터〉를 누릅니다. 다음 그림과 같이 선택한 원이 대각선의 교차점에 복사됩니다.

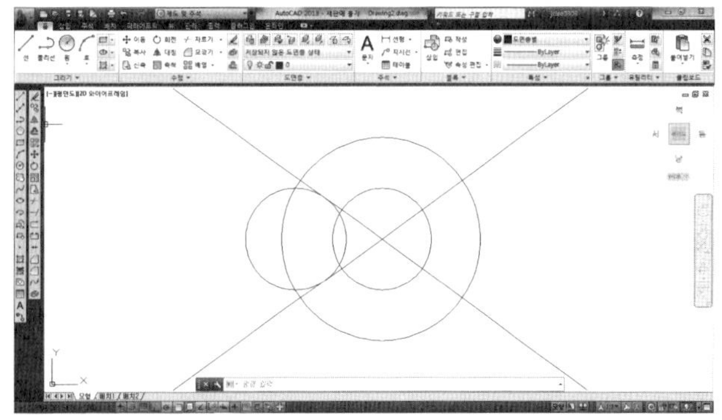

❺ 이번에는 객체를 반복해서 배열하는 배열 복사를 해보겠습니다.

〈엔터〉 또는 〈스페이스 바〉를 눌러 복사 명령을 재실행합니다.

{객체 선택:}에서 가장 작은 원을 선택합니다. **{1개를 찾음}**

{객체 선택:}에서 〈엔터〉 또는 〈스페이스 바〉를 눌러 선택을 종료합니다.

{현재 설정: 복사 모드 = 다중(M)}

{기본점 지정 또는 [변위(D)/모드(O)] 〈변위(D)〉:}에서 대각선의 교차점을 클릭합니다.

{두 번째 점 지정 또는 [배열(A)] 〈첫 번째 점을 변위로 사용〉:}에서 배열 옵션 'A'를 입력합니다.

{배열할 항목 수 입력:}에서 배열할 수 '5'를 입력합니다.

다음 그림과 같이 선택한 객체가 5개로 나타납니다.

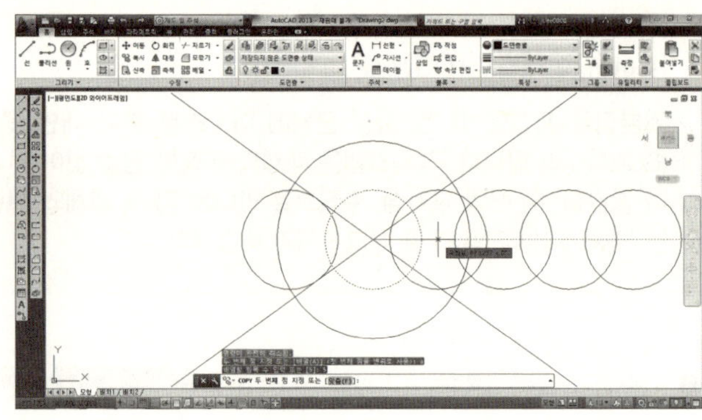

❻ {두 번째 점 지정 또는 [맞춤(F)]:}에서 오른쪽 수평 방향으로 맞춘 후 배열 간격 '50'을 입력합니다.

{두 번째 점 지정 또는 [배열(A)/종료(E)/명령 취소(U)] 〈종료〉:}에서 〈엔터〉 또는 〈스페이스 바〉를 눌러 배열 복사를 종료합니다.

다음 그림과 같이 선택한 원이 '50'간격으로 5개가 배열 복사됩니다.

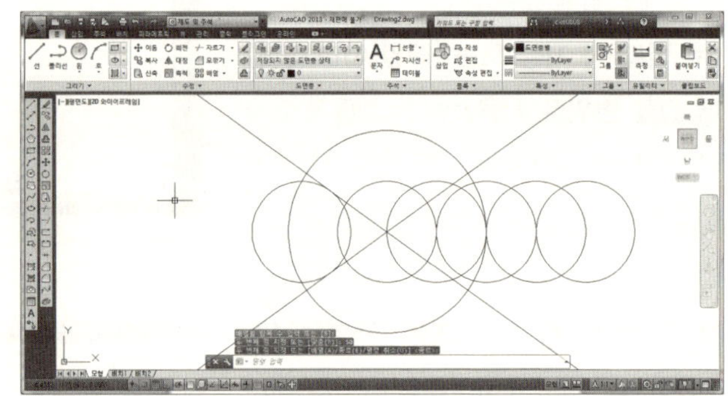

4-4. 지우기(ERASE)

도면 작업 중에는 조작의 실수로 인해 잘못 작성된 객체를 지우거나 특정한 객체를 작성하기 위해 임시로 객체를 작성해서 지워야 할 경우도 있습니다. 도면에서 불필요한 객체를 선택하여 지우는 명령이 '지우기(ERASE)'입니다.

명령: ERASE (단축키: E)
리본 메뉴: [홈] - [수정] - 지우기

{기본점 지정 또는 [변위(D)/모드(O)] 〈변위(D)〉:}

(1) 변위(D): 복사할 위치를 상대좌표 값을 입력하여 지정합니다. 즉, 변화하는 양을 입력하는 것으로 현재 선택한 객체로부터 상대적으로 얼마의 위치로 복사할 것인가를 지정합니다.

　① 복사하고자 하는 객체를 선택한 후
　②{기본점 지정 또는 [변위(D)/모드(O)] 〈변위(D)〉:}에서 'D'를 입력합니다.
　③{변위 지정 〈0.0000, 0.0000, 0.0000〉:} 에서 '310, 0'을 입력합니다. 이렇게 하면 앞에서 실행한 것과 동일한 결과를 얻습니다. 즉, 선택된 객체를 X축으로 '310'만큼 Y축으로 '0'만큼 위치에 복사한 결과가 됩니다.

(2) 모드(O): 복사할 객체를 여러 번 복사를 가능하게 할 것인지, 하나만 복사하게 할 것인지 지정합니다. {기본점 지정 또는 [변위(D)/모드(O)] 〈변위(D)〉:}에서 'O'를 입력하고 〈엔터〉를 누르면 {복사 모드 옵션 입력 [단일(S)/다중(M)] 〈다중(M)〉:}가 표시됩니다.

> **TIP**
> 변위이기 때문에 여기에서 입력한 값은 상대좌표입니다. 즉, 기준점으로부터 얼마만큼 이동했느냐를 좌표 값으로 입력합니다.

　① 단일(S): 선택한 객체를 하나만 복사합니다.
　② 다중(M): 선택한 객체를 사용자가 〈엔터〉 또는 〈스페이스 바〉를 누르기 전까지는 계속해서 복사합니다. 일반적으로 '다중(M)'으로 설정해 놓는 것이 편리합니다.

(3) 명령 취소(U): 이전에 복사한 명령을 취소합니다. 즉, 복사한 객체가 역순으로 차례로 취소됩니다.

{두 번째 점 지정 또는 [배열(A)/종료(E)/명령 취소(U)] 〈종료〉:}

(1) 배열(A): 원래 항목을 포함하여 배열의 수를 입력하여 배열 복사합니다.

(2) 종료(E): 복사를 종료합니다.

(3) 명령 취소(U): 직전에 복사한 명령을 취소합니다.

❶ 명령어 'ERASE' 또는 단축키 'E'를 입력하거나 '홈' 탭의 '수정' 패널 또는 도구막대에서 ✐을 클릭합니다.
{객체 선택:}에서 다음 그림과 같이 선택 상자를 지우고자 하는 객체 위에 올려 클릭합니다.

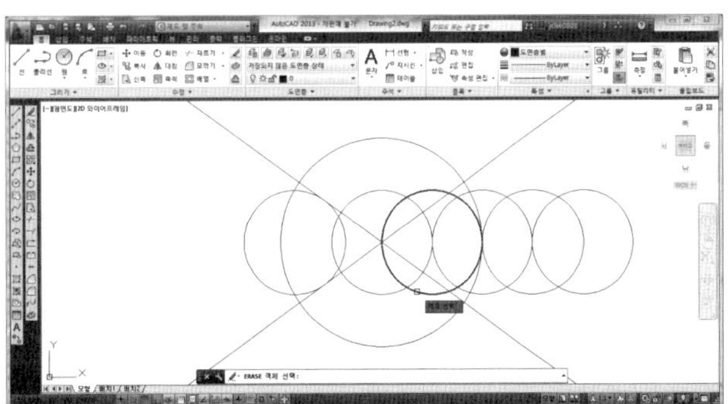

❷ 선택된 객체가 하이라이트(점선) 되면서
{1개를 찾음}이라는 메시지가 표시됩니다.
다시 **{객체 선택:}**이 표시됩니다. 선택상자
를 이용하여 지우고자 하는 객체를 차례로
선택합니다. 다음 그림과 같이 선택된 객체
가 하이라이트(점선)됩니다.

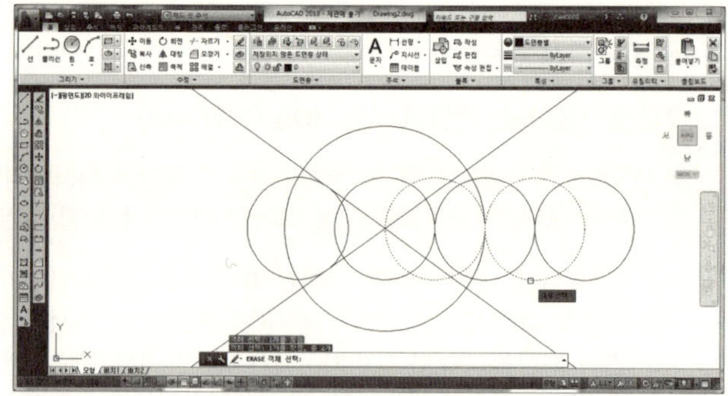

❸ 지우고자 하는 객체가 제대로 선택되었
는지 확인합니다. **{객체 선택:}** 메시지가
표시되면 〈엔터〉 또는 〈스페이스 바〉를 누
릅니다. 다음 그림과 같이 선택된 객체(점
선)가 도면에서 지워집니다.

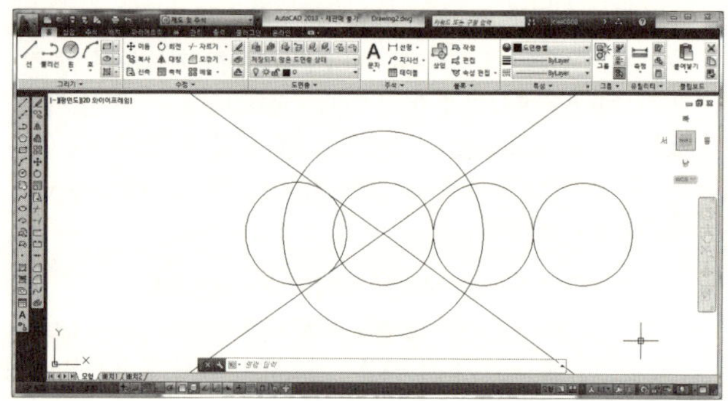

> **✎ TIP**
>
> 도면에 있는 객체 모두를 지우고자 할 때는 {객체 선택:}에서 'ALL'을 입력합니다. 그러면 모든 객체가 선택됩니다. 객체의 선택이 모두 끝나면 {객체 선택:}에서 반드시 〈엔터〉 또는 〈스페이스 바〉를 누릅니다.

> **|Note| 지워진 객체를 되살리려면…**
>
> 선택을 잘못했거나 실수로 지운 객체를 다시 되살리고(복원) 싶다면 명령어 'OOPS'를 입력하면 복원됩니다. 또는 실행한 명령을 취소하는 명령인 'U' 또는 'UNDO'를 이용합니다.
>
> {명령:} 상태에서 'U'를 입력합니다.

4-5. 명령 취소(UNDO)와 명령 복구(REDO)

도면 작업을 하다 보면 실수에 의한 잘못된 조작, 계산 착오, 좌표 입력의 오류 또는 예기치 않은 현상 등으로 인해 실행했던 명령을 취소해야 하는 경우가 있습니다. AutoCAD는 잘못된 조작을 쉽게 취소할 수 있으며, 취소한 명령을 다시 복구할 수 있는 기능을 가지고 있습니다. 앞에서 실습한 '지우기(ERASE)' 명령을 이용하여 설명하도록 하겠습니다.

명령: UNDO(단축키: U), REDO
신속접근 도구막대:

❶ 앞의 지우기 실습에 이어서 설명하겠습니다. 앞에서 '지우기(ERASE)' 명령으로 다음과 같은 도면이 작성되었습니다.

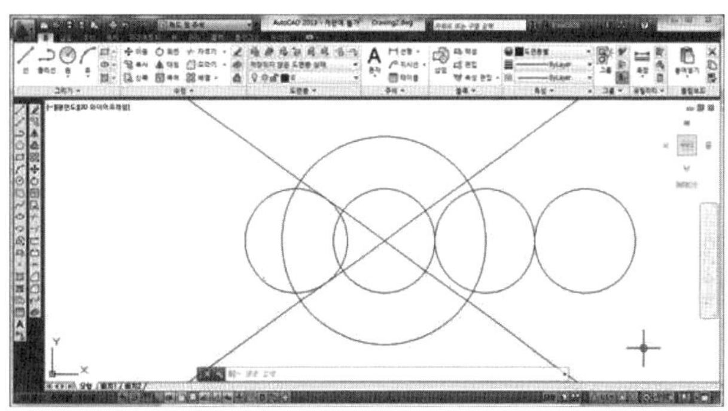

❶ 실행했던 '지우기(ERASE)' 명령을 취소합니다.

명령: UNDO (단축키: U)

신속접근 도구막대:

명령어 'U'를 입력하거나 화면 상단 왼쪽에 있는 신속접근 도구막대에서 을 클릭합니다. 명령 실행과 동시에 아래 그림과 같이 지우기 명령이 취소되어 지우기 명령을 실행하기 이전 단계(지워지지 않은 단계)로 되돌아갑니다.

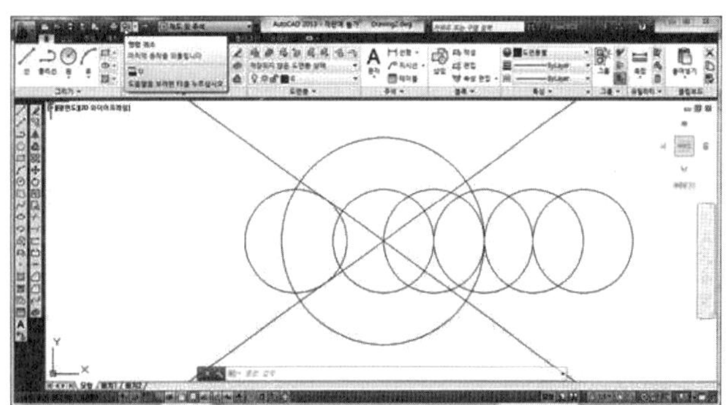

다음은 취소한 명령을 복구합니다. 직전에 실행한 'UNDO' 또는 'U'의 실행을 되돌립니다.

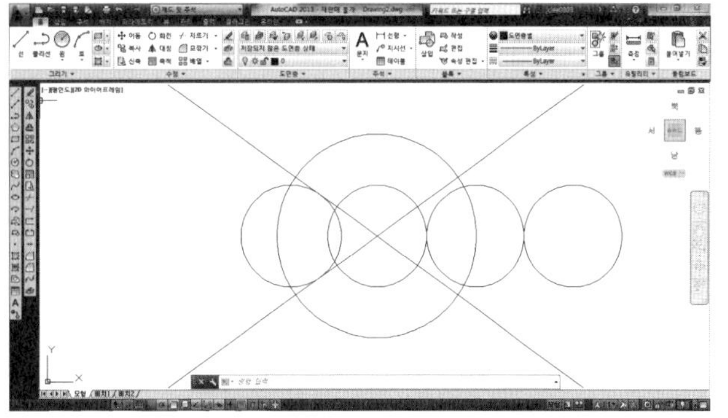

명령: REDO

신속접근 도구막대:

명령어 ‘REDO’를 입력하거나 화면 상단 왼쪽에 있는 신속접근 도구막대에서 을 클릭합니다. 명령 실행과
동시에 아래 그림과 같이 취소된 명령(ERASE)이 다시 복구됩니다. 즉, 취소(UNDO)의 취소가 된 것입니다.

❸ 명령 실행 중에 명령을 중지(취소)합니다.

원하지 않은 명령 아이콘을 눌렀다거나 실행 중 데이터 입력이 잘못되어 작업을 중단하고자 할 때는 〈ESC〉
를 누릅니다. 예를 들어, 선 명령을 실행하면 {첫 번째 점 지정:} 이라는 메시지가 표시됩니다. 이때 중지하려면
〈ESC〉를 누릅니다. {*취소*}라는 메시지와 함께 명령이 중지됩니다.

4-6. 줌(ZOOM)

큰 도면을 작도할 때 하나의 화면에서 한 장의 도면 전체를 펼쳐놓고 작업할 수 없습니다. 세세
한 부분을 작도하기 위해서는 특정 부분을 확대하거나 초점을 이동하면서 작업해야 합니다.

'줌(ZOOM)' 명령은 자주 사용하는 명령이므로 실행 방법을 다양하게 제공하고 있습니다.

(1) 리본 메뉴에서 선택: 리본 메뉴에서 선택합니다.

'뷰' 탭의 '2D탐색' 패널에서 '범위' 아이콘의 드롭다운 리스트 버튼(▼)를 누르면 다음 그림과 같이 '줌' 기능이 나열됩니다. 이때, 사용하고자 하는 기능의 아이콘을 클릭합니다.

(2) 네비게이션 메뉴에서 선택: 화면 오른쪽에 있는 네비게이션 메뉴에서 선택합니다.

(3) 바로가기 메뉴에서 선택: 작도 영역에서 마우스 오른쪽 버튼을 누르면 다음과 같은 바로가기 메뉴가 펼쳐집니다. 메뉴에서 '줌(Z)'를 클릭합니다.

(4) 명령어 입력: 명령행에서 'ZOOM'을 입력하거나 단축키 'Z'를 입력합니다. 제시되는 옵션 중에서 키워드를 입력하거나 해당 옵션을 마우스로 클릭합니다.

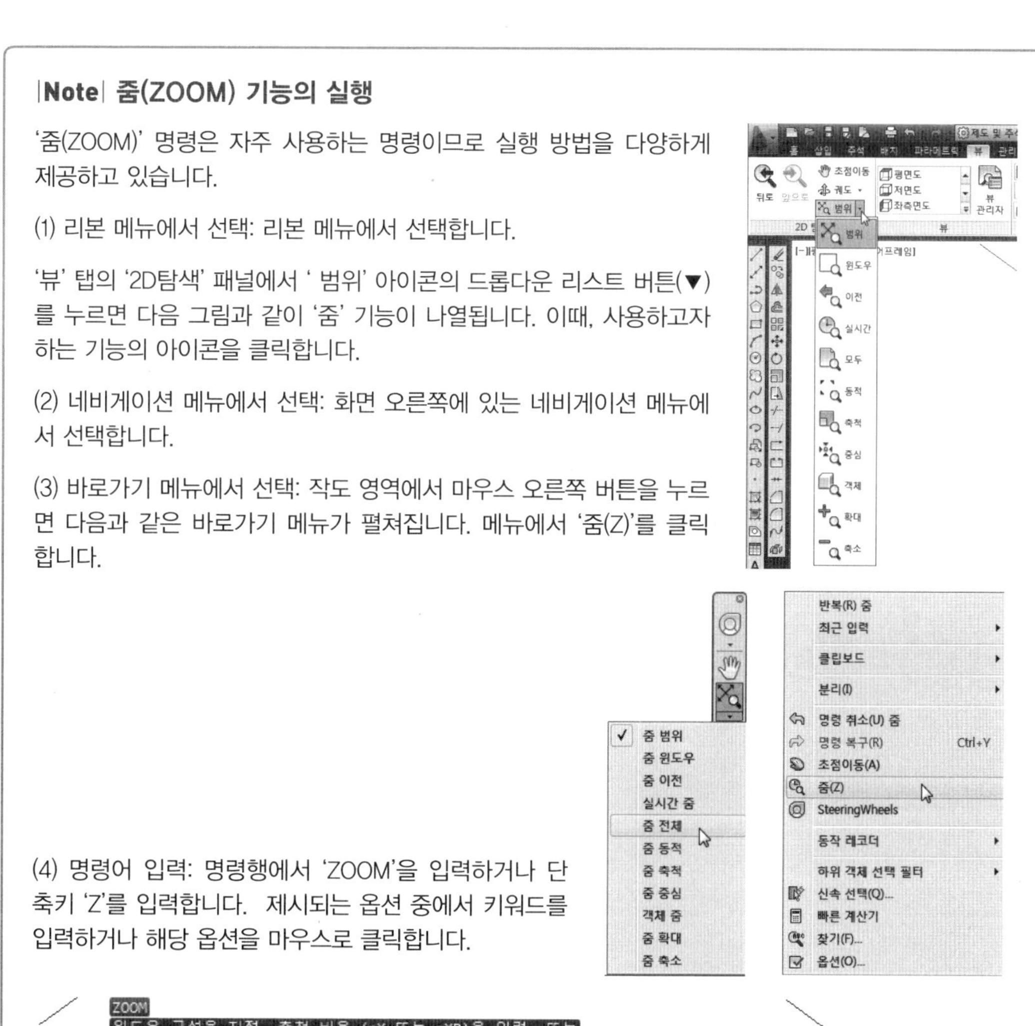

이번에는 일부분을 확대나 축소하는 '줌(ZOOM)' 명령과 '초점 이동(PAN)' 등 화면 조작 명령에 대해 알아보도록 하겠습니다. 우선 자주 사용하는 주요 기능만 살펴보고 나머지는 뒤에서 자세히 다루기로 하겠습니다. 앞의 실습 도면을 이용해 실습하도록 하겠습니다.

명령: ZOOM (단축키: Z)

메뉴 아이콘:

❶ 윈도우(W) 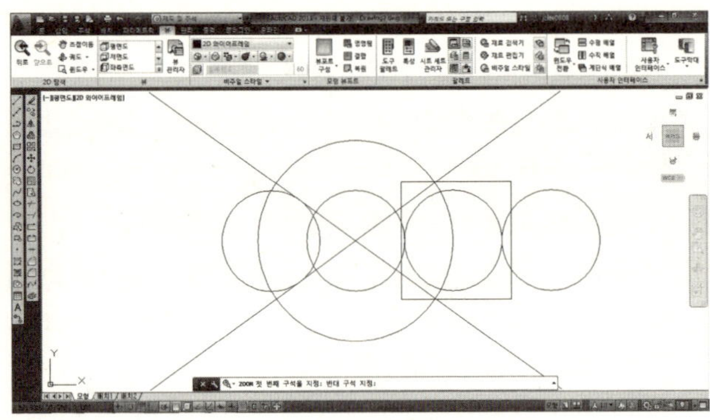 : 두 점으로 지정한 범위를 확대합니다.

'뷰' 탭의 '2D 탐색' 패널 또는 '뷰' 도구막대에서 을 클릭합니다.

또는 명령어 'ZOOM' 또는 단축키 'Z'를 입력합니다.

{윈도우 구석을 지정, 축척 비율 (nX 또는 nXP)을 입력, 또는 [전체(A)/중심(C)/동적(D)/범위(E)/이전(P)/축척(S)/윈도우(W)/객체(O)] 〈실시간〉:}에서 'W'를 입력합니다.

{첫 번째 구석을 지정:} 확대하고자 하는 범위의 첫 번째 점을 지정합니다.

{반대 구석 지정:} 확대하고자 하는 범위의 반대 구석의 한 점을 지정합니다.

다음 그림과 같이 지정한 두 점 사이의 범위가 확대됩니다.

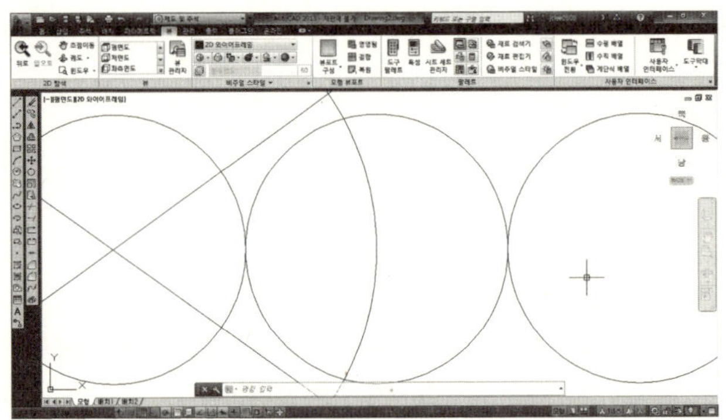

❷ 이전(P)  : 이전 화면으로 복원합니다.
'뷰' 탭의 '2D 탐색' 패널 또는 '뷰(V)' 도구막대에서 을 클릭합니다. 또는 명령어 'ZOOM' 또는 단축키 'Z'를 입력합니다.

{윈도우 구석을 지정, 축척 비율 (nX 또는 nXP)을 입력, 또는 [전체(A)/중심(C)/동적(D)/범위(E)/이전(P)/축척(S)/윈도우(W)/객체(O)] 〈실시간〉:}에서 'P'를 입력한 후 〈엔터〉 또는 〈스페이스 바〉를 누르면 이전 화면으로 되돌아갑니다.

❸ 범위(E) 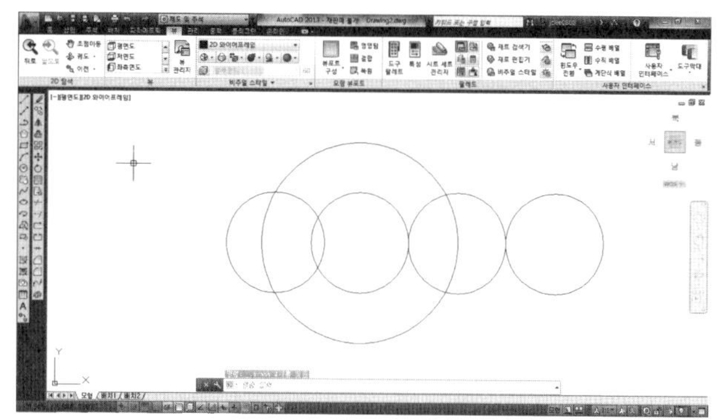 : 작도된 모든 객체를 화면에서 표시할 수 있는 최대 크기로 확대합니다.

줌 명령 실행에 앞서 '지우기(ERASE)' 명령으로 다음과 같이 두 대각선을 지웁니다.

'뷰' 탭의 '2D 탐색' 패널 또는 '뷰(V)' 도구막대에서 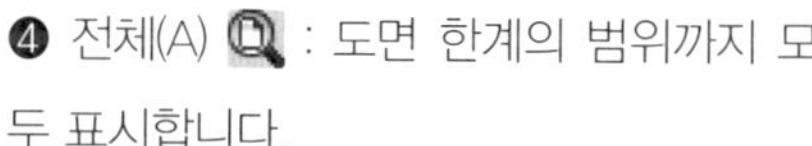을 클릭합니다.

또는 명령어 'ZOOM' 또는 단축키 'Z'를 입력합니다.

{윈도우 구석을 지정, 축척 비율 (nX 또는 nXP)을 입력, 또는 [전체(A)/중심(C)/동적(D)/범위(E)/이전(P)/축척(S)/윈도우(W)/객체(O)] 〈실시간〉:} 에서 'E'를 입력한 후 〈엔터〉 또는 〈스페이스 바〉를 클릭하면 작도된 객체가 화면 가득히 확대되어 표시합니다.

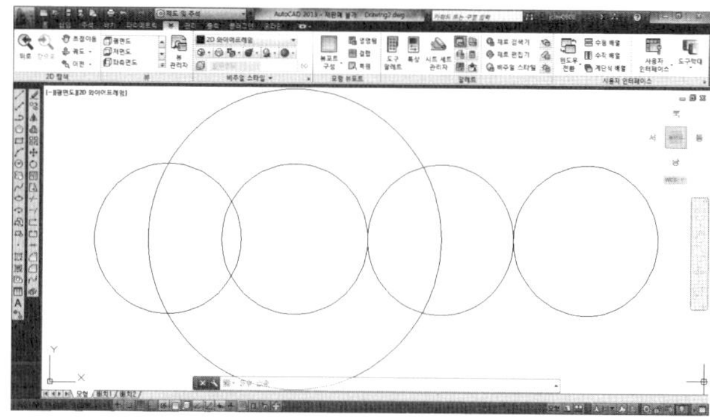

❹ 전체(A) 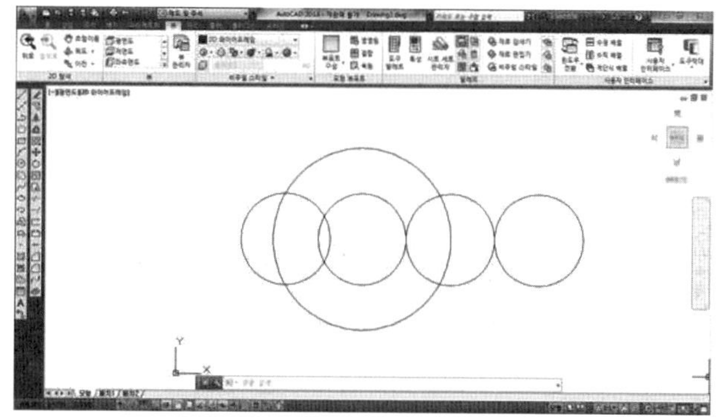 : 도면 한계의 범위까지 모두 표시합니다.

'뷰' 탭의 '2D 탐색' 패널 또는 '뷰(V)' 도구막대에서 을 클릭합니다.

또는 명령어 'ZOOM' 또는 단축키 'Z'를 입력합니다.

{윈도우 구석을 지정, 축척 비율 (nX 또는 nXP)을 입력, 또는 [전체(A)/중심(C)/동적(D)/범위(E)/이전(P)/축척(S)/윈도우(W)/객체(O)] 〈실시간〉:} 에서 'A'를 입력합니다. 도면의 범위 전체가 펼쳐집니다.

✍ TIP

작성된 객체가 도면 한계(LIMITS)를 넘어선 경우는 한계 범위를 벗어나 객체가 있는 모든 범위를 확대합니다.

❺ 객체(O) 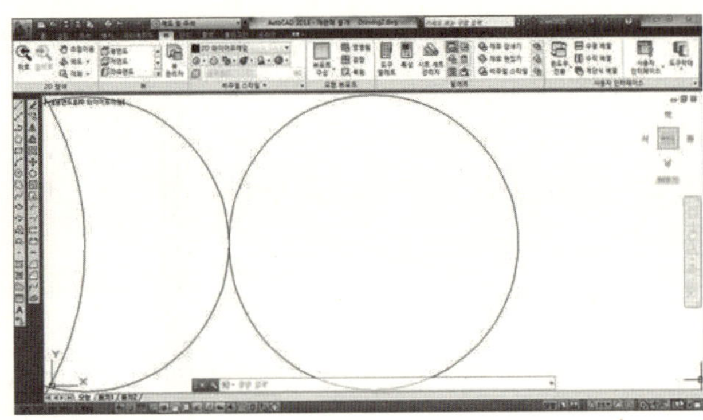 : 하나 이상의 선택된 객체를 화면 가득히 표시합니다.

'뷰' 탭의 '2D 탐색' 패널 또는 '뷰(V)' 도구 막대에서 ❻을 클릭합니다.

또는 명령어 'ZOOM' 또는 단축키 'Z'를 입력합니다.

{윈도우 구석을 지정, 축척 비율 (nX 또는 nXP)을 입력, 또는 [전체(A)/중심(C)/동적(D)/범위(E)/이전(P)/축척(S)/윈도우(W)/객체(O)] 〈실시간〉:} 에서 'O'를 입력합니다.

{객체 선택:} 에서 가장 오른쪽에 있는 원 객체를 선택합니다.

{객체 선택:} 에서 〈엔터〉 또는 〈스페이스 바〉를 눌러 객체 선택을 종료합니다. 다음 그림과 같이 선택한 객체(원)를 화면 가득히 확대하여 표시합니다.

❻ 실시간 줌(W) 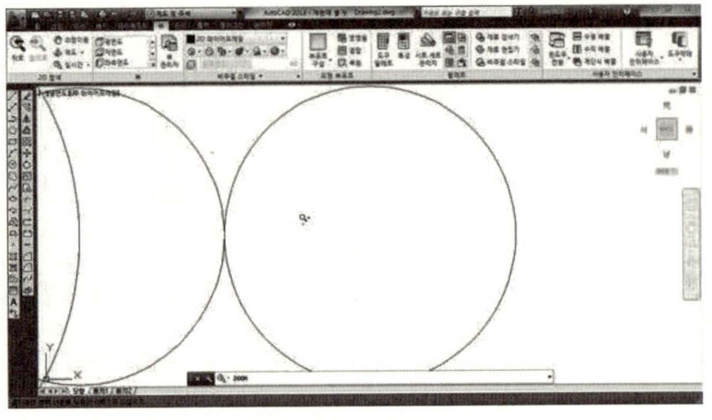 : 마우스의 드래그에 의해 화면을 확대/축소합니다.

'뷰' 탭의 '2D 탐색' 패널에서 ❻을 클릭합니다. 또는 명령어 'ZOOM' 또는 단축키 'Z'를 입력합니다.

{윈도우 구석을 지정, 축척 비율 (nX 또는 nXP)을 입력, 또는 [전체(A)/중심(C)/동적(D)/범위(E)/이전(P)/축척(S)/윈도우(W)/객체(O)] 〈실시간〉:} 에서 〈엔터〉를 누릅니다.

다음 화면과 같이 '+'와 '−'표시가 붙은 돋보기가 나타납니다.

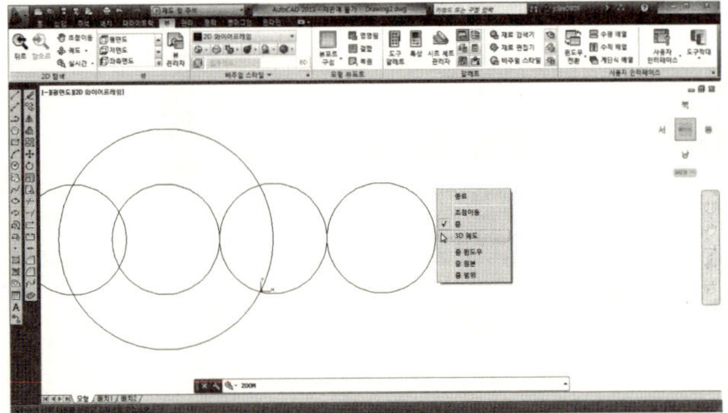

이때 '−'방향으로 드래그(마우스 왼쪽 버튼을 누른 채로 끌어당김)하면 축소되고, '+' 방향으로 드래그하면 화면이 확대됩니다.

왼쪽 버튼을 놓고 오른쪽 버튼을 누르면 바로가기 메뉴가 나타납니다. 바로가기 메뉴에서 원하는 화면 조작
(예: 줌 윈도우, 줌 범위 등)을 선택해 화면을 조정할 수 있습니다. 종료하려면 바로가기 메뉴에서 '종료'를 선택
하거나 〈ESC〉를 누릅니다.

❼ 초점 이동(PAN) : 화면의 초점을 이
동합니다.

'뷰' 탭의 '2D 탐색' 패널에서 을 클릭합
니다. 또는, 명령어 'PAN' 또는 단축키 'P'
를 입력합니다.

화면에 손바닥 마크가 나타납니다. 이때 마
우스를 드래그(마우스 왼쪽 버튼을 누른 채
로 끌고 감)하면 초점이 이동됩니다. 손바

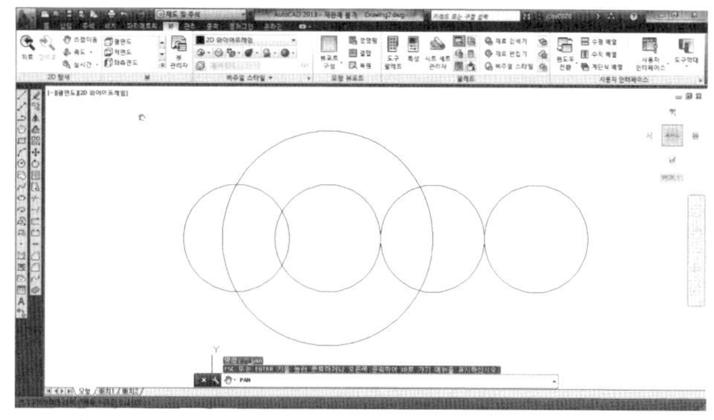

닥으로 도면을 밀듯이 초점이 이동합니다. 특정 방향에 한정하지 않고 자유롭게 이동할 수 있습니다.

마지막으로 종료하려면 〈엔터〉나 〈ESC〉를 누르면 됩니다. 또는, 실시간 줌과 동일하게 마우스 오른쪽 버튼을
눌러 바로가기 메뉴에서 '종료'를 클릭합니다.

5. 도면의 범위 설정

AutoCAD의 작업 공간은 무한대라 할 수 있습니다. 이 무한대의 공간에서 사용자가 필요로 하는 도면의 크기(영역)를 설정하는 방법에 대해 알아보겠습니다.

5-1. 도면의 범위를 설정하는 도면 한계(LIMITS)

'도면 한계(LIMITS)' 명령은 도면 작업을 위한 경계(범위)를 설정하며 그 한계검사 기능을 제어합니다. AutoCAD의 작업공간은 무한대라 할 수 있습니다. 우리가 작성하고자 하는 대상물(건축물, 기계 부품, 특정 지역 등)의 크기에 맞춰 작업 범위를 정해야 합니다. 도면의 범위를 정하는 것이 '도면 한계(LIMITS)' 명령입니다. 도면의 한계는 왼쪽 아래의 점과 오른쪽 위의 점을 대각선으로 지정하여 도면의 범위를 지정합니다.

❶ 명령어 'LIMITS'를 입력합니다.

❷ {모형 공간 한계 재설정: 왼쪽 아래 구석 지정 또는 [켜기(ON)/끄기(OFF)] 〈0.0000,0.0000〉:}에서 '0,0' 또는 〈엔터〉를 누릅니다. 즉, 왼쪽 아래 구석을 (0,0)으로 설정하는 것입니다.

❸ {오른쪽 위 구석 지정 〈420.0000,297.0000〉:}에서 '297, 210'(축척이 1:1이고, A4 용지의 경우)를 입력합니다. 화면에서 변화는 없지만 도면 범위가 A4용지(297 x 210) 크기로 설정되었습니다.

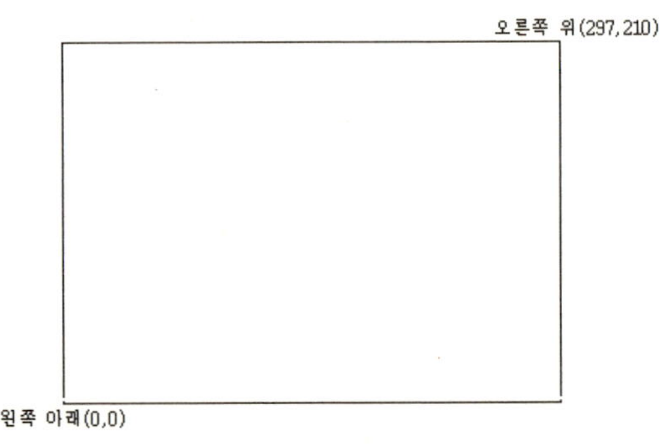

[옵션 설명]

{왼쪽 아래 구석 지정 또는 [켜기(ON)/끄기(OFF)] ⟨0.0000,0.0000⟩:}

(1) 켜기(ON): 한계 검사 기능을 켭니다. 도면의 경계를 넘어선 위치를 지정하거나 선택하면 '**외부 한계' 또는 '**Outside limits'라는 메시지를 표시하며 지정 또는 선택할 수 없도록 제한합니다. 즉, 도면 한계(LIMITS) 명령으로 지정한 범위 내에서만 도면을 작성할 수 있습니다.

(2) 끄기(OFF): 한계 검사 기능을 끕니다. 도면의 경계를 넘어서더라도 좌표의 지정과 선택을 할 수 있습니다. 즉, 도면 한계(LIMITS) 명령으로 지정한 범위 밖에서도 도면을 작성할 수 있습니다.

> **TIP**
>
> 도면 한계를 설정한 후에는 반드시 '줌(ZOOM)' 명령으로 '전체(A)' 화면이 되도록 해야 합니다. 그렇게 하지 않으면 지정된 도면 범위와 현재 표시된 범위가 일치하지 않아 작도된 객체가 보이지 않을 수 있습니다.
>
> 즉, 객체를 작성했다 하더라도 현재 표시된 화면에는 나타나지 않을 수 있기 때문에 '줌(ZOOM)' 명령으로 도면 전체를 펼쳐주어야 합니다.
>
> 명령: ZOOM 또는 🔍
>
> {윈도우 구석을 지정, 축척 비율 (nX 또는 nXP)을 입력, 또는
>
> [전체(A)/중심(C)/동적(D)/범위(E)/이전(P)/축척(S)/윈도우(W)/객체(O)] ⟨실시간⟩:} 에서 'A'를 입력합니다.
>
> '한계(LIMITS)' 명령으로 잡힌 도면의 범위 전체를 펼치는 옵션이 '전체(A)'입니다. 따라서, 옵션 'A'를 입력합니다.

> **|Note| 도면 한계의 확인**
>
> 지정된 도면의 범위를 알아보려면 '도면 한계(LIMIT)' 명령을 실행하여 현재 설정되어 있는 한계의 왼쪽 아래 점과 오른쪽 상단 끝점의 좌표를 알 수 있습니다.

[축척과 용지 크기에 따른 도면 범위]

AutoCAD에서는 일반적으로 실제 크기(치수)로 객체를 작성합니다. 앞에서도 언급했듯이 AutoCAD의 작업공간은 무한대라고 할 수 있습니다. 그러나 무한대의 도면을 작성할 수는 없을

것입니다. 우리가 출력하는 용지의 크기는 정해져 있기 때문입니다.

작성된 설계 대상물을 용지의 크기에 맞추는 개념이 축척(스케일)입니다. 실제 치수로 작도된 객체를 사용자가 출력하고자 하는 용지에 맞추는 것이 스케일입니다. 예를 들어, A1 용지의 크기는 (841 × 597) 입니다. 이 용지에 길이가 80,000(80m)인 크기의 건축물을 작성한다면 1/100의 스케일(축척)을 사용해야 합니다.

다시 한 번 정리하면, 대상 객체는 실제 치수로 작도하고 출력 시 축척(스케일)만큼 줄여서 출력하게 되는 것입니다. 따라서, 도면의 한계(범위)를 정할 때는 용지 크기에 스케일(축척) 값을 곱해서 나온 값으로 지정해야 합니다.

다음은 용지의 크기와 축척이 1/50일 경우와 1/100일 경우의 도면의 크기를 표시한 것입니다.

✚ 다음은 각 용지 크기와 축척에 따른 도면 한계

용지 명칭	용지 크기	1/50	1/100
A4	297×210	14850×10500	29700×21000
A3	420×297	21000×14850	42000×29700
A2	597×420	29850×21000	59700×42000
A1	841×597	42050×29850	84100×59700
A0	1184×841	59200×42050	118400×84100

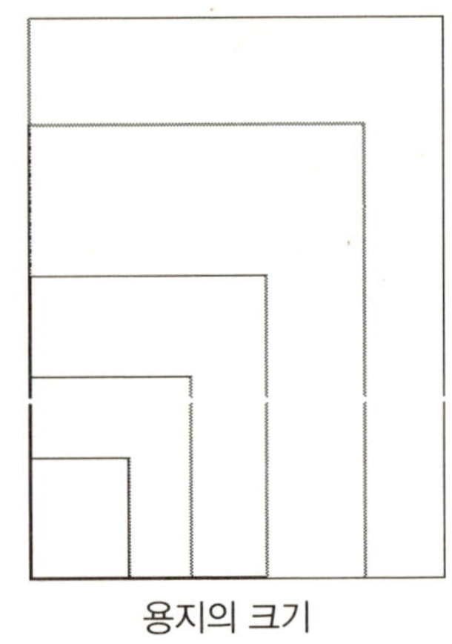

용지의 크기

5-2. 축척과 용지 크기를 지정한 도면 틀 작성(MVSETUP)

도면 축척과 용지의 폭과 높이를 입력하여 외곽 틀(직사각형)을 작성합니다. 축척과 용지 크기를 입력하면 용지 크기에 축척 배율을 곱해서 범위를 설정하고 테두리를 작성해주기 때문에 (용지 크기 × 스케일)의 계산을 하지 않고 테두리를 자동으로 작성하므로 편리하게 사용할 수 있습니다. '배치(Layout)'를 사용할 경우는 전체 배치에 맞는 단일 배치 뷰포트를 작성하거나 배치에 여러 개의 배치 뷰포트를 작성할 수 있습니다. 아직 배치에 대해 다루지 않은 단계이므로 '외곽 틀 작성'으로 이해하시기 바랍니다.

❶ 명령어 'MVSETUP'을 입력합니다.

❷ {도면 공간을 사용 가능하게 합니까?[아니오(N)/예(Y)]〈Y〉:}에서 'N'을 입력합니다. 도면 공간(배치)의 사용 여부를 묻는 것입니다. 도면 공간을 사용하려면 'Y'를 입력합니다. 아직까지 배치에 대해 학습하지 않았으므로 'N'를 입력하고 넘어갑니다.

❸ {단위 유형 입력[과학(S)/십진(D)/공학(E)/건축(A)/미터법(M)]:}에서 미터법인 'M'을 입력합니다. 사용할 단위를 지정합니다. 다음 그림과 같이 'AutoCAD 문자 원도우' 화면으로 바뀌면서 스케일(축척) 비율이 표시됩니다.

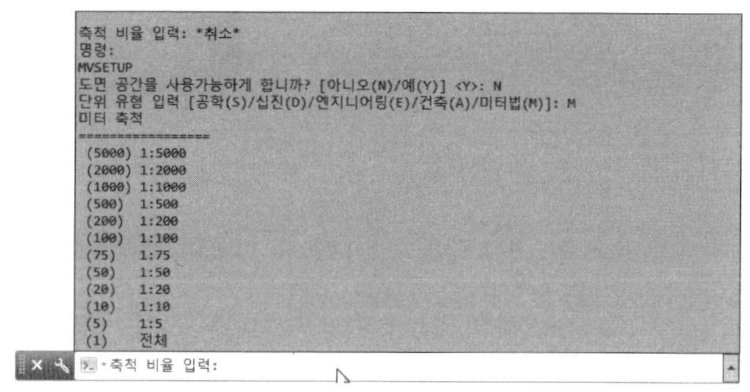

❹ {축척 비율 입력:} 이때 '50'(1:50의 경우)을 입력합니다.

❺ {용지 폭 입력:}에서 '297'(A4 용지의 경우의 폭)을 입력합니다.

❻ {용지 높이 입력:}에서 '210'(A4 용지의 경우의 높이)을 입력합니다.
다음 그림과 같이 축척(1:50)과 용지 크기(A4 용지)가 설정되어 외곽 테두리가 작성됩니다. 여기에서는 (297×50) = 14,850, (210×50) = 10,500으로 계산되어 자동으로 도면 한계(LIMITS)도 (14850, 10500)으로 설정됩니다.

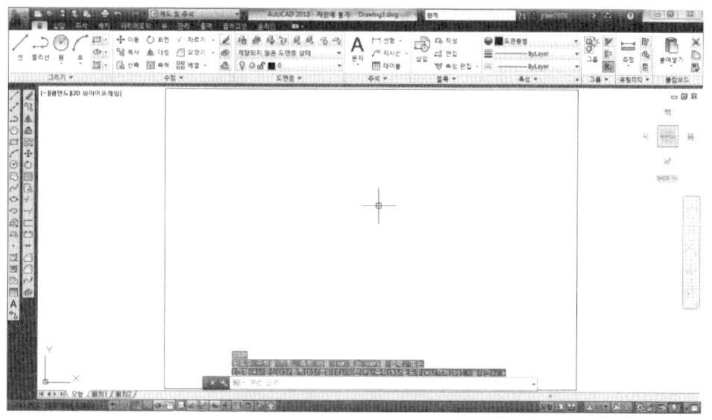

MVSETUP의 실행 결과 화면

|Note| 모형 공간과 도면(배치) 공간

AutoCAD는 모형 공간과 도면(배치) 공간을 제공하고 있습니다. 기본적으로 모형 공간에서 객체를 작성하여 도면(배치) 공간에서 출력하도록 되어 있습니다. 동일한 도면을 스케일을 달리하여 출력하거나 여러 방향에서 본 도면을 출력하고자 할 때 유용하게 사용됩니다. 그러나 2차원 도면에서 지정된 하나의 축척(스케일)만으로 출력하고자 할 때는 모형 공간에서 바로 출력해도 문제없습니다. 사용자가 2차원 도면의 경우는 대부분 모형 공간에서 객체를 작성하여 모형 공간에서 출력하고 있습니다.

모형 공간과 도면 공간의 구분은 작도영역의 하단에 있는 탭의 선택으로 지정합니다. AutoCAD를 기동하면 기본적으로 모형 공간이 설정됩니다.

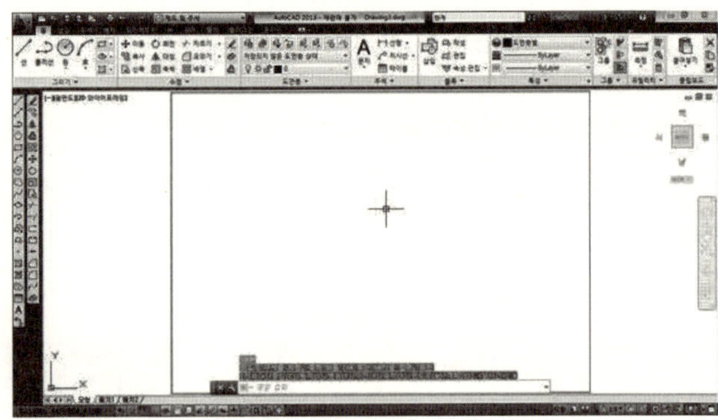

모형 공간

도면 작성 영역의 하단에 있는 탭에서 '배치1'을 클릭하면 다음과 같은 배치 공간이 펼쳐집니다.

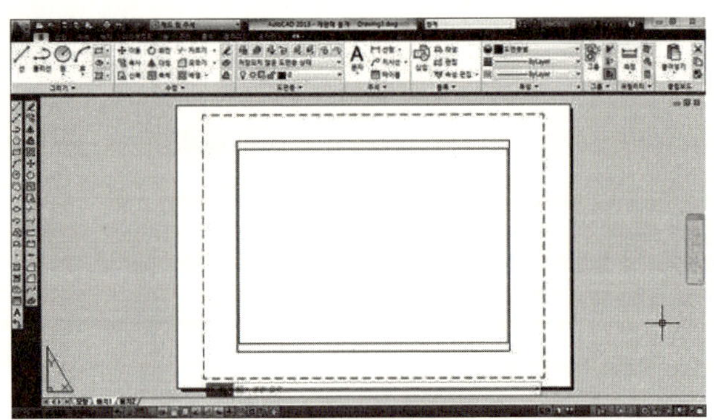

도면(배치) 공간

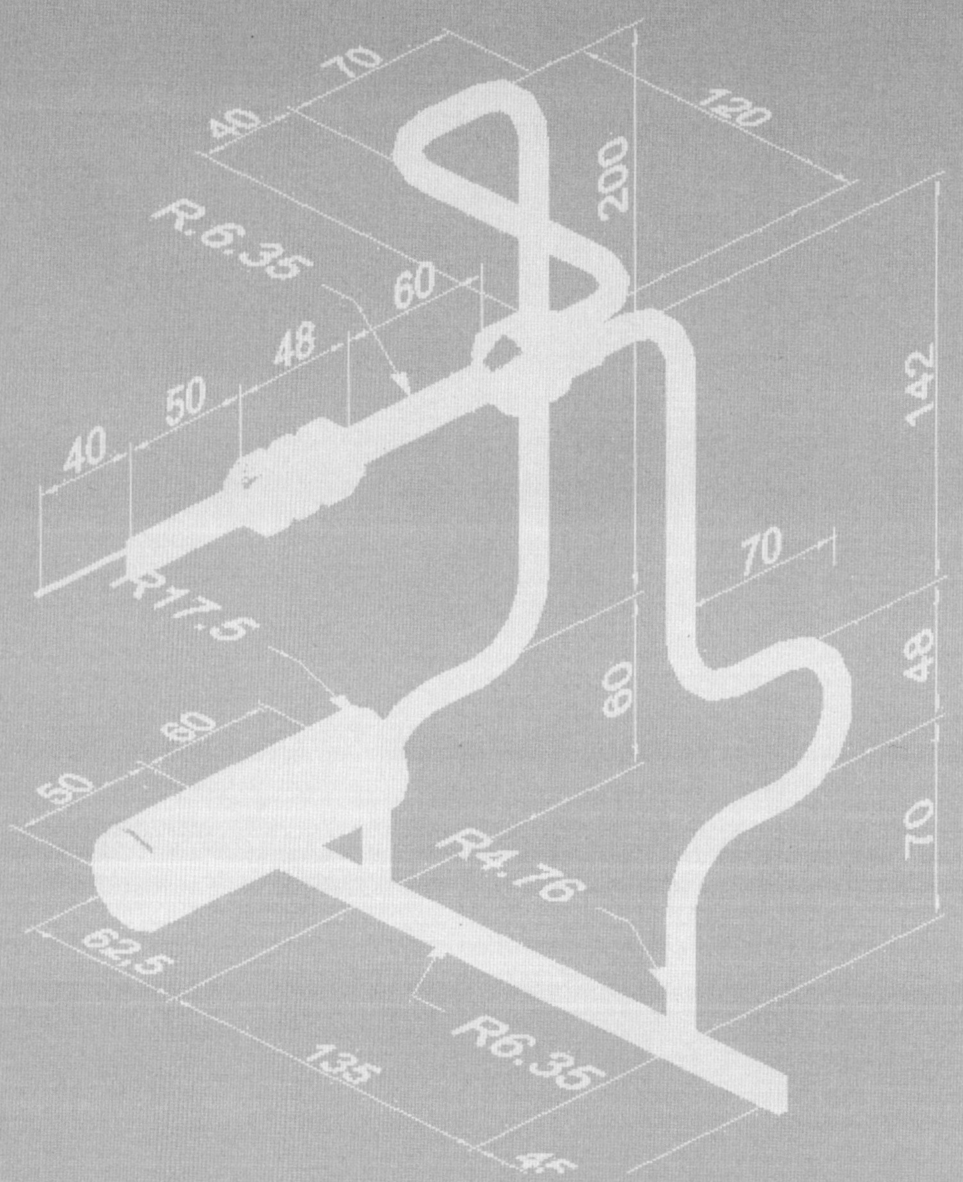

70
40
120
200
R.6.35
60
48
50
40
142
200
R17.5
70
60
60
50
R4.76
48
62.5
70
135
R6.35
45

AutoCAD 기초 지식

AutoCAD 기초 지식AutoCAD 조작을 위한 기초적인 내용을 학습하겠습니다. 조작을 위한 기초 지식이므로 충분히 이해하지 않으면 차후 명령어의 이해는 물론 조작하는데 어려움이 따르므로 확실하게 익혀두어야 합니다.

좌표를 지정하는 방법은 여러 방법이 있습니다만 여기에서는 대표적인 좌표지정 방법에 대해 알아보겠습니다.

1-1. 절대좌표 지정

항상 고정된 좌표입니다. X축과 Y축의 교차점인 원점 (0,0)을 기준으로 하여 지정하고자 하는 위치의 좌표 X 및 Y 값을 알 수 있는 경우에 절대좌표를 이용하여 지정합니다. 원점을 기준점으로 하여 '#X,Y,Z' 형식으로 좌표의 위치를 표현하며 원점은 (0,0,0)으로 고정되어 있습니다. 2차원 도면에서는 Z값을 생략하여 '#X, Y'만 입력해도 됩니다.

TIP

화면 하단의 상태막대에서 입력 모드가 '동적 입력(DYN)' 모드로 설정된 경우(ON)에는 좌표 값 앞에 반드시 '#'을 붙여 '#X,Y,Z'의 형식으로 입력해야 합니다. '#'을 붙이지 않으면 상대좌표 지정이 됩니다. 그러나 '동적 입력(DYN)'이 꺼진 상태(OFF)에서는 '#' 기호를 붙이지 않고 'X,Y,Z' 형식으로 입력합니다.

다음 그림은 절대좌표 (10, −10)에서 시작하여 '40x50'인 사각형입니다. P1, P2, P3, P4의 절대좌표는?

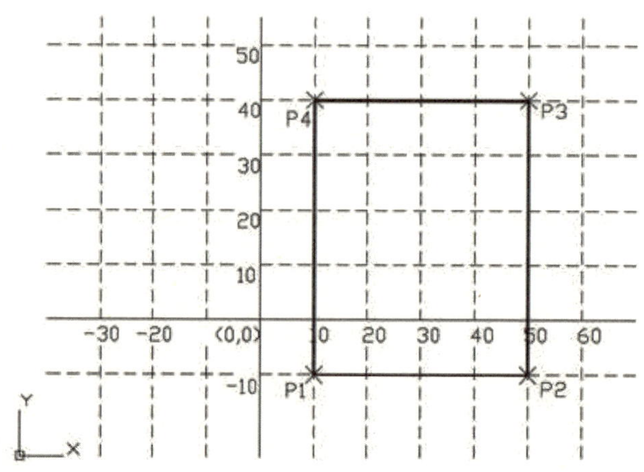

가로(X), 세로(Y) 방향의 좌표(모눈) 값을 그대로 읽으면 됩니다.

구 분	절대좌표	비 고
P1	(10, −10)	X = 10, Y = −10
P2	(50, −10)	X = 50, Y = −10
P3	(50, 40)	X = 50, Y = 40
P4	(10, 40)	X = 10, Y = 40
P1	(10, −10)	원래 좌표인 (10, −10)으로 연결

|Note| 절대 좌표를 확인하는 'ID'

특정한 점에 대한 좌표를 알고 싶을 때는 명령어 'ID'를 입력합니다.

{점 지정:}에서 확인하고자 하는 좌표를 지정합니다. 다음과 같이 (X, Y, Z) 값을 표시합니다.

{X = 173.7526   Y = 61.5586   Z = 0.0000}

1-2. 상대좌표 지정

상대좌표는 현재 점(또는 마지막으로 입력된 점)을 기준으로 X, Y방향으로 얼마만큼 떨어져 있는가(변위량)를 표현한 좌표입니다. 즉, 어떤 기준점(또는 현재 점)이 있고 그 기준점으로부터 변화량을 알 수 있는 경우에 상대좌표를 이용하여 지정합니다.

입력 형식은 앞에 '@' 기호를 붙이고 (X, Y, Z)의 변위 값을 입력합니다. 즉, '@X,Y,Z'형식입니다. 상대좌표는 동일한 값이라도 기준 점(현재 점)이 어디냐에 따라 다른 좌표를 지정합니다. 예를 들어, 상대좌표 지정을 '@3,4,0'으로 지정한 경우는 기준점이 (0,0,0)인 A점과 기준점이 (1,1,0)인 B점은 서로 다른 좌표가 됩니다.

앞의 그림의 사각형을 상대좌표로 알아보겠습니다. 절대좌표 (10, 10)에서 시작하여 '40x50'인 사각형입니다. P1, P2, P3, P4의 상대좌표는?

현재 위치로부터 X축과 Y축으로 얼마만큼 이동했는지를 계산합니다.

구 분	상대좌표	비 고
P1	(10, -10)	절대좌표(X = 10, Y = -10)
P2	(@40, 0)	P1으로부터 X축으로 40, Y축으로 10
P3	(@0, 50)	P2로부터 X축으로 0, Y축으로 50
P4	(@-40, 0)	P3으로부터 X축으로 -40, Y축으로 0
P1	(@0, -50)	P4로부터 X축으로 0, Y축으로 -50

1-3. 상대극좌표 지정

상대극좌표는 각도와 거리로 좌표를 지정합니다. 현재 점(마지막으로 입력된 점)으로부터 지정 각도 방향으로 얼마만큼의 거리에 있느냐(변위량)를 표현한 좌표입니다. 상대좌표와 마찬가지로 이전 점(현재 점)과 관련하여 각도와 거리를 알 수 있는 경우는 상대극좌표를 사용합니다.

입력 형식은 앞에 '@'를 붙이고 '거리〈각도' 값을 입력합니다. 즉, '@거리〈각도'입니다. 상대극좌 표는 상대좌표와 마찬가지로 동일한 값을 지정했다 하더라도 기준 점(현재 점)이 어디냐에 따라 다 른 위치를 지정하게 됩니다.

절대좌표 (10, 10)에서 시작하여 한 변의 길이가 '40x50'인 사각형입니다. P1, P2, P3, P4의 상 대극좌표는?

현재 위치로부터 어느 각도로 얼마만큼 이동했는지를 계산합니다.

구 분	상대좌표	비 고
P1	(10, -10)	절대좌표(X = 10, Y = -10)
P2	(@40⟨ 0)	P1으로부터 0도 방향으로 40만큼 이동
P3	(@50⟨ 90)	P2로부터 90도 방향으로 50만큼 이동
P4	(@40⟨ 180)	P3으로부터 180도 방향으로 40만큼 이동
P1	(@50⟨270)	P4로부터 270도 방향으로 50만큼 이동

1-4. 포인팅 디바이스(Pointing device)에 의한 지정

마우스, 디지타이저의 퍽이나 스타일러스 펜 등으로 특정 위치를 지정하는 방법입니다. 가장 많

이 사용하는 것은 마우스입니다. 빈 공간의 좌표를 지정할 수도 있지만 객체의 특정한 위치(객체
스냅: 끝점, 중간점, 중심점, 교차점 등)를 지정할 수도 있습니다.

> **|Note| 객체스냅(OSNAP)**
>
> 객체스냅(Object Snap)은 객체의 특정한 좌표를 지정하는 기능을 말합니다. 예를 들어, 선의 끝점이나
> 중간점, 원의 중심점이나 사분점, 선과 선 또는 원이 만나는 교차점, 수직으로 만나는 수직점 등을 말합
> 니다.
>
> 예를 들어, 선분의 끝점에 원을 그리고자 할 때는 객체스냅 기능을 이용하여 선의 끝점을 지정해야 합
> 니다. 우리가 마우스를 이용해 아무리 정밀한 위치를 지정한다고 해도 정확한 점을 찾을 수는 없습니다.
> 이때, 객체스냅 기능을 이용하여 정확한 점을 찾아냅니다. 객체스냅은 뒤에 '객체스냅' 단원에서 자세히
> 다루도록 하겠습니다.

[실습 예제 1] 다음과 같은 도면(글로브 밸브)을 작도합니다.

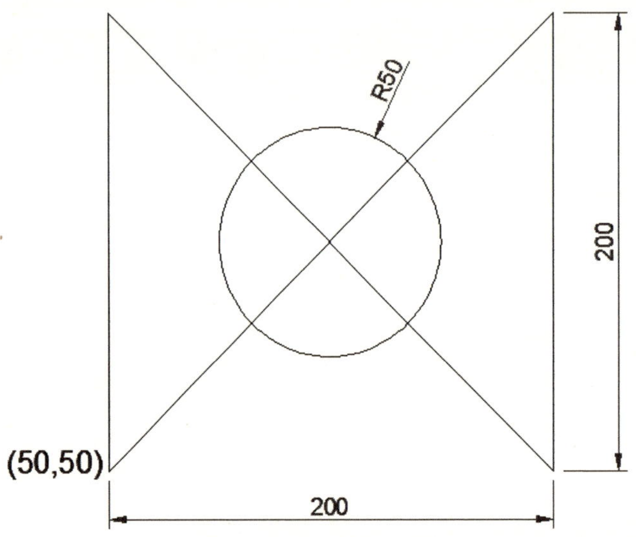

[실습 예제 2] 다음과 같은 도면(V블록)을 작도합니다 .

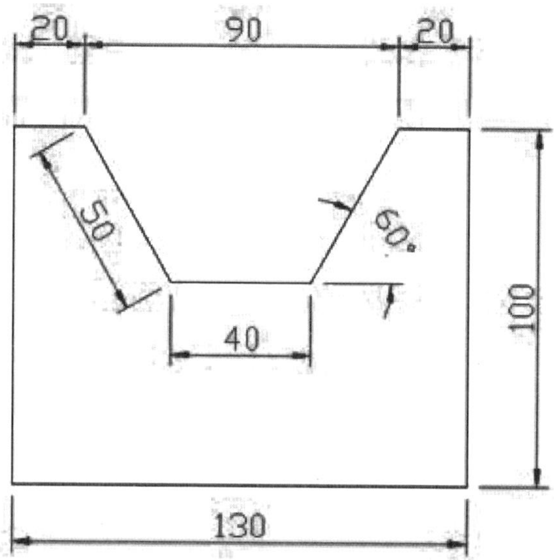
20
90
20
50
60°
40
100
130

[실습 예제 3] 다음과 같은 도면을 작도합니다.

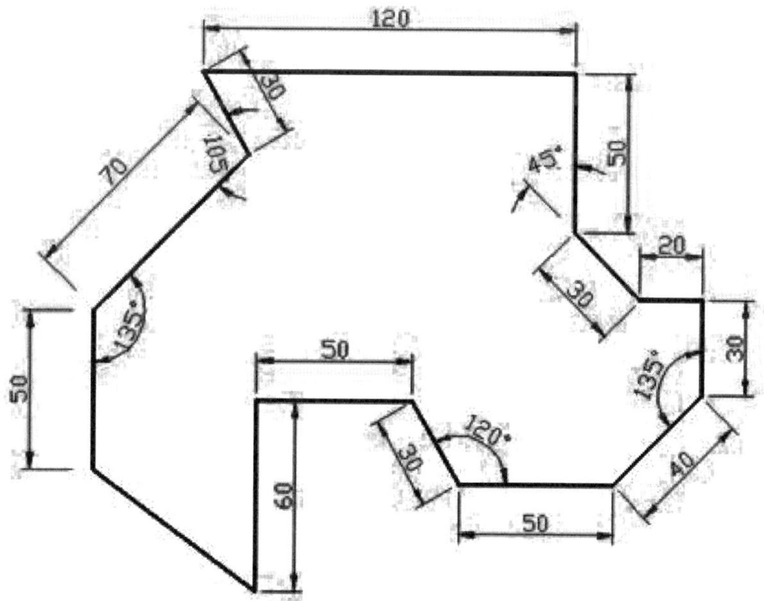
120
30
105
70
45°
50
20
30
135°
50
135°
30
50
69
30
120°
40
50

2. 그리기 도구

그리기 도구는 AutoCAD 화면 하단의 상태막대 영역에 있습니다. 앞에서 학습한 기초 명령을 이용하여 설명하겠습니다.

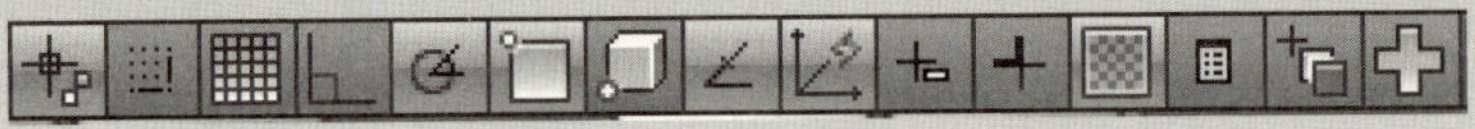

2-1. 스냅(SNAP)과 그리드(GRID)

도면에 개략적인 위치나 방향을 알 수 있게 하기 위해 작도 영역에 일정 간격의 모눈을 표시할 수 있습니다. 이 모눈을 통해 도면의 구도나 배치를 효율적으로 조정할 수 있습니다. 또, 커서(마우스)의 이동도 일정한 간격으로 제어하여 도면작업의 효율화를 꾀할 수 있습니다.

01. 스냅 및 그리드(모눈) 설정 대화상자를 열어 스냅과 모눈을 설정합니다.

스냅과 모눈을 설정하기 위해 설정 대화 상자를 엽니다. 마우스를 하단의 그리기 도구에 있는 '스냅' 또는 '그리드' 버튼에 맞추고 오른쪽 버튼을 누르면 다음과 같이 '설정(S)'이 나타납니다.

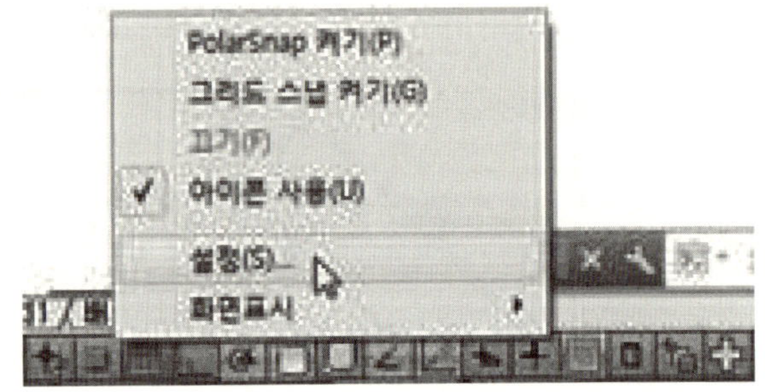

이때 '설정(S)'을 클릭하면 다음과 같은 대화상자가 표시됩니다.

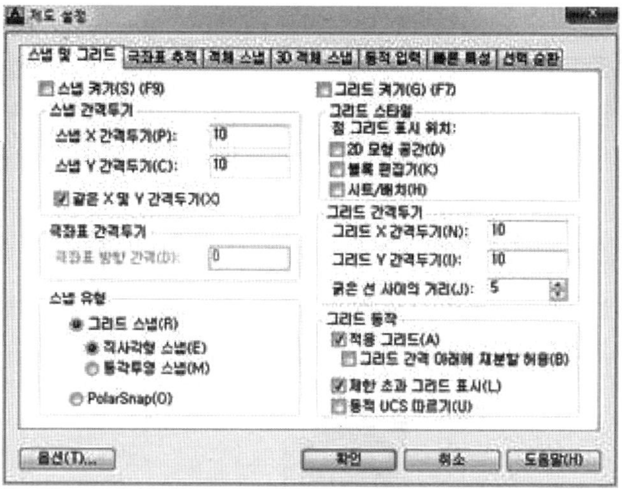

스냅 및 그리드 설정 대화상자

02. 따라 하기

다음의 따라 하기 실습을 통해 스냅과 그리드를 확실히 이해하시기 바랍니다. 다음 그림과 같은
십자 모양을 작도해보도록 하겠습니다.

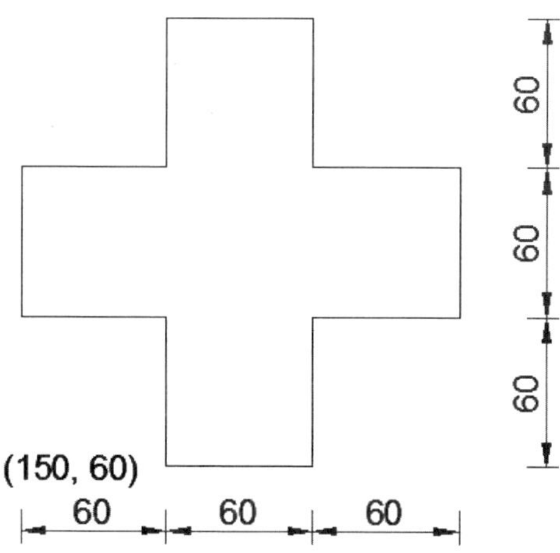

❶ 도면의 한계를 정하고 화면 전체를 펼칩니다.

{명령:}에서 'LIMITS'를 입력한 후 〈엔터〉를 누릅니다.

{모형 공간 한계 재설정: 왼쪽 아래 구석 지정 또는 [켜기(ON)/끄기(OFF)] 〈0.0000,0.0000〉:}에서 〈엔터〉 〈스페이스 바〉를 누릅니다.

{오른쪽 위 구석 지정 〈420.0000,297.0000〉:}에서 '420,297' 를 입력한 후 〈엔터〉를 누릅니다. (A3 용지의 경우, 〈 〉안의 값이 '420.0000, 297.0000'인 경우는 〈엔터〉를 누릅니다.)

명령: ZOOM 또는 🔍 **{윈도우 구석을 지정, 축척 비율 (nX 또는 nXP)을 입력, 또는 [전체(A)/중심(C)/동적(D)/범위(E)/이전(P)/축척(S)/윈도우(W)/객체(O)] 〈실시간〉:}**에서 'A'를 입력합니다.

❷ 마우스를 그리기 도구의 '스냅 🔲' 또는 '그리드 🔳'에 맞추고 오른쪽 버튼을 눌러 '설정(S)'을 클릭합니다.

스냅과 그리드의 X, Y 간격을 '30'으로 설정하도록 하겠습니다. 대화상자에서 다음 그림과 같이 설정합니다. '스냅 켜기'와 '그리드 켜기'를 체크하고 '스냅 X, Y 간격두기'를 '30', '그리드 X, Y 간격두기'를 '30'으로 설정한 후 [확인]을 클릭합니다.

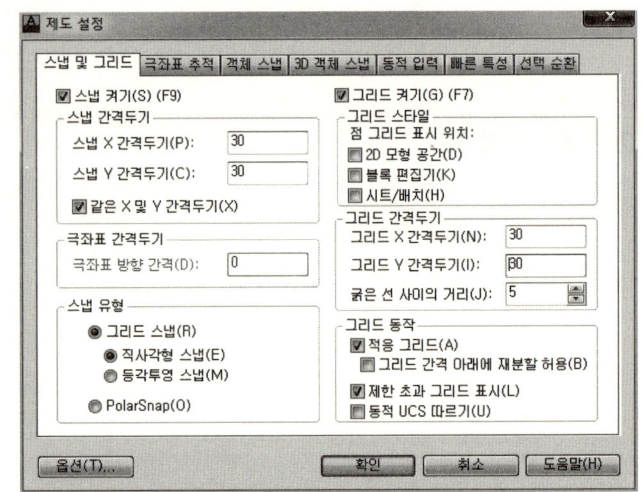

> ✏️ **TIP**
>
> '10'단위로 설정해도 무방하지만 그만큼 모눈이 많아지고 이동할 때 카운트도 많이 해야 하기 때문에 '30'으로 설정했습니다. 여기에서는 한 칸의 간격이 '60'이므로 '60'으로 설정하면 더욱 간단히 지정할 수 있습니다. 간격의 설정은 사용자가 작업 도면에 맞게 설정합니다

❸ 작도 영역에 간격이 '30'인 그리드(모눈) 선이 나타납니다. 그리고 마우스를 움직여 보면 '30' 간격으로 표시된 점을 따라 끊어지듯 움직입니다.

❹ '선(LINE)' 명령을 실행합니다. 명령어 'LINE' 또는 단축키 'L'을 입력하거나 '홈' 탭의 '그리기' 패널 또는 '그리기' 도구막 대에서 ✏를 클릭합니다.

{첫 번째 점 지정:}에서 '150, 60'을 입력 합니다.

{다음 점 지정 또는 [명령 취소(U)]:}에 서 0도 방향(3시 방향)으로 모눈의 두 칸 (한 칸이 '30'이므로 '60'이면 두 칸)만큼 진행하여 클릭합니다. 다음 그림과 같이 선이 작도됩니다.

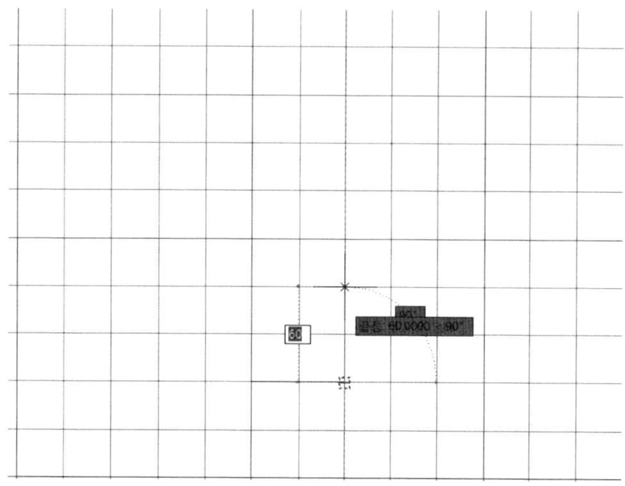

❺ **{다음 점 지정 또는 [명령 취소(U)]:}** 에서 90도 방향(12시)으로 두 칸을 진행하 여 클릭합니다.

{다음 점 지정 또는 [닫기(C)/명령 취소 (U)]:}에서 0도 방향(3시)으로 두 칸을 진 행하여 클릭합니다. 다음 그림과 같이 선 이 작도됩니다. '구속조건 추론'이 켜져 (ON)있으면 다음과 같이 구속조건 아이콘 이 나타납니다.

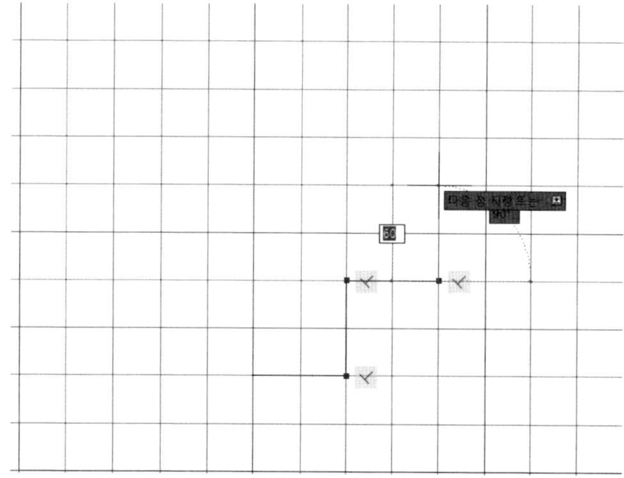

❻ {다음 점 지정 또는 [닫기(C)/명령
취소(U)]:}에서도 차례로 두 칸씩 지정하
여 십자 모양을 완성합니다.
다음 그림과 같이 십자 모양이 작도됩니
다. 다음 그림은 이해를 돕기 위해 그리드
선을 표시하지 않은 경우(OFF)입니다.

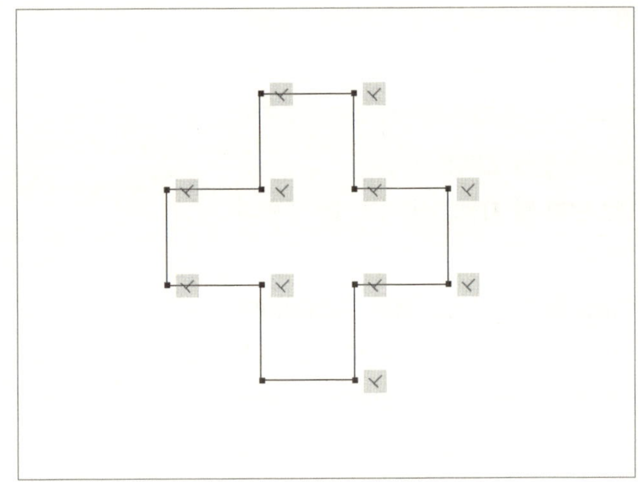

2-2. 수직과 수평으로 제어하는 직교(ORTHO) 모드

직교 모드는 마우스 포인터(커서)의 이동을 수평 또는 수직으로만 제한합니다. 직교 모드를 켠
(ON) 상태에서 커서를 이동하면 고무줄(러버 밴드) 선이 수평축이나 수직축 중 커서에 가까운 쪽
을 따라 이동합니다.

그리기 도구에서 '직교▣'를 클릭하면 켜집니다. 다시 한 번 클릭하면 꺼집니다. 또, 기능 키 〈F8〉
에 의해 켜거나 끌 수도 있습니다.

직교 모드를 켜고(ON), 선 명령(LINE)을 실행하여 첫 번째 점을 찍고 난 후 {다음 점 지정 또는
[명령 취소(U)]:}에서 마우스를 움직여보면 다음 그림과 같이 커서는 위쪽에 있지만 선은 수평으로
만 움직입니다. 즉, 직교(수직, 수평) 방향으로만 움직입니다.

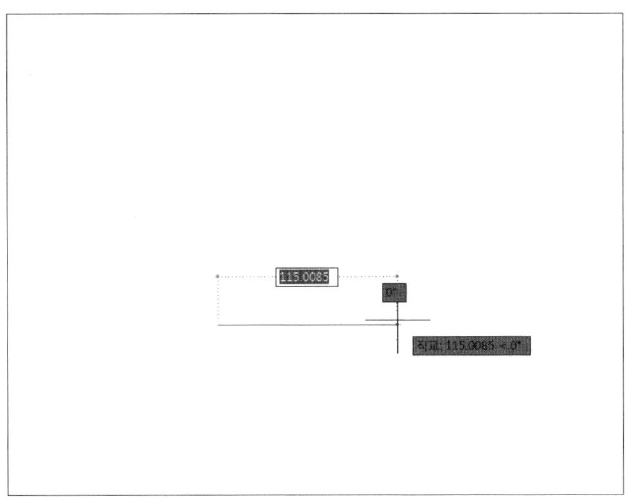

직교 모드가 켜진 경우

직교 모드가 켜져 있는 상태에서는 직접 거리를 입력하여 지정된 길이의 수평선이나 수직선을 작도하거나 객체를 지정된 거리만큼 수직 또는 수평으로 이동할 때 편리합니다.

다음의 실습을 통해 직교 모드에 대해 이해하도록 합니다. 직교 모드를 이용해 기준점 (50,50)에서 다음 그림과 같은 계단을 작도해보겠습니다.

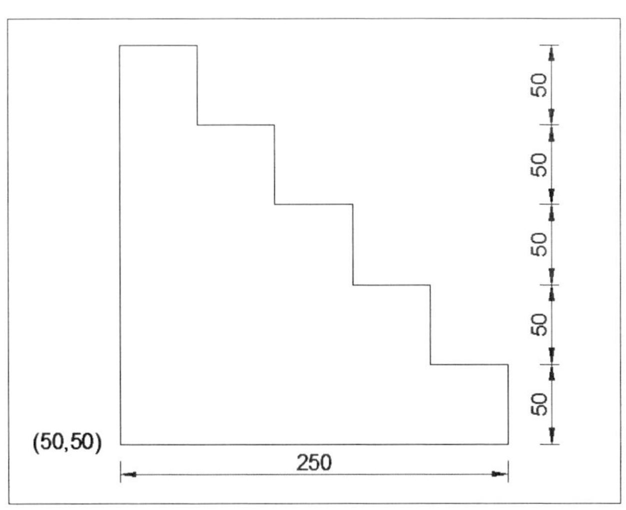

❶ 도면의 한계를 정하고 화면 전체를 펼칩니다.

{명령:}에서 'LIMITS'를 입력한 후 〈엔터〉를 누릅니다.

{모형 공간 한계 재설정: 왼쪽 아래 구석 지정 또는 [켜기(ON)/끄기(OFF)] 〈0.0000,0.0000〉:}에서 〈엔터〉를 누릅니다.

{오른쪽 위 구석 지정 〈420.0000,297.0000〉:}에서 '420,297'을 입력한 후 〈엔터〉를 누릅니다. (A3 용지의 경우, 〈 〉안의 값이 '420.0000, 297.0000'인 경우는 〈엔터〉를 누릅니다.)

{명령:} ZOOM 또는 🔍

{윈도우 구석을 지정, 축척 비율 (nX 또는 nXP)을 입력, 또는

[전체(A)/중심(C)/동적(D)/범위(E)/이전(P)/축척(S)/윈도우(W)/객체(O)] 〈실시간〉:}에서 'A'를 입력합니다.

❷ '스냅', '그리드'를 끕니다.(OFF)

기능키 〈F8〉을 누르거나 상태막대에서 '직교 ▦'를 눌러 직교 모드를 켭니다.

❸ 선(LINE) 명령을 실행합니다. 명령어 'LINE' 또는 단축키 'L'을 입력하거나 '홈' 탭의 '그리기' 패널 또는 '그리기' 도구막대에서 ◢를 클릭합니다.

{첫 번째 점 지정:}에서 '50,50'을 입력합니다.

{다음 점 지정 또는 [명령 취소(U)]:}에서 다음 그림과 같이 커서를 X축 방향(0도 방향)으로 맞춘 후 '250'을 입력합니다.

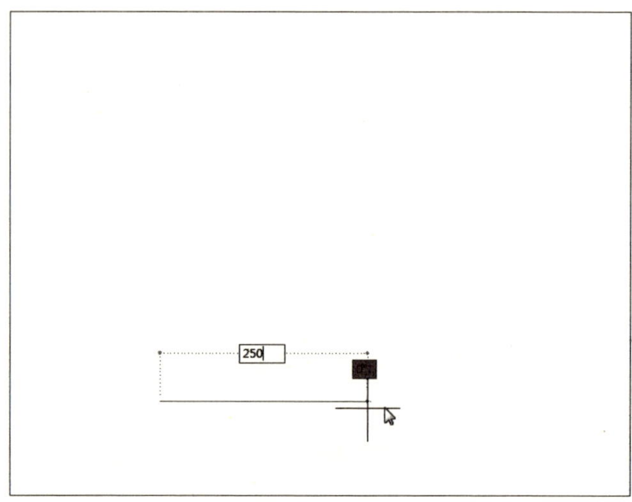

❹ X축(0도) 방향으로 길이가 '250'인 선
이 작도됩니다.

{다음 점 지정 또는 [명령 취소(U)]:}에
서 Y축(90도 방향)으로 맞춘 후 '50'을 입
력합니다.

{다음 점 지정 또는 [닫기(C)/명령 취
소(U)]:}에서 −X축(180도 방향) 방향으
로 맞춘 후 '50'을 입력합니다. 다음 그림
과 같이 작도됩니다.

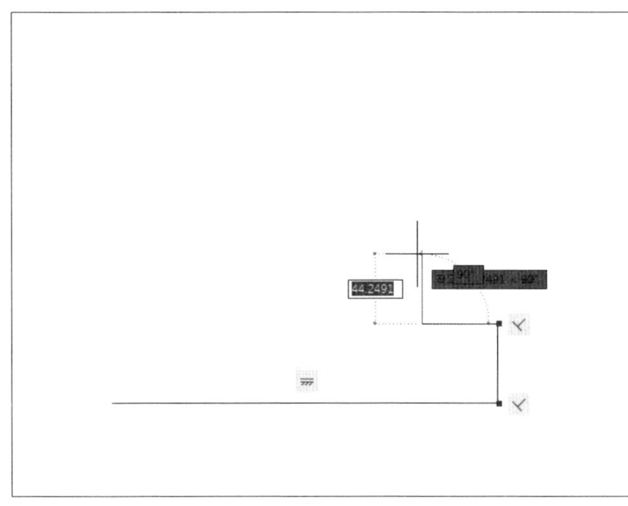

❺ {다음 점 지정 또는 [닫기(C)/명령
취소(U)]:}에서 Y축(90도 방향)으로 맞춘
후 '50'을 입력합니다. {다음 점 지정 또
는 [닫기(C)/명령 취소(U)]:}에서 −X축
의 방향(180도 방향)으로 맞춘 후 '50'을
입력합니다. 동일한 방법으로 다음 그림
과 같이 차례로 계단을 작도합니다.

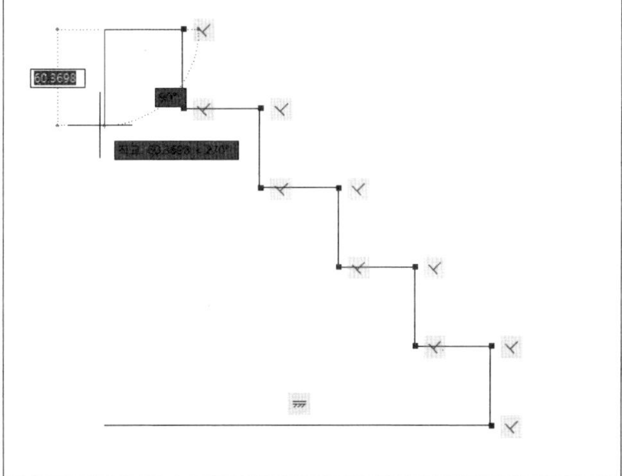

❻ {다음 점 지정 또는 [닫기(C)/명령 취소(U)]:}에서 닫힌 도형으로 하기 위해 'C'를 입력합니다. 다음 그림과 같이 수직, 수평 길이가 '50'인 계단이 완성됩니다.

이 좌표 지정 방법은 각도와 길이로 지정하는 '상대 극좌표' 지정에 해당됩니다.

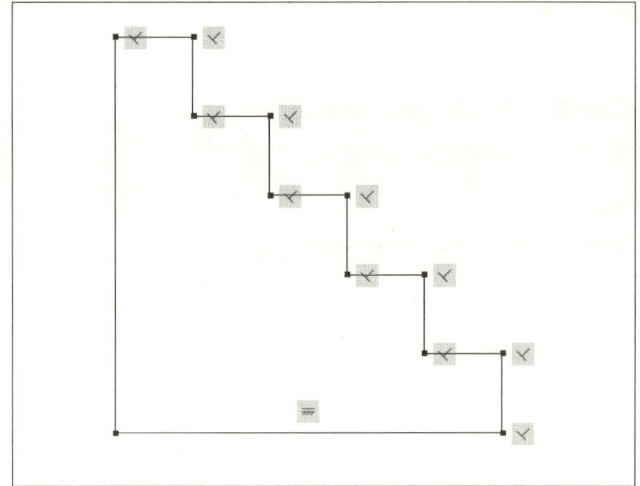

2-3. 각도를 추적하는 극좌표 추적(Polar Tracking)

직교 모드는 수직, 수평으로 제어하는데 반해 극좌표 추적은 길이와 각도(방향)를 지정해 지정한 각도선상의 좌표나 길이를 지정할 수 있는 기능입니다. 좌표 지정 방법에서 학습한 극좌표(거리〈각도)를 추적하는 기능입니다. 극좌표 추적 기능을 이용해 마름모꼴을 작도해보도록 하겠습니다.

01. 극좌표 추적의 설정

극좌표 각도 증분을 따라 추적하거나 사용자가 각도를 지정할 수 있습니다. 각도의 설정은 다음과 같습니다. 마우스를 '극좌표 추적하기 ◙'에 맞추고 오른쪽 버튼을 클릭하면 다음과 같은 메뉴가 나타납니다. 이때, 설정하고자 하는 각도가 목록(90, 60, 45, 30, 22.5, 18, 15, 10, 5도)에 있으면 해당 각도를 선택하여 클릭합니다.

해당 각도가 없을 경우에는 '설정(S)'을 클릭합니다. '극좌표
추적하기' 대화상자가 표시됩니다.

02. 극좌표 추적 따라 하기

극좌표 추적 기능을 이용하여 한 변의 길이가 '100'인 마름모꼴을 작도해보도록 하겠습니다. 먼
저, 앞에서 학습한 방법으로 극좌표 추적 설정에서 각도 증분을 '45'로 설정합니다. 도면 범위 설정
은 앞에서 학습한 설정 방법으로 설정합니다.

❶ '선(LINE)' 명령을 실행합니다. 명령어 'LINE' 또는 단축키 'L'을 입력하거나 '홈' 탭의 '그리기' 패널 또는 '그
리기' 도구막대에서 를 클릭합니다.
{첫 번째 점 지정:} 에서 시작 점 '150,100'을 입력합니다.

❷ {다음 점 지정 또는 [명령 취소(U)]:}에
서 커서를 천천히 시계방향으로 돌립니
다. 커서를 돌리다가 설정한 극좌표 각도
(45도) 가까이 접근하면 다음 그림과 같
이 추적선(점선으로 표시됨)과 툴팁이 표
시됩니다. 이 툴팁에는 극좌표(각도와 길
이)가 표시됩니다. 45도가 추적된 상태에
서 길이 '100'을 입력합니다.

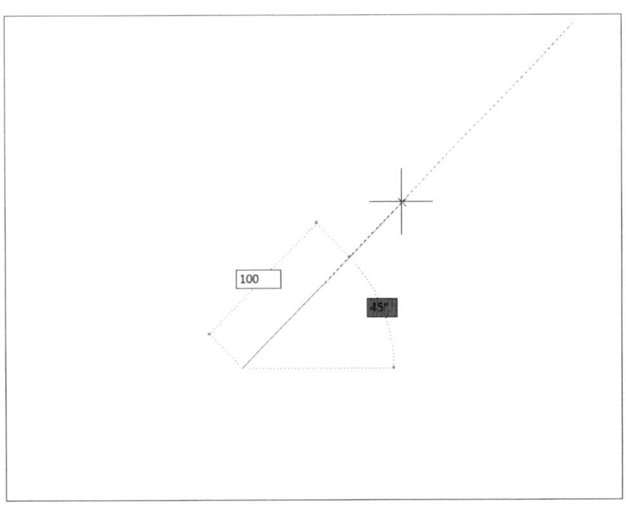

❸ 다음 그림과 같이 45도 방향으로 길이가 '100'인 선이 작도됩니다. {다음 점 지정 또는 [명령 취소(U)]:}에서 다시 135도 방향으로 커서를 이동하여 135도 추적선이 나타나면 '100'을 입력합니다.

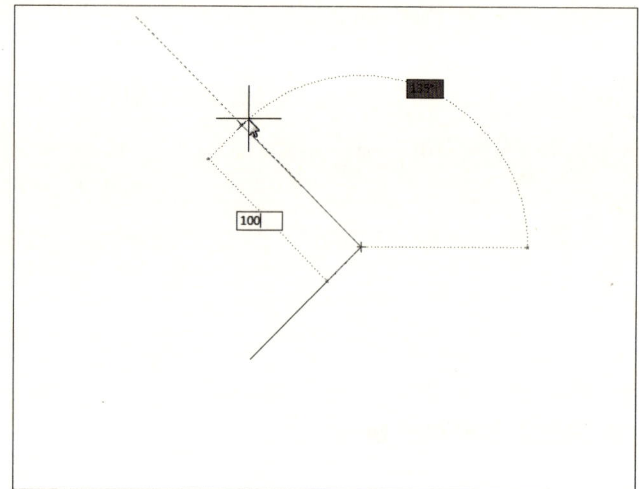

❹ 다음 그림과 같이 135도 방향으로 길이가 '100'인 선이 작도됩니다.

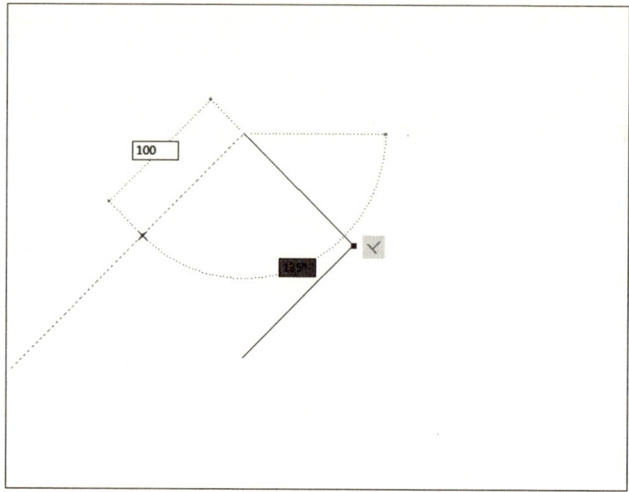

❺ {다음 점 지정 또는 [닫기(C)/명령 취소(U)]:}에서 마우스를 225도 방향으로 추적하여 길이 '100'을 입력합니다. 다음 그림과 같이 작도됩니다.

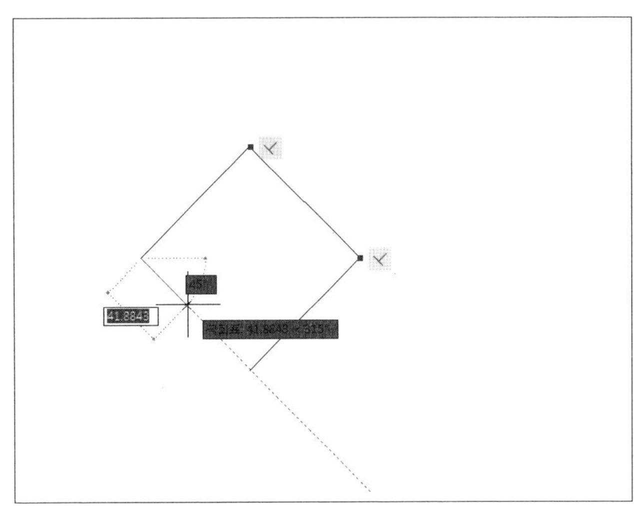

❻ {다음 점 지정 또는 [닫기(C)/명령 취소(U)]:}에서 닫기 'C'를 입력합니다. 다음 그림과 같이 도형이 닫히면서 마름모꼴이 완성됩니다.

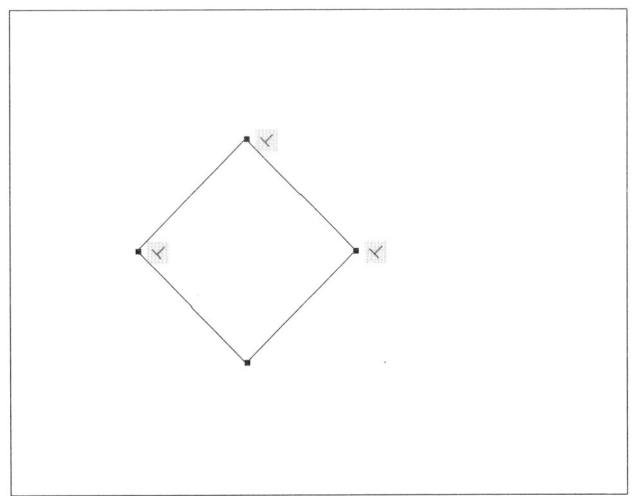

✎ TIP

'직교' 모드와 '극좌표 추적하기 ⊘'는 동시에 켤 수 없습니다. 극좌표 추적을 켜면 직교 모드는 꺼집니다.

2-4. 객체의 특정 점을 찾는 객체스냅(OSNAP)과 객체스냅 추적(OTRACK)

도면 작업 중에 좌표를 지정할 때 빈 공간에 좌표를 지정하는 경우는 극히 드뭅니다. 특정 객체의 특정한 점(끝점, 중간점, 교차점, 중심점 등)을 지정하거나 객체에서 일정 간격만큼 떨어진 거리에 있는 좌표를 지정하는 경우가 많습니다. 작성된 객체에서 특정 좌표를 찾는 방법(OSNAP)과 이 특정 좌표를 추적하는 방법(OTRACK)에 대해서 알아보겠습니다.

01. 객체스냅(OSNAP)이란?

객체스냅(OSNAP)은 객체(선, 폴리선, 원, 호 등)의 특정한 점(중간점, 끝점, 중심점, 교차점 등)을 찾아주는 기능을 말합니다.

> **✎ TIP**
>
> 객체스냅(OSNAP)은 객체의 특정한 점(좌표)을 찾아주는 기능입니다. 따라서 이 기능은 단독으로 쓰이지 않고 명령 (LINE, CIRCLE 등) 실행 중에 점(포인트)을 요구하는 경우(첫 번째 점 지정, 원의 중심점 지정 등)에 사용됩니다.

02. 객체스냅의 종류

AutoCAD에서 제공하는 여러 종류의 객체스냅에 대해 알아보겠습니다. 도구막대의 순서대로 설명하도록 하겠습니다.

객체스냅 도구막대

1. TRAcking(임시 추적점)

한 점으로부터 일정한 거리만큼 떨어진 좌표를 지정하거나 한 좌표로부터 지정한 방향으로 추적하여 추적선 상에 위치한 점을 찾습니다.

2. FROM(시작점)

새로운 좌표를 지정하기 위한 기준으로 임시로 참조하는 점을 지정합니다. 예를 들어, 앞의 도면에서 마름모꼴의 오른쪽 꼭지점으로부터 X축으로 '50', Y축으로 '−50' 위치에 반지름이 '25'인 원을 작도하고자 할 때,

❶ '원(CIRCLE) ' 명령을 실행합니다. {원에 대한 중심점 지정 또는 [3점(3P)/2점(2P)/Ttr − 접선 접선 반지름(T)]:}에서 객체스냅 '시작점 '을 클릭합니다. {_from 기준점:}에서 객체스냅 '교차점 '을 클릭한 후 {_int ⟨−⟩}에서 교차점을 지정합니다.

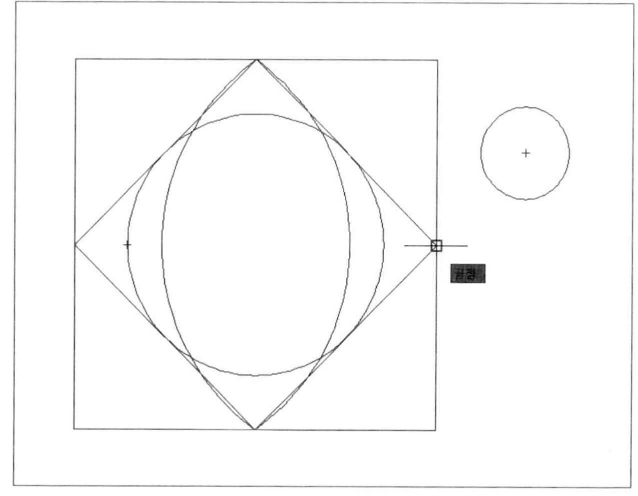

❷ {⟨간격 띄우기⟩:}에서 지정하고자 하는 띄우기 간격 '@50,−50'을 지정합니다. 그러면, 다음 그림과 같이 지정한 교차점으로부터 상대좌표로 X축으로 '50', Y축으로 '−50'만큼 떨어진 위치에 원의 중심점이 지정됩니다.

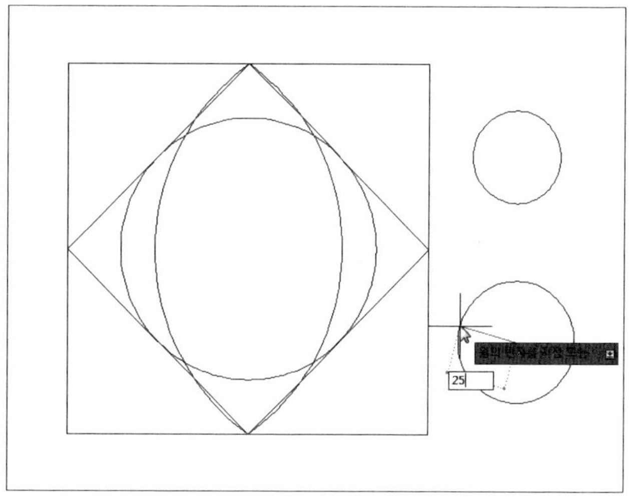

❸ {원의 반지름 지정 또는 [지름(D)]
⟨25.0000⟩:}에서 반지름 값 '25'을 입력합
니다. 다음 그림과 같이 특정 좌표로부터
일정 간격만큼 떨어진 위치에 원을 작도
합니다.

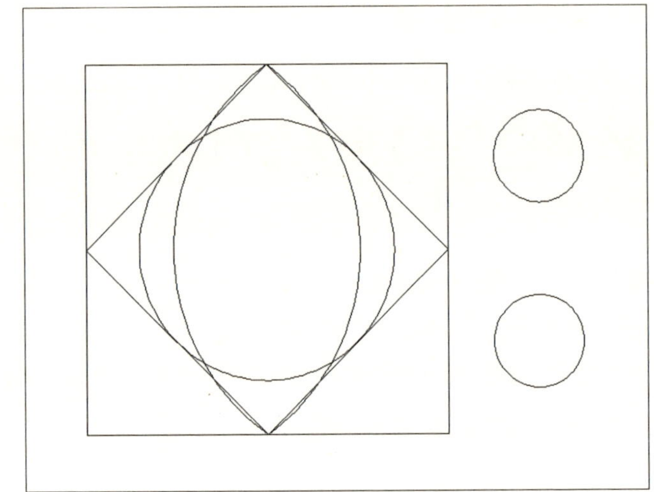

3. ENDpoint(끝점)

호, 타원형 호, 선, 여러 줄, 폴리선 세그먼트, 스플라인, 영역 또는 3차
원 객체의 가장 가까운 끝점을 찾습니다. 선의 경우 중간 점을 기준으로
마우스의 커서가 위치한 가까운 끝점을 찾습니다.

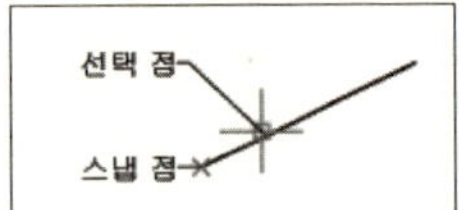

4. MIDpoint(중간점)

호, 타원, 타원형 호, 선, 여러 줄, 폴리선 세그먼트, 영역, 솔리드, 스플
라인 또는 구성선의 중간점을 찾습니다.

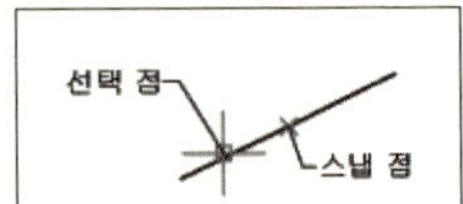

5. INTersection(교차점)

호, 원, 타원, 타원형 호, 선, 여러 줄, 폴리선, 광선, 영역, 스플라인 또는 구성선의 교차점을 찾
습니다.

6. APParent Intersection(가상 교차점) 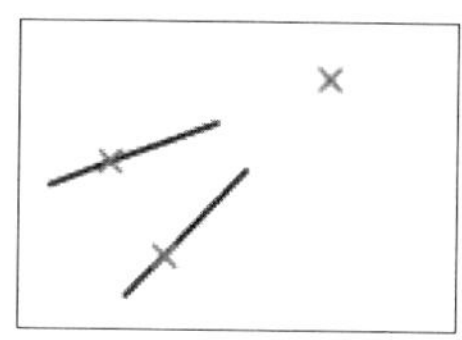

실제는 교차하지 않는 객체이지만 연장선상의 교차점이나 시각적인 3D
상의 교차점을 찾습니다.

7. EXTend(연장점)

객체가 존재하지는 않지만 선택한 객체의 연장선상의 한 점을 추적하여 찾습니다.

8. CENter(중심점) 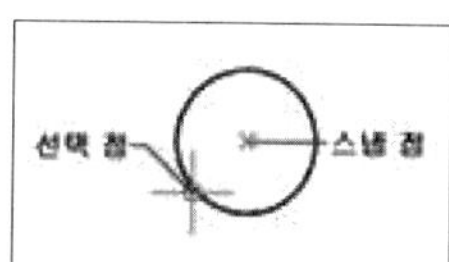

원, 호, 타원 또는 타원형 호의 중심점을 찾습니다.

9. QUAdrant(사분점) 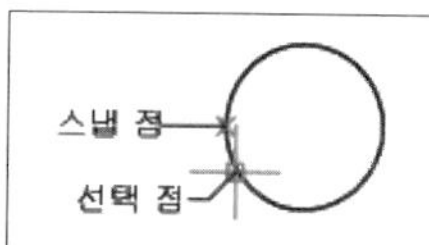

원, 호, 타원의 가장 가까운 사분점(0°, 90°, 180°, 270°)을 찾습니
다. 마우스 커서의 위치에서 가장 가까운 사분점을 찾습니다.

10. TANgent(접선점)

원, 호, 스프라인, 타원 또는 스플라인의 접점을 찾습니다.

11. PERpendicular(직교점)

호, 원, 타원, 타원형 호, 선, 다중선, 폴리선, 광
선, 영역, 솔리드, 스플라인 또는 구성선에 수직으
로 만나는 점을 찾습니다.

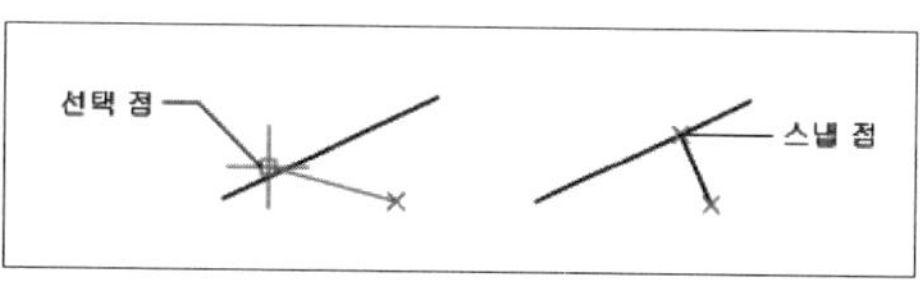

12. PARallel(평행점) 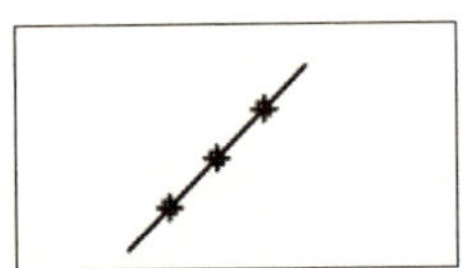

선, 폴리선, 광선 또는 구성선을 다른 선형 객체와 평행선상의 한 점을 찾아줍니다.

13. INSert(삽입점)

블록, 문자, 속성의 삽입 점을 찾습니다. 문자의 경우는 문자의 원점을 찾습니다.

14. NODe(노드)

점 객체, 치수 정의점 또는 치수 문자 원점을 찾습니다.

15. NEArest(근접점)

호, 원, 타원, 타원형 호, 선, 여러 줄, 점, 폴리선, 광선, 스플라인 또는 구성선에서 커서와 가장
가까운 점을 찾습니다.

16. 두 점의 사이의 중간 점(M2P)

두 점을 지정해 두 점 사이의 중간에 위치한 점을 찾습니다.

17. NONE(스냅하지 않음)

일반적으로 설정된 객체스냅을 사용하지 않고자 할 경우에는 현재 설정된 객체스냅을 무효화합
니다.

18. OSNAP(객체스냅 설정)

자주 사용되는 객체스냅을 미리 지정해 놓고 좌표를 지정할 때 설정된 스냅을 자동으로 신속하게 찾아줍니다. 필요한 객체스냅을 미리 지정해 놓고 사용하면 점을 찾을 때마다 한 번씩 지정하는 번거로움을 피할 수 있습니다. 자세한 내용은 객체스냅 사용법의 '미리 지정하기'를 참조합니다.

03. 객체스냅 추적(OTRACK)

객체스냅 추적을 사용하여 객체스냅 점을 기준으로 정렬 경로를 따라 추적할 수 있습니다. 획득한 점에는 작은 더하기(플러스) 기호 '+'가 표시되며 한 번에 최대 7개의 추적 점을 획득할 수 있습니다.

객체스냅 추적은 객체스냅과 함께 작동합니다. 따라서 객체의 스냅 점에서 추적하려면 객체스냅이 켜져 있어야 합니다.

2-5. 3차원 객체의 특정한 점을 지정하는 3D 객체스냅(3D OSNAP)

2차원에서 객체스냅과 마찬가지로 3차원 객체에 대해서도 특정한 좌표점을 찾을 수가 있습니다. 즉, 3차원 객체의 모서리나 면의 중간점, 면에 수직인 점 등을 찾을 수가 있습니다.

2-6. 경사진 면의 UCS 설정에 편리한 동적 UCS(DUCS)

3차원 작업에서 유효하게 사용할 수 있는 기능으로 UCS를 동적으로 선택한 객체에 맞춰줍니다. 3차원 작업을 위한 기능이므로 여기에서는 간단히 이러한 기능이 있다는 정도만 이해하고 3차원 작업할 때 활용하시기 바랍니다.

2차원 좌표계는 세계 좌표계인 WCS(World Coordinate System)를 사용한 반면 3차원 작업에서는 사용자 좌표계인 UCS(User Coordinate System)를 많이 사용하게 되는데 이 UCS를 동적으로 사용하기 위해 활성화합니다. 동적 UCS가 활성화되면 지정된 점과 극좌표 추적 및 모눈과 같은 도면 도구가 모두 동적 UCS에 의해 설정된 임시 UCS에 상대적이 됩니다.

동적 UCS가 작용하는지 쉽게 알 수 있는 것이 'UCS 아이콘'의 움직임입니다. 다음 그림과 같은 UCS 아이콘이 동적으로 이동합니다.

다음 그림은 동적 UCS가 켜진 상태에서 경사진 면을 지정했을 때 경사진 면이 기준면으로 설정된 그림입니다.

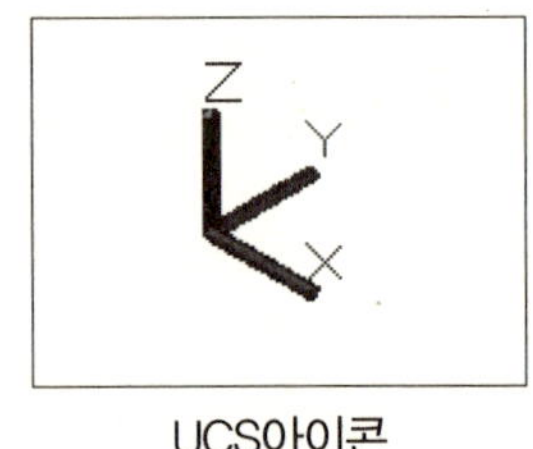

UCS아이콘

2-7. 작도 영역에서 명령어를 입력하는 동적 입력(DYN)

AutoCAD 2005 버전까지는 명령행 창을 통해서만 명령을 입력하거나 메시지를 표시했습니다. 그러나 AutoCAD 2006 버전부터 기존의 명령행 창과 함께 작도 영역에서도 명령 입력, 옵션 선택, 메시지 표시를 할 수 있는 '**동적 입력**(DYN)' 방법이 추가되었습니다. 이번에는 동적 입력 방법과 관련 표시 내용에 대해 알아보겠습니다.

01. 동적 입력 알아보기

동적 입력은 커서 주변에 명령 인터페이스를 제공하여 도면 영역에 주의를 집중할 수 있도록 도와줍니다. 동적 입력을 켜면 커서의 이동에 따라 동적으로 업데이트되는 정보를 표시하는 툴팁(Tool Tip)이 커서 주변에 나타납니다. 또, 명령을 실행하면 AutoCAD의 메시지가 화면에 툴팁 형식으로 제공됩니다.

예를 들어, 선 명령을 실행했을 때, 동적 입력 화면과 정적 입력 화면을 비교해보도록 합시다. 동적 입력은 다음 그림과 같이 작도 영역에 툴팁 메시지가 표시됩니다.

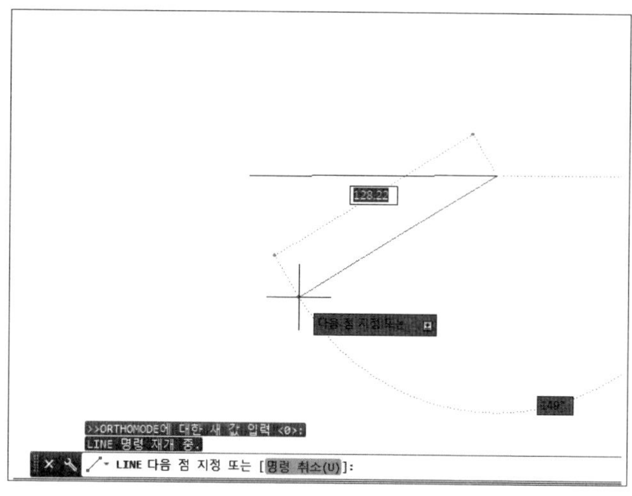

동적 입력(DYN)이 켜진 경우

정적 입력 방법(동적 입력이 꺼져 있을 경우)은 다음 그림과 같이 툴팁 메시지가 표시되지 않고 명령행 영역에서만 메시지 표시와 데이터 입력을 수행합니다.

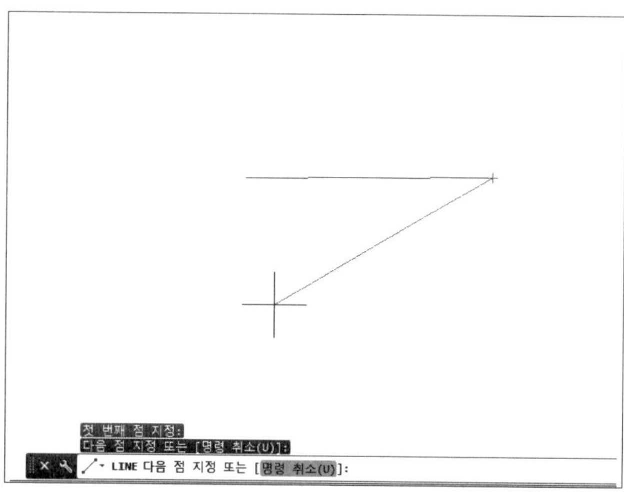

동적 입력(DYN)이 꺼진 경우

02. 동적 입력 화면 표시

동적 입력이 활성화된 경우, 좌표의 지정 및 마우스의 이동에 따라 화면의 표시되는 정보는 다음 그림과 같습니다.

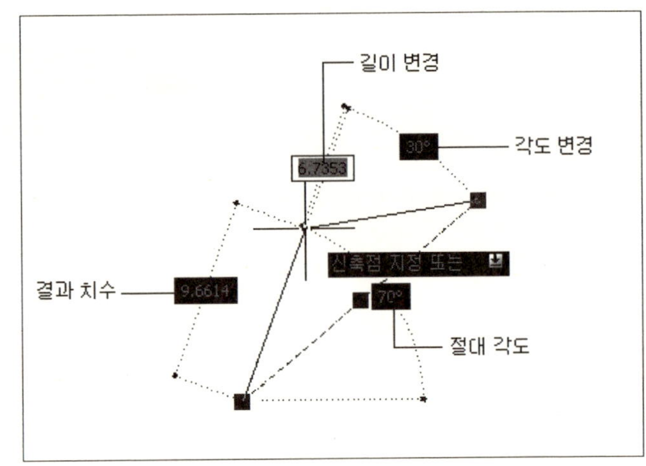

2-8. 선 두께 표시를 관리하는 선가중치(LWT)

도면은 수 많은 객체의 집합(데이터베이스)입니다. 이 많은 객체는 객체의 용도 및 성격에 따라 두께를 달리하여 사용합니다. 두께를 표현하는 선가중치의 가시성을 제어하는 버튼 '선가중치 ▣' 에 대해 알아보겠습니다.

01. 선가중치란?

좋은 도면이란 도면을 읽는 사람이 해독하기 쉬운 도면을 말합니다. 도면을 해독하기 쉽게 하는 방법 중 하나가 선의 용도에 따라 굵기를 달리하는 것입니다. 즉, 중심선이나 치수선 및 치수 보조선은 가늘게, 외형선 등은 두껍게 표시합니다. 이를 제어하는 것이 선가중치입니다.

트루타입 글꼴, 래스터 이미지, 점 및 솔리드 채우기(2D 솔리드)를 제외한 모든 객체는 선가중치를 표시할 수 있습니다. 선가중치 값은 인치 또는 밀리미터로 표시되며 밀리미터가 기본값이 됩니다. 선가중치는 기본적으로 0.25mm로 설정되어 있습니다.

그리기 도구의 '선가중치 ⊞'는 실제 작도된 선의 가중치(굵기)를 화면에 표시할 것인지, 표시하지 않을 것인지를 제어하는 버튼입니다. 즉, '선가중치 '버튼을 켜면 화면에 실제 굵기로 표시되고, 끄면 선 가중치가 다른 객체라 하더라도 동일한 선 가중치(굵기)로 표시됩니다.

02. 선가중치의 지정

❶ 도면 작업 중에 선가중치를 설정하려면 다음 그림과 같이 '홈' 탭의 '특성' 패널의 '선가중치' 목록에서 사용하고자 하는 가중치를 선택합니다.

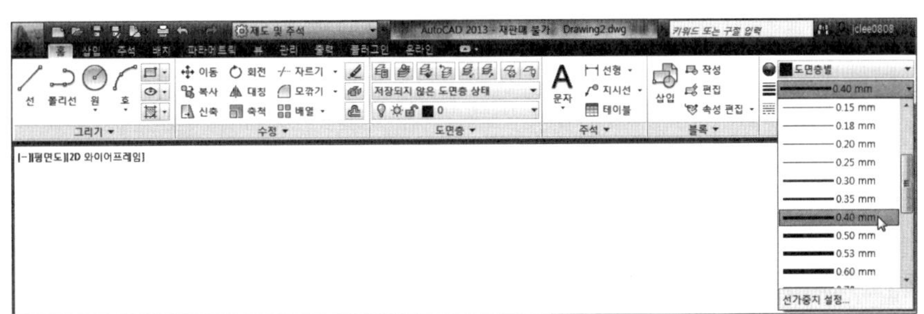

'홈' 탭의 '특성' 패널의 선가중치 목록

❷ 다음과 같이 반지름이 '80'인 원을 작
도합니다. 단, 작도할 때 왼쪽 원은 선 가
중치를 '0.0'으로 설정하고, 오른쪽 원은
선 가중치를 '0.4'로 설정하여 작도합니
다.
선 가중치를 가시화하지 않은 상태(OFF)
에서는 다음 그림과 같이 선 가중치와 관
계없이 동일한 굵기로 표현됩니다.

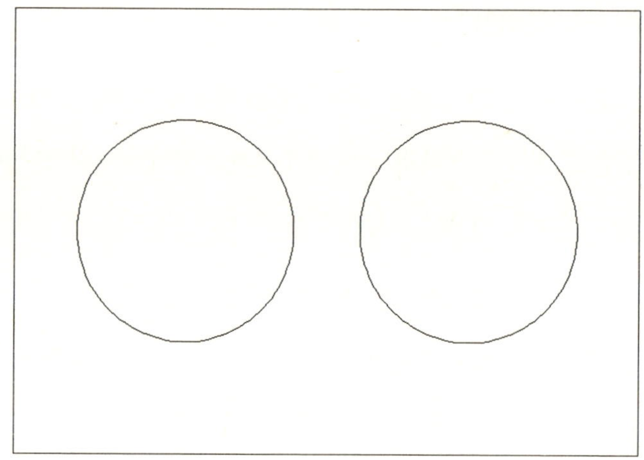

❸ 상태막대의 그리기 도구 중에 '선가중
치(LWT) ➕'을 눌러서 선 가중치를 가시
화(ON)합니다.
다음 그림과 같이 선 가중치 '0.4'로 작도
한 원의 선 굵기가 두껍게 표시됩니다.

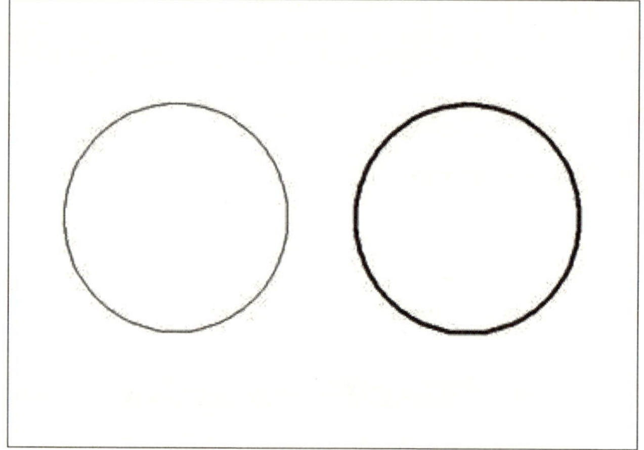

2-9. 객체의 투명도를 조절하는 투명도 표시/숨기기(TPY)

도면에서 객체의 강약을 표현하고자 할 때 투명도에 의해서 조정할 수 있습니다. AutoCAD에서
는 모든 객체의 투명도를 지정할 수 있습니다. '투명도 표시/숨기기'는 설정된 투명도를 적용할 것
인지, 적용하지 않을 것인지 지정합니다.

01. 투명도란?

건물 설계에 있어서 설비도면을 작도할 때는 백그라운드가 되는 건축골조 도면은 희미하게 표시하고 그 위에 배관이나 덕트는 진하게 표현합니다. 건축도면은 백그라운드 도면이고 메인이 되는 도면은 설비(배관, 덕트) 도면입니다. 이럴 때 메인이 아닌 객체(백그라운드 도면)는 희미하게 표현하고 메인 객체를 진하게 표현합니다. 이렇게 객체의 강약을 표현하는 것이 투명도입니다.

02. 투명도 값

투명도를 설정하는 값은 다음과 같습니다.

ByLayer	투명도 값이 도면층에 의해 결정됩니다.
ByBlock	투명도 값이 블록에 의해 결정됩니다.
0	완전 불투명(투명하지 않음)
1–90	백분율로 정의된 투명도 값

2-10. 객체의 특성을 빠르게 표시하고 변경하는 빠른 특성(QP)

도면에서 작성되는 객체는 많은 특성을 가지고 있습니다. 이 특성은 도면층, 색상, 선 종류, 선 가중치, 투명도와 같은 일반적인 특성과 좌표나 길이, 반지름과 같은 형상 특성이 있습니다. '빠른 특성(QP)'은 이러한 객체의 특성을 실시간으로 표시하고 변경할 수 있는 기능입니다.

빠른 특성은 사용자가 객체를 선택하면 선택된 객체의 특성을 표시해주고 변경할 수 있는 패널을 표시해줍니다. 빠른 특성 패널에는 객체 유형별로 특성이 표시되므로 원하는 특성을 찾아 접근하기가 쉽습니다. 빠른 특성 패널을 사용하여 선택한 객체 또는 선택한 모든 객체의 특성을 편집할 수 있습니다. 객체 유형별로 빠른 특성 패널의 내용을 사용자화할 수도 있습니다.

그리기 도구의 '빠른 특성 '은 빠른 특성 패널을 표시할 것인지 표시하지 않을 것인지 제어하는 버튼입니다. 즉, '빠른 특성 ▦' 버튼을 켜면 빠른 특성 패널을 표시하고, 끄면 패널을 표시하지 않습니다.

2-11. 중복된 객체의 선택을 쉽게 하는 선택순환(SC)

복잡한 도면을 작성하다 보면 중복된 객체를 작성할 경우가 종종 발생합니다. 중복된 객체를 편집(수정)하기 위해 선택을 해야 하는데 원하지 않은 객체가 선택될 수 있습니다. 이렇게 중복된 객체를 선택하는데 있어 손쉽게 선택할 수 있도록 객체의 '선택순환(Selection Cycling)' 기능을 제공합니다.

선택순환이란 중복된 객체를 선택할 때 선택을 원활하게 할 수 있게 제공하는 기능으로 중복된 객체 목록을 표시하고 목록에서 원하는 객체를 선택하게 하는 기능입니다. 편집 기능(복사, 이동, 삭제 등)을 실행하면 {객체 선택:}이라는 메시지가 표시되면서 선택을 위한 작은 사각형(선택 상자)가 나타납니다. 여러 객체가 중복된 부분에서 선택 상자로 하나를 선택하면 다음과 같이 선택 상자 범위에 있는 객체 목록이 표시됩니다. 이때, 표시된 목록 중에서 편집하고자 한 객체를 선택합니다.

> **|Note|** 선택순환의 켜기/끄기
>
> 선택순환을 켜고(ON)/끄기(OFF)는 그리기 도구의 '선택순환 ▣'버튼의 클릭에 의해 제어합니다.

2-12. 치수의 연관성을 감시하는 주석 감시(AM)

주석 감시는 AutoCAD 2013에서 새로 추가된 기능으로 치수의 연관성을 감시하는 기능입니다. 현 단계에서는 치수 기입에 대해 학습하지 않았기 때문에 개념만 이해하시기 바랍니다.

01. 주석 감시란?

AutoCAD에서 치수를 기입하게 되면 측정한 객체와 치수가 연관시키거나 연관을 끊을 수 있습니다. 연관 치수는 측정되는 기하학적 객체의 변경에 따라 자동으로 조정되는 것을 말합니다. 예를 들어, 원을 작성한 후 원의 반지름 치수를 기입한 경우, 연관 치수는 원의 크기가 변경되면 치수도 자동으로 변경됩니다. 그러나 연관이 해제된 경우는 원의 크기의 변화와 관계없이 처음 작성된 치수로 고정되어 있습니다. 주석 감시는 이 연관성 여부를 감시하는 기능입니다. '주석 감시(AM)' 기능이 켜져 있으면 연관이 해제된 치수에 대해 '느낌표(!)'를 표시합니다.

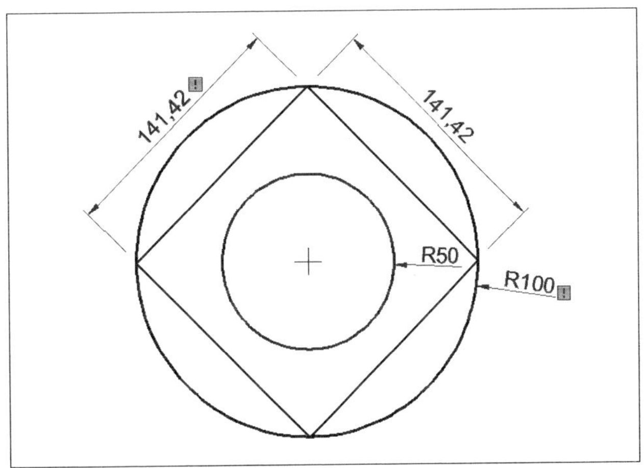

위의 그림에서 연관된 치수는 느낌표(!)가 표시되지 않지만 연관이 해제된 치수는 느낌표가 붙은 치수는 연관이 해제된 치수입니다.

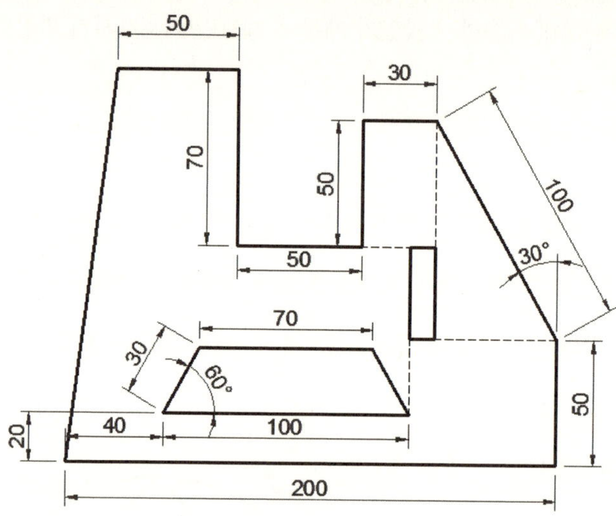

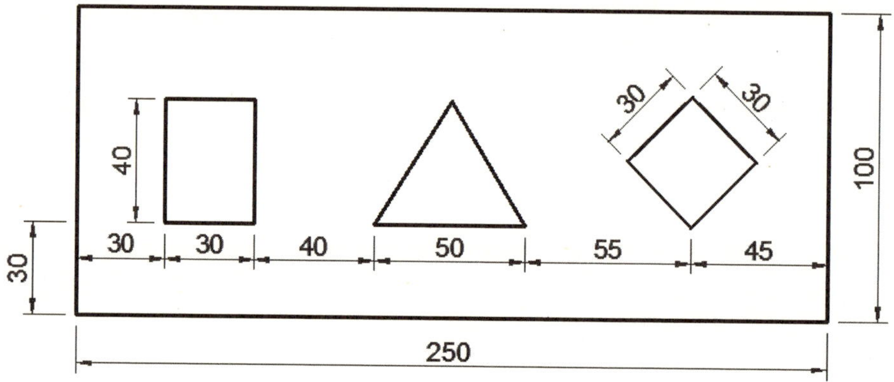

3. 객체의 선택 방법

객체의 편집을 위해 대상 객체를 선택하게 되는데 객체의 선택 방법에 대해서 알아보겠습니다. 여기에서 설명하는 기능은 복사, 삭제, 이동, 회전 등의 편집 명령을 실행할 경우 {객체 선택:}이라는 메시지가 표시되었을 때 조작(객체를 선택)하는 방법입니다.

3-1. 선택 상자에 의한 개별 선택

선택 상자(Pick Box)를 이용하여 객체를 하나씩 선택하는 방법입니다.

❶ 복사(COPY) 명령을 실행합니다. 명령어 'COPY' 또는 단축키 'CP'를 입력하거나 '홈' 탭의 '수정' 패널 또는 '수정' 도구막대에서 을 클릭합니다.

{객체 선택:}에서 선택상자를 이용하여 가장 가운데 원을 하나 선택합니다. 객체가 선택되면 선택된 객체가 점선(하이라이트)으로 표시되고 **{1개를 찾음}**이라는 메시지가 표시됩니다.

{객체 선택:}에서 가운데에서 두 번째 원을 선택합니다.

{1개를 찾음, 총 2}라는 메시지와 함께 선택된 객체가 하일라이트됩니다.

{객체 선택:}이라는 메시지가 표시됩니다. 이때, 선택을 종료하려면 〈엔터〉 또는 〈스페이스 바〉를 누릅니다.

{기본점 지정 또는 [변위(D)/모드(O)] 〈변위(D)〉:}에서 객체스냅 '중심점 '을 이용하여 원의 중심점을 지정합니다.

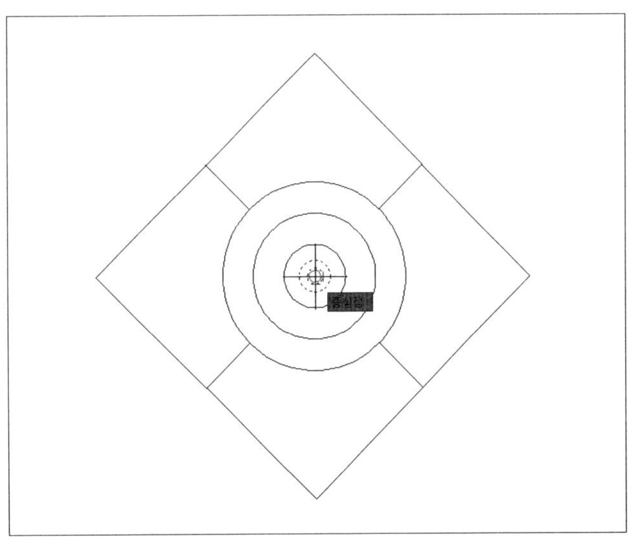

📖TIP

객체 선택이 끝나면 {객체 선택:}이라는 메시지에서 반드시 〈엔터〉 또는 〈스페이스 바〉를 눌러 객체 선택이 끝났다는 것을 AutoCAD에 알려주어야 합니다.

---

❷ 중간점 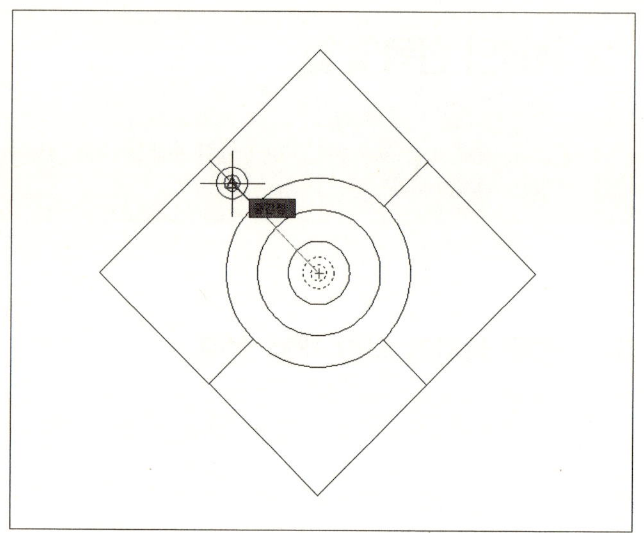'을 이용하여 왼쪽 위쪽의
직선의 중간점을 지정합니다.

❸ **{두 번째 점 지정 또는 [배열(A)/종
료(E)/명령 취소(U)] 〈종료〉:}**에서 오른
쪽 직선의 중간점을 지정합니다. **{두 번
째 점 지정 또는 [배열(A)/종료(E)/명
령 취소(U)] 〈종료〉:}**에서 〈엔터〉 또는 〈
스페이스 바〉를 눌러 종료합니다.

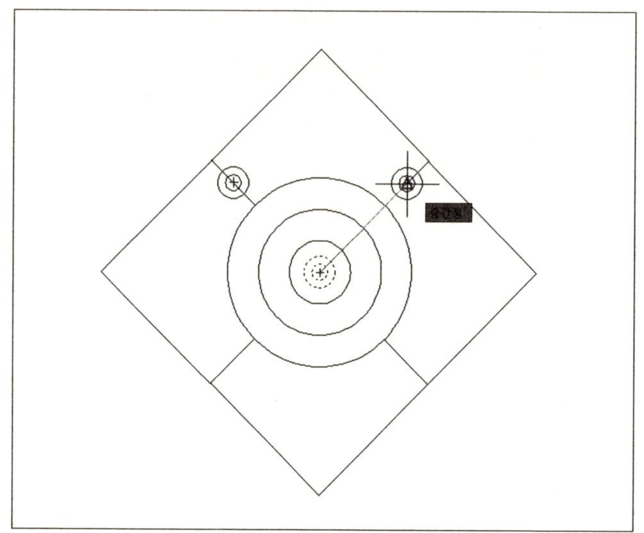

이와 같이 객체를 하나씩 선택할 때는 선택상자를 이용하여 선택합니다.

3-2. 사각형의 범위를 지정해 선택하는 윈도우(W)와 크로싱(C)

객체를 선택할 때 사각형으로 범위를 지정해 지정 범위의 내부와 범위 경계선에 걸쳐있는 객체를 선택하는 방법입니다. 앞의 실습에 이어서 실습하도록 하겠습니다.

01. 범위 안의 객체만을 선택하는 윈도우(Window)

❶ 범위를 감쌀 두 점을 지정합니다.

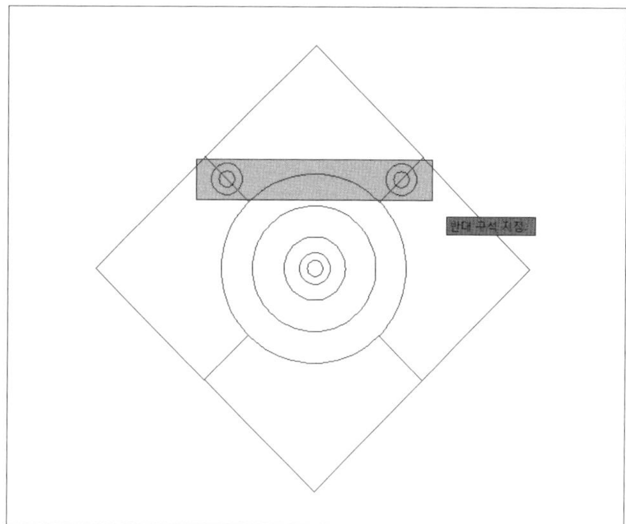

❷ 다음 그림과 같이 지정한 범위 안에 완전히 포함된 객체만 선택되어 하이라이트됩니다.

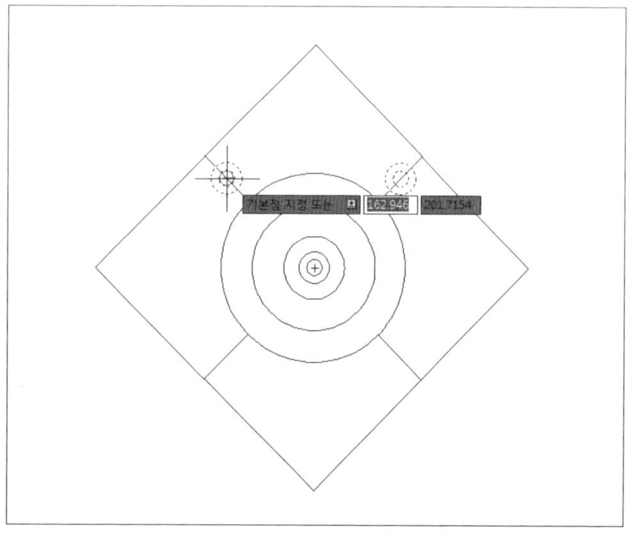

02. 걸쳐있는 객체까지 선택하는 크로싱(Crossing)

원도우(W)와는 달리 사각형 범위 안의 객체는 물론 범위를 지정하는 경계에 걸쳐있는 객체까지 선택됩니다.

❶ 범위를 감쌀 두 점을 지정합니다.

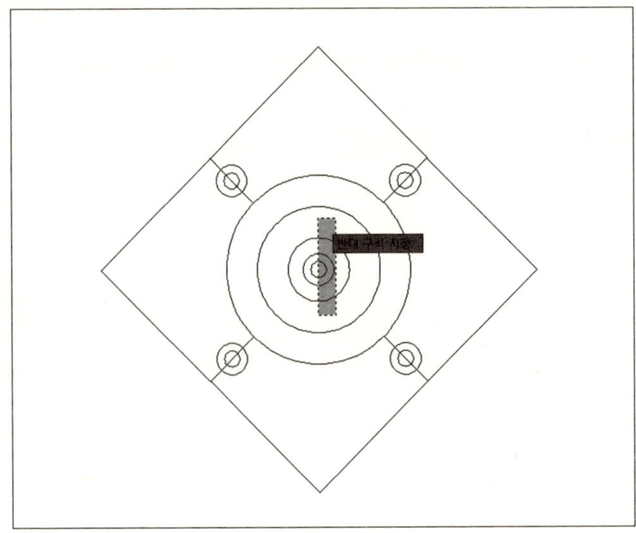

❷ 범위 안에 포함된 객체뿐 아니라 경계선에 걸쳐있는 객체(3개)까지 선택됩니다.

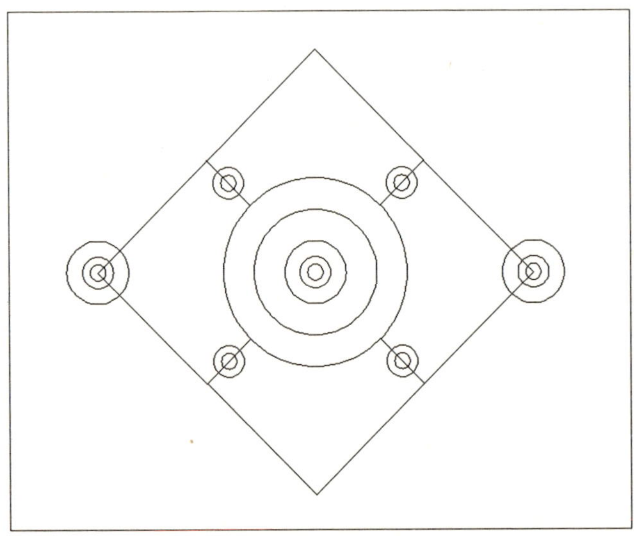

3-3. 키워드 입력이 필요하지 않은 BOX

윈도우나 크로싱의 선택은 {객체 선택:}에서 'W' 또는 'C'라는 키워드를 입력했습니다. 그러나 BOX 옵션은 지정 방향에 따라 윈도우와 크로싱이 결정됩니다.

첫 번째 점을 왼쪽, 두 번째 점을 오른쪽 방향으로 지정하면 '윈도우(W)' 선택이 되고, 반대로 오른쪽에서 왼쪽으로 지정하면 '크로싱(C)' 선택이 됩니다.

01. 왼쪽에서 오른쪽으로 지정한 경우(W)

{**객체 선택:**}에서 다음 그림과 같이 지정하고자 하는 범위의 왼쪽의 한 점을 지정합니다. {**반대 구석 지정:**} 에서 다음 그림과 같이 범위의 오른쪽 한 점을 지정합니다. {**3개를 찾음**}라는 메시지가 표시됩니다. 지정한 범위에 들어온 객체만 선택됩니다.

{**객체 선택:**}에서 〈엔터〉를 눌러 선택을 종료합니다.

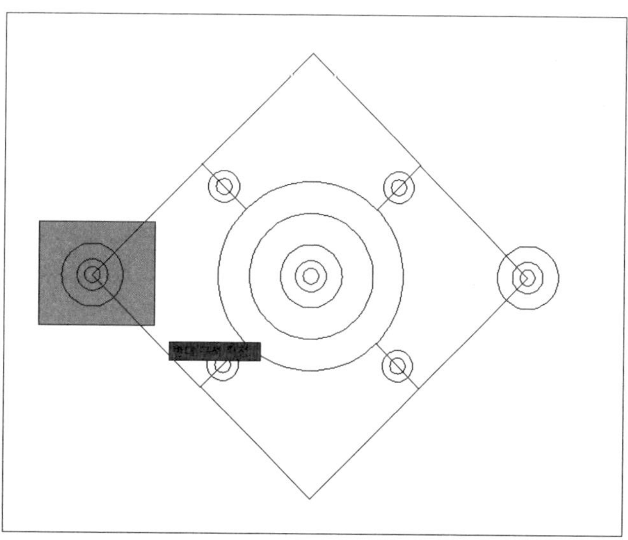

{**객체 선택:**}에서 다음 그림과 같이 지정하고자 하는 범위의 오른쪽 한 점을 지정합니다. {**반대 구석 지정:**}에서 다음 그림과 같이 범위의 왼쪽 한 점을 지정합니다. 일부러 객체에 걸치도록 지정합니다. {**3개를 찾음**}라는 메시지가 표시됩니다. {**객체 선택:**}에서 〈엔터〉 또는 〈스페이스 바〉를 눌러 선택을 종료합니다.

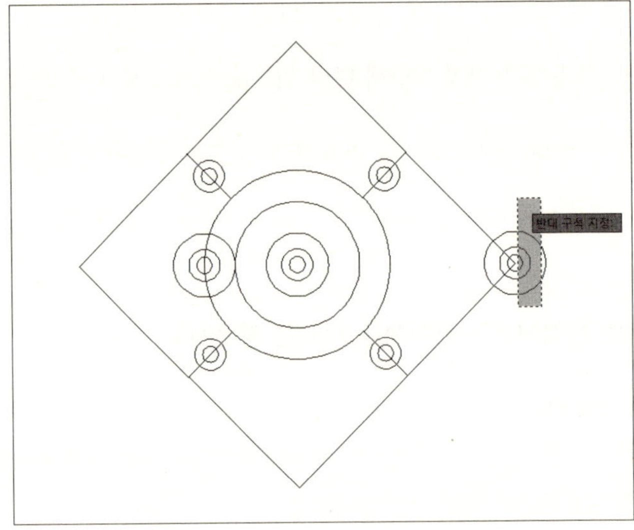

3-4. 다각형으로 지정하는 '윈도우 폴리곤(WP)'과 '크로싱 폴리곤(CP)'

'윈도우(W)'와 '크로싱(C)'은 두 점으로 만들어진 사각형의 범위 외에는 지정할 수 없었습니다. 그러나 '윈도우 폴리곤(WP)'과 '크로싱 폴리곤(CP)'은 지정하는 점의 수에 제한이 없어 다양하고 복잡한 다각형의 범위를 지정할 수 있습니다.

'윈도우 폴리곤(WP)'은 다각형 안에 완전히 포함된 객체만 선택하고, '크로싱 폴리곤(CP)'은 완전히 포함된 객체와 걸쳐있는 객체까지 선택됩니다.

다음 그림과 같이 다각형으로 지정할 수 있습니다.

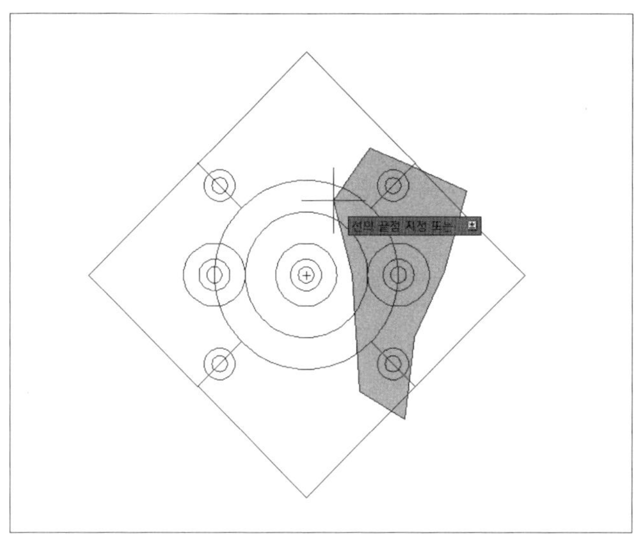

3-5. 객체 전체를 선택하는 'ALL'과 선택에서 제외시키는 'R'

객체 전체를 선택하는 방법도 있으며 선택된 객체에서 제외시키는 방법도 있습니다.

01. 전체를 선택하는 전체(ALL)

❶ 편집 명령(복사, 이동, 지우기 등)을 실행합니다. **{객체 선택:}**에서 도면에 있는 객체 전체를 선택하기 위해 'ALL'을 입력합니다. 그러면, 다음 그림과 같이 객체가 모두 선택됩니다.

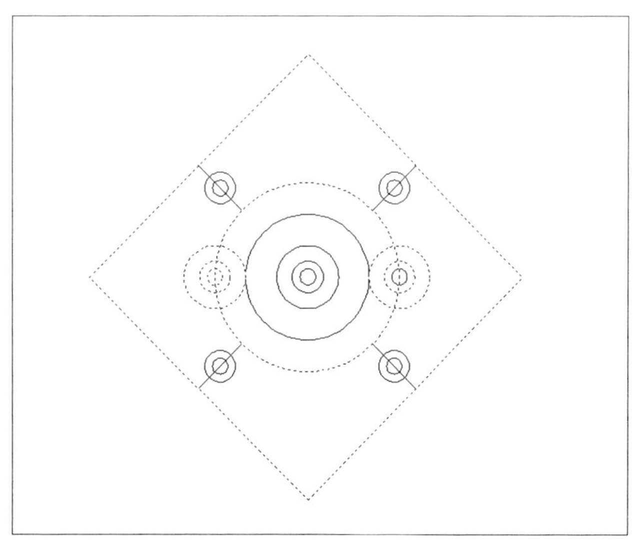

02. 선택된 객체를 제외시키는 제거(Remove)

제거(Remove)는 선택된 객체 집합에서
제외시키는 기능입니다.

{객체 선택:}에서 선택된 선택 집합에서
제외시키려면 'R'을 입력합니다. 그러면
{객체 제거:}라는 메시지가 표시됩니다.
여기에서 제외하고자 하는 객체를 선택
상자 또는 범위로 지정하여 선택합니다.
하단의 원 객체 두 개를 차례로 선택합니
다. 그림과 같이 선택한 객체가 선택 집
합에서 제외되어 실선으로 바뀝니다.

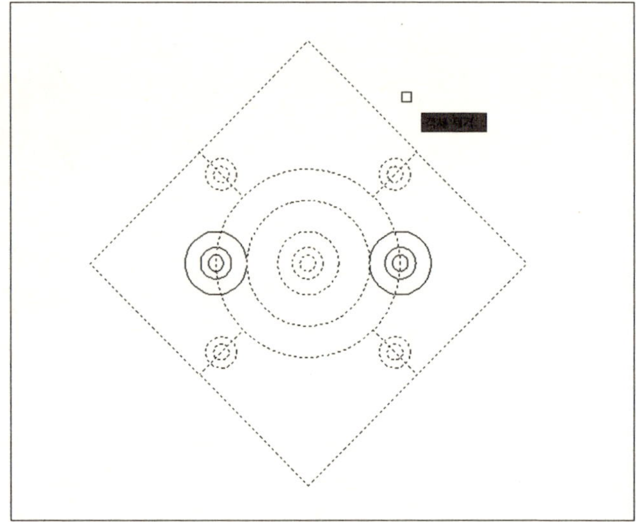

3-6. 울타리에 걸친 객체를 선택하는 'F'

울타리를 치는 것처럼 선을 그어 그 선에 걸친 객체를 선택하는 방법입니다.

{객체 선택:}에서 'F'를 입력합니다.

{첫 번째 울타리 점 지정:}에서 울타리의 시작점을 지정합니다.

{다음 울타리 점 지정 또는 [명령취소(U)]:}에서 울타리의 두 번째 점을 지정합니다.

{다음 울타리 점 지정 또는 [명령취소(U)]:}에서 차례로 지정합니다. 울타리 지정을 종료하려면 〈엔
터〉 또는 〈스페이스 바〉를 누릅니다.

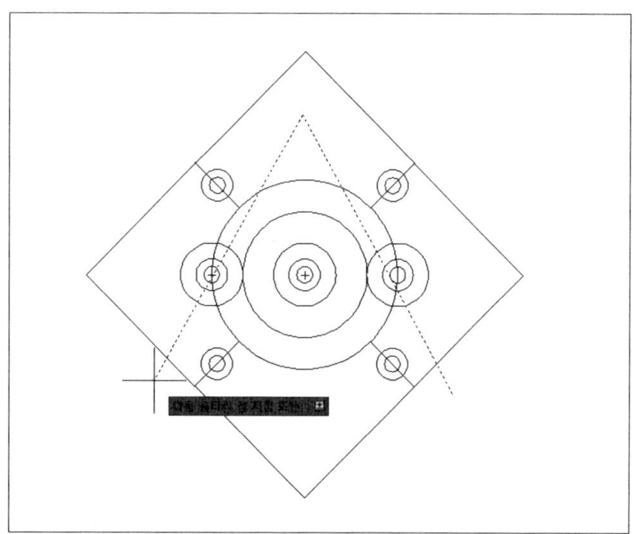

다음 그림과 같이 울타리 선에 걸친 객체(원과 선)가 선택됩니다.

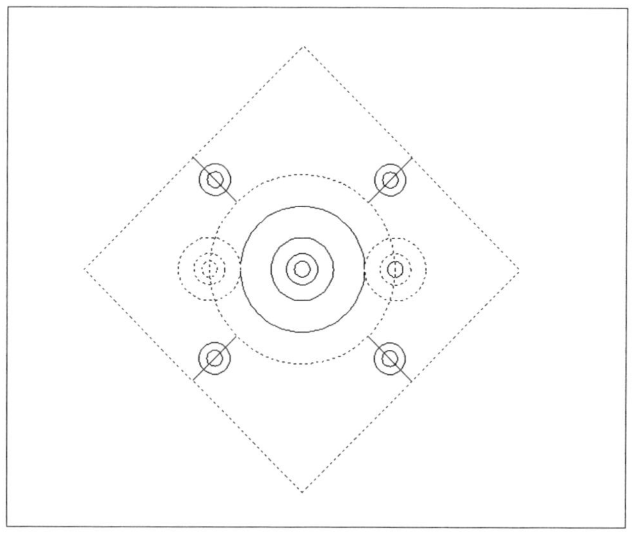

3-7. 직전에 선택했던 객체를 다시 선택하는 '이전(P)'와 마지막에 생성된 객체를 선택하는 '최후(L)'

객체를 한 번이라도 선택하여 작업을 한 후 다시 그 객체 집합을 선택하려면 **{객체 선택:}**에서 'P'를 입력합니다. 예를 들어, 한 번 복사한 객체 집합을 다시 선택해서 어떤 작업을 하고자 할 때 유용합니다.

도면에서 가장 마지막 생성된 객체를 선택하려면 **{객체 선택:}**에서 'L'을 입력합니다. 예를 들어, 원을 그린 후 그 원을 선택하여 어떤 작업을 하고자 할 때 'L'을 입력하면 마지막에 작도한 원이 선택됩니다.

3-8. 기타 선택 옵션

많이 사용하는 옵션은 아닙니다만 AutoCAD에서 제공하는 몇 가지 옵션을 살펴보면, 오로지 하나만을 선택하고자 할 때는 'SI(Single)', 여러 개를 선택하고자 할 때는 'M(Multiple)', 선택 세트에 추가하고자 할 때는 'A(Add)', 그룹화 한 객체를 선택할 때는 'G(Group)'을 사용합니다. 3차원의 복합 솔리드나 정점, 모서리 및 3D 솔리드의 면의 일부인 원래 개별 형식을 선택할 수 있는 하위 객체 'SU'가 있습니다

또, 선택한 객체를 취소하고자 할 때는 취소의 'U'를 입력합니다.

3-9. 조건을 부여해 선택하는 신속선택(QSELECT)

보통 편집을 할 때 편집 명령(복사, 삭제, 이동, 회전 등)을 실행한 후 **{객체 선택:}**에서 객체를 선택하는 것이 일반적인 방법입니다. 그러나 객체를 조건(색상이나 형상의 크기 등)을 지정해 객체를 먼저 선택한 후 편집 명령으로 편집할 수 있습니다. '신속선택(QSELECT)'은 객체를 선택하는 방

법 중 선택할 조건을 지정하여 객체를 선택하는 방법입니다.

명령: QSELECT

메뉴 아이콘 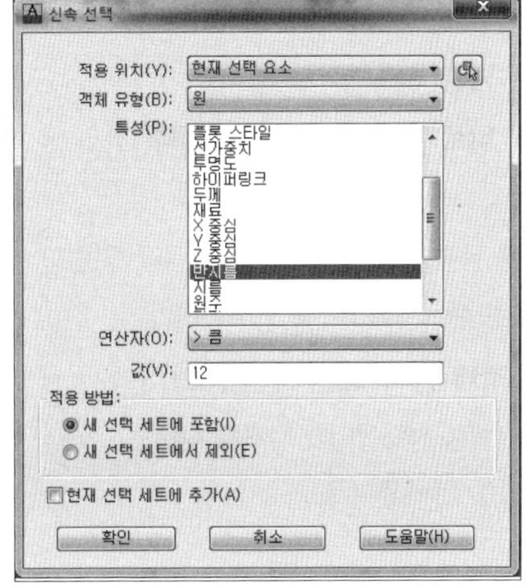

❶ 신속선택 명령을 실행합니다. 명령어 'QSELECT'를 입력하
거나, '홈' 탭의 '유틸리티' 패널에서 ▣을 클릭합니다.
다음의 대화상자가 나타납니다. 대화상자에서 선택하고자 하는
조건을 지정합니다. 대화상자에서 '객체 유형(B)'을 '원' '특성(P)'
을 '반지름', '연산자(O)'를 '〉 큼', '값(Y)'을 '12'로 지정합니다.

❷ [확인] 버튼을 클릭하면 다음 그림과
같이 지정한 조건에 맞는 객체만 선택됩
니다. 파란색 사각형(맞물림; 그립)으로
표시되는 부분이 선택된 객체입니다.

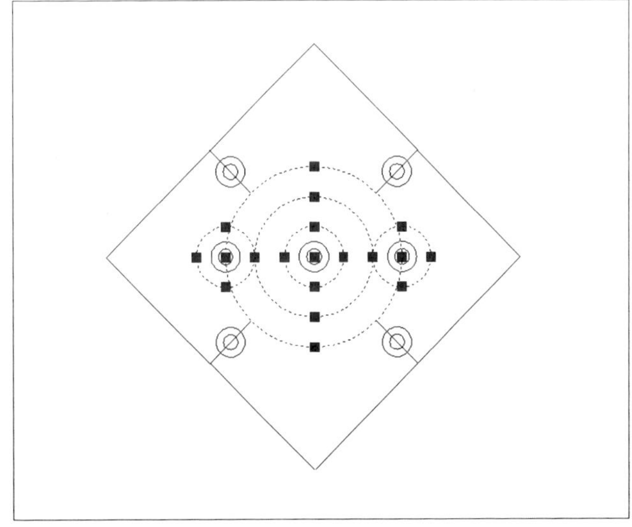

이렇게 선택된 객체를 이용하여 편집(복사, 이동, 삭제, 회전 등)을 수행합니다.

3-10. 유사한 객체를 선택하는 유사 선택

하나의 객체를 선택한 후 이 객체와 유사한 객체를 선택합니다. 예를 들어, 원을 선택한 후 다른 모든 원을 선택할 수 있습니다. 색상, 블록 이름 등의 지정된 객체 특성을 기반으로 같은 유형의 유사 객체를 선택합니다.

명령: SELECTSIMILAR
바로가기 메뉴의 '유사 선택(T)'

❶ 유사 선택 명령을 실행합니다. 명령어 'SELECTSIMILAR'를 입력합니다.
{객체 선택 또는 [설정(SE)]:}에서 원 객체를 선택합니다. {1개를 찾음}

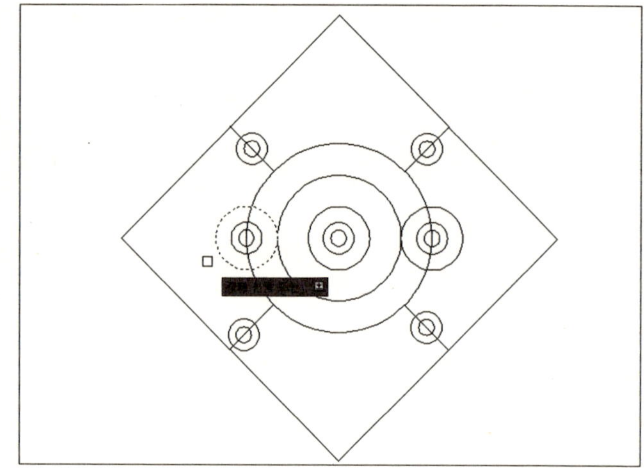

❷ **{객체 선택 또는 [설정(SE)]:}**에서 〈엔터〉 또는 〈스페이스 바〉를 눌러 종료합니다. 다음 그림과 같이 선택한 객체와 유사한 객체(원)가 모두 선택됩니다.

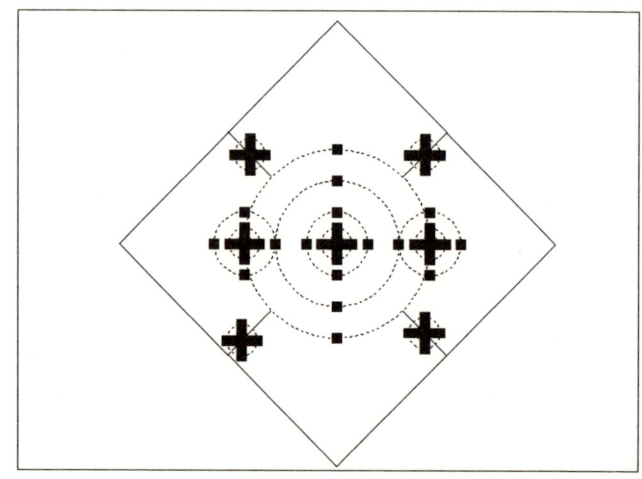

❸ 〈ESC〉를 눌러 선택을 해제합니다. 이
번에는 바로가기 메뉴를 통해 선택하도
록 하겠습니다. 선 객체를 선택한 후 마
우스 오른쪽 버튼을 클릭합니다. 다음과
같은 바로가기 메뉴가 나타나면 '유사 선
택(T)'를 선택합니다.

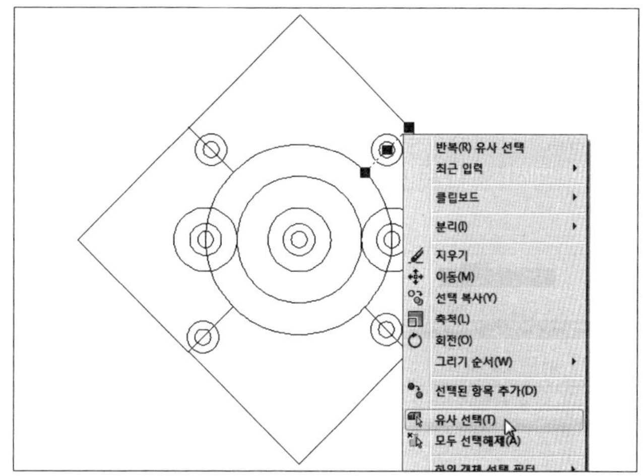

❹ 다음 그림과 같이 선 객체가 선택됩니
다. 단, 바깥쪽의 마름모꼴은 폴리선이므
로 유사 객체로 선택되지 않습니다.

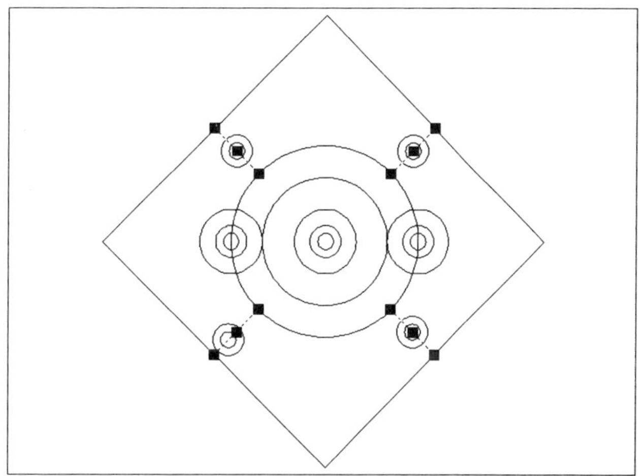

4. 객체 특성

도면에서 작도되는 각 객체는 기하학적 특성(원의 중심점, 반지름 등)과 공통 특성(색상, 도면층, 선 종류 등)이 있습니다. 이번에는 객체가 가지고 있는 특성에 대해 이해하도록 하겠습니다.

4-1. 도면의 층을 나누는 도면층(LAYER)

설계자가 객체의 용도, 종류 및 성격에 따라 여러 분류를 나누어 작업을 진행합니다. 도면 단위로 분류하는 경우도 있습니다만 도면 내에서 분류하는 경우도 있습니다. 대표적인 방법이 '도면층(LAYER)'에 의한 분류입니다.

01. 도면층(LAYER)이란?

AutoCAD에서 '도면층'이라는 이름으로 번역된 '레이어(Layer)'는 도면 내에서 정의하는 하나의 층입니다. 건축물을 설계한다고 가정했을 때 건축 구조, 기계설비, 소방설비, 전기설비 등 다양한 설계 도면을 필요로 합니다. 기계설비 도면에서도 위생 배관, 냉난방 배관 등 다양한 분류로 나뉩니다. 모든 공사 및 작업의 종류에 따른 도면을 하나의 도면 영역에서 작성하고 읽는다는 것은 불가능에 가깝습니다. 설령, 표현한다고 해도 대단히 복잡하여 도면을 해독할 때도 오독의 우려가 높습니다.

따라서, 도면 작업을 할 때 각 작업 별, 공정 별로 분류해 작성하고 읽는다면 훨씬 효율적일 것입니다. 즉, 해당 작업 별로 각각 스페이스(도면층)를 설정해서 작업하는 것이 효율적입니다. 이렇게 해당 작업 별로 스페이스(영역)를 설정하는 것이 도면층입니다.

02. 도면층 특성 관리자(LAYER)

도면층을 추가, 삭제 및 이름을 바꿀 수 있고 도면층의 특성을 변경하거나 설명을 추가하는 등
도면층을 관리하는 기능을 하는 대화상자입니다.

명령: LAYER(단축키:LA)
메뉴 아이콘:

❶ 명령어 'LAYER' 또는 단축키 'LA'를
입력하거나 '홈' 탭의 '도면층' 패널 또는
도구막대에서 을 클릭합니다.

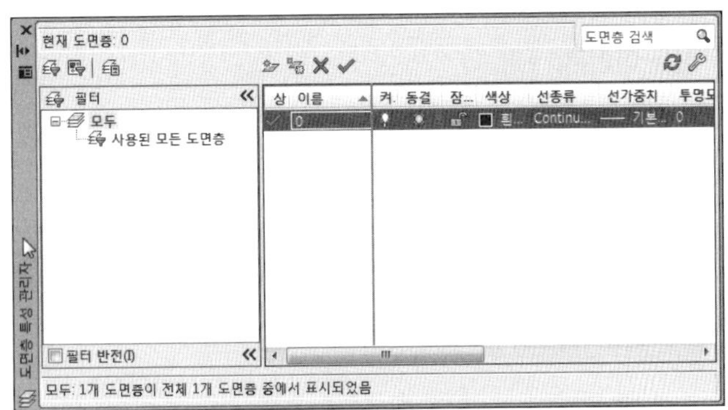

도면층 특성 관리자 대화상자

앞에서의 설명만으로는 도면층을 이해하는데 어려울 수 있습니다. 실제 도면층을 만들어
간단한 객체를 작성해서 도면층을 제어하는 실습을 통해 도면층을 이해하도록 합시다.

❶ 도면 '한계(LIMITS)' 명령으로 도면의 범위를 설정하고 줌 명령으로 도면 전체를 펼칩니다.
{명령: }에서 'LIMITS'를 입력한 후 〈엔터〉 또는 〈스페이스 바〉를 누릅니다.
{모형 공간 한계 재설정:}
{왼쪽 아래 구석 지정 또는 [켜기(ON)/끄기(OFF)] 〈0.0000,0.0000〉:}에서 〈엔터〉 또는 〈스페이스
바〉를 누릅니다.
{오른쪽 위 구석 지정 〈420.0000, 297.0000〉:}에서 '3000,2000'을 입력합니다.

명령: ZOOM 또는 Z

메뉴 아이콘: 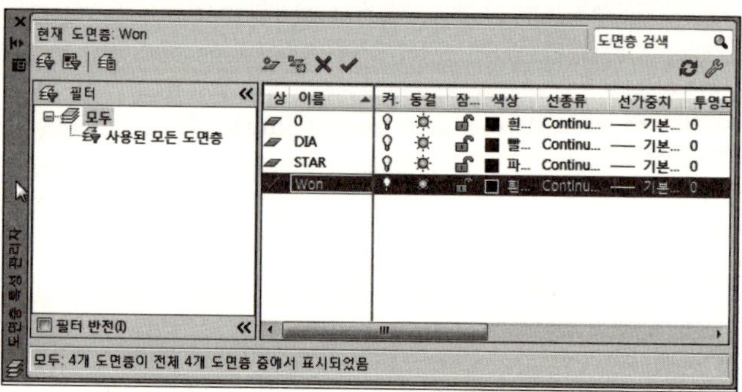

{윈도우 구석을 지정, 축척 비율 (nX 또는 nXP)을 입력, 또는 [전체(A)/중심(C)/동적(D)/범위(E)/이전(P)/축척(S)/윈도우(W)/객체(O)] 〈실시간〉: }에서 'A'를 입력합니다.

❷ 도면층 관리자를 실행하여 도면에서 사용하고자 하는 도면층을 작성합니다.

명령: LAYER 또는 LA

메뉴 아이콘:

다음과 같은 조건으로 세 개의 도면층(LAYER)을 작성합니다.

명칭	색상	비고
WON	흰색	원 객체
DIA	빨간색	마름모꼴 객체
STAR	파랑색	별 객체

❸도면층 특성 관리자에서 '새 도면층' 아이콘을 눌러 새로운 도면층을 작성합니다. 해당 도면층 색상 열의 색상을 상기의 표에 맞춰 설정합니다. 다음의 도면층 특성 관리자는 상기 표의 조건에 맞춰 세 개의 도면층을 작성한 것입니다.

❹ '홈' 탭의 '도면층' 패널의 도면층 목록 상자에서 'Won'을 현재 도면층으로 설정합니다.

설정 방법은 도면층 목록 상자를 펼친 후에 목록에서 'Won'을 클릭합니다. 지금부터 작도되는 객체는 'Won'이라는 도면층에 작도됩니다.

TIP

현재 도면층을 설정하는 또 다른 방법은 도면층 특성 관리자 대화상자에서 도면층 이름을 선택한 후 '현재 ✔'을 클릭하면 현재 도면층으로 설정됩니다.

---

❺ '원(CIRCLE)' 명령으로 중심점 (1500,1000)에서 반지름이 '700'인 원을 작도합니다.

{원에 대한 중심점 지정 또는 [3점 (3P)/2점(2P)/Ttr – 접선 접선 반지름 (T)]:} 에서 '1500,1000'을 입력합니다.

{원의 반지름 지정 또는 [지름(D)]:}에서 반지름 '700'을 입력합니다. 다음 그림과 같이 한 변의 길이가 '700'인 원이 작도됩니다. 원의 도면층은 'Won'에 속해 있습니다.

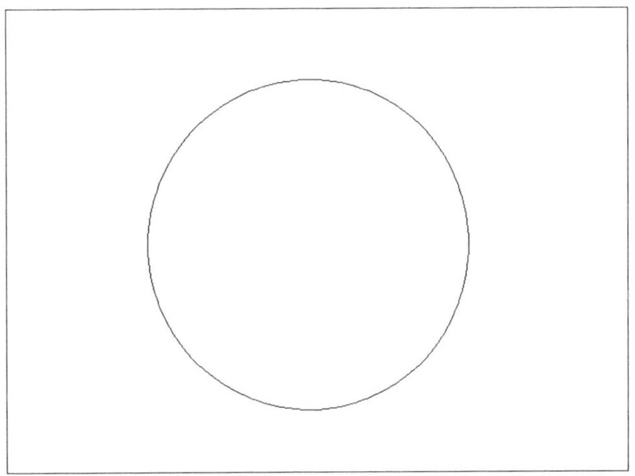

❻ 현재 도면층을 'DIA'로 설정합니다. 설정 방법은 앞에서와 동일합니다. '홈' 탭의 '도면층' 패널의 도면층 목록 상자에서 'DIA'를 클릭합니다.

❼ '폴리선(PLINE)' 명령으로 원의 사분점
을 연결하는 사각형을 작도합니다.

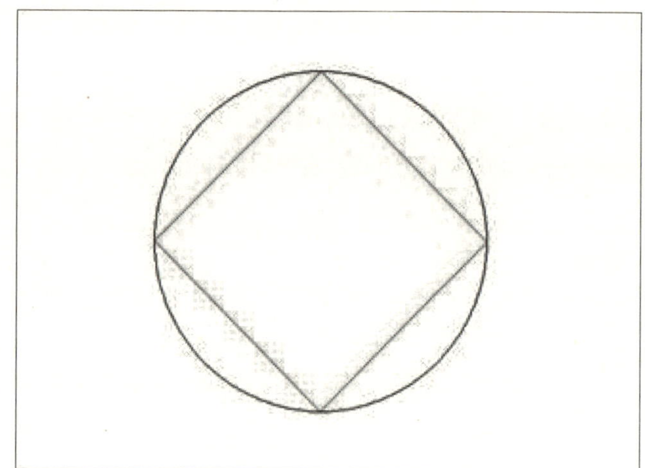

❽ '간격 띄우기(OFFSET)' 명령으로 '100'
간격으로 직전에 작도한 마름모 폴리선
을 안쪽으로 두 개 작성합니다. 다음 그
림과 같이 작도됩니다.

❾ 현재 도면층을 'STAR'로 설정합니다. 설정 방법은 앞에서와 동일합니다. '홈' 탭
의 '도면층' 패널의 도면층 목록 상자에서 'STAR'를 클릭합니다.

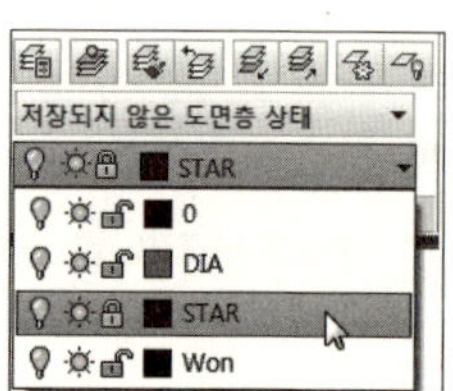

지금부터 작도하는 객체는 'STAR'라는 도면층에 작도됩니다.

❿ '다각형(POLYGON)' 명령으로 원에
내접하는 5각형을 작도한 후 '선(LINE)'
명령으로 5각형의 꼭지점을 잇는 별을
작도합니다. 다음 그림과 같이 작도됩니
다. 완성된 도면은 세 개의 도면층이 혼
재되어 있어 구분하기 어렵습니다.

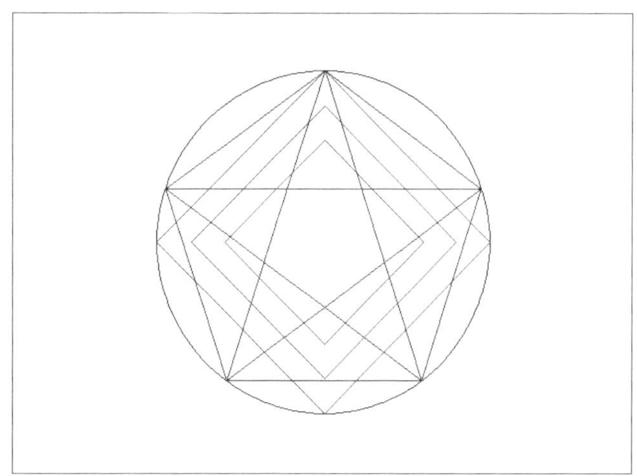

⓫ 별이 그려진 도면층만을 표시해보도록 하겠습니다. 도면층의 '켜기와 끄기(ON/
OFF)' 기능을 이용합니다. '도면층' 패널의 도면층 목록 상자에서 'STAR'를 제외한
다른 도면층의 '전등 마크 💡'를 끕니다.

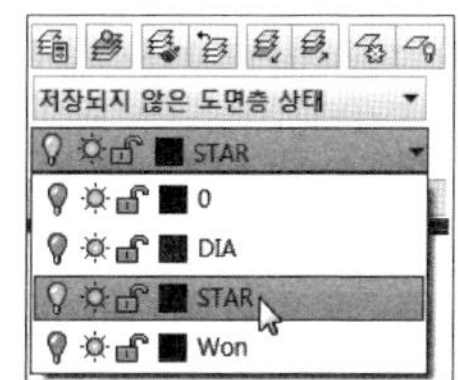

다음 그림과 같이 끈(OFF) 도면층(Won,
DIA)은 화면에서 사라지고 'STAR' 도면
층만 표시됩니다.

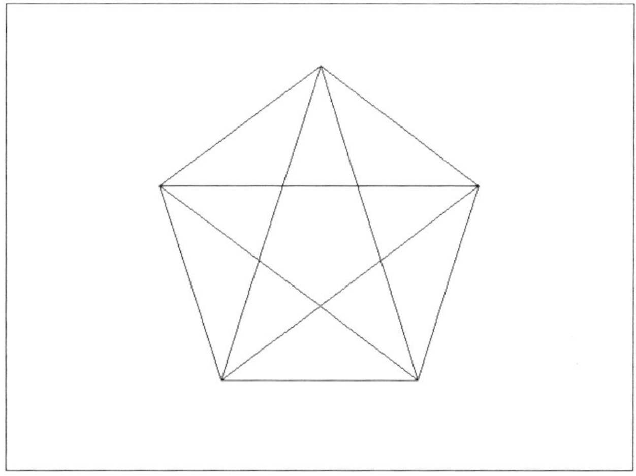

❿ 이번에는 'STAR' 도면층을 끄고 'Won'과 'DIA' 도면층을 켜보겠습니다. '도면
층' 패널의 도면층 목록 상자에서 'Won'과 'DIA' 도면층의 '전등 마크 💡'를 켜고
'STAR' 도면층을 끕니다.

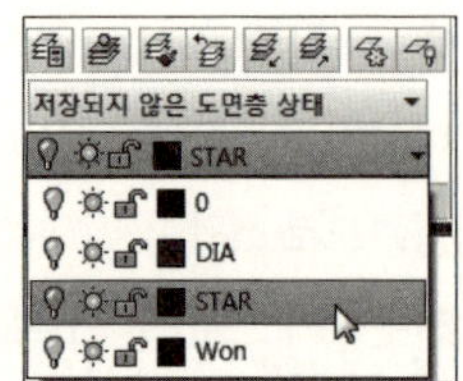

다음 그림과 같은 대화상자가 나타납니
다. 이때 '현재 도면층 끄기'를 클릭합니
다.

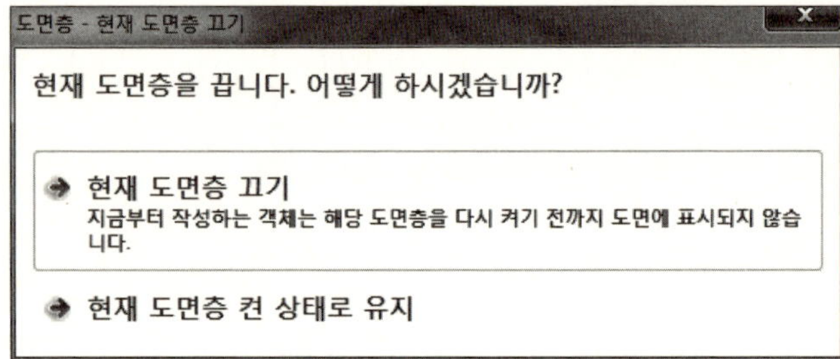

그러면 다음 그림과 같이 'STAR' 도면층
은 꺼지고 나머지 도면층이 표시됩니다.

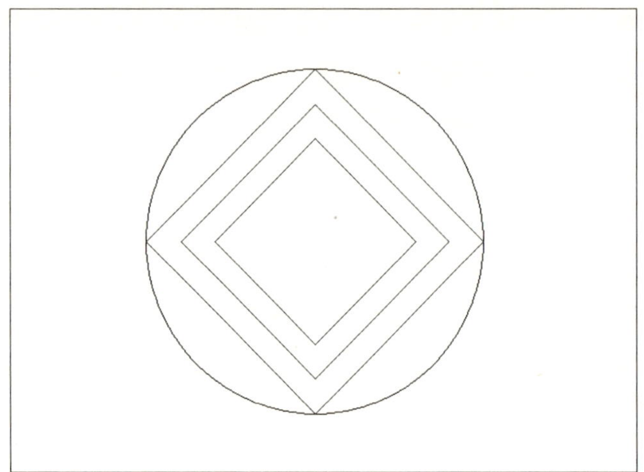

❿ 이번에는 'STAR' 도면층을 켜고 'STAR' 도면층에 자물쇠를 채우도록 하겠습니
다. 다음 그림과 같이 도면층 리본의 도면층 목록 상자에서 'STAR' 도면층의 '전등
마크 💡'를 클릭하여 켭니다. 다음에 'STAR' 도면층 항목에서 '자물쇠 마크 🔓'를
클릭하여 자물쇠를 채웁니다.

❿ '지우기(ERASE)' 명령으로 객체를 모두 삭제해보도록 하겠습니다.

{객체 선택:}에서 객체 선택 방법 중 도면의 객체 전부를 선택하는 'ALL'을 입력합니다. **{5개를 찾음} {3개가 잠긴 도면층에 있습니다.}**라는 메시지가 표시되면서 다음 그림과 같이 'STAR' 도면층의 객체만 선택되지 않습니다.

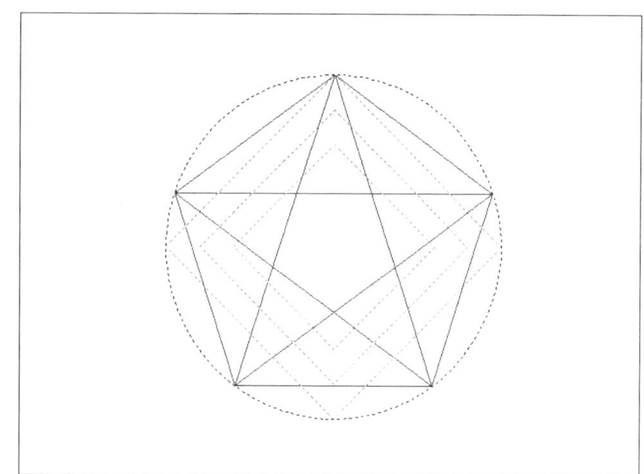

⓫ **{객체 선택:}**에서 〈엔터〉 또는 〈스페이스 바〉로 종료합니다. 다음 그림과 같이 다른 객체는 지워지지만 자물쇠가 채워진 'STAR' 도면층의 객체는 지워지지 않았습니다.

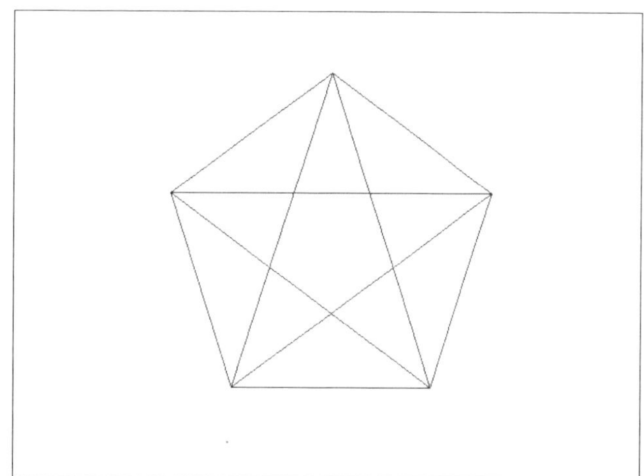

4-2. 객체의 색상을 정의하는 '색상(COLOR)'

의미 그대로 객체의 색상을 정의합니다. AutoCAD 색상 색인(ACI)에 있는 255개의 색상, 트루 컬러, 색상표에서 선택할 수 있습니다.

명령: COLOR(단축키:COL)

메뉴 아이콘: 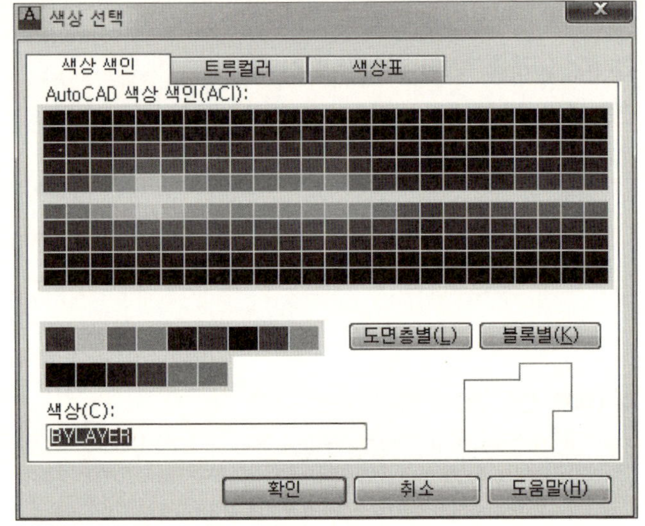

255개의 AutoCAD 색상 색인 (ACI)을 사용하여 색상 설정 값을 지정합니다. 다음의 색상 팔레트에서 색상을 지정합니다.

① AutoCAD 색상 색인(ACI): 색상번호 10에서 249번까지의 색상을 지정합니다.

② 표준 색상: 표준 색상(1~9)을 지정합니다.

③ 회색 음영: 회색의 음역처리로 250~255번호의 색상을 지정합니다.

④ 논리적 색상: 특정 색상을 지정하지 않고 도면층이나 블록의 설정 환경에 따라 유동적으로 설정되도록 합니다.

- 도면층별(L): 'BYLAYER'로 현재 도면층에 설정된 색상을 따릅니다. 즉, 도면층에서 지정한 색상을 따릅니다.
- 블록별(K): 'BYBLOCK'으로 블록 삽입 시 블록의 색상을 삽입 당시의 설정된 현재 색상에 따릅니다.

4-3. 선의 모양에 따라 분류하는 선 종류(LINETYPE)

　도면의 해독을 용이하게 하기 위한 수단의 하나로 선의 용도에 따라 선 종류를 다르게 합니다. 예를 들어, 외형선은 실선, 중심선을 일점 쇄선, 보이지 않는 곳의 은선은 파선 등입니다.

❶ 도면에서 사용할 선 종류를 로드합니다.
'홈' 탭의 '특성' 패널에서 선 종류 목록을 펼칩니다. 다음 그림과 같이 선 종류 목록이 펼쳐집니다. 가장 하단에 있는 '기타..'를 클릭합니다.

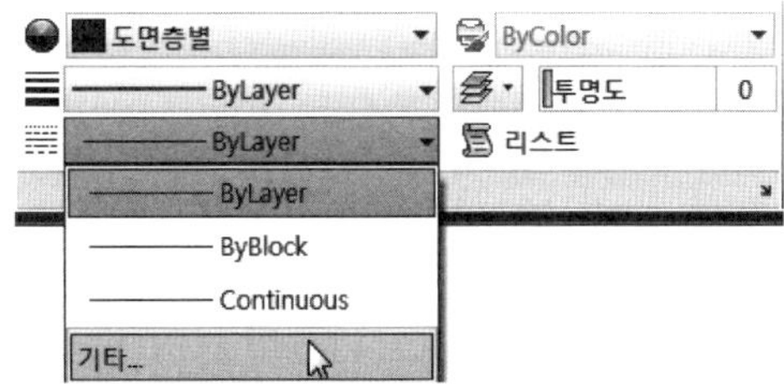

❷ 다음 그림과 같은 선 종류 관리자 대화상자가 나타납니다. 새로운 선 종류를 로드하기 위해 [로드(L)…]를 클릭합니다.

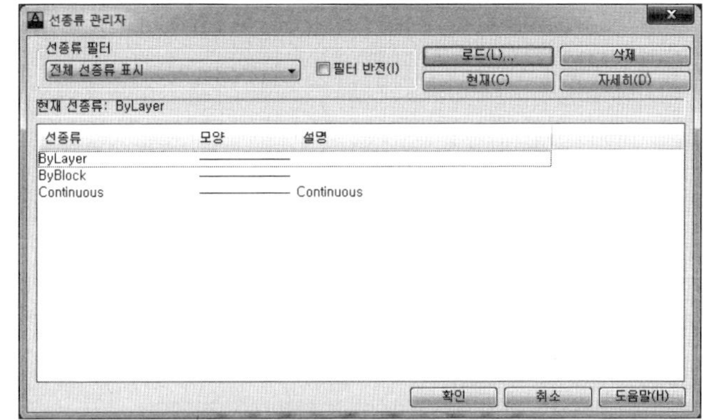

❸ 다음과 같은 '선 종류 로드 또는 다시 로드' 대화상자가 나타납니다. 대화상자에서 로드하고자 하는 선 종류(여기에서는 'HIDDEN')를 선택한 후 [확인]을 클릭합니다.

❹ 다시 선 종류 관리자 화면으로 돌아오면 선 종류 'HIDDEN'이 로드된 것을 확인할 수 있습니다. 오른쪽에 상단에 있는 [자세히(D)] 버튼을 클릭합니다. 다음 그림과 같이 하단에 '상세 정보'가 펼쳐집니다.

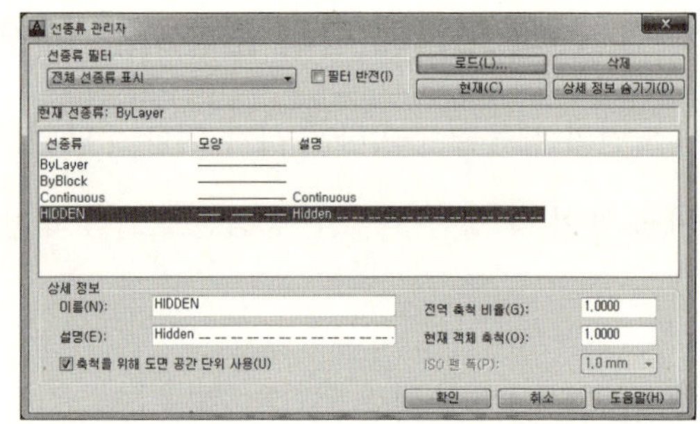

❺ [확인]을 클릭하여 종료합니다. 이제는 로드한 선 종류를 현재 선 종류로 변경하겠습니다. '홈' 탭의 '특성' 패널에서 선 종류 목록을 펼칩니다. 목록 중에서 'HIDDEN'을 클릭합니다.

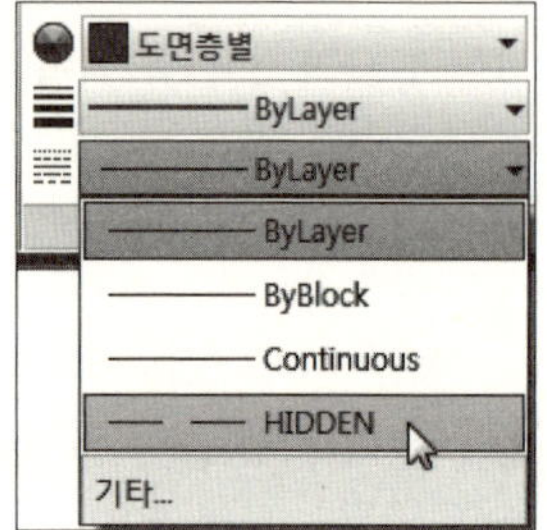

❻ 도면에서 사용할 선 종류(HIDDEN)가 지정되었으면 객체를 작도합니다. 여기에서는 원을 작도해보도록 하겠습니다. 명령어 'CIRCLE' 또는 단축키 'C'를 입력하거나 '홈' 탭의 '그리기' 패널 또는 '그리기' 도구막대에서 ⊘를 클릭합니다.

{원에 대한 중심점 지정 또는 [3점(3P)/2점(2P)/Ttr - 접선 접선 반지름(T)]:}에서 임의의 위치를 지정합니다.
{원의 반지름 지정 또는 [지름(D)]:}에서 임의의 값을 입력합니다. 다음 그림과 같이 원이 작도됩니다.

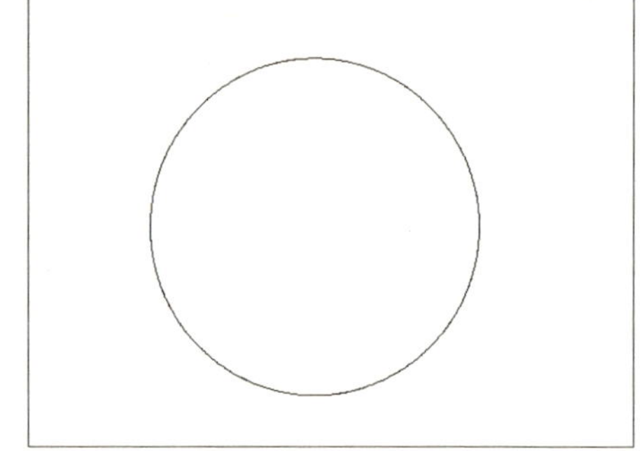

❼ 선 종류 'HIDDEN'으로 지정했음에도 불구하고 실선으로 나타납니다. 이는 선 종류 축척이 현재 도면의 크기에 맞지 않기 때문입니다. '선 종류 축척'을 조정하도록 하겠습니다.
{명령:}에서 명령어 'LTSCALE' 또는 'LTS'를 입력합니다.
{새 선 종류 축척 비율 입력 〈1.0000〉:}에서 '15'를 입력합니다. 다음 그림과 같이 선이 'HIDDEN'으로 바뀝니다.

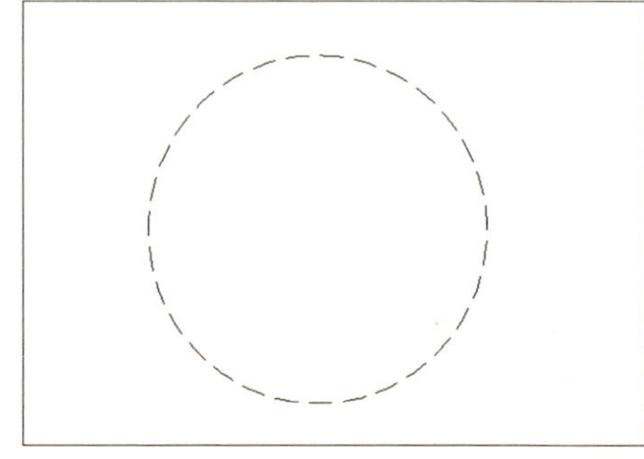

4-4. 선의 너비에 따라 분류하는 선 가중치(LINEWEIGHT)

앞의 선 종류와 마찬가지로 도면의 해독을 용이하게 하기 위한 수단으로 선의 용도에 따라 굵기(너비)를 다르게 표현합니다. 예를 들어, 중심선이나 치수선, 치수 보조선은 가늘게, 외형선은 중간 정도의 굵기, 강조를 위한 선은 굵게 표현합니다.

❶ 사각형을 작도해보도록 하겠습니다. 명령어 'RECTANG' 또는 단축키 'REC'를 입력하거나 '홈' 탭의 '그리기' 패널 또는 '그리기' 도구막대에서 ▭을 클릭합니다.

{첫 번째 구석점 지정 또는 [모따기(C)/고도(E)/모깎기(F)/두께(T)/폭(W)]:}에서 임의의 한 점을 지정합니다.

{다른 구석점 지정 또는 [영역(A)/치수(D)/회전(R)]:}
에서 반대편 꼭지점 좌표를 상대좌표 '@120,120'을 입력
합니다. 임의의 크기로 작도해도 됩니다.

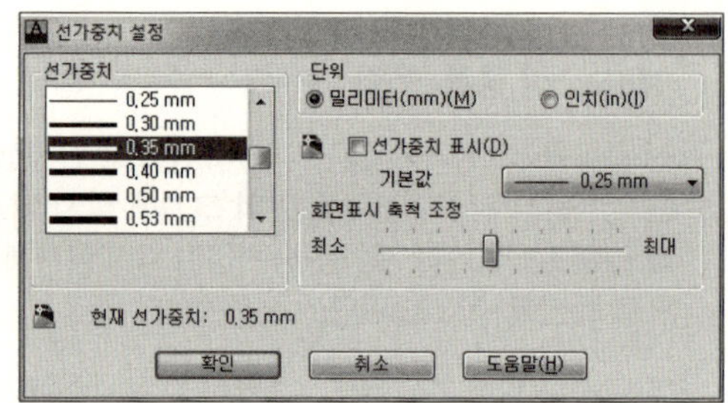

❷ 선 가중치를 변경합니다. 명령어 'LINEWEIGHT' 또는
'LW'를 입력합니다. 다음과 같은 선가중치 설정 대화상
자의 선가중치 목록에서 '0.35 mm'를 지정합니다.

❸ 이번에는 원을 작도하도록 하겠습니다. 명령어 'CIRCLE' 또
는 단축키 'C'를 입력하거나 '홈' 탭의 '그리기' 패널 또는 '그리
기' 도구막대에서 ⊘를 클릭합니다.

**{원에 대한 중심점 지정 또는 [3점(3P)/2점(2P)/Ttr – 접선
접선 반지름(T)]:}** 에서 임의의 위치를 지정합니다.

{원의 반지름 지정 또는 [지름(D)]:} 에서 반지름 값 '70'을 입
력합니다. 다음 그림과 같이 원이 작도됩니다. 사각형과 원의
선 가중치(굵기)가 다른데도 불구하고 화면에는 아무런 차이가 없습니다.

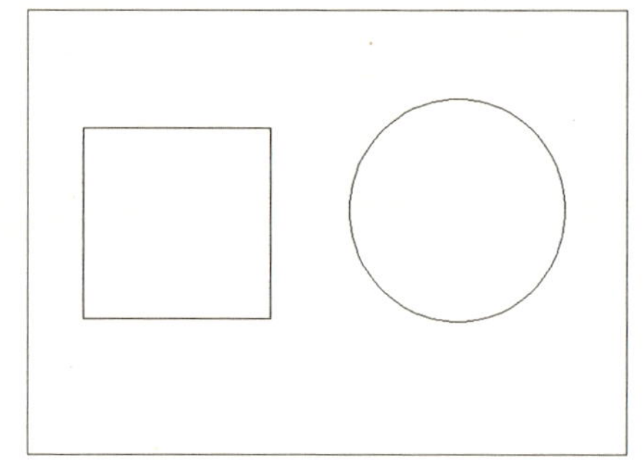

❹ 화면 하단의 상태막대의 그리기 도구에서 '선 가중치(LWT) ➕'를 켭니다.

❺ 다음 그림과 같이 선 가중치가 0.35mm로 설정된 원은 굵은
선으로 표시됩니다.

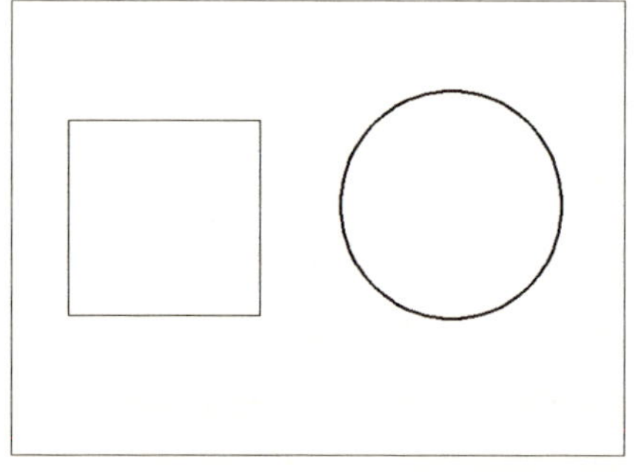

4-5. 객체의 흐림 정도를 정의하는 투명도(TRANSPARENCY)

객체와 도면층의 투명도를 조정합니다. 도면을 작성할 때 중요하지 않은 객체나 참조용으로 사용하는 밑바탕 도면의 경우는 옅은 색으로 표시하여 작업을 진행합니다. 예를 들어, 건축 도면 위에 덕트나 배관을 작도하는 설비 도면의 경우는 메인 객체가 덕트나 배관이며 건축 도면은 덕트나 배관을 작도하기 위한 서브 도면입니다. 이럴 때, 건축 도면을 흐리게 표현하여 작도하는 것이 효율적으로 작도할 수 있습니다. 투명도는 이럴 때 유용하게 활용할 수 있습니다.

투명도 설정

투명도의 지정은 'ByLayer', 'ByBlock'과 0 ~ 90사이의 정수 값으로 지정합니다. '홈' 탭의 '특성' 패널에서 투명도 슬라이드 바를 조정하여 값을 지정할 수 있습니다. 해치 패턴의 투명도는 해치 작성 시에 지정할 수 있습니다.(시스템 변수 'HPTRANSPARENCY')

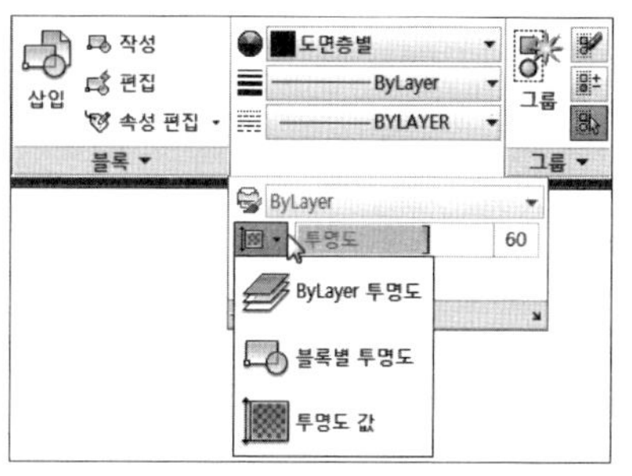

다음의 도면을 작도합니다. 특히, 객체 특성(도면층, 색상, 선 종류, 선 가중치)의 설정과 수정

방법에 대해 구체적으로 실습해보도록 하겠습니다. 작도 환경은 다음과 같습니다.

구분	도면층 이름	색상	선 종류	가중치
외곽선	OUT	흰색	실선	0.3mm
중심선	CENTER	빨간색	Center	0.15mm
파선	IN	파란색	Hidden	0.2mm

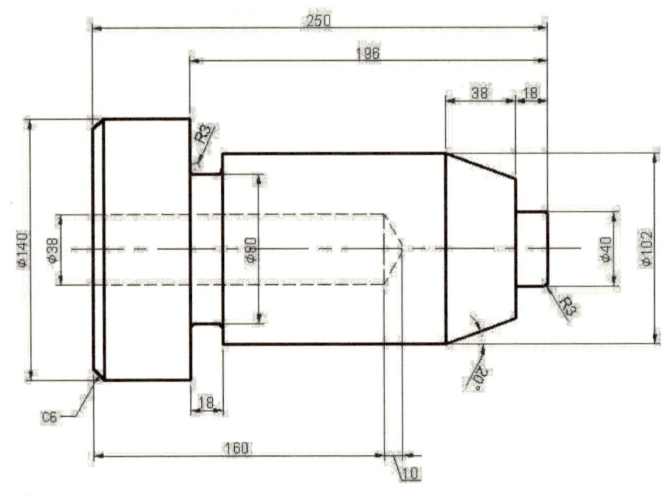

5. 객체 특성의 관리

앞 단원의 학습을 통해서 객체 특성(도면층, 색상, 선 종류, 선 가중치, 투명도)에 대해 알아봤습니다. 이번에는 이미 정의된 객체 정보를 열람(표시)하고 수정하는 특성의 관리에 대해 학습하도록 하겠습니다. 공통 특성뿐 아니라 각 객체 종류별로 가지고 있는 형상 특성의 관리에 대해서도 알아보겠습니다.

5-1. 특성 정보의 표시와 수정(PROPERTIES, DDMODIFY)

특성 팔레트를 통해 객체의 특성 정보를 표시하고 사용자가 필요에 따라 특성을 수정할 수 있습니다.

명령: PROPERTIES, DDMODIFY(단축키:CH,MO,PR,PROPS)

메뉴 아이콘:

단축키: 〈Ctrl〉 + '1' 또는 객체를 더블 클릭하거나 바로가기 메뉴에서 '특성(S)'을 클릭합니다.

다음 그림과 같은 특성 팔레트가 표시됩니다. 특성 팔레트에는 선택된 객체의 특성 정보가 표시됩니다.

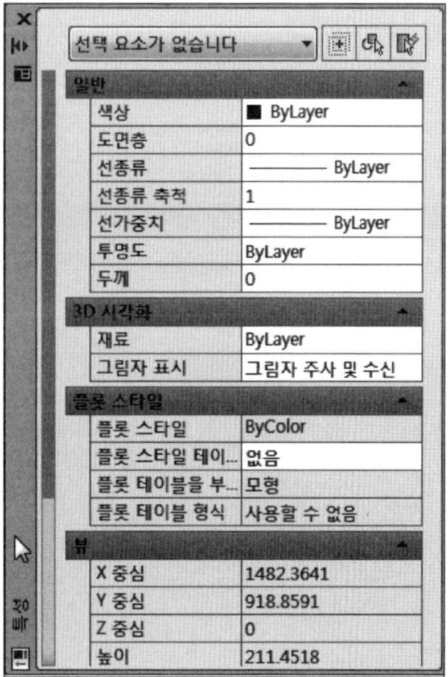

앞에서 설명한 특성 도구 팔레트의 사용 방법을 실제 도면을 통해 학습하겠습니다.

❶ 앞에서 작성한 도면을 펼칩니다.

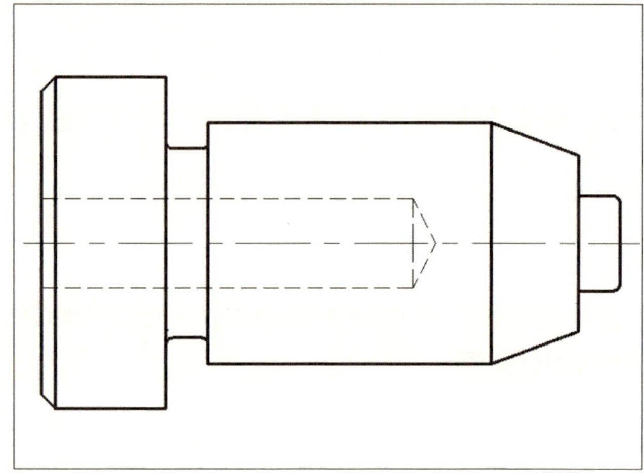

❷ 다음 그림과 같이 특성을 바꾸고자 하는 객체를 선택합니다. 여기에서는 안쪽의 점선 객체만 선택합니다.

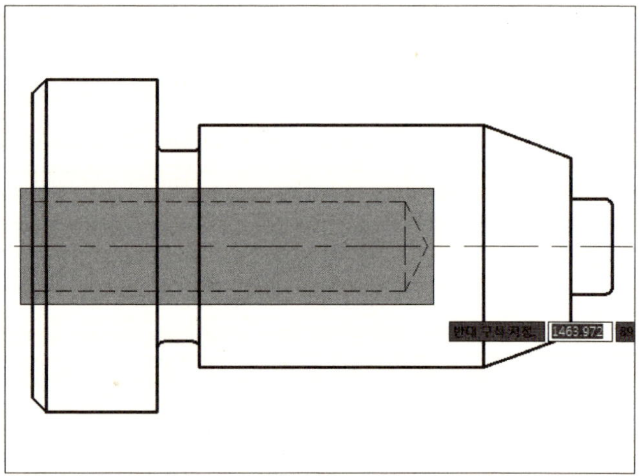

❸ 객체를 선택한 후 더블클릭하거나 '뷰' 탭의 '팔레트' 패널에서 '특성 ▣' 아이콘을 클릭 또는 명령어 'PR'을 입력합니다. 다음 그림과 같이 특성 팔레트가 표시됩니다.

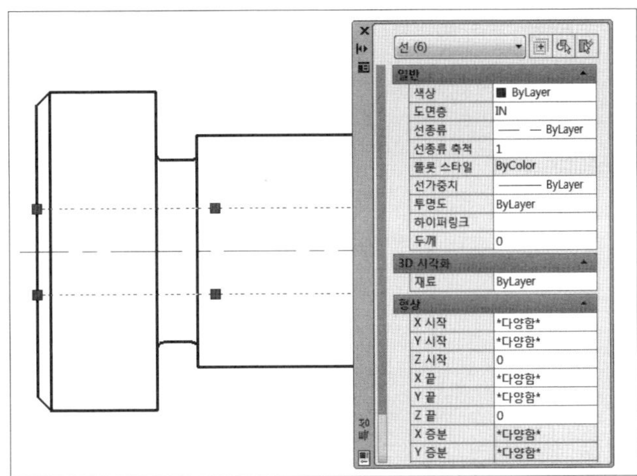

❹ 특성 팔레트에서 바꾸고자 하는 특성 항목에서 바꿉니다. 예를 들어, '선 종류 축척'을 '2'로 변경하고자 하면 '선 종류 축척' 항목의 편집상자에 '2'를 입력합니다.

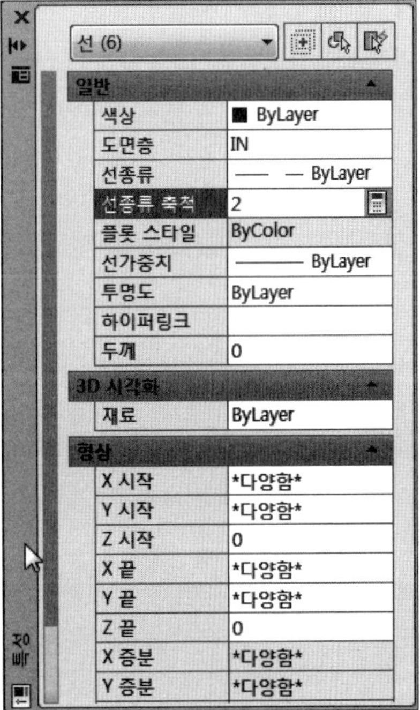

❺ 해당 객체의 수정이 끝나면 〈ESC〉 키
를 누릅니다. 다음 그림과 같이 선택한
객체의 선 종류 축척(점선의 간격)이 변
경됩니다.

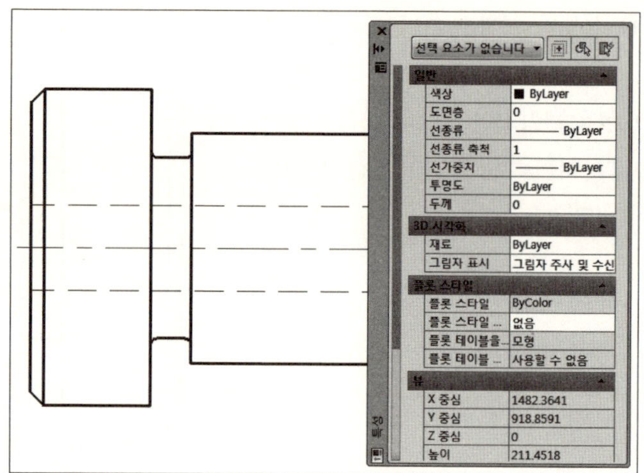

❻ 이번에는 다음 그림과 같이 범위를 감
싸 왼쪽의 돌출부를 선택합니다.

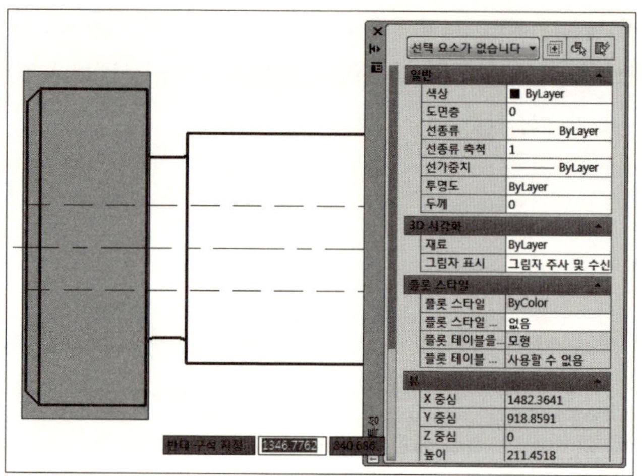

❼ 변경하고자 하는 대상이 선택되면 다음 그림과 같이 특성 팔레트의 '색상' 목록에서 '초록색'을 선택합니다.

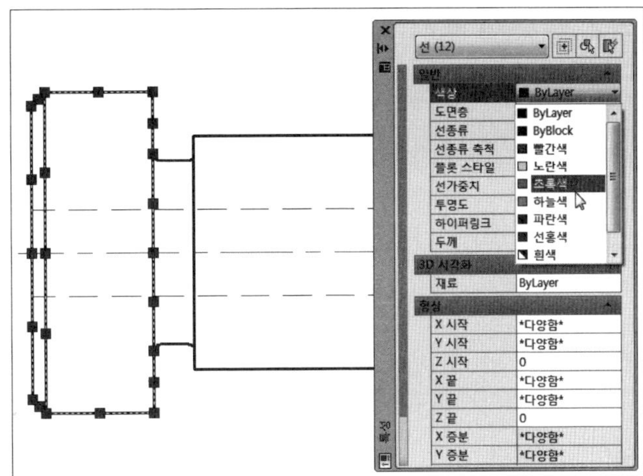

❽ 〈ESC〉 키를 눌러 선택을 해제합니다. 다음 그림과 같이 색상이 변경됩니다.

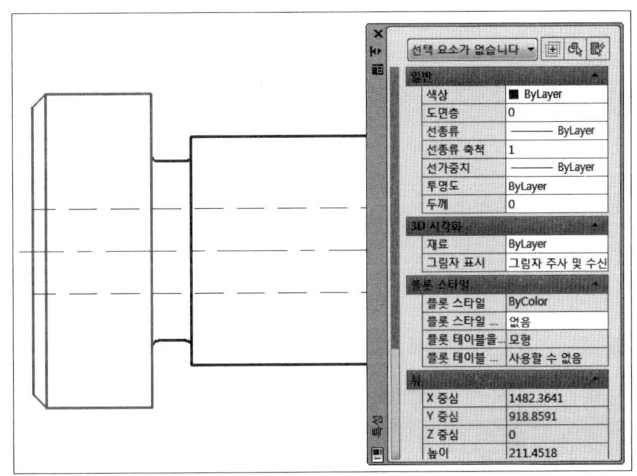

이렇게 '특성(Properties)' 기능을 이용하여 선택한 객체의 특성을 수정할 수 있습니다.

5-2. 빠르게 표시 및 수정하는 빠른 특성(QP)

객체를 클릭하면 '빠른 특성' 팔레트가 나타납니다. 이 팔레트를 이용하여 특성 정보를 얻을 수 있고 특성을 수정할 수 있습니다. 빠른 특성 팔레트에는 가장 많이 사용되는 특성이 객체 유형 또는 객체 세트별로 나열됩니다.

❶ 앞 단원에서 작성한 도면을 펼칩니다. 상태막대의 그리기 도구에서 '빠른 특성 ▦'버튼을 켭니다.

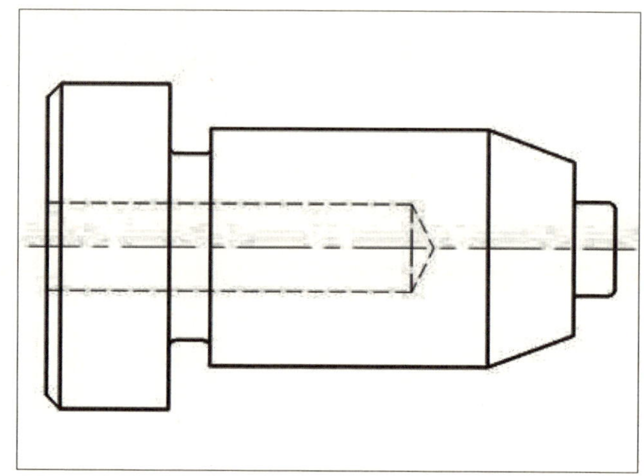

❷ 가운데 중심선을 선택합니다. 다음 그림과 같이 선택한 선에 그립이 나타나면서 '빠른 특성'팔레트가 나타납니다.

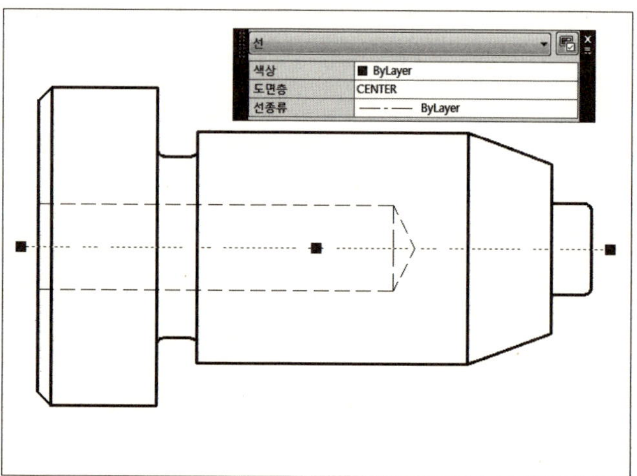

❸ 빠른 특성 팔레트의 오른쪽 바를 가져가면 다음 그림
과 같이 숨겨진 특성이 표시됩니다. 처음에 표시된 항목
의 수가 3개였으나 아래로 펼치면 6개로 늘어납니다.

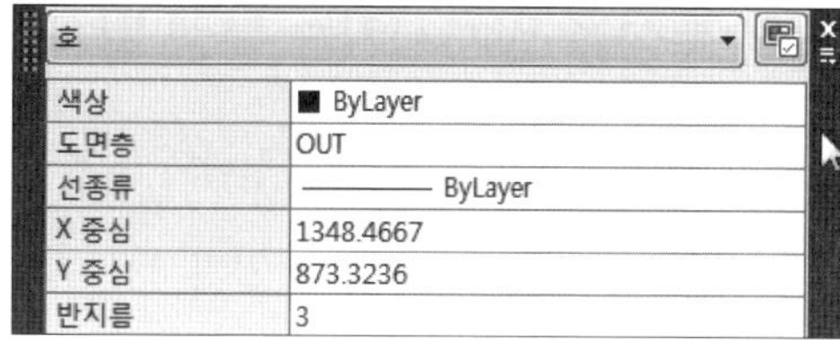

❹ 수정하고자 하는 특성 항목을 선택해
값을 지정합니다. 여기에서는 선 종류를
'HIDDEN'으로 지정해보도록 하겠습니다.
수정하고자 하는 특성 항목을 선택해

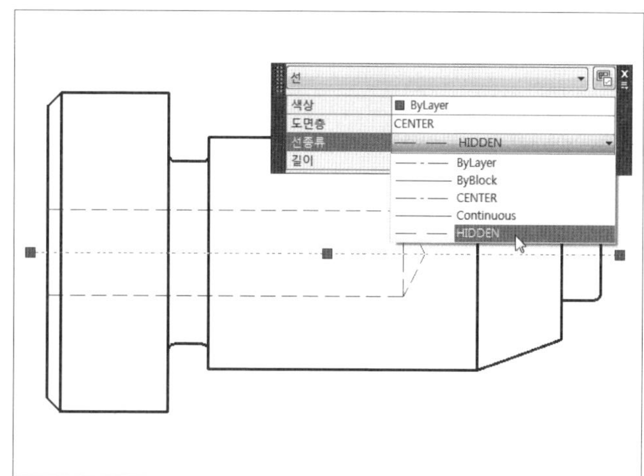

❺ 해당 객체의 특성을 수정한 후 〈ESC〉
키를 누릅니다. 다음 그림과 같이 해당
특성(선 종류)이 변경되면서 팔레트가 사
라집니다.값을 지정합니다. 여기에서는
선 종류를 'HIDDEN'으로 지정해보도록
하겠습니다.

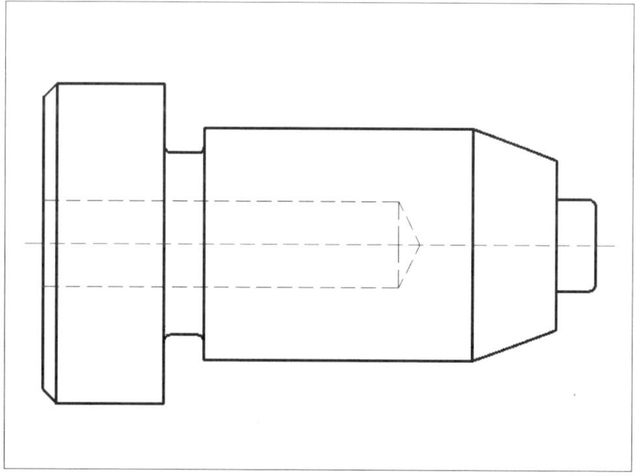

5-3. 특성을 일치시키는 특성 일치(MATCHPROP)

원본 객체와 대상 객체를 지정하여 원본 객체의 특성을 대상 객체에 복사합니다. 즉, 원본 객체의 특성과 대상 객체의 특성을 일치시킵니다.

명령: MATCHPROP (단축키: MA)
메뉴 아이콘: 🖼

❶ 앞에서 실습한 도면으로 실습하도록 하겠습니다.

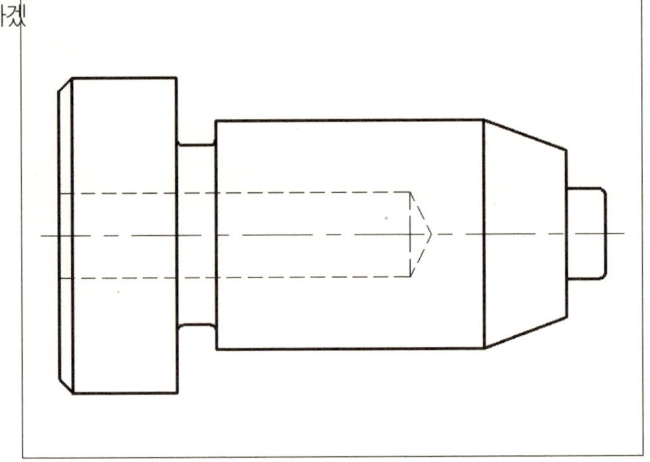

❷ 특성 일치 명령을 실행합니다. 명령어 'MATCHPROP' 또는 단축키 'MA'를 입력하거나 '홈' 탭의 '클립보드' 패널에서 🖼 을 클릭합니다.

{원본 객체를 선택하십시오.}에서 원본 객체인 파란색 점선 객체를 선택합니다.

{현재 활성 설정: 색상 도면층 선종류 선축척 선가중치 투명도 두께 플롯 스타일 치수 문자 해치 폴리선 뷰포트 테이블 재료 그림자 표시 다중 지시선}

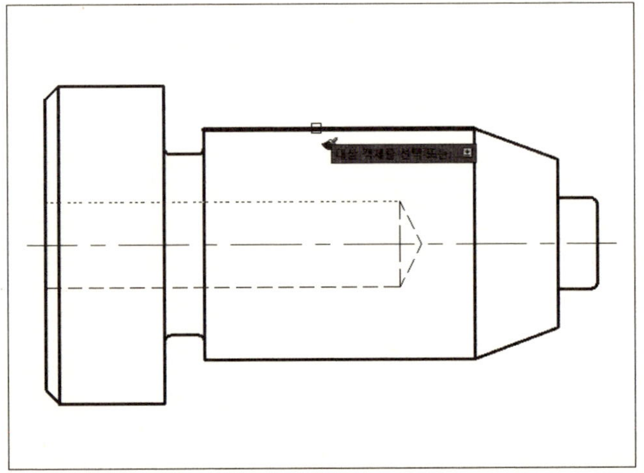

{대상 객체를 선택 또는 [설정값(S)]:}에서 다음 그림과 같이 빗자루 마크가 나타나면 일치시키고자 하는 객체를 선택합니다.

❸ 다음 그림과 같이 선택한 객체가 파란색의 파선으로 바뀝니다.

{대상 객체를 선택 또는 [설정값(S)]:} 에서 다음 그림과 같이 범위를 지정하여 선택합니다.

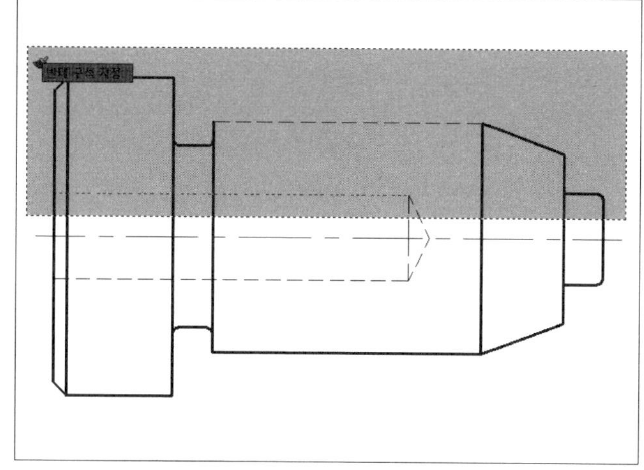

❹ **{대상 객체를 선택 또는 [설정값(S)]:}**에서 〈엔터〉 또는 〈스페이스 바〉를 눌러 종료합니다. 다음 그림과 같이 선택한 대상 객체가 원본 객체의 특성(도면층, 색상, 선 종류, 선 가중치 등)과 동일한 특성으로 일치됩니다.

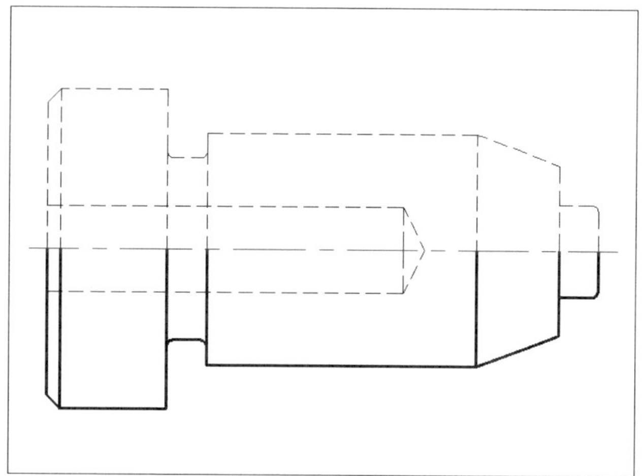

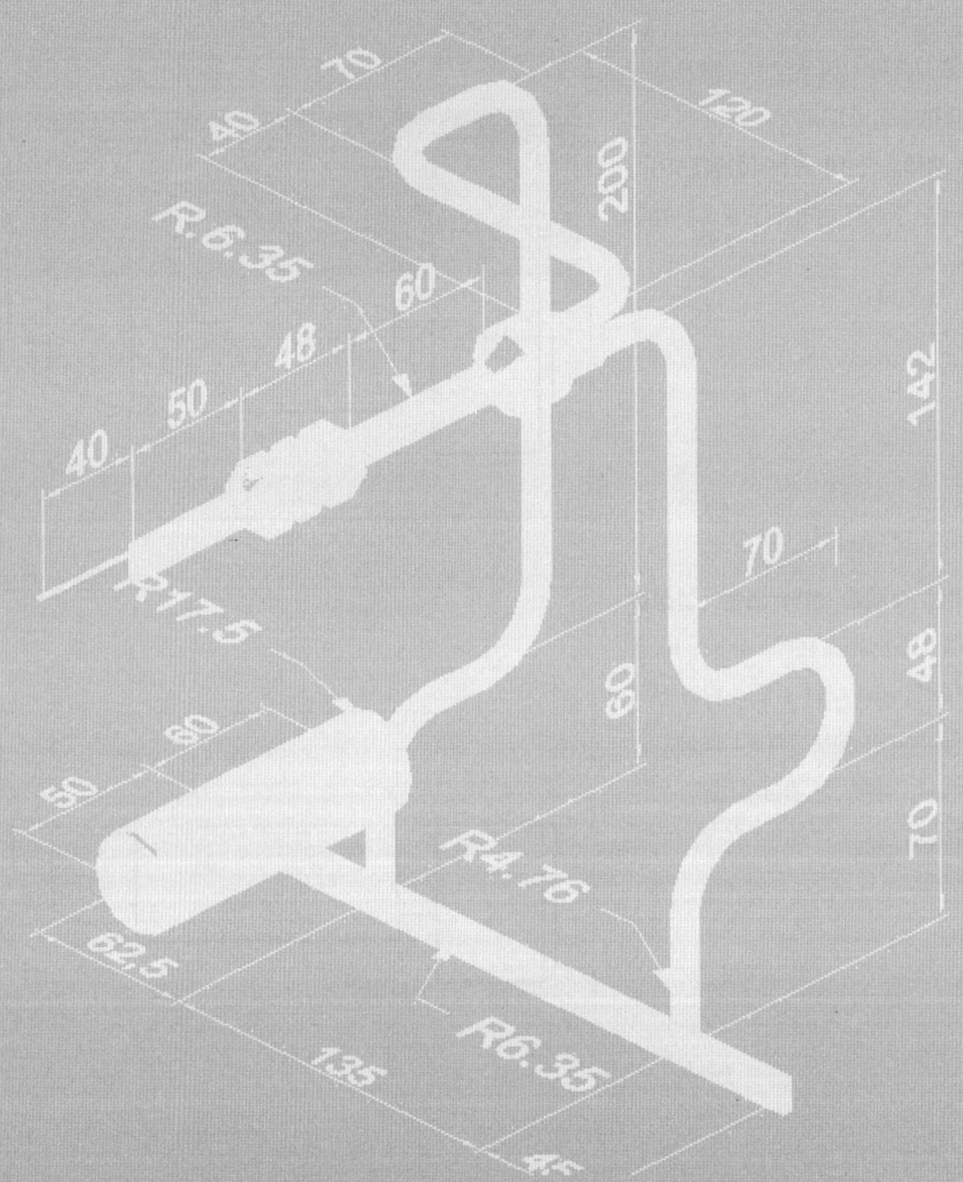

70
40
120
200
R.6.35
60
48
50
142
40
R17.5
70
80
60
50
48
R4.76
70
62.5
R6.35
135
45

AutoCAD 2차원 명령

AutoCAD의 2차원 기능에 대해 알아보겠습니다. 앞에서 학습한 선, 원, 복사, 지우기, 줌 명령을 제외한 2차원 작도 및 편집 명령을 중심으로 알아보겠습니다.

1. 폴리선(PLINE)

폴리선(POLYLINE)은 여러 개의 선이나 호가 하나의 객체 형식으로 모인 세그먼트의 연결 객체입니다.

명령: PLINE(단축키:PL)

메뉴 아이콘:

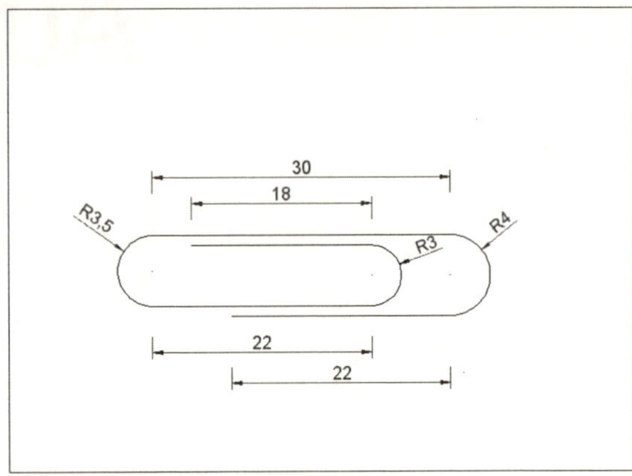

{시작점 지정:}에서 점을 지정합니다.

{현재의 선 폭은 0.00임

다음점 지정 또는 [호(A)/반복(H)/길이(L)/명령 취소(U)/폭(W)]:}에서 0도 방향으로 맞추고 '22'를 입력합니다.

{다음점 지정 또는 [호(A)/닫기(C)/반폭(H)/길이(L)/명령 취소(U)/폭(W)]: }에서'A'옵션을 지정합니다.

{호의 끝점 지정 또는 [각도(A)/중심(CE)/닫기(CL)/방향(D)/반폭(H)/선(L)/반지름(R)/두번째 점(S)/명령 취소(U)/폭(W)]:}에서 90도 방향을 맞추고 '4'를 입력합니다.

{호의 끝점 지정 또는 각도(A)/중심(CE)/닫기(CL)/방향(D)/반폭(H)/선(L)/반지름(R)/두번째 점(S)/명령 취소(U)/폭(W)]:}에서 'L'옵션을 지정합니다.

{다음점 지정 또는 [호(A)/닫기(C)/반폭(H)/길이(L)/명령 취소(U)/폭(W)]:}에서 180도 방향을 맞추고 '30'을 입력합니다.

{다음점 지정 또는 [호(A)/닫기(C)/반폭(H)/길이(L)/명령 취소(U)/폭(W)]:}에서 'A'옵션을 지정합니다.

이와 같은 방법으로 위의 과정을 반복하여 지정합니다.

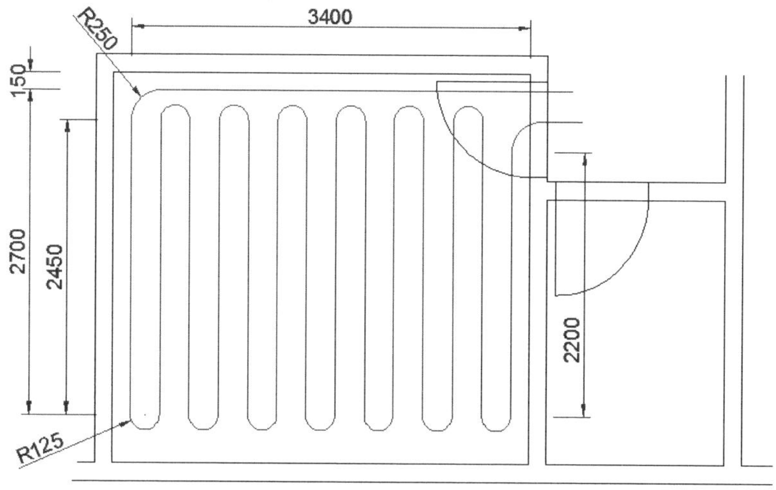

2. 호(ARC)

원의 일부분인 호를 작도합니다. 옵션을 이용하여 다양한 방법으로 호를 작도할 수 있습니다.

명령: ARC(단축키: A)

메뉴 아이콘:

{**호의 시작점 또는 [중심(C)] 지정:**}에서 호의 시작점을 지정합니다.

{**호의 두 번째 점 또는 [중심(C)/끝(E)] 지정:**}에서 두 번째 점을 지정합니다.

{**호의 끝점 지정:**}에서 끝점을 지정합니다.

[옵션]

호는 다양한 방법으로 작도
할 수 있습니다. 다음과 같이
11가지 방법을 제공합니다.

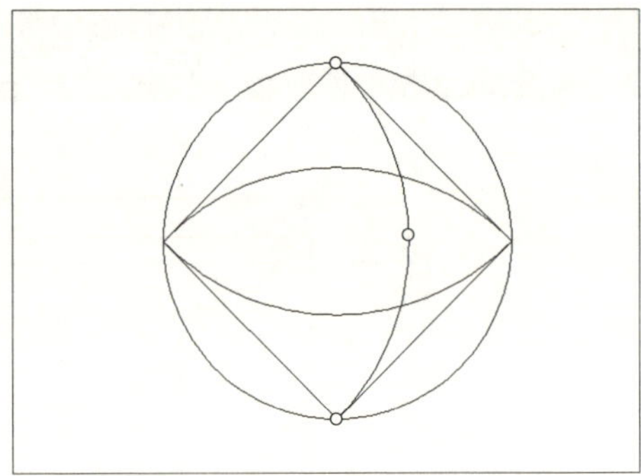

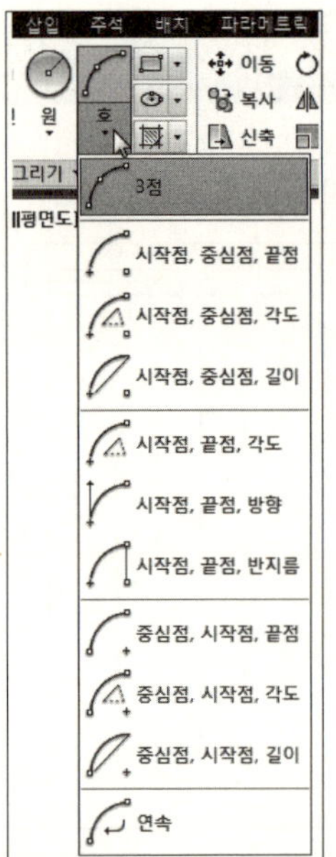

3. 직사각형(RECTANGLE)

다양한 옵션을 이용하여 사각형을 작도합니다. 작도된 선은 폴리선의 성격을 갖습니다.

명령: RECTANG(단축키:REC)
메뉴 아이콘: 📄

**{첫 번째 구석점 지정 또는 [모따기
(C)/고도(E)/모깎기(F)/두께(T)/폭
(W)]:}**에서 시작점을 지정합니다.
**{다른 구석점 지정 또는 [영역(A)/치
수(D)/회전(R)]:}**에서 반대편 꼭지점을
지정합니다.

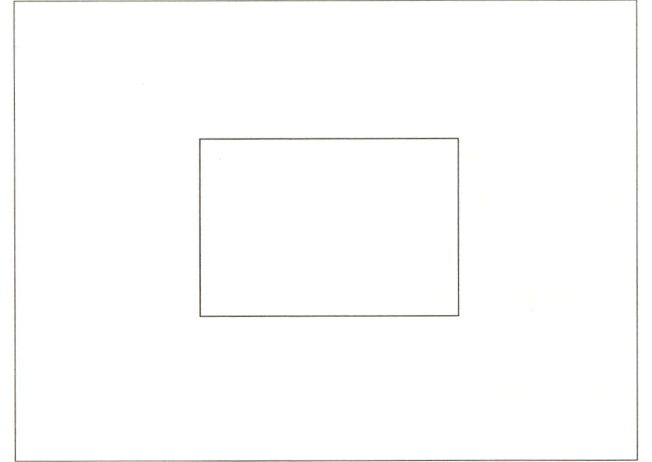

[옵션]

{첫 번째 구석점 지정 또는 [모따기(C)/고도(E)/모깎기(F)/두께(T)/폭(W)]:}

❶ 모따기(C): 각 모서리가 모따기된 직사각형을 작도합니다.

❷ 고도(E): 바닥에서의 높이를 나타내는 고도를 지정하여 사각형을 작도합니다.

❸ 모깎기(F): 각 모서리가 모깎기(라운딩)된 직사각형을 작도합니다.

❹ 두께(T): 3차원의 값인 두께(Z축 방향)를 입력하여 작도합니다.

❺ 폭(W): 선의 너비를 지정하여 작도합니다.

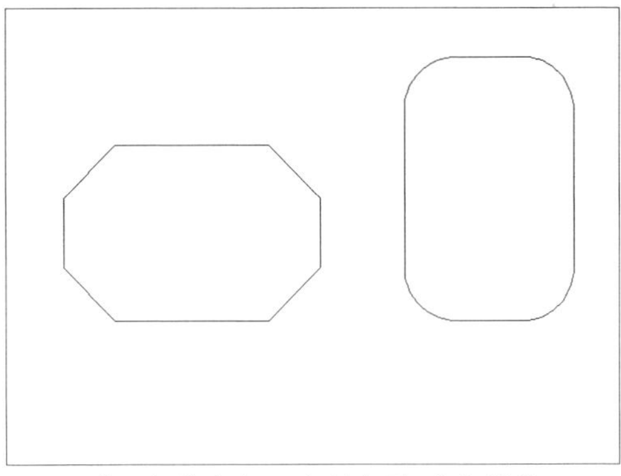

[모따기(C)와 모깎기(F) 된 직사각형]

4. 타원(ELLIPSE)

타원은 동일한 길이의 축으로 이루어진 원과 달리 두 개의 축으로 이루어진 원입니다.

01. 타원의 작도

2개의 축으로 이루어진 타원을 작도합니다.

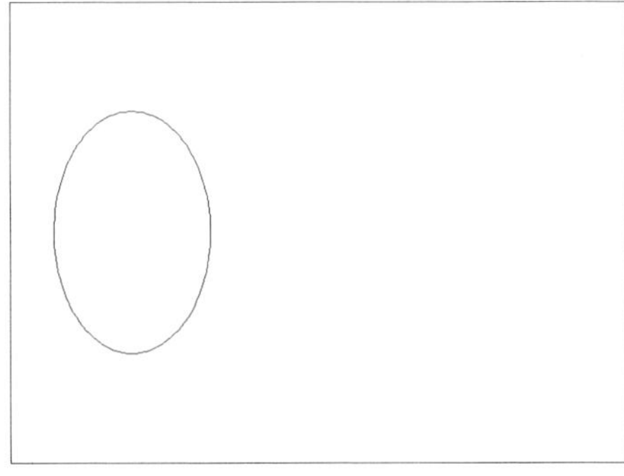

명령: RECTANG(단축키:REC)

메뉴 아이콘:

{타원의 축 끝점 지정 또는 [호(A)/중심(C)]:}에서 좌표 '50,100'을 입력합니다.

{축의 다른 끝점 지정:} 에서 상대극좌표 '@150〈0'을 입력합니다.

{다른 축으로 거리를 지정 또는 [회전(R)]:}에서 '50'을 입력합니다.

02. 타원 호의 작도

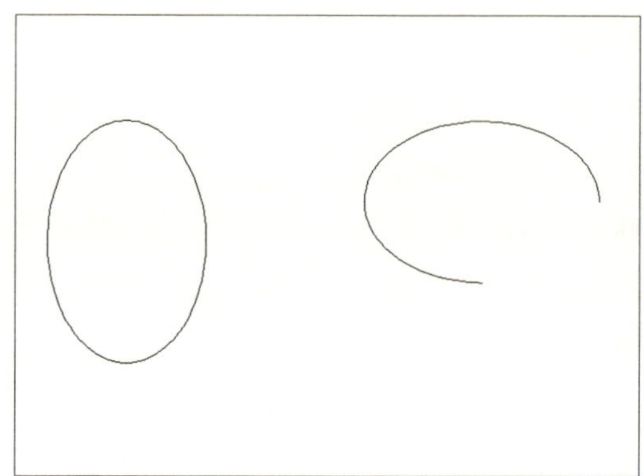

　타원 형태의 호를 작도합니다. 첫 번째 축의 각도가 타원형 호의 각도를 결정합니다. 첫 번째 축이 타원형 호의 긴 축 또는 짧은 축을 정의할 수 있습니다.

명령: ELLIPSE(단축키:EL)
메뉴 아이콘: 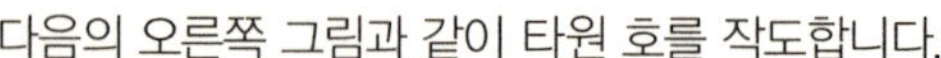

다음의 오른쪽 그림과 같이 타원 호를 작도합니다.

5. 스플라인(SPLINE)

스플라인은 지정된 점(제어점)을 지나거나 근처를 지나는 부드러운 곡선(NURBS 곡선)을 만듭니다. 곡선이 점과 일치하는 정도(곡선의 완만도)를 조정하여 다양한 곡선을 작도할 수 있습니다.

명령: SPLINE(단축키: SPL)
메뉴 아이콘:

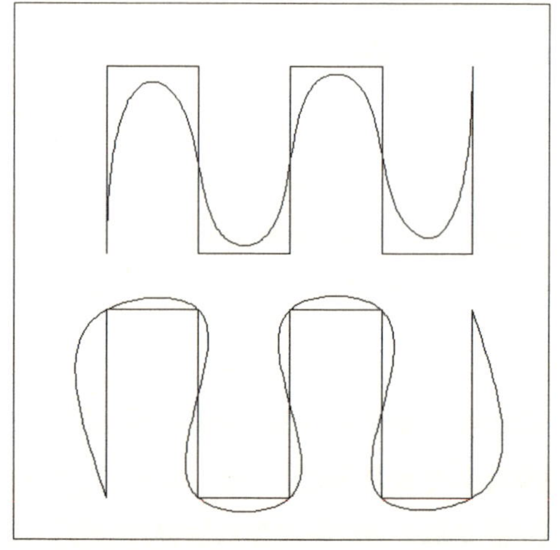

{현재 설정: 메서드=맞춤　매듭=현}
{첫 번째 점 지정 또는 [메서드(M)/매듭(K)/객체(O)]:}
에서 첫 번째 점을 지정합니다.

{다음 점 입력 또는 [시작 접촉부(T)/공차(L)]:}에서 두 번째 점을 지정합니다.

{다음 점 입력 또는 [끝 접촉부(T)/공차(L)/명령 취소(U)/닫기(C)]:}에서 차례로 점을 지정합니다.

[옵션]

{첫 번째 점 지정 또는 [메서드(M)/매듭(K)/객체(O)]:}

❶ 메서드(M): 스플라인이 형식을 '맞춤(F)'으로 할 것인가 '정점 조정(CV)'로 할 것인가, 선택합니다. 이는 3D NURBS 표면을 작성할 때 사용할 도형을 작성하는 경우에 많이 사용됩니다.

❷ 매듭(K): 곡선이 맞춤점을 통과할 때 해당 곡선의 쉐이프에 영향을 주는 매듭 매개변수화를 지정합니다.

❸ 객체(O): 사각형 또는 정육면체의 2D 또는 3D 스플라인 맞춤 폴리선을 그에 상응하는 스플라인으로 변환합니다. 예를 들어, 2D 또는 3D 폴리선을 폴리선 편집 명령으로 스플라인으로 변환하면 객체 종류는 '2D 폴리선'입니다. 이를 '2D 스플라인' 객체로 변환합니다.

{스플라인-맞춤 폴리선 선택:}

스플라인을 클릭한 후 정점을 움직여 스플라인을 다양한 모양으로 편집합니다.

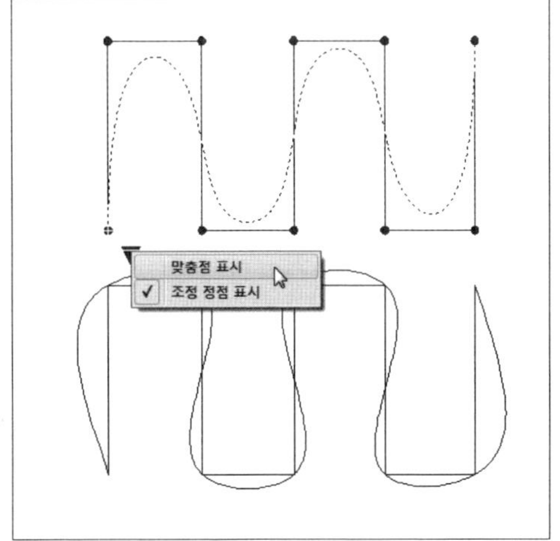

6. 다각형(POLYGON)

다각형 기능으로 3각형부터 1024각형까지 작도할 수 있습니다. 작도된 선은 폴리선의 성격을 갖습니다.

명령: POLYGON(단축키:POL)

메뉴 아이콘:

{**면의 수 입력 〈4〉:**}에서 다각형 면의 수를 입력합니다.

{**다각형의 중심을 지정 또는 [모서리(E)]:**}에서 중심점을 지정합니다.

{**옵션을 입력 [원에 내접(I)/원에 외접(C)] 〈I〉:**}에서 내접인지 외접인지 지정합니다.

{**원의 반지름 지정:**}에서 다각형의 반지름을 지정합니다.

[옵션]

{다각형의 중심을 지정 또는 [모서리(E)]:}

모서리(E): 한쪽 모서리를 지정하여 다각형을 작도합니다.

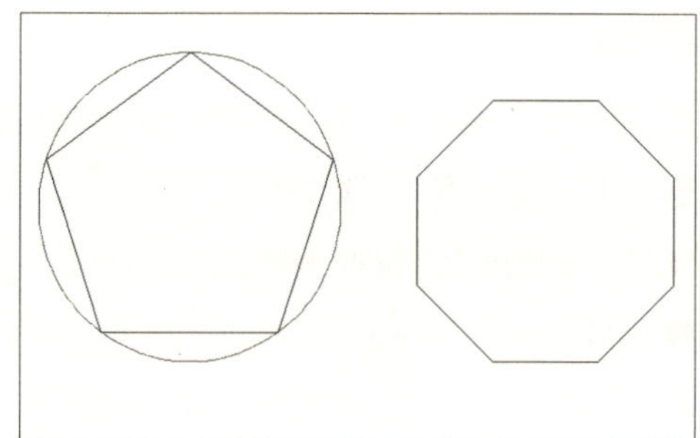

7. 문자작성

도면을 작성하는데 다양한 주석과 치수, 표제란과 같이 반드시 문자가 들어갑니다. AutoCAD에서는 다양한 문자작성을 위해 문자 편집기 못지않은 기능을 제공하고 있습니다.

01. 여러 줄 문자(MTEXT)

문자 편집기에 의해 여러 줄의 문자를 작성 또는 수정합니다. 다른 파일에서 문자를 가져오거나 붙여 넣기를 할 수 있습니다.

명령: MTEXT(단축키: MT,T)
메뉴 아이콘: A

{첫 번째 구석 지정:}에서 문자를 작성할 범위의 시작점을 지정합니다.
{반대 구석 지정 또는 [높이(H)/자리맞추기(J)/선 간격두기(L)/회전(R)/스타일(S)/폭(W)/열(C)]:} 에서 문자를 작성할 범위의 반대 구석을 지정합니다.
문자 편집기 탭 메뉴에서 문자 작성 환경

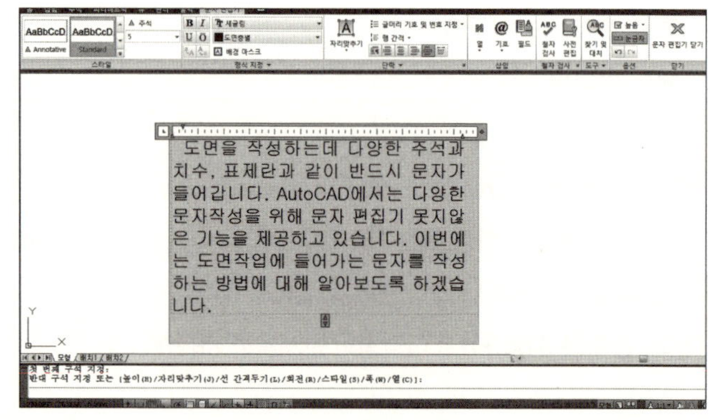

을 설정한 후 문자 편집기에서 문자를 작성합니다.

02. 단일 행 문자(TEXT)

행 단위로 문자를 작성합니다. 한 단어 또는 한 문장만을 작성하고자 할 때는 '여러 줄 문자(MTEXT)'보다는 '단일 행 문자(TEXT)'를 사용하는 것이 편리합니다.

명령: TEXT(단축키:DT)
메뉴 아이콘: AI

{**문자의 시작점 지정 또는 [자리맞추기(J)/스타일(S)]:**}에서 시작점을 지정합니다.

{**높이 지정 〈2.5000〉:**}에서 문자 높이를 지정합니다.

{**문자의 회전 각도 지정 〈0〉:**}에서 문자의 각도를 지정합니다.

{**문자 입력:**}에서 작성하고자 하는 문자를 입력합니다.

[옵션]

{**문자의 시작점 지정 또는 [자리맞추기(J)/스타일(S)]:**}

❶ 자리 맞추기(J): 문자의 위치를 조정합니다. 여러 줄 문자의 자리 맞추기와 동일합니다.

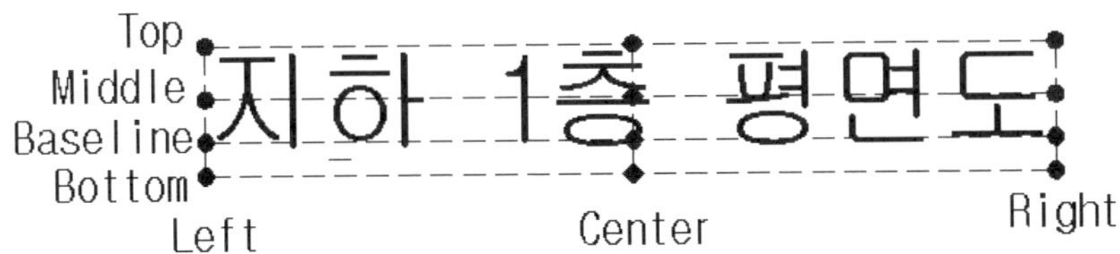

① 정렬(Align): 두 점 사이에 문자를 정렬합니다.

② 맞춤(Fit): 두 점 사이에 문자를 정렬하고 높이를 지정합니다.

③ 중심(Center): 지정한 점을 중심으로 문자를 수평 중심에 정렬합니다.

④ 중간(Middle): 지정한 점을 기준으로 문자를 중앙으로 조절하여 정렬합니다.

⑤ 오른쪽(Right): 지정한 점을 기준으로 문자를 오른쪽에 정렬합니다.

⑥ TL(Top Left): 문자의 상단 좌측을 기준으로 정렬합니다.

⑦ TC(Top Center): 문자의 상단 중앙을 기준으로 정렬합니다.

⑧ TR(Top Right): 문자의 상단 우측을 기준으로 정렬합니다.

⑨ ML(Middle Left): 문자의 중앙 좌측을 기준으로 정렬합니다.

⑩ MC(Middle Center): 문자의 수평, 수직 중심점을 기준으로 정렬합니다.

⑪ MR(Middle Right): 문자의 중앙 우측을 기준으로 정렬합니다.

⑫ BL(Bottom Left): 문자의 하단 좌측을 기준으로 정렬합니다.

⑬ BC(Bottom Center): 문자의 하단 중앙을 기준으로 정렬합니다.

⑭ BR(Bottom Right): 문자의 하단 우측을 기준으로 정렬합니다.

❷ 스타일(S): 글꼴을 지정하는 스타일을 지정합니다. 스타일은 '문자 스타일(STYLE)' 명령에서 작성한 스타일 이름을 지정합니다.

|Note| 특수 문자의 입력

'여러 줄 문자(MTEXT)'의 경우는 특수 문자를 선택하는 기능이 있으나 '단일행 문자(TEXT)'에서 특수 문자를 기입하기 위해서는 다음과 같이 특수 문자를 제어하는 제어문자인 이중 퍼센트 부호(%%)와 함께 특수 문자 정보를 입력해야 합니다.

제어 문자	유니코드 문자열	결과
%%d	₩U+00B0	각도 기호(°)
%%p	₩U+00B1	공차 기호(±)
%%c	₩U+2205	지름 기호( )
%%u		밑줄 글자
%%o		윗줄 글자
%%%		% 기호

03. 글꼴을 설정하는 문자 유형(STYLE)

문자의 폰트(글꼴), 기울기, 높이 등 문자 유형을 정의하거나 수정합니다.

명령: STYLE(단축키:ST)

메뉴 아이콘: 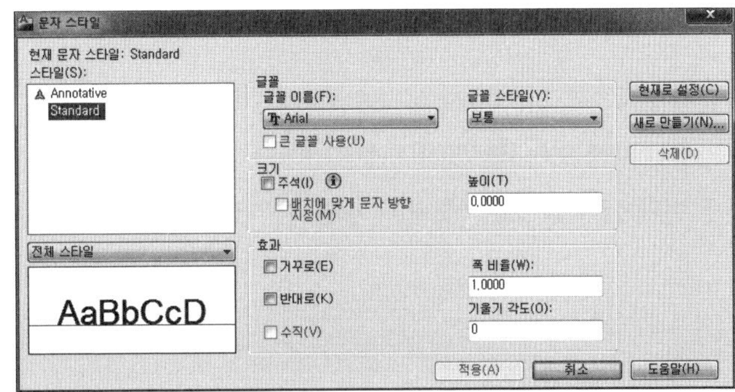

{첫 번째 구석 지정:}에서 문자를 작성
할 범위의 시작점

[예제 실습] 다음의 대변기를 치수에 맞춰 작도합니다.

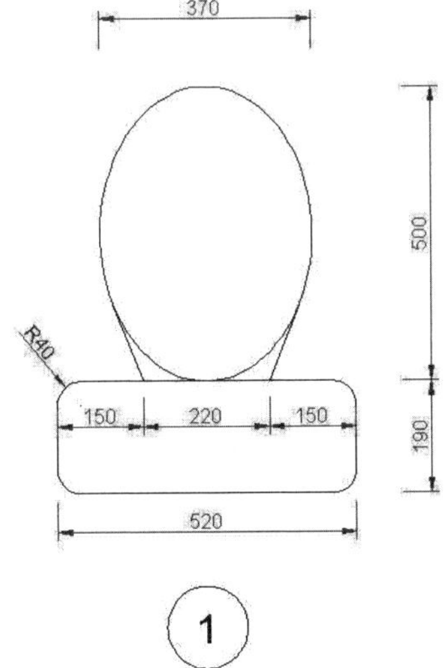

8. 이동(MOVE)

모든 객체가 처음 작도한 위치에서 항상 고정되어 있지는 않습니다. 위치를 잘못 지정하였거나 필요에 따라 이동할 경우가 생깁니다. 이럴 때 사용하는 기능이 이동입니다.

명령: MOVE(단축키: M)

메뉴 아이콘:

{객체 선택:}에서 이동하고자 하는 객체를 선택합니다.

{기준점 지정 또는 [변위(D)] 〈변위〉:}에서 이동 기준점을 지정합니다.

{두 번째 점 지정 또는 〈첫 번째 점을 변위로 사용〉:}에서 이동하고자 하는 점을 지정합니다.

9. 회전(ROTATE)

선택한 객체를 기준점을 중심으로 지정된 각도로 회전시키는 명령입니다.

명령: ROTATE(단축키:RO)

메뉴 아이콘:

{객체 선택:}에서 회전하고자 하는 객체를 선택합니다.

{기준점 지정:}에서 회전 기준점을 지정합니다.

{회전 각도 지정 또는 [복사(C)/참조(R)] 〈0〉:}에서 회전 각도를 지정합니다.

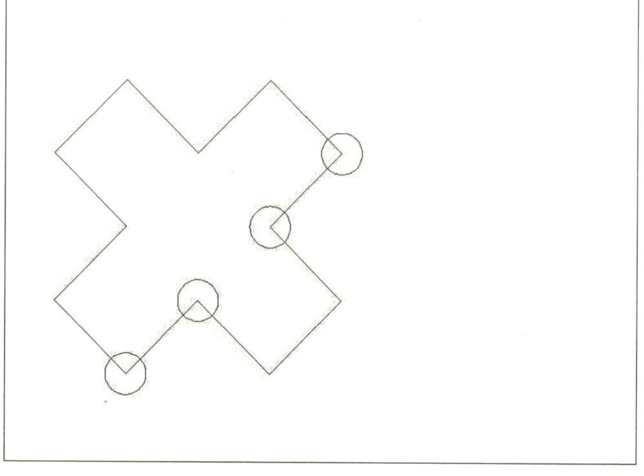

[옵션]

{회전 각도 지정 또는 [복사(C)/참조
(R)] 〈0〉:}

❶ 복사(C): 원본 객체는 그대로 두고 회
전한 객체를 하나 더 복사합니다.

❷ 참조(R): 참조각을 기준으로 객체를
회전시킵니다.

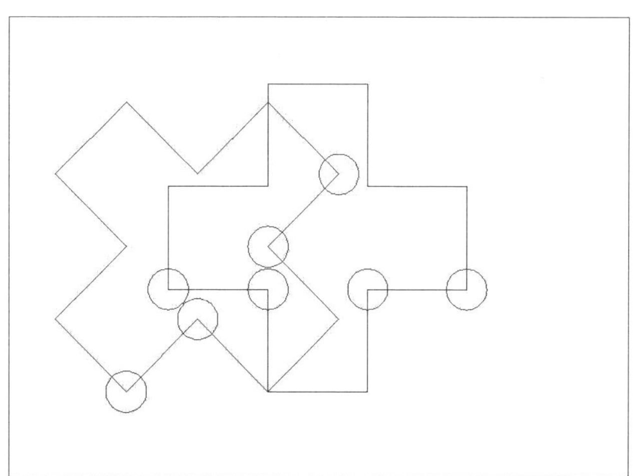

10. 간격 띄우기(OFFSET)

간격을 지정하여 객체를 등(等)간격으로 복사합니다. 즉, 평행 복사하는 것입니다.

명령: OFFSET(단축키:O)
메뉴 아이콘:

{간격띄우기 거리 지정 또는 [통과점
(T)/지우기(E)/도면층(L)] 〈10.0000〉:}
에서 띄우기 할 간격을 입력합니다.
{간격띄우기할 객체 선택 또는 [종료
(E)/명령취소(U)] 〈종료〉:}에서 띄우기
할 객체을 선택합니다.
{간격띄우기할 면의 점 지정 또는 [종
료(E)/다중(M)/명령취소(U)] 〈종료〉:}
에서 띄우기 할 방향을 지정합니다.

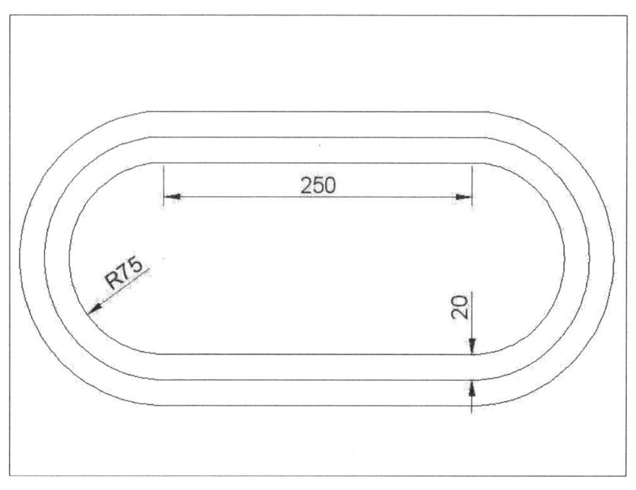

[옵션]

{간격띄우기 거리 지정 또는 [통과점(T)/지우기(E)/도면층(L)] 〈통과점〉:}

❶ 통과점(T): 지정한 점(통과점)을 지나는 간격 띄우기를 합니다.

❷ 지우기(E): 간격 띄우기를 한 후 원본 객체를 지웁니다.

❸ 도면층(L): 간격 띄우기 객체를 현재 도면층으로 할 것인지, 원본 객체의 도면층을 따를 것인지 결정합니다.

{간격 띄우기 객체의 도면층 옵션 입력 [현재(C)/원본(S)] 〈원본〉:}에서 결정합니다. '원본'은 원래 객체가 가지고 있는 도면층을 그대로 복사하는 것이고, '현재'는 현재의 도면층으로 설정하여 복사하는 것입니다.

11. 대칭(MIRROR)

좌우, 상하 대칭인 도면의 경우는 대칭으로 복사하는 것이 효율적입니다. 대칭(MIRROR) 명령은 기준 면을 기준으로 대칭으로 복사하는 명령입니다.

명령: MIRROR(단축키:MI)

메뉴 아이콘:

{객체 선택:}에서 대칭 복사할 객체를 선택합니다.

{대칭선의 첫 번째 점 지정:}에서 대칭선의 첫 번째 점을 지정합니다.

{대칭선의 두 번째 점 지정:}에서 대칭선의 두 번째 점을 지정합니다.

{원본 객체를 지우시겠습니까? [예(Y)/아니오(N)] 〈N〉:}에서 원본 객체를 지울 것인가 결정합니다.

다음 그림과 같은 V블록은 반쪽을 그린 후 대칭(MIRROR) 기능으로 대칭 복사합니다.

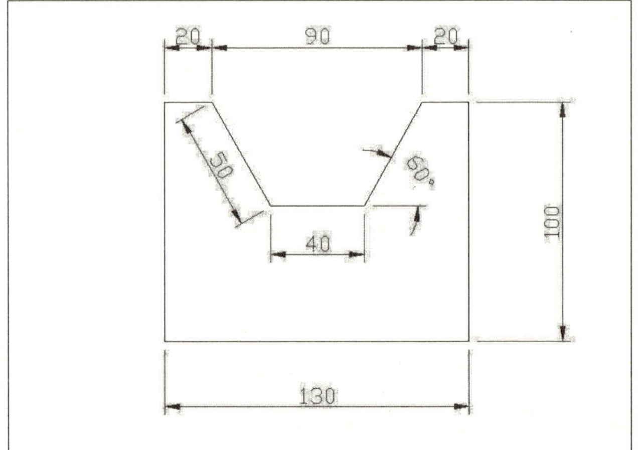

12. 배열(ARRAY)

선택한 도형을 일정한 간격으로 배열합니다.

명령: ARRAY(단축키:AR)

메뉴 아이콘:

01. 직사각형 배열

{**객체 선택:**}에서 배열할 객체를 선택합니다.

{**그립을 선택하여 배열을 편집하거나 [연관(AS)/기준점(B)/개수(COU)/간격두기(S)/열(COL)/행(R)/레벨(L)/종료(X)] 〈종료〉: }**에서 옵션을 선택하여 배열 조건을 지정합니다.

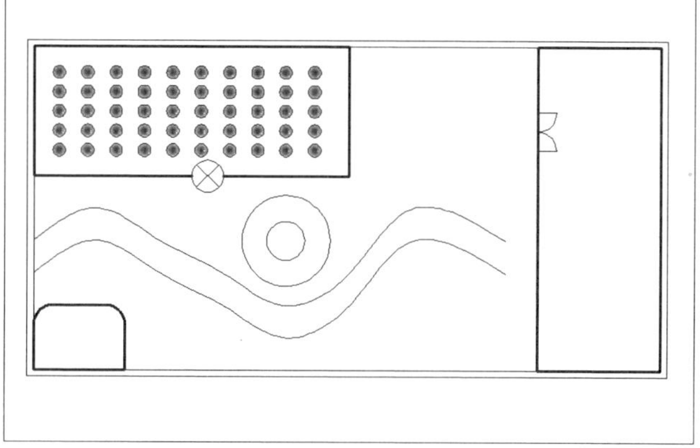

02. 경로 배열

{**객체 선택:**}에서 배열할 객체를 선택합니다.
{**경로 곡선 선택:**}에서 배열 경로 곡선을 선택합니다.

{**그립을 선택하여 배열을 편집하거나 [연관(AS)/메서드(M)/기준점(B)/접선 방향(T)/항목(I)/행(R)/레벨(L)/항목 정렬(A)/Z 방향(Z)/종료(X)] 〈종료〉:}**에서 경로 조건을 지정하여 배열합니다. 다음 그림과 같이 선택한 경로를 따라 등간격으로 배열됩니다.

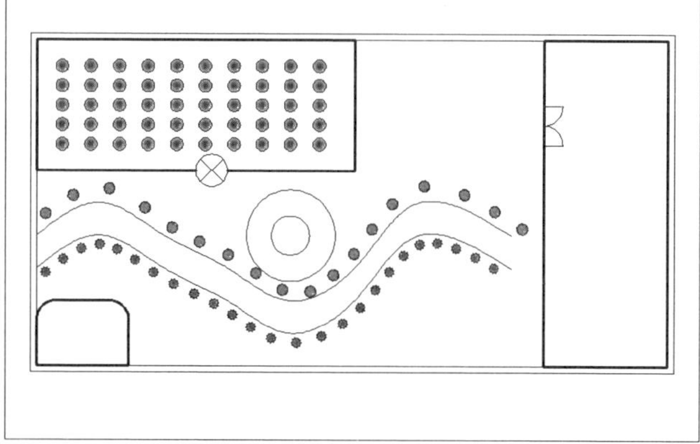

03. 원형 배열

{객체 선택:}에서 배열할 객체를 선택합
니다.

{배열의 중심점 지정 또는 [기준점(B)/회
전축(A)]:}에서 원의 중심을 지정합니다.

{그립을 선택하여 배열을 편집하거나
[연관(AS)/기준점(B)/항목(I)/사이의 각
도(A)/채울 각도(F)/행(ROW)/레벨(L)/
항목 회전(ROT)/종료(X)]〈종료〉:}에서
배열할 조건을 지정하여 배열합니다.

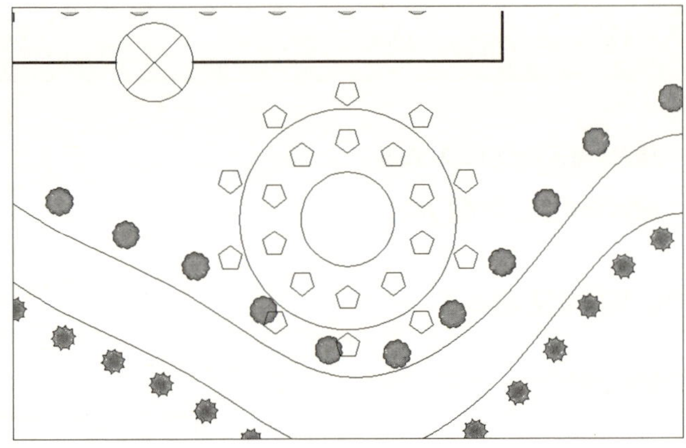

04. 배열의 편집

편집하고자 하는 배열 객체를 선택하면 다음과 같이 배열 편집 메뉴가 펼쳐져 쉽게 편집할 수 있습니다.

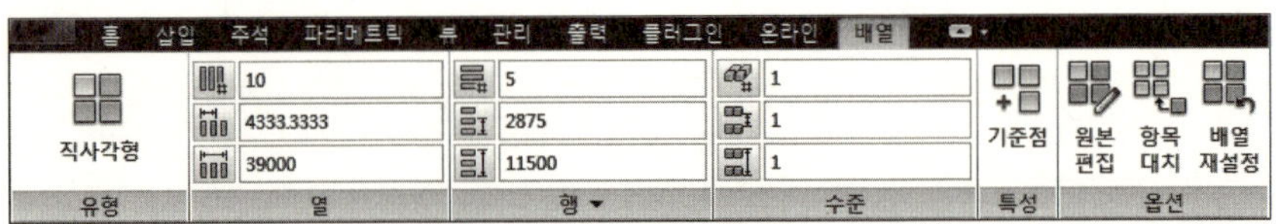

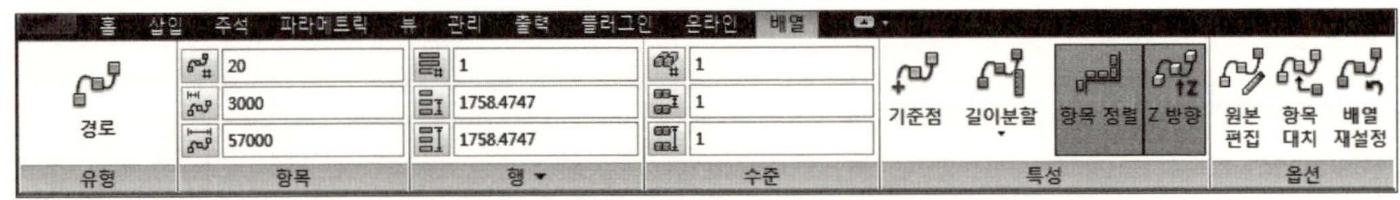

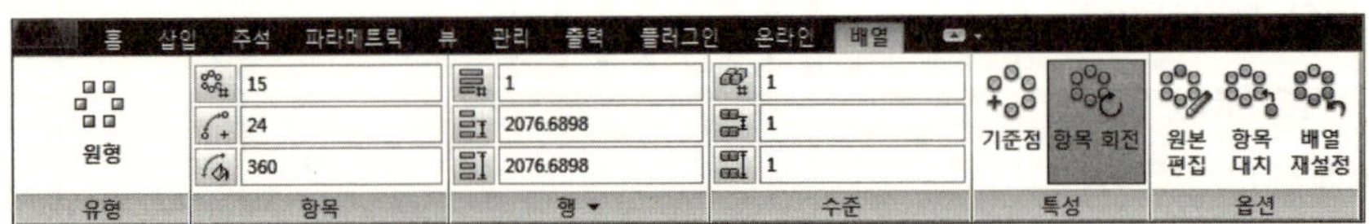

13. 신축(STRETCH)

객체의 일부분을 늘리거나 줄입니다. 도형의 연결 상태를 그대로 유지하면서 이동하거나 늘리고 줄일 때 유용하게 쓰입니다. 객체를 선택할 때 반드시 크로싱 방법으로 선택해야 합니다.

명령: STRETCH(단축키:S)
메뉴 아이콘:

{걸침 윈도우 또는 걸침 다각형만큼 신축할 객체 선택...}

{**객체 선택:**}에서 다음 그림과 같이 신축하고자 하는 객체가 걸치도록 객체를 선택합니다.

{**기준점 지정 또는 [변위(D)] 〈변위〉:**}에서 기준점을 지정합니다.

{**두 번째 점 지정 또는 〈첫 번째 점을 변위로 사용〉:**}에서 늘리거나 줄일 변위 점을 지정합니다.

14. 축척(SCALE)

축척(SCALE) 명령은 객체의 크기를 키우거나 줄이는 명령입니다.

명령: SCALE(단축키:SC)
메뉴 아이콘:

{**객체 선택:**}에서 크기를 바꾸고자 하는 객체를 선택합니다.

{**기준점 지정:**}에서 기준점을 지정합니다.

{**축척 비율 지정 또는 [복사(C)/참조(R)] 〈1.0000〉:**}에서 축척 비율을 지정합니다.

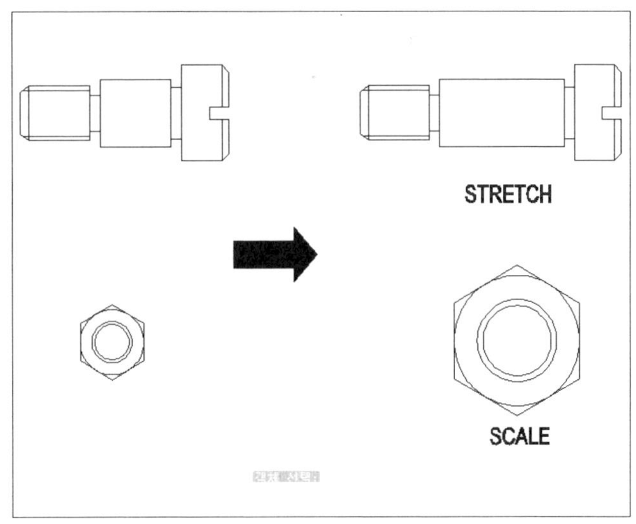

신축(STRETCH)과 축척(SCALE)

15. 자르기(TRIM)와 연장(EXTEND)

도면 작업 중에 지정한 경계선까지 늘리거나 경계선을 기준으로 자를 경우가 발생합니다. 이때 사용하는 명령이 '자르기(TRIM)'와 '연장(EXTEND)'입니다.

01. 길거나 넘치는 객체의 자르기(TRIM)

지정한 모서리를 경계로 선택한 객체를 자릅니다.

명령: TRIM(단축키:TR)
메뉴 아이콘: ⁻∕⁻

{객체 선택 또는 〈모두 선택〉:}에서 자르기의 경계가 되는 모서리 객체를 선택합니다.

{자를 객체 선택 또는 Shift 키를 누른 채 선택하여 연장 또는 [울타리(F)/걸치기(C)/프로젝트(P)/모서리(E)/지우기(R)/명령취소(U)]:}에서 자르고자 하는 객체를 선택합니다.

02. 지정된 경계선까지 늘리는 연장(EXTEND)

선택한 객체를 지정한 경계선(경계 모서리)까지 연장시킵니다.

명령: EXTEND (단축키:EX
메뉴 아이콘: ⁻⁻∕

{객체 선택 또는 〈모두 선택〉:}에서 연장할 경계가 되는 모서리 객체를 선택합니다.

{연장할 객체 선택 또는 Shift 키를 누른 채 선택하여 자르기 또는 [울타리(F)/걸치기(C)/프로젝트(P)/모서리(E)/명령취소(U)]:}에서 연장할 객체를 선택합니다.

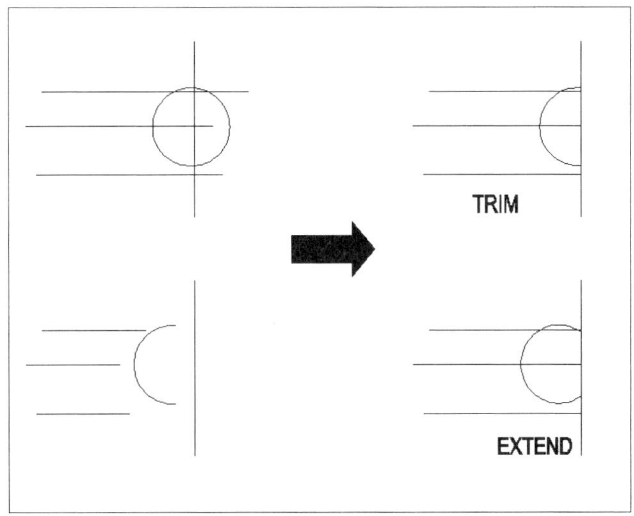

자르기(TRIM)과 연장(EXTEND)

[옵션]

{연장할 객체 선택 또는 Shift 키를 누른 채 선택하여 자르기 또는 [울타리(F)/걸치기(C)/프로젝트(P)/모서리(E)/명령취소(U)]:}

❶ 울타리(F): 객체 선택 방법으로 '울타리(F)'기능으로 울타리 선에 교차하는 모든 객체를 선택합니다.

❷ 걸치기(C): 객체 선택 방법으로 '크로싱(C)'기능으로 두 점의 범위를 지정하여 걸치거나 포함된 객체를 선택합니다.

❸ 프로젝트(P): 객체를 자르거나 연장할 때 사용하는 투영 방법을 지정합니다. 3차원 공간에서만 교차하는 객체를 자르는 [없음(N)], 현재 UCS의 XY 평면에 투영을 지정하여 3차원 공간에서 교차하지 않는 객체를 자르는 [UCS(U)], 현재 뷰 방향을 따라 투영하도록 지정합니다. [뷰(V)]

❹ 모서리(E): '모서리(E)'옵션을 이용하여 '연장(T)'을 지정하면 실제 경계선과 교차하지 않더라도 연장선상에 있으면 자르기나 연장이 가능합니다. 반드시 교차하는 객체만을 자르거나 연장하려면 '연장 안함(N)'으로 설정합니다.

❺ 지우기(R): 자르기에만 있는 옵션으로 선택한 객체를 지웁니다. 이 옵션은 자르기 명령을 종료하지 않고 객체를 삭제할 때 편리한 방법입니다.

❻ 명령 취소(U): 자르거나 연장을 실행한 후 이전 단계로 되돌립니다.

16. 모깎기(FILLET)와 모따기(CHAMFER)

객체의 모서리 부분을 부드럽게 모깎기하거나 각이 지도록 모따기 처리합니다.

01. 모서리를 둥글게 처리하는 모깎기(FILLET)

모서리를 부드럽게(둥글게) 깎아냅니다. 지정된 반지름을 가진 호 형태로 두 객체를 연결합니다.

명령: FILLET(단축키:F)
메뉴 아이콘:

{첫 번째 객체 선택 또는 [명령취소(U)/폴리선(P)/반지름(R)/자르기(T)/다중(M)]:}에서 반지름 값을 조정하기 위해 'R'을 입력합니다.
{모깎기 반지름 지정 〈0.0000〉:}에서 반지름 값 '20'을 입력합니다.
{첫 번째 객체 선택 또는 [명령취소(U)/폴리선(P)/반지름(R)/자르기(T)/다중(M)]:}에서 첫 번째 객체을 선택합니다.
{두 번째 객체 선택 또는 Shift 키를 누른 채 선택하여 구석 적용:}에서 모서리의 두 번째 객체를 선택합니다.

02. 모서리를 각으로 처리하는 모따기(CHAMFER)

모따기 명령은 모서리를 양쪽 면으로부터 일정한 간격을 두어 따냅니다. 즉, 비스듬한 선으로 두 객체를 연결합니다.

명령: CHAMFER(단축키:CHA)
메뉴 아이콘: 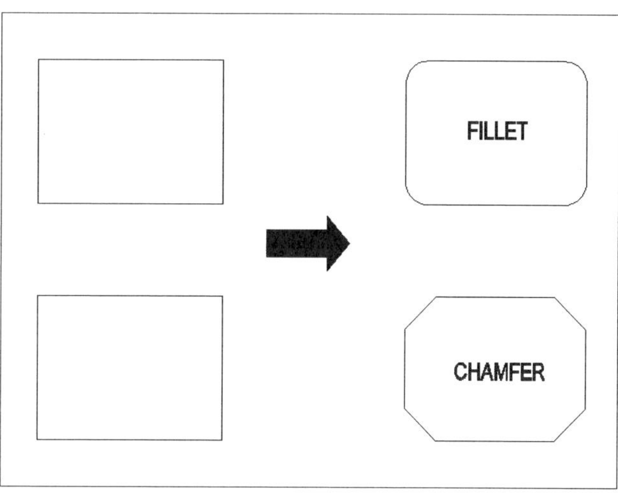

{첫 번째 선 선택 또는 [명령취소(U)/폴리선(P)/거리(D)/각도(A)/자르기(T)/메서드(E)/다중(M)]:}에서 거리 옵션 'D'를 입력합니다.

{첫 번째 모따기 거리 지정 〈0.0000〉:} 에서 첫 번째 모따기 거리를 지정합니다.

{두 번째 모따기 거리 지정 〈20.0000〉:} 에서 두 번째 모따기 거리를 지정합니다.

{첫 번째 선 선택 또는 [명령취소(U)/ 폴리선(P)/거리(D)/각도(A)/자르기 (T)/메서드(E)/다중(M)]:}에서 첫 번째 객체를 선택합니다.

{두 번째 선 선택 또는 Shift 키를 누른 채 선택하여 구석 적용:}에서 두 번째 객체를 선택합니다.

모깎기(FILLET)와 모따기(CHAMFER)

[옵션]

{첫 번째 객체 선택 또는 [명령취소(U)/폴리선(P)/반지름(R)/자르기(T)/다중(M)]:}

❶ 명령 취소(U): 이전 동작을 취소합니다.

❷ 폴리선(P): 2D 또는 3D 폴리선의 교차하는 폴리선 세그먼트는 폴리선의 각 정점에서 모깎기 또는 모따기됩니다.

❸ 자르기(T): 선택한 모서리를 모깎기 선 끝점까지 자르기 할지 여부를 조정합니다.

{자르기 모드 옵션 입력 [자르기(T)/자르지 않기(N)] 〈자르기:〉}에서 'N'을 선택하면 기존의 모서리가 잘라

지지 않고 모깎기 또는 모따기됩니다. 기본 값은 '자르기(T)'입니다.

❹ 다중(M): 반복해서 모깎기를 할 수 있습니다.

> |**Note**| **모깎기, 모따기에서 〈Shift〉키**
>
> {두 번째 선 선택 또는 Shift 키를 누른 채 선택하여 구석 적용:}에서 객체를 선택하면 모깎기 또는 모따
> 기가 되지만 〈Shift〉를 누르면서 객체를 선택하면 모깎기 반지름 값 또는 모따기 거리 값을 무시하고 직
> 접 연결합니다.

17. 분해(EXPLODE)

폴리선은 여러 세그멘트가 연결된 객체의 집합입니다. 또, '블록(BLOCK)' 객체도 여러 객체가 모여 만드는 하나
의 객체 그룹(집합)입니다. 이를 개별적으로 편집하기 위해서는 객체와 객체 사이에 분리가 필요합니다. '분해
(EXPLODE)' 명령은 폴리선과 같이 여러 개의 객체로 구성된 복합 객체를 개별 객체로 해체하는 기능입니다.

명령: EXPLODE(단축키:X)

메뉴 아이콘:

{**객체 선택:**}에서 분해하고자 하는 객체
를 선택합니다.

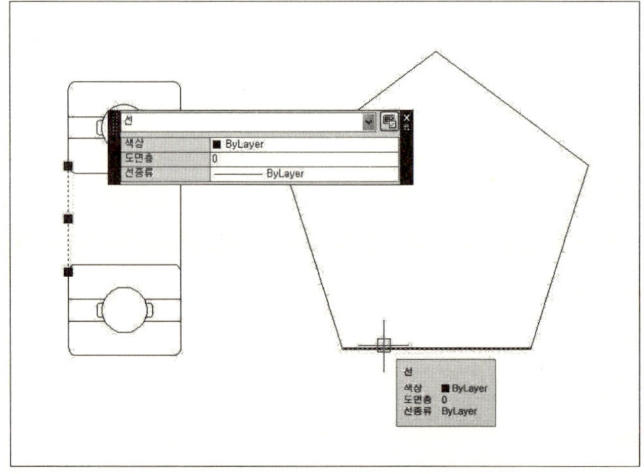

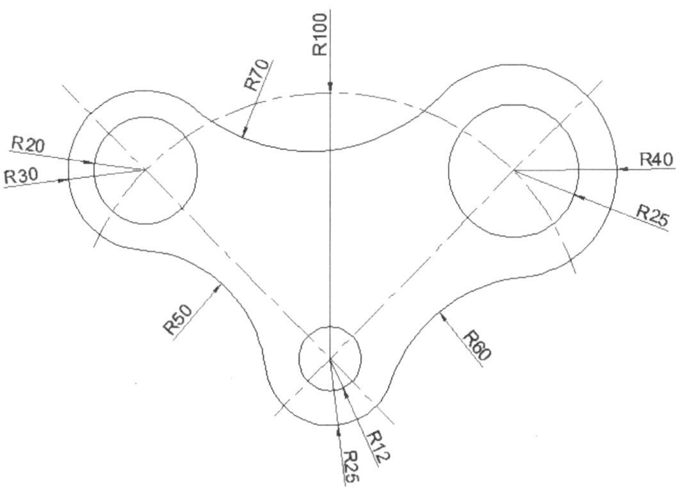

R100
R70
R20
R30
R40
R25
R50
R60
R12
R25

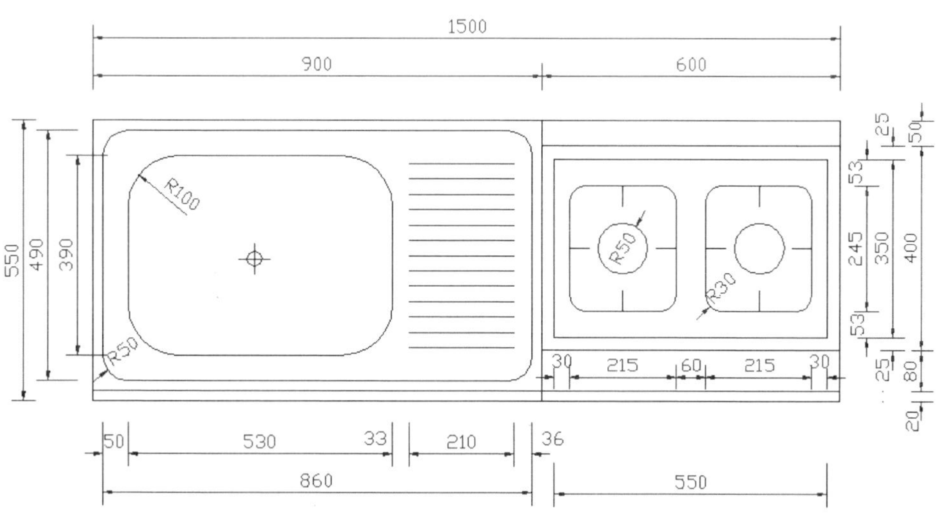

1500
900
600
R100
550
490
390
R50
25
50
53
245
350
400
53
R50
R30
30
215
60
215
30
25
80
20
50
530
33
210
36
860
550

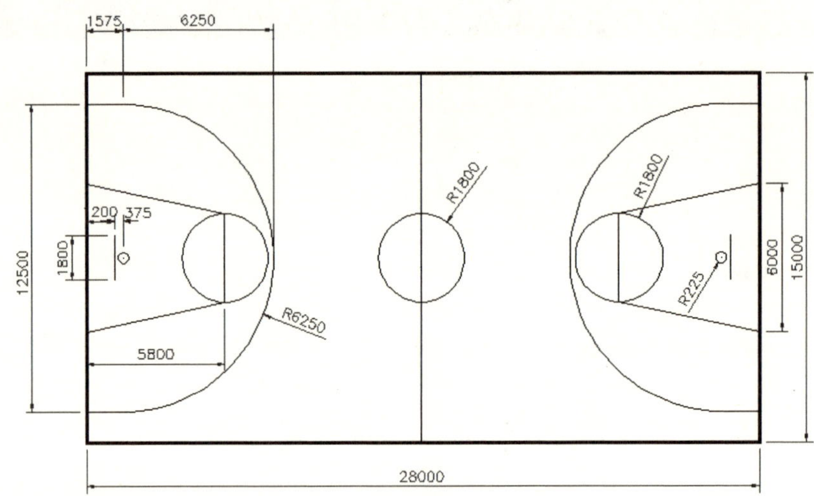

1575
6250
12500
200
375
1800
R1800
R1800
R6250
R225
5800
6000
15000
28000

18. 점과 분할

점(Point)은 특정 좌표를 표시하거나 분할 위치의 표시에 사용합니다. 점과 점을 활용한 분할에 대해 학습합니다.

01. 점의 모양을 설정하는 점 스타일(DDPTYPE)

점을 표현하는 형식(모양과 크기)을 지정합니다.

명령: DDPTYPE

메뉴 아이콘:

다음의 대화상자에서 점 스타일과 크기를 지정합니다.

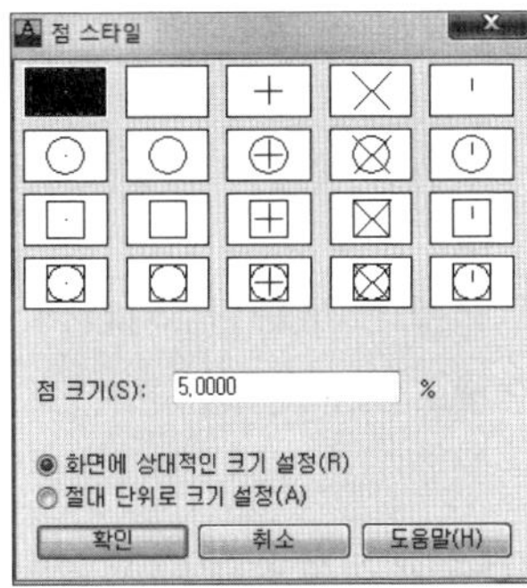

02. 점(POINT)

지정한 위치에 점을 찍습니다.

명령: POINT(단축키:PO) E

메뉴 아이콘:

{현재 점 모드: PDMODE=35

PDSIZE=0.0000}

{점 지정:}에서 점을 찍고자 하는 하는
위치를 지정합니다.

다음과 같이 지정한 위치에 점이 찍힙니
다.

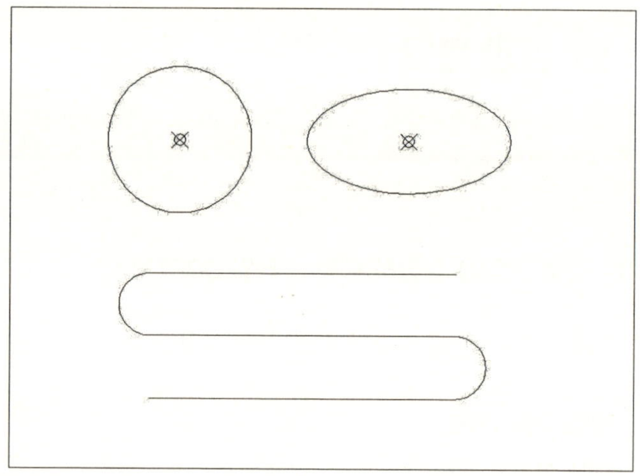

03. 지정된 수만큼 분할하는 등분할(DIVIDE)

선택한 객체를 지정한 수만큼 분할합니다. 분할 위치에는 점 또는 지정한 블록이 표시됩니다..

명령: DIVIDE(단축키:DIV)
메뉴 아이콘: 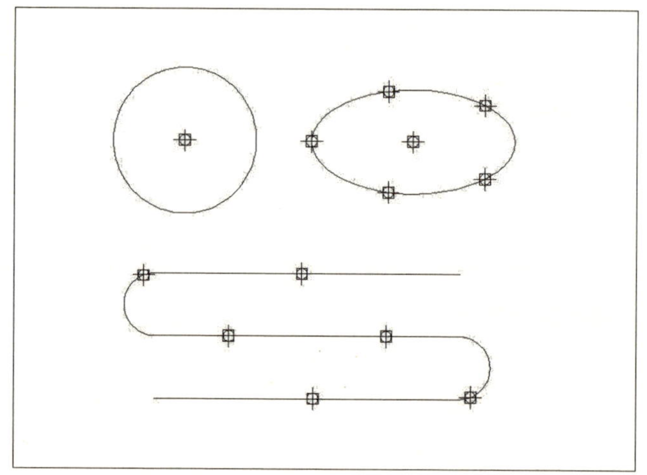

{등분할 객체 선택:}에서 분할하고자 하
는 객체를 선택합니다.

{세그먼트의 개수 입력 또는 [블록
(B)]:}에서 분할할 수를 입력합니다.

다음과 같이 폴리선을 선택하여 7 등분
을 하면 다음과 같이 점이 찍힙니다.

04. 지정된 길이로 분할하는 길이 분할(MEASURE)

선택한 객체를 지정한 길이로 분할합니다. 분할 위치에는 점 또는 블록이 표시됩니다.

명령: MEASURE(단축키:ME)
메뉴 아이콘: ✎

{길이분할 객체 선택:}에서 분할할 객체를 선택합니다.

{세그먼트의 길이 지정 또는 [블록(B)]:}에서 분할 길이를 입력합니다. 다음과 같이 지정한 길이(예: 500)으로 분할되어 점이 찍힙니다.

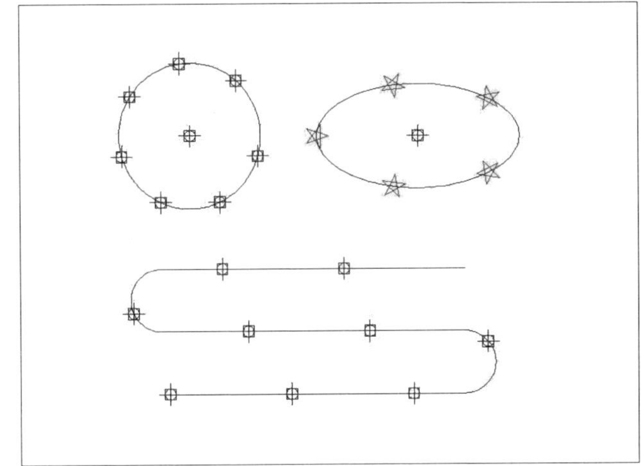

---

19. 영역과 패턴 채우기

특정 영역을 나누거나 지정된 영역에 일정한 패턴의 무늬나 색을 입히는 경우가 있습니다. 지정한 영역에 일정한 패턴의 무늬나 색의 조합을 채우는 방법과 영역을 구분하는 명령을 학습합니다.

01. 폐쇄공간의 폴리선 또는 영역을 만드는 경계(BOUNDARY)

닫힌 영역 내에서 점을 지정하여 영역 객체 또는 폴리선을 작성합니다. 미리 경계를 만들어 해치나 그라데이션 작업을 할 때 유용한 작업입니다. 복잡한 공간을 하나의 폐쇄 경계로 작성합니다.

명령: BOUNDARY(단축키:BO)

메뉴 아이콘: ▨

다음의 대화상자에서 '점 선택(P)'를 클릭
하여 폐쇄 공간을 지정하거나 '새로 만들
기' 버튼을 클릭하여 경계가 되는 객체를
선택하면 경계(Boundary)가 작성됩니다.

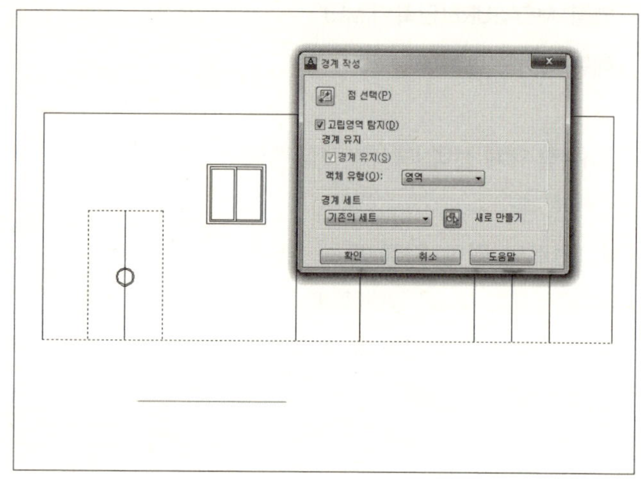

02. 공간을 구성하는 객체를 영역 객체로 만드는 영역(REGION)

영역은 질량의 중심 등과 같은 물리적 특성이 있는 2차원의 닫힌 영역을 만듭니다. 기존 영역을
결합하여 영역을 계산할 수 있습니다.

명령: REGION(단축키: REG)

메뉴 아이콘: ▨

{객체 선택:}에서 영역으로 지정하고자 하는 객체
를 선택합니다.
다음과 같이 선으로 된 별을 선택하여 '영역'이라는
하나의 객체로 만듭니다.

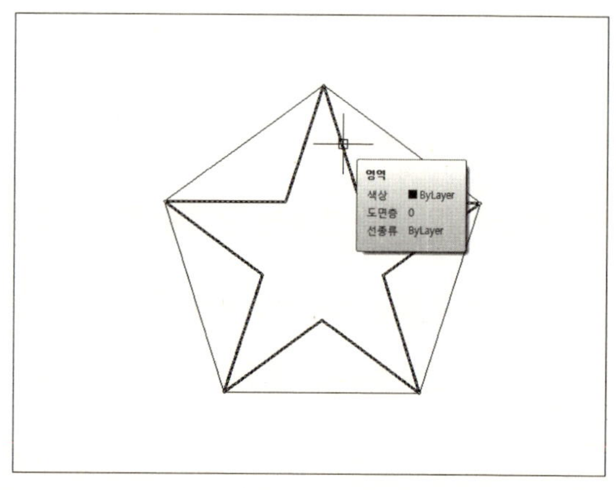

03. 지정된 범위를 특정 패턴으로 채우는 해치(BHATCH)

건축 구조물에서 콘크리트의 표현, 인테리어 설계에서 가구 재질의 표현, 기계 설계의 단면의 표현 등은 일정한 패턴의 무늬로 표현합니다. 해치는 특정 경계 범위를 일정한 패턴(해치 패턴)으로 채우거나 선의 조합으로 채우는 것을 말합니다.

명령: BHATCH(단축키:BH, H)
메뉴 아이콘:

다음과 같은 '해치 작성' 탭 메뉴를 이용하여 공간을 해치합니다.

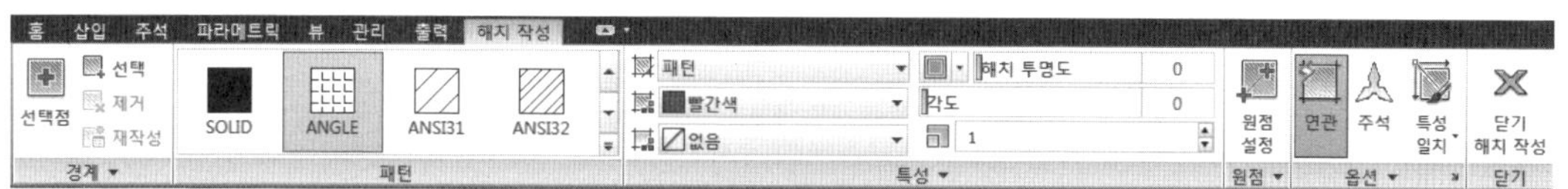

해치 작성 탭

다음과 같이 선택한 공간에 해치 패턴이 채워집니다.

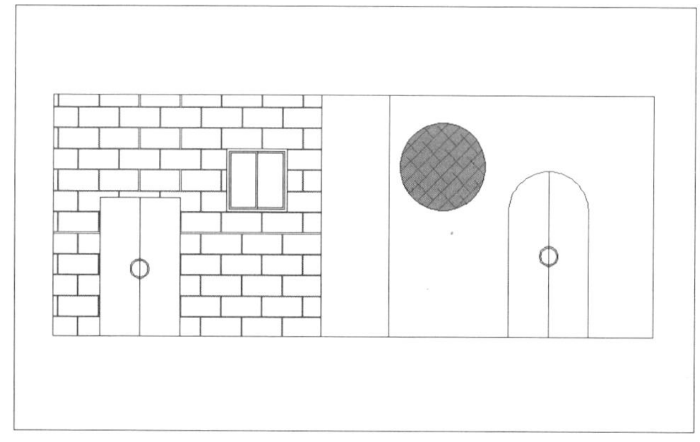

04. 색조의 농도를 단계적으로 채우는 그라데이션(GRADIENT)

객체에서 반사하는 광원의 모양과 같이 특정 색상의 조합으로 색조의 농도를 점차적으로 바꾸는 그라데이션에 대해 학습합니다.

명령: GRADIENT

메뉴 아이콘:

다음과 같은 '해치 작성' 탭 메뉴를 이용하여 공간을 특정 패턴으로 채웁니다.

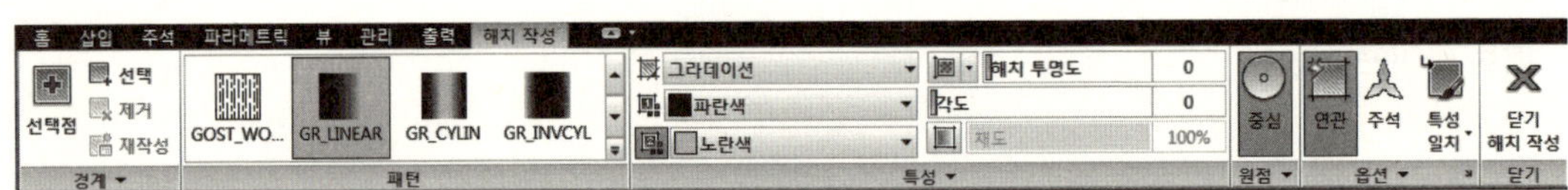

그라데이션 작성 탭

다음과 같이 선택한 공간에 그라데이션
패턴이 채워집니다.

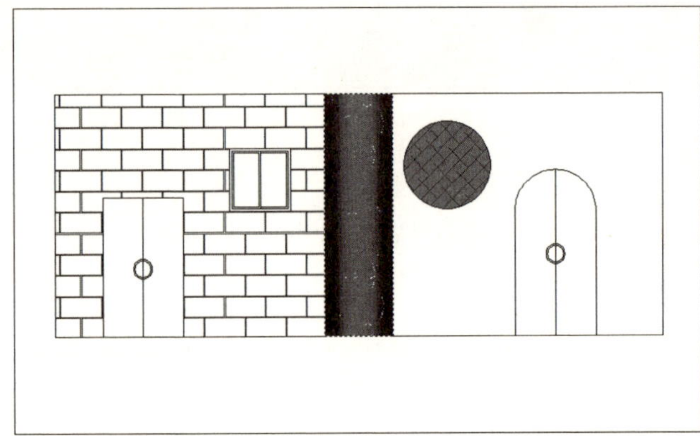

20. 구름형 수정기호(REVCLOUD)

도면을 검토하여 특정 부분에 코멘트를 삽입할 경우 구름형 수정기호를 사용합니다. 실무에서는 '리비전 기호'라고도 합니다. 구름형 수정기호는 연속적인 호로 구성된 구름 모양의 폴리선입니다.

명령: REVCLOUD(단축키:REV)

메뉴 아이콘:

{시작점 지정 또는 [호 길이(A)/객체(O)/스타일(S)] 〈객체(O)〉:}에서 구름형 수정 기호의 시작점을 지정합니다.

{구름 모양 경로를 따라 십자선 안내...}에서 구름형 수정기호를 작성하고자 하는 범위를 따라 마우스로 지정해나갑니다.

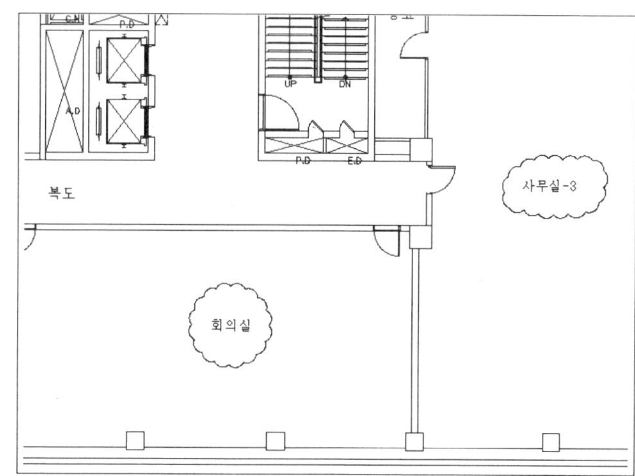

[옵션]

❶ 호 길이(A): 구름 모양의 호의 길이를 지정합니다.

❷ 스타일(S): 구름형 수정 기호의 유형으로써 '일반(N)'과 장식 모양인 '컬리그라피(C)' 중에서 선택합니다.

❸ 반전: **{방향 반전 [예(Y)/아니오(N)] 〈아니오(N)〉:}**에서 반전인 'Y'를 입력하면 다음과 같이 호의 모양이 반전되어 바깥쪽을 향한 호가 작도됩니다.

21. 도넛(DONUT)

두 개의 원으로 이루어진 도넛 형태의 도형을 작도합니다.

명령: DONUT(단축키:DO)

메뉴 아이콘: ◎

{도넛의 내부 지름 지정 〈0.5000〉:}에서 내부 지름을 입력합니다. 내부 원이 없는 점을 만들고자 할 때는 내부 지름 값을 '0'을 지정합니다.

{도넛의 외부 지름 지정 〈1.0000〉:}에서 외부 지름을 입력합니다.

{도넛의 중심 지정 또는 〈종료〉:}라는 도넛을 작도하고자 하는 위치를 지정합니다.

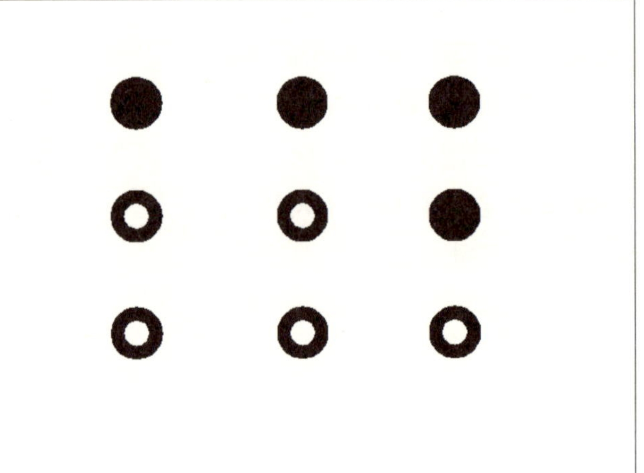

|Note| 도넛의 채움

도넛을 비롯해 해치, 굵은 폴리선 등은 2차원 솔리드 형태입니다. 즉, 채워진 형태의 객체입니다. 이 채워진 객체의 채우기를 조정하는 명령이 '채우기(FILL)' 명령입니다.

{명령:}에서 'FILL'을 입력합니다.

{모드 입력 [켜기(ON)/끄기(OFF)] 〈켜기〉:}에서 'OFF'를 입력합니다.

이 상태에서는 화면 상의 변화는 없습니다. 이때 다음과 같이 실행합니다.

{명령:}에서 'REGEN'을 입력합니다. {모형 재생성 중.}이라는 메시지를 표시하면서 다음과 같이 표시됩니다.

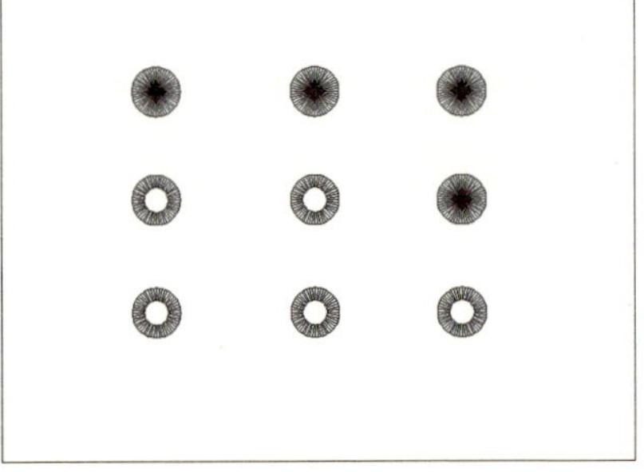

[예제 실습] 다음의 탁상시계를 작도합니다.

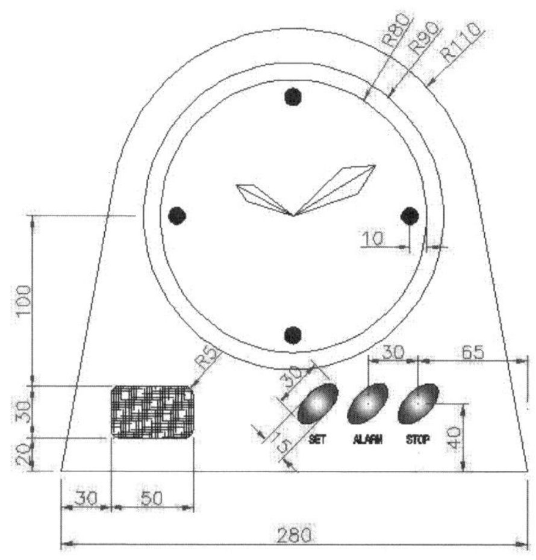

업무 시간표

시 간	업무 내용
06:00~10:00	이동
10:00~12:00	현장 체크
12:00~13:00	휴식 식사
13:00~16:00	도면 작업
16:00~18:00	견적 작업

다음의 전개 도면(엘보)의 전개도를 작도합니다. 점에 의한 분할을 적절히 활용하여 작도합니다.

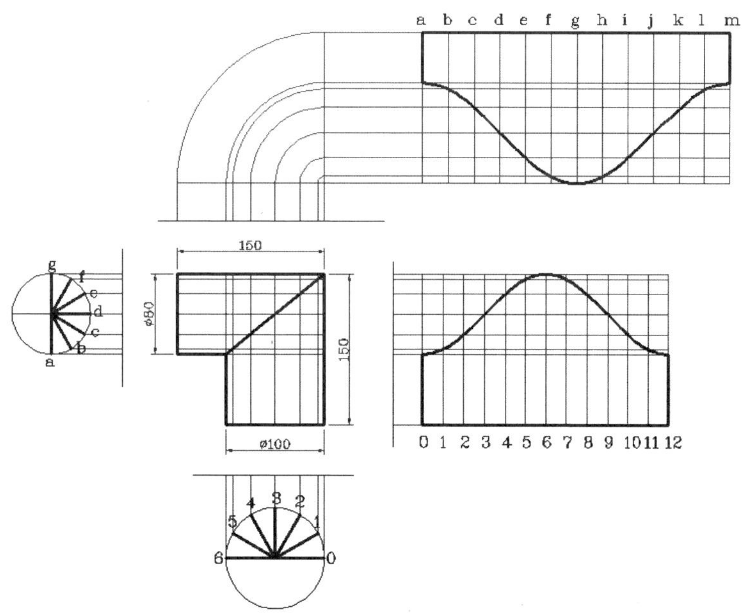

22. 끊기(BREAK)와 결합(JOIN)

객체를 두 점 사이에서 간격을 두고 끊거나 한 점에서 끊을 수 있습니다.

01. 두 점 사이의 끊기(BREAK)

객체를 지정한 두 점 사이의 범위에서 간격을 두어 끊는 기능입니다.

명령: BREAK (단축키:BR)
메뉴 아이콘:

{객체 선택:}에서 끊고자 할 객체를 선택합니다.

{두 번째 끊기점을 지정 또는 [첫 번째 점(F)]:}에서 끊을 두 번째 점을 지정합니다.

다음 그림과 같이 두 점 사이가 끊어집니다.

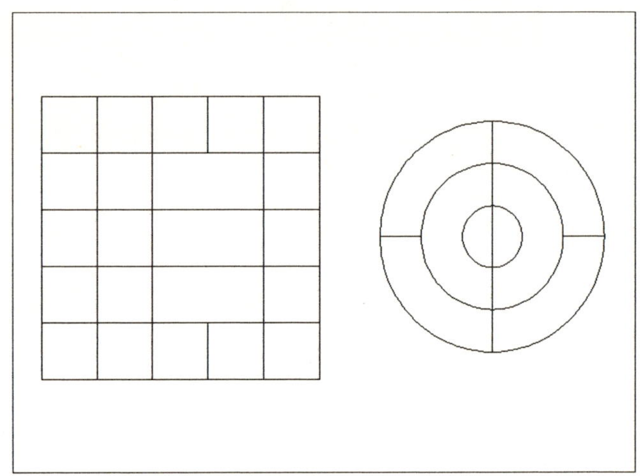

02. 도면 요소의 분할(BREAK)

선택한 객체를 지정한 한 점을 기준으로 분할합니다.

명령: BREAK (단축키:BR)→키워드 '@'
메뉴 아이콘:

{객체 선택:}에서 끊고자 하는 객체를
선택합니다.
{첫 번째 끊기점 지정:}에서 끊을 점을
지정합니다. 다음과 같이 선이 절단됩니
다.

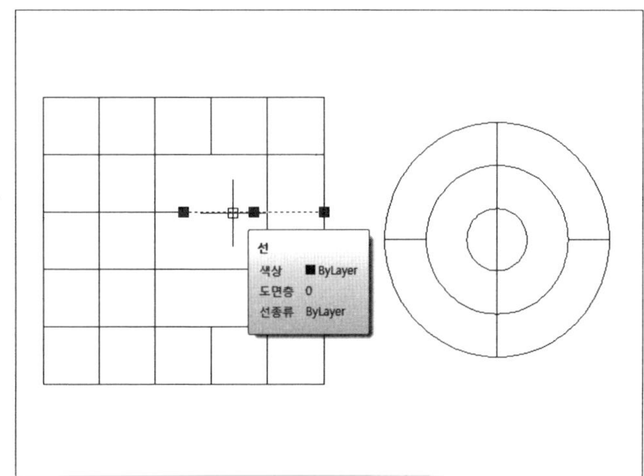

03. 하나의 객체로 연결하는 결합(JOIN)

두 개 이상의 객체를 하나로 결합하거나 호 및 타원형 호로부터 완벽한 닫힌 원이나 타원으로 결
합할 수 있습니다.

명령: JOIN (단축키:J)
메뉴 아이콘:

{원본 객체 선택:}에서 결합하고자 하는
원본 객체를 선택합니다.

{원본으로 결합할 선 선택:}에서 원본
과 결합할 선을 선택합니다.

다음과 같이 끊어진 선은 연결되고 호는
원으로 결합됩니다.

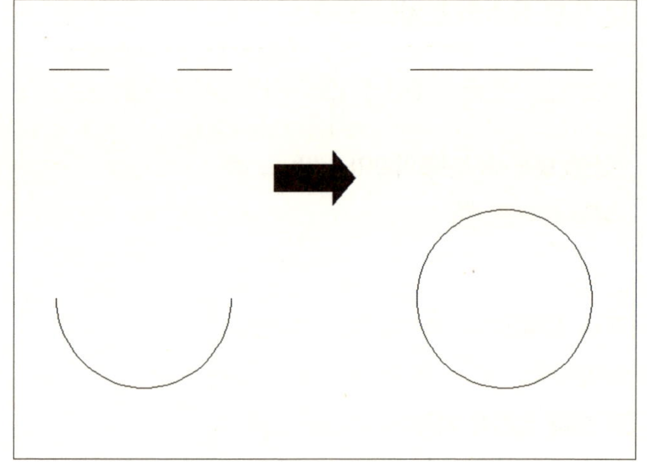

23. 정렬(ALIGN)

객체를 2D 및 3D에서 정렬 점을 기준으로 다른 객체와 정렬합니다.

명령: ALIGN(단축키:AL)

메뉴 아이콘: 🖳

{**객체 선택:**}에서 정렬할 객체를 선택합니다.

{**첫 번째 근원점 지정:**}에서 근원점을 지정합니다.

{**첫 번째 대상점 지정:**}에서 대상점을 지정합니다.

:

{**정렬점을 기준으로 객체에 축척을 적용합니까? [예(Y)/아니오(N)] ⟨N⟩:**}에서 축척 적용여부를 지정합니다.
다음과 같이 선택한 객체의 근원점이 대상점으로 정렬됩니다.

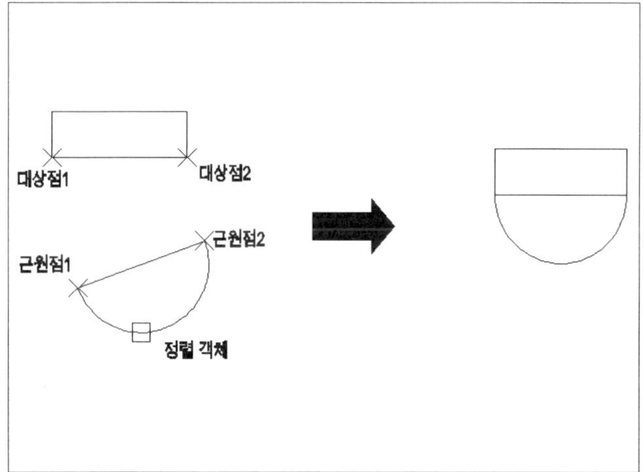

24. 폴리선 편집(PEDIT)

폴리선의 두께, 곡선화(스프라인, 피트 곡선), 정점의 추가, 삭제 및 이동 등 편집합니다. 선이나 호와 같이 폴리선이 아닌 객체는 폴리선으로 변경할 수도 있습니다.

명령: PEDIT(단축키: PE)

메뉴 아이콘: ✎

{**폴리선 선택 또는 [다중(M)]:**}에서 편집할 폴리선을 선택합니다. 폴리선이 아닌 선이나 호인 경우는 폴리선으로 바꿀 것인지 묻는다.

{**옵션 입력 [닫기(C)/결합(J)/폭(W)/정점 편집(E)/맞춤(F)/스플라인(S)/비곡선화(D)/선종류생성(L)/반전(R)/명령 취소(U)]:**}에서 필요한 옵션을 선택하여 편집합니다.

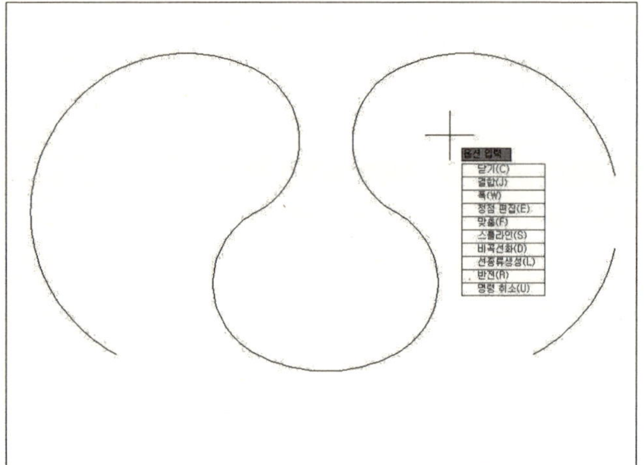

[옵션]

{**옵션 입력 [닫기(C)/결합(J)/폭(W)/정점 편집(E)/맞춤(F)/스플라인(S)/비곡선화(D)/선종류생성(L) /반전(R)/명령 취소(U)]:**}

❶ 닫기(C): 열린 폴리선을 닫아 폐쇄 공간을 만듭니다.

❷ 열기(O): 닫힌 폴리선을 열어 열린 폴리선을 만듭니다.

❸ 결합(J): 폴리선, 선분, 호 등을 하나의 폴리선으로 연결합니다. 단, 열려있는 객체만 가능합니다

❹ 폭(W): 폴리선의 폭을 변경합니다.

❺ 정점 편집(E): 폴리선의 정점을 편집(이동, 추가, 삭제)합니다.

❻ 맞춤(F): 폴리선의 모든 정점에 대해 매끄러운 곡선으로 바꿉니다.

❼ 스플라인(S): 각 면에 접한 호를 만들어 스플라인 곡선으로 바꿉니다.

❽ 비곡선화(D): 곡선화된 폴리선을 본래의 직선으로 되돌립니다.

❾ 선 종류 생성(L): 폴리선의 정점 둘레에서 선 종류의 패턴을 설정합니다.

❿ 반전(R): 폴리선의 정점 순서를 반전합니다. 문자가 포함되어 있으며 선종류를 사용하는 객체의 방향을 반전하려면 이 옵션을 사용합니다. 예를 들어, 폴리선의 작성 방향에 따라 선 종류의 문자가 거꾸로 표시되는 경우도 있습니다.

❿ 명령 취소(U): 가장 최근의 편집 작업을 취소합니다. 계속해서 취소해 나가면 처음의 상태까지 되돌릴 수 있습니다.

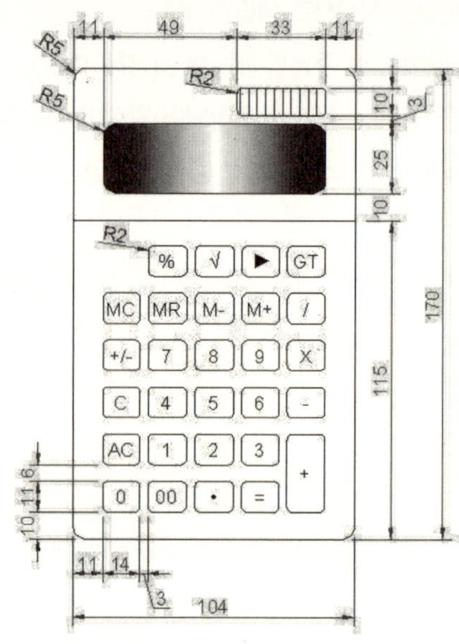
R5
R2
R5
11
49
33
11
10
3
25
10
170
115
R2
% √ ▶ GT
MC MR M- M+ /
+/- 7 8 9 X
C 4 5 6 -
AC 1 2 3
0 00 · = +
6
10 11
10
11 14
3
104

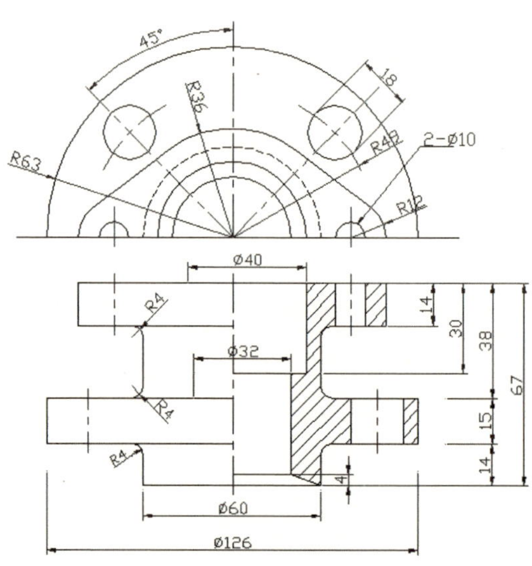
45°
R36
18
R63
R48
2-Ø10
R12
Ø40
R4
14
30
38
Ø32
67
R4
15
R4
14
4
Ø60
Ø126

25. 치수기입을 위한 준비

치수기입을 위한 용어 및 치수 스타일 관리에 대해 학습합니다.

01. 치수 관련 용어 및 기호

치수기입에는 많은 기호와 표식 방법을 사용합니다. 다음은 치수 기입에 필요한 각 부위 및 기호의
명칭입니다.

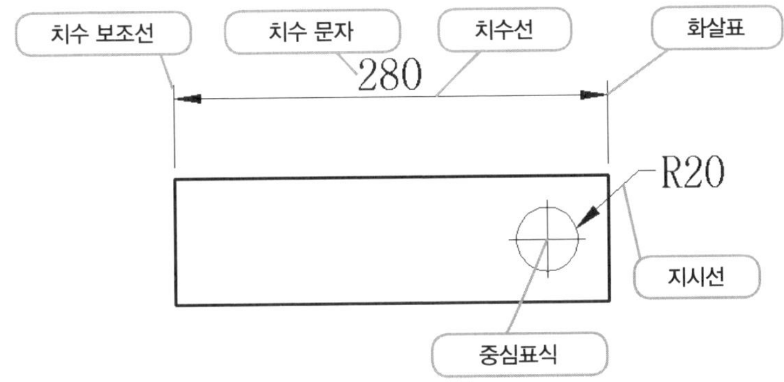

02. 치수 스타일(유형)의 설정(DIMSTYLE)

치수기입의 첫 단계는 치수 유형(스타일)을 설정하는 것입니다. 치수기입을 위해 치수선, 치수
보조선, 화살표 등의 형상에 대한 지정과 각 치수기입 객체의 색상, 크기 등 속성을 설정하는 작업
입니다. 치수 작업에서 가장 중요한 작업이 이 치수 유형(스타일)을 설정하는 작업입니다.

DDIM 또는 DIMSTYLE(단축키: D, DST)
메뉴 아이콘: ◢
또는 '치수' 패널의 오른쪽 끝에 있는 ▣을 클릭합니다.

(1) 치수 스타일 관리자

치수 스타일을 신규로 작성, 기존 스타일
의 수정 및 재지정, 스타일과 스타일을 비
교합니다. 기존 스타일을 수정하려면 [수정
(M)…]을 클릭합니다.

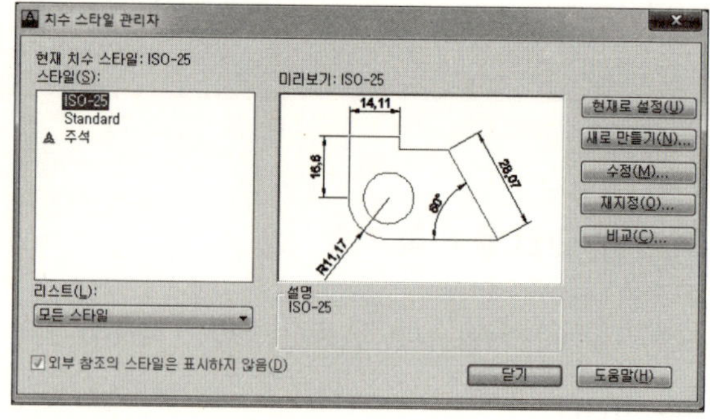

(2) '선' 탭

선과 관련된 환경을 설정합니다. 즉,
치수선, 치수 보조선에 대한 환경을 설
정합니다.

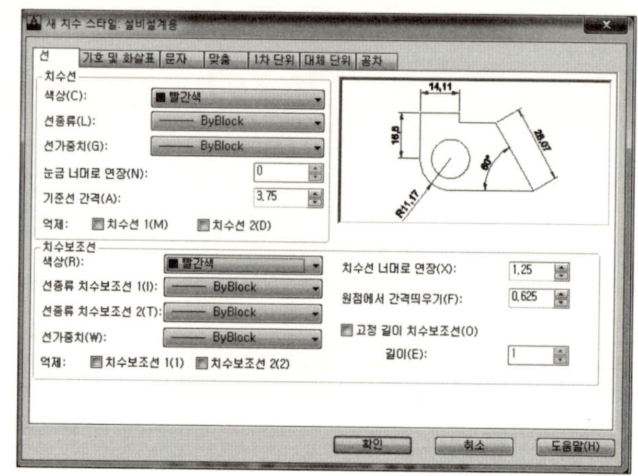

(3) '기호 및 화살표' 탭

호나 반지름의 기호 및 화살표와 관련 된 환경을 설정합니다.

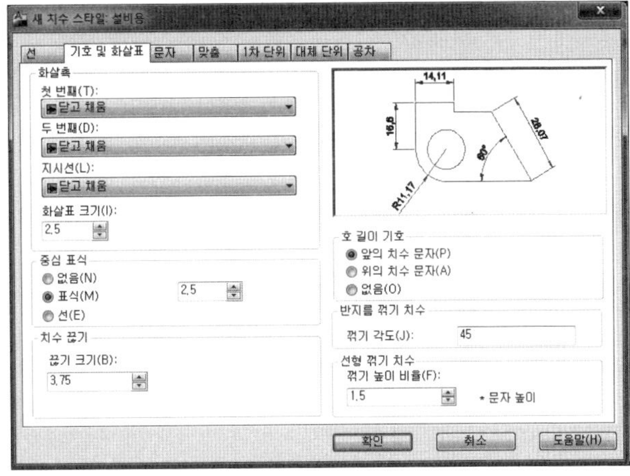

(4) '문자' 탭

치수문자의 스타일, 크기, 위치 등 치 수문자와 관련된 환경을 설정합니다.

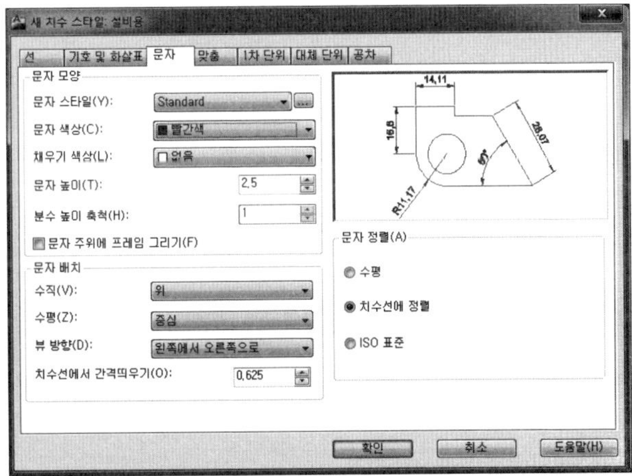

(5) '맞춤' 탭

문자와 화살표, 치수선의 배치를 정
의하거나 치수기입 축척 등을 설정합니
다.

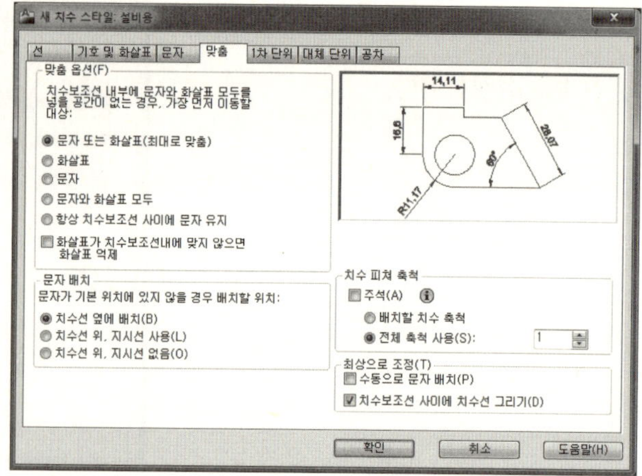

'치수 피쳐 축척'의 '전체 축척 사용(S)'의 값은 척도에 맞춰 설정합니다. 예를 들어, 척도가 1/10
인 도면인 경우 '10'을 지정합니다.

(6) '1차 단위' 탭

치수 단위의 형식과 정밀도를 설정하
고 치수문자의 머리말과 꼬리말 등의 환
경을 설정합니다.

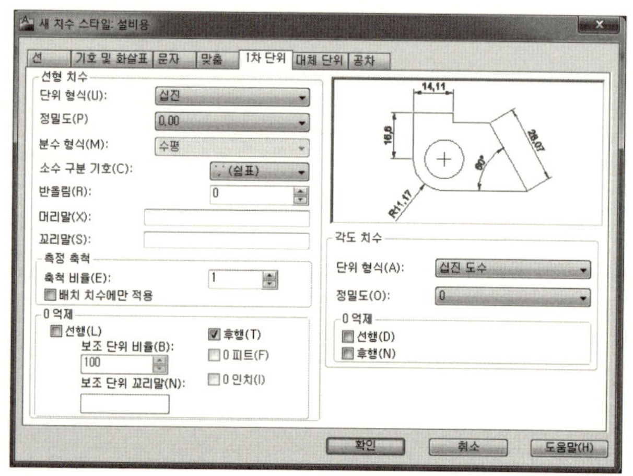

(7) '대체 단위' 탭

대체 단위의 사용 여부와 대체 단위의
형식과 정밀도를 설정하고, 치수문자의
머리말과 꼬리말 등을 설정합니다.

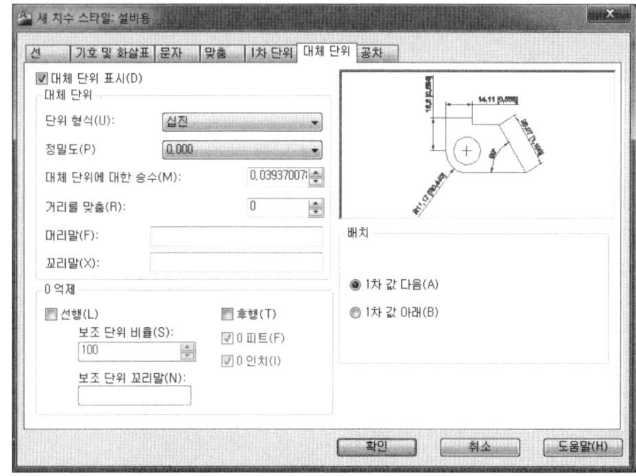

|**Note**| 대체 단위란?

치수를 두 가지 측정 단위로 동시에 기입하는 것을 말합니다. 예를 들어, 미터법의 십진 값과 인치 값을
동시에 기입하는 방법입니다.

(8) '공차' 탭

치수문자 공차의 표시 및 형식을 설정
합니다.

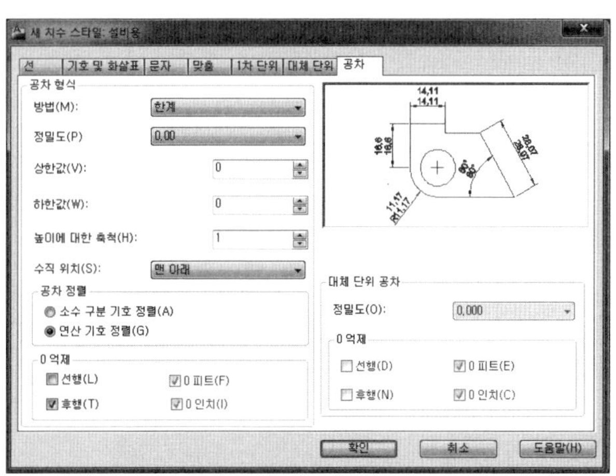

26. 형상 치수

각 형상의 치수를 기입합니다.

01. 수평과 수직의 치수기입, 선형 치수(DIMLINEAR)

수평 또는 수직 방향의 치수를 기입합니다.

명령: DIMLINEAR(단축키: DLI)
메뉴 아이콘: ▭

{첫 번째 치수 보조선 원점 지정 또는 〈객체 선택〉:}에서 첫 번째 점을 지정합니다.
{두 번째 치수 보조선 원점 지정:}에서 두 번째 점을 지정합니다.
{치수선의 위치 지정 또는 [여러 줄 문자(M)/문자(T)/각도(A)/수평(H)/수직(V)/회전(R)]:}에서 치수선의 위치를 지정합니다.

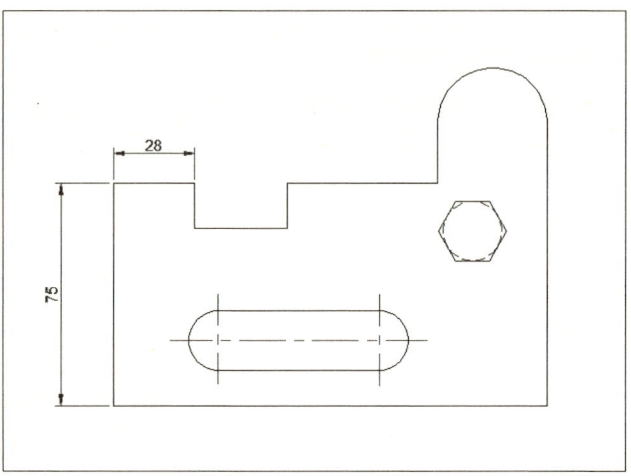

02. 대각선 길이는 정렬 치수(DIMALIGNED)

수평 또는 수직 방향이 아닌 비스듬한 면의 길이나 지정한 두 점의 거리를 직접 표현하고자 할 때는 정렬 치수를 이용하여 기입합니다.

명령: DIMALIGNED(단축키: DAL)

메뉴 아이콘:

조작은 선형 치수기입 방법과 동일합니다.

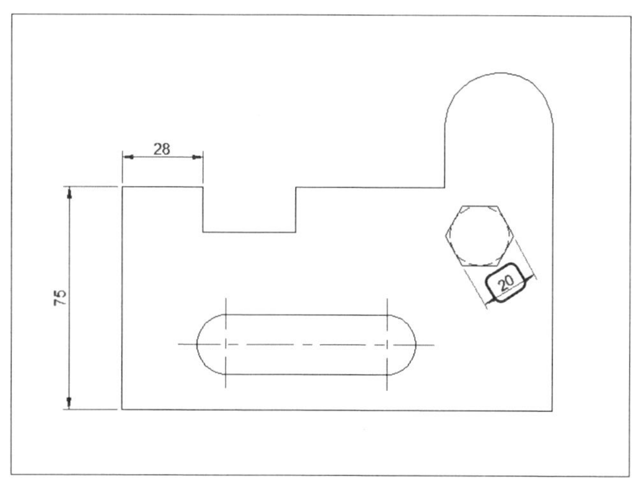

03. 호의 길이를 기입하는 호 길이(DIMARC)

호 길이 치수는 호 또는 폴리선 호 세그먼트를 따라 거리를 측정하여 기입합니다.

명령: DIMARC(단축키: DAR)

메뉴 아이콘:

{**호 또는 폴리선 호 세그먼트 선택:**}에서 길이를 표시할 호를 선택합니다.
{**호 길이 치수 위치 지정 또는 [여러 줄 문자(M)/문자(T)/부분(P)/지시선(L)]:**}에서 치수선의 위치를 지정합니다.

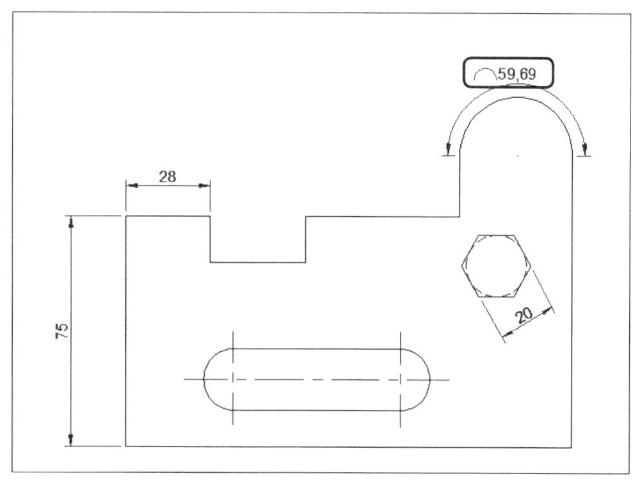

04. 반지름의 치수를 기입하는 반지름(DIMRADIUS)

선택한 원 또는 호의 반지름 치수를 측정하여 기입합니다.

명령: DIMRADIUS(단축키: DRA)
메뉴 아이콘:

{호 또는 원 선택:}에서 호를 선택합니다.
{치수선의 위치 지정 또는 [여러 줄 문자(M)/문자(T)/각도(A)]:}에서 치수선의 위치를 지정합니다.

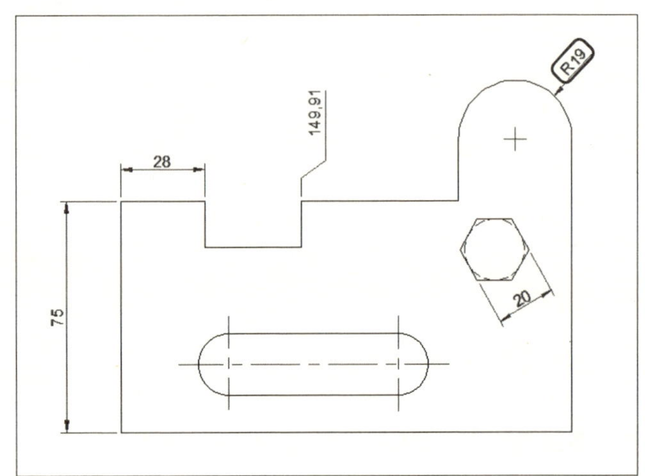

05. 원의 양쪽 너비인 지름(DIMDIAMETER)

선택한 원 또는 호의 지름을 측정하여 기입합니다.

명령: DIMDIAMETER(단축키: DDI)
메뉴 아이콘:

{호 또는 원 선택:}에서 원 또는 호를 선택합니다.

{치수선의 위치 지정 또는 [여러 줄 문자(M)/문자(T)/각도(A)]:}에서 치수선의 위치를 지정합니다.

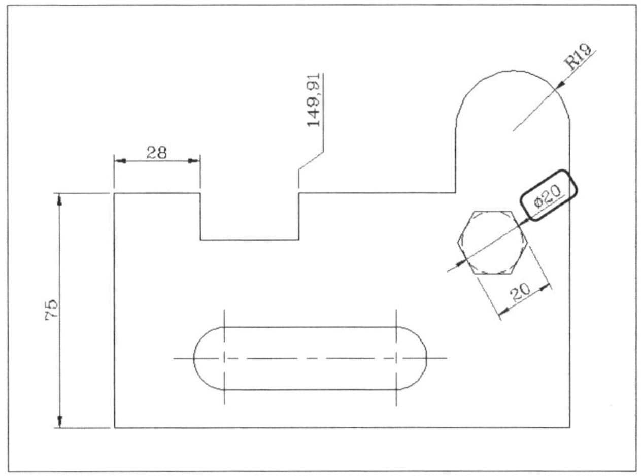

06. 각도를 기입하는 각도(DIMANGULAR)

두 선 또는 세 점 사이의 각도를 측정하여 각도를 기입합니다.

명령: DIMANGULAR(단축키: DAN)
메뉴 아이콘:

{호, 원, 선을 선택하거나 〈정점 지정〉:}에서 측정하고자 하는 각도의 첫 번째 선을 선택합니다.

{두 번째 선 선택:}에서 측정하고자 하는 각도의 두 번째 선을 선택합니다.

{치수 호 선의 위치 지정 또는 [여러 줄 문자(M)/문자(T)/각도(A)/사분점(Q)]:}에서 치수선의 위치를 지정합니다.

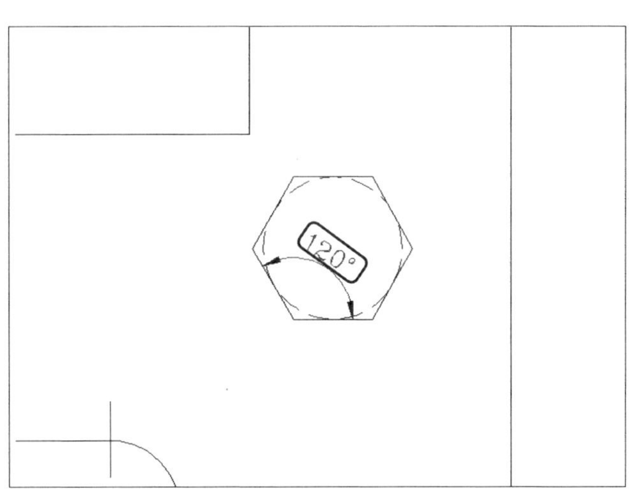

07. 기준선으로부터 차례로 기입하는 기준선(DIMBASELINE)

이전 치수 또는 선택된 치수의 기준선으로부터 선형 치수, 각도 치수 또는 세로 좌표 치수를 차례로 기입합니다.

명령: DIMBASELINE(단축키: DBA)
메뉴 아이콘: 

{두 번째 치수보조선 원점 지정 또는 [명령 취소(U)/선택(S)] 〈선택(S)〉:}에서 첫 번째 점을 지정합니다.

{두 번째 치수보조선 원점 지정 또는 [명령 취소(U)/선택(S)] 〈선택(S)〉:}에서 두 번째 점을 지정합니다. 차례로 기준선 치수를 기입할 지점을 지정합니다.

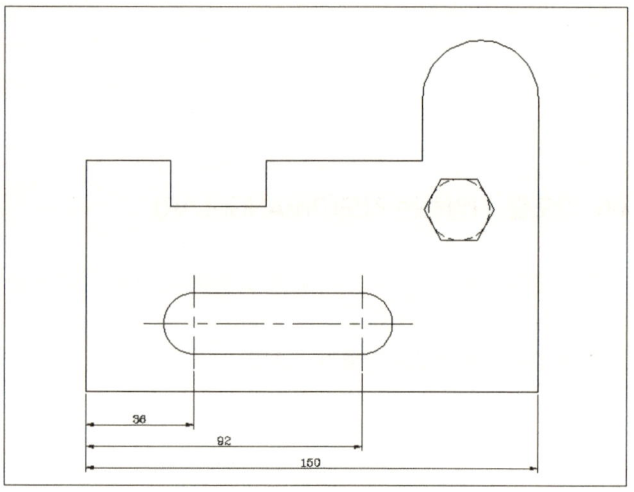

각도의 기준선 치수 기입

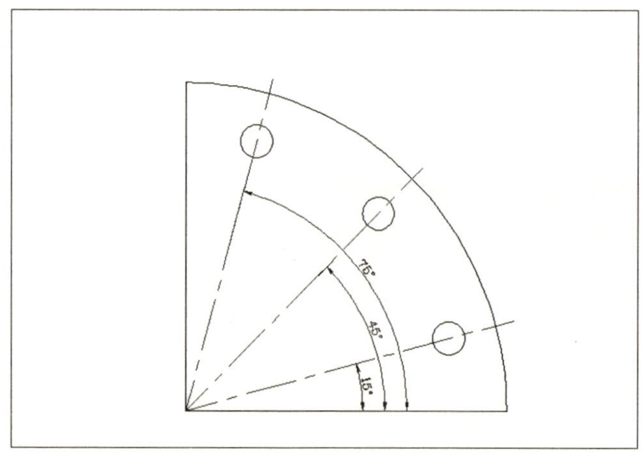

08. 연속으로 기입하는 계속 치수(DIMCONTINUE)

이전 치수 또는 선택된 치수의 두 번째 치수 보조선으로부터 선형 치수, 각도 치수 또는 세로 좌표 치수를 작성합니다.

명령: DIMCONTINUE(단축키: DCO)

메뉴 아이콘: ▥

{두 번째 치수보조선 원점 지정 또는 [명령 취소(U)/선택(S)] 〈선택(S):)〉:} 에서 연속 치수의 첫 번째 점을 지정합니다.

{두 번째 치수보조선 원점 지정 또는 [명령 취소(U)/선택(S)] 〈선택(S):)〉:} 에서 연속 치수의 두 번째 점을 지정합니다. 차례로 연속 치수를 기입할 점을 지정합니다.

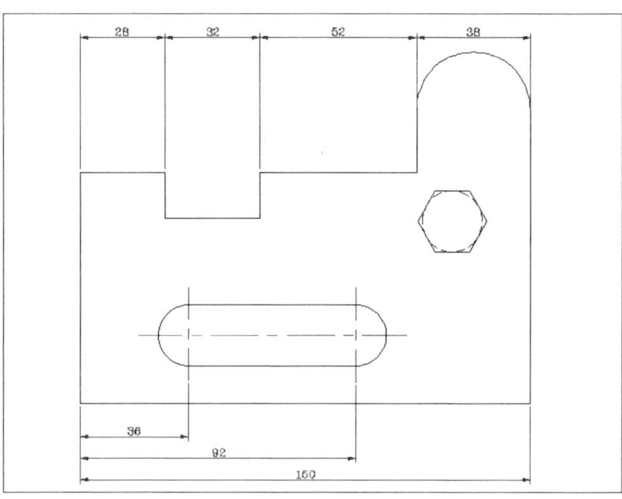

각도의 연속 치수 기입

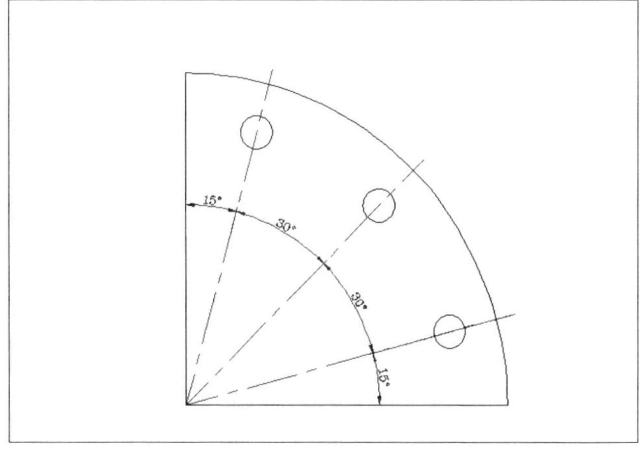

09. 신속하게 기입할 수 있는 신속 치수(QDIM)

선택한 객체의 치수를 신속하게 작성하거나 편집합니다. 이 명령은 일련의 기준선 치수 또는 연속 치수를 작성하거나 일련의 원과 호에 치수를 기입하는데 유용합니다.

명령: QDIM

메뉴 아이콘:

{치수 기입할 형상 선택:}에서 신속 치수를 기입할 객체를 선택합니다.
{치수선의 위치 지정 또는 [연속(C)/다중(S)/기준선(B)/세로좌표(O)/반지름(R)/지름(D)/데이텀 점(P)/편집(E)/설정(T)] 〈연속(C)〉:}에서 치수선의 위치를 지정합니다.
옵션에서 기입하고자 하는 치수 옵션을 선택합니다.

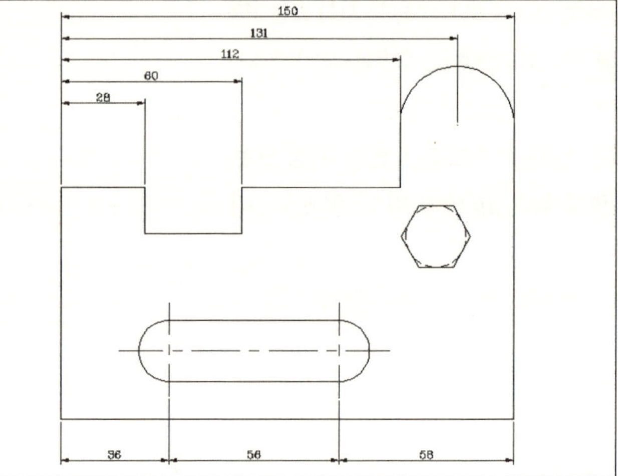

27. 치수의 수정

치수에 대해 치수선, 치수 보조선, 치수 문자의 형상 및 내용을 수정합니다.

01. 치수선 사이의 간격을 조정하는 치수 간격(DIMSPACE)

선형 치수(기준선 치수, 연속 치수 포함) 또는 각도 치수 사이의 간격을 지정합니다.

명령: DIMSPACE
메뉴 아이콘: 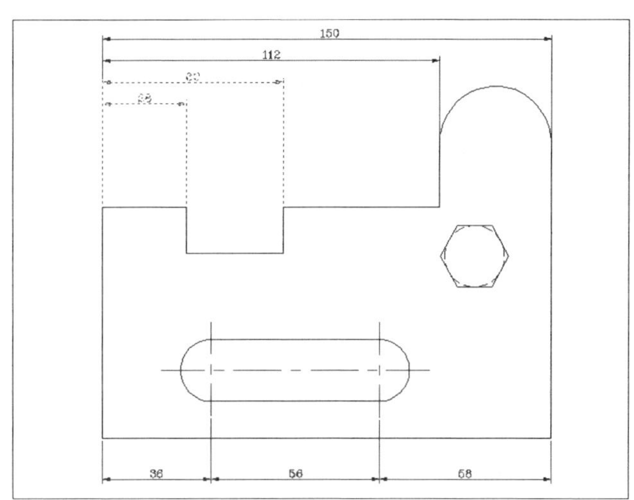

{**기본 치수 선택:**}에서 기준이 되는 치수를 선택합니다.
{**간격을 둘 치수 선택:**}에서 간격을 둘 치수를 선택합니다.
{**값 또는 [자동(A)] 입력 〈자동(A)〉:**}에서 간격을 입력합니다.

02. 교차하는 치수, 치수 보조선을 끊는 치수 끊기(DIMBREAK)

치수선 및 치수 보조선이 다른 객체와 교차하는 지점에서 선을 끊거나 복원합니다.

명령: DIMBREAK
메뉴 아이콘:

{끊기를 추가/제거할 치수 선택 또는
[다중]:}에서 기준이 되는 치수를 선택합
니다.

{치수를 끊을 객체 선택 또는 [자동
(A)/수동(M)/제거(R)] 〈자동〉:}에서 기
준이 되는 치수와 교차하는 치수(끊을 치
수)를 선택합니다.

{치수를 끊을 객체 선택:}에서 차례로
선택합니다.

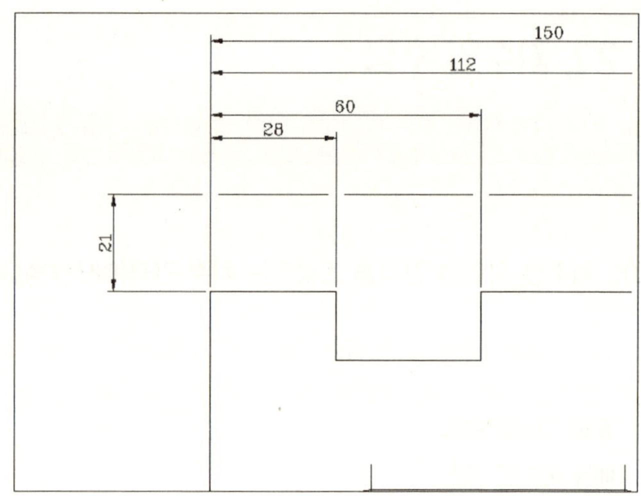

03. 원이나 호의 중심을 표시하는 중심 표식(DIMCENTER)

원 및 호의 중심 표식 또는 중심선을 작성합니다.

명령: DIMCENTER(단축키: DCE)
메뉴 아이콘: ⊕

{호 또는 원 선택:}에서 원이나 호를 선
택합니다.

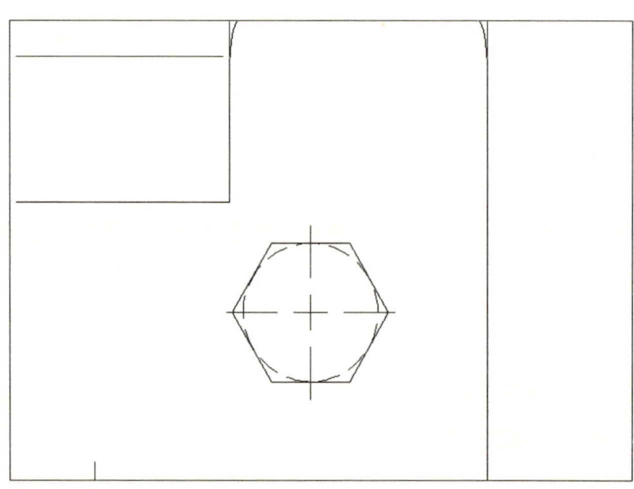

04. 꺾기 선을 추가 또는 제거하는 꺾어진 선형(DIMJOGLINE)

선형 또는 정렬 치수에 꺾기 선을 추가하거나 제거합니다.

명령: DIMJOGLINE
메뉴 아이콘: 〰️

{꺾기를 추가할 치수 선택 또는 [제거 (R)]:}에서 꺾기 선을 넣을 치수선을 선택합니다.
{꺾기 위치 지정(또는 ENTER 키 누르 기): }에서 꺾기 위치를 지정합니다.

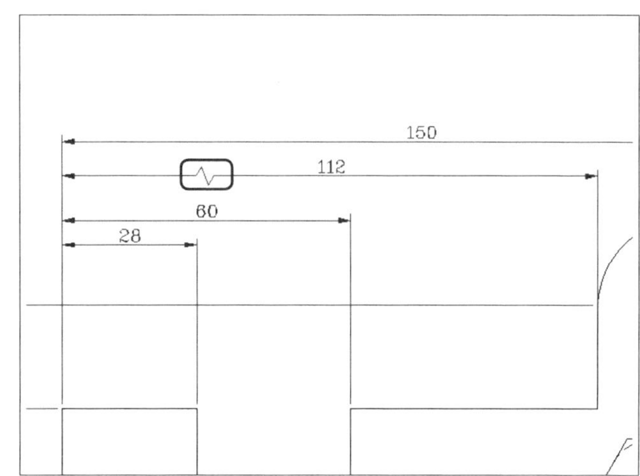

05. 작성된 치수 표현을 수정하는 치수 편집(DIMEDIT)

치수를 작성한 후에는 기존 문자를 회전하거나 새 문자로 대치할 수 있습니다. 치수 편집은 작성된 치수 객체에서 치수문자 및 치수 보조선을 수정합니다.

명령: DIMEDIT(단축키: DED)
메뉴 아이콘:

{치수 편집의 유형 입력 [처음(H)/신규
(N)/회전(R)/기울기(O)] 〈처음(H)〉:}에
서 편집 유형 옵션(예: 회전(R))을 선택합
니다.

{치수문자에 대한 각도를 지정:}에서
각도를 입력합니다.

{객체 선택:}에서 편집할 치수 객체를
선택합니다.

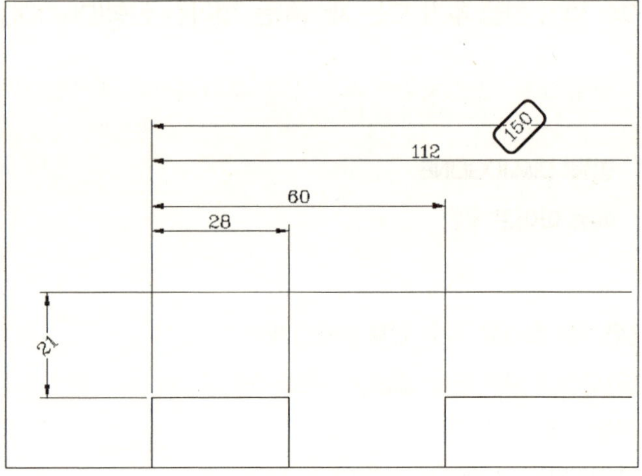

06. 치수문자의 위치를 변경하는 치수문자 편집(DIMTEDIT)

치수문자의 위치를 이동하거나 각도를 변경합니다.

명령: DIMTEDIT

메뉴 아이콘: 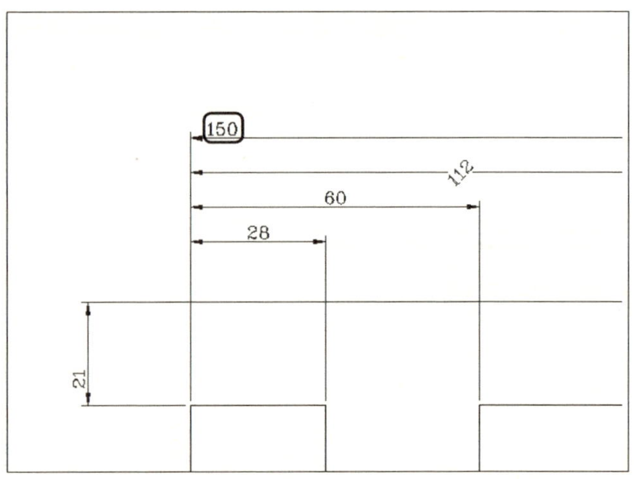

{치수 선택:}에서 편집하고자 하는 치수
문자를 선택합니다.

{치수문자에 대한 새로운 위치 또는
다음을 지정 [왼쪽(L)/오른쪽(R)/중심
(C)/처음(H)/각도(A)]:}에서 편집 옵션
을 선택합니다.

28. 지시선(인출선)의 작성(LEADER)

치수나 문자를 직접 표기하기 어려운 좁은 공간에는 지시선을 통해 표기합니다.

01. 다중 지시선 스타일(MLEADERSTYLE)

다중 지시선의 연결선, 화살촉, 컨텐츠 등 다중 지시선의 스타일을 작성하거나 수정합니다.

명령: MLEADERSTYLE(단축키: MLS)

메뉴 아이콘: . '주석' 탭 '지시선' 패널의 오른쪽 끝에 있는 을 클릭합니다.

(1) '지시선 형식' 탭

지시선의 형식을 설정합니다.

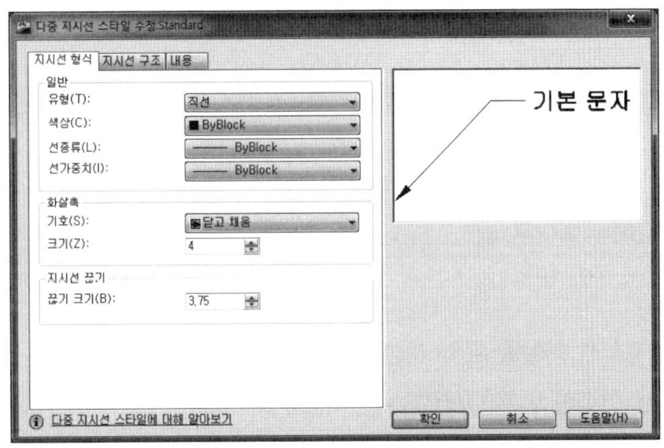

(2) '지시선 구조' 탭

지시선의 구조를 설정합니다.

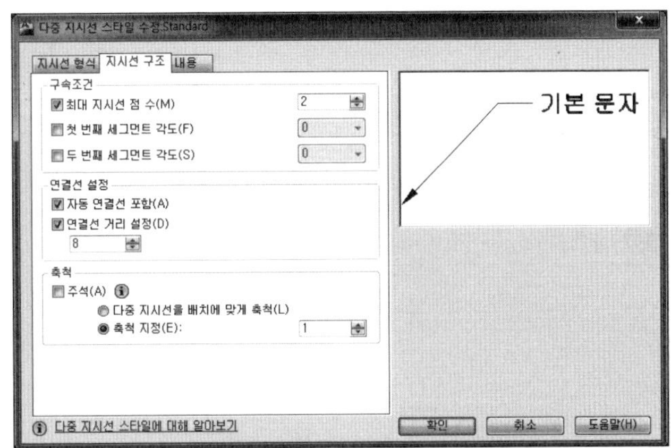

(3) '내용' 탭

지시선의 내용(문자)와 관련된 환경을 설
정합니다.

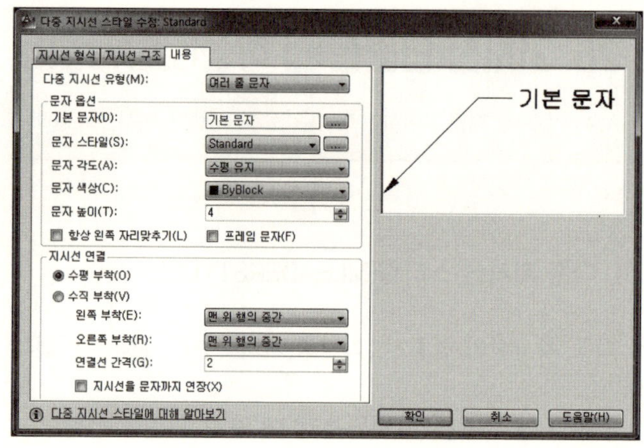

02. 다중 지시선(MLEADER)

명령: MLEADER(단축키: MLD)

명령: MLEADER(단축키: MLD)
메뉴 아이콘:

**{지시선 화살촉 위치 지정 또는 [지시
선 연결선 먼저(L)/컨텐츠 먼저(C)/옵
션(O)] 〈옵션〉:}** 에서 화살촉의 위치를
지정합니다.
{지시선 연결선 위치 지정:} 에서 지시선
연결선의 위치(인출 위치)를 지정합니다.
**{속성값 입력} {태그 번호 입력 〈태그
번호):}** 에서 태그 번호를 입력합니다.

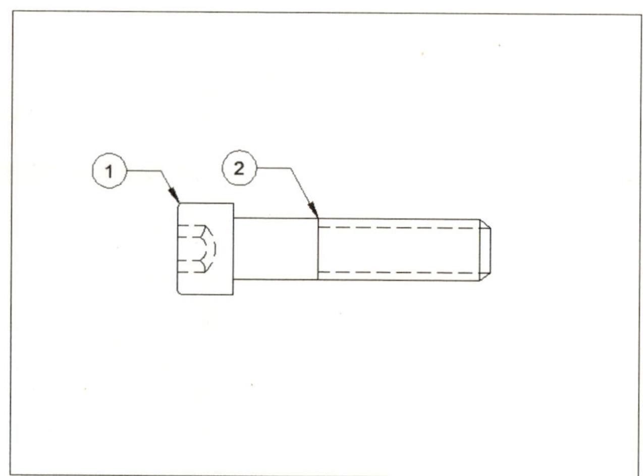

03. 다중 지시선 편집(MLEADEREDIT)

기 작성된 다중 지시선에 지시선을 추가 또는 제거합니다.

명령: MLEADEREDIT(단축키: MLE)
메뉴 아이콘:

{**다중 지시선 선택:**}에서 추가할 다중
지시선을 선택합니다.

{**옵션 선택 [지시선 추가(A)/지시선 제
거(R)] 〈지시선 추가〉:**}에서 'A'를 입력
합니다. {**지시선 화살촉 위치 지정:**}에
서 지시선의 위치를 지정합니다.

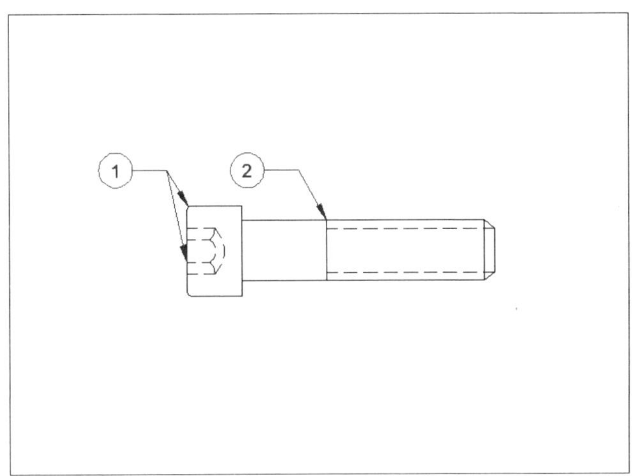

04. 다중 지시선 정렬(MLEADERALIGN)

다중 지시선의 위치를 지정한 선에 정렬합니다.

명령: MLEADERALIGN(단축키: MLA)
메뉴 아이콘:

{**다중 지시선 선택: **}에서 정렬할 다중 지시선을 선택합니다.
{**정렬할 다중 지시선 선택 또는 [옵션(O)]:**}에서 옵션 'O'를 입력합니다.
{**옵션 입력 [분산(D)/지시선 세그먼트를 평행으로 지정(P)/간격두기 지정(S)/현재 간격두기 사용(U)] 〈
간격두기 지정〉:**}에서 간격두기 지정 'S'를 입력합니다.

{간격두기 지정 〈0.000000〉:}에서 간격을 입력합니다.

{정렬할 다중 지시선 선택 또는 [옵션(O)]:}에서 기준이 될 다중 지시선을 선택합니다.

{방향 지정:}에서 방향을 지정합니다.

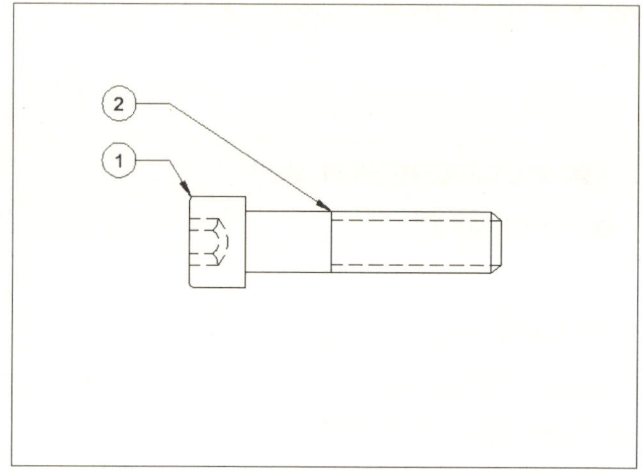

05. 지시선 수집(MLEADERCOLLECT)

블록으로 구성된 다중 지시선을 모아 단일 지시선에 부착된 그룹으로 구성합니다.

명령: MLEADERCOLLECT(단축키: MLC)
메뉴 아이콘:

{다중 지시선 선택:}에서 수집할 다중 지시선을 선택합니다.

{수집한 다중 지시선 위치 지정 또는 [수직(V)/수평(H)/줄바꿈(W)] 〈수평〉:}에서 수직 옵션 'V'를 입력합니다.

{수집한 다중 지시선 위치 지정 또는 [수직(V)/수평(H)/줄바꿈(W)] 〈수직〉:}에서 위치를 지정합니다. 다음 그림과 같이 지시선이 한 곳에 표기됩니다.

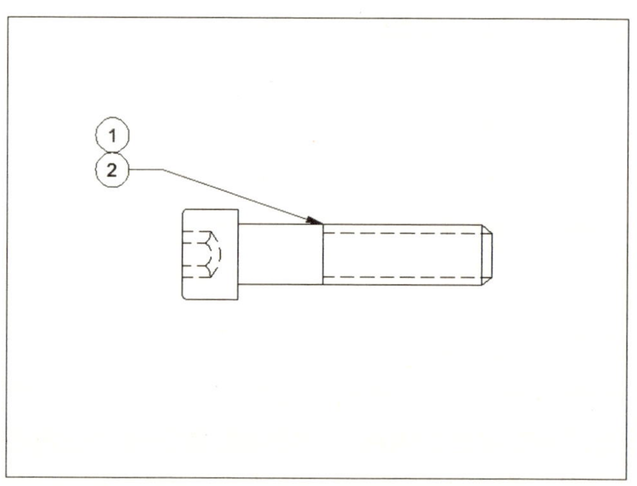

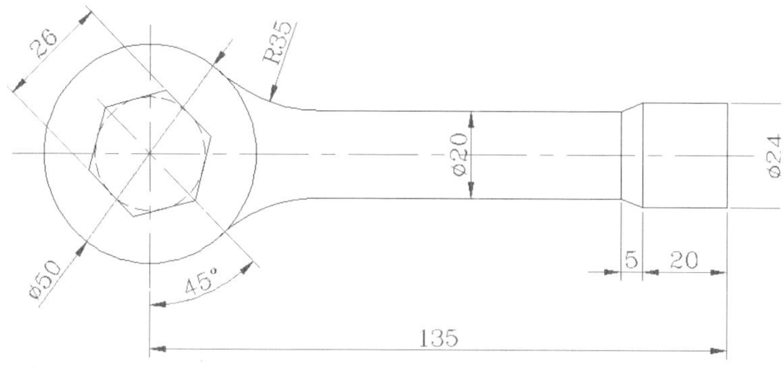

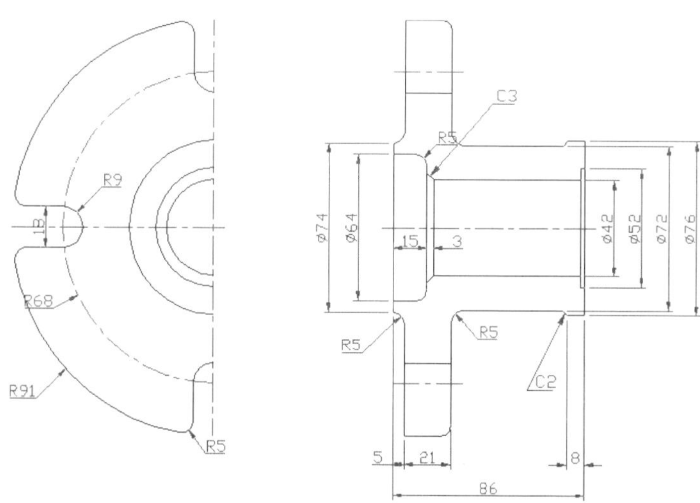

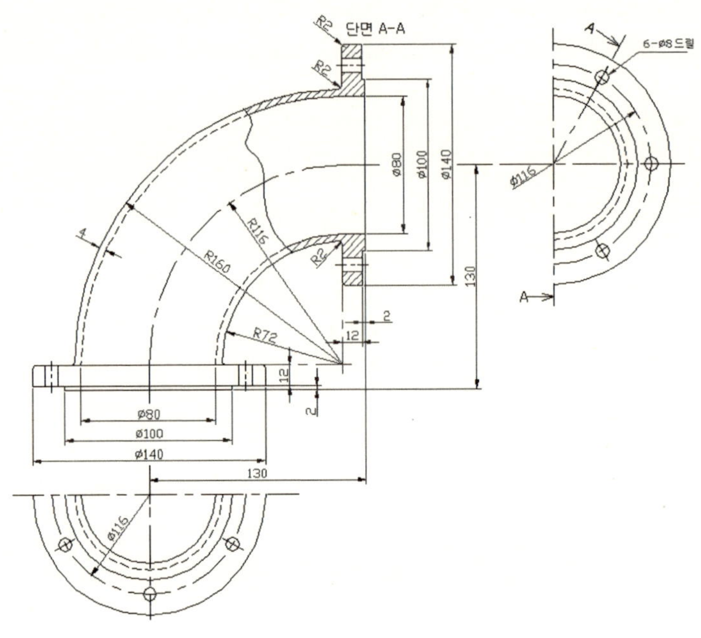

단면 A-A
6-ø8 드릴

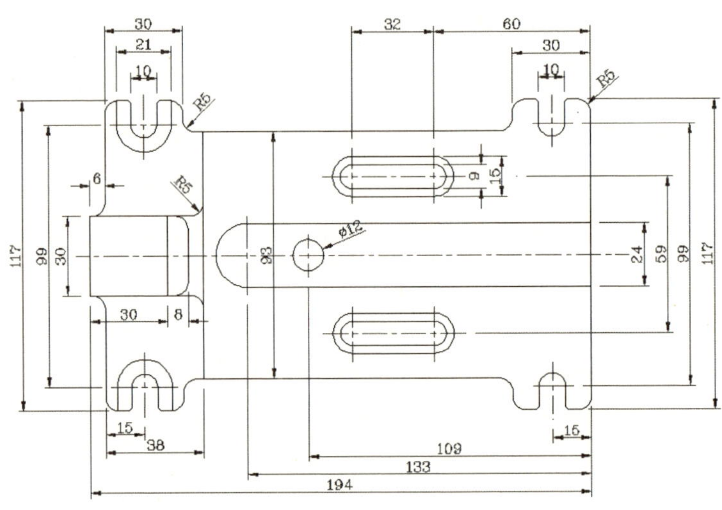

29. 블록과 삽입

자주 사용하는 심볼, 기호 또는 도면을 별도로 저장해놓고 필요할 때 도면에 삽입하여 사용할 수 있습니다.

01. 도면 내에서 블록을 정의하는 블록 정의(BLOCK, BMAKE)

현재 작업 중에 있는 도면의 일부 또는 전체를 선택하여 새로운 블록(복합 도형)을 생성합니다.
현재 도면 내에서 새로운 블록(복합 도형)을 만듭니다.

명령: BLOCK, BMAKE (단축키: B)
메뉴 아이콘:

블록 정의 대화상자에서 '이름(N)'에 이름을 입력하고, '객체 선택(T)'를 클릭한 후 **{객체 선택:}**에서 블록으로 만들고자 하는 객체를 선택합니다.

'기준점'의 ' 선택점(K)'을 클릭한 후, **{삽입 기준점 지정:}**에서 삽입 기준점을 지정합니다.

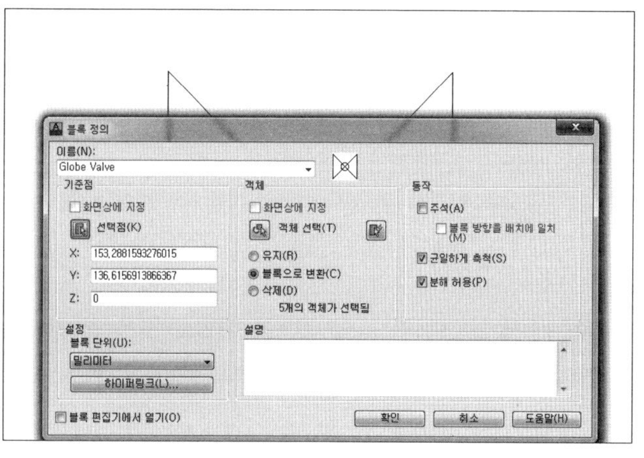

📖 TIP

'블록 정의(BLOCK, BMAKE)' 명령은 도면 내부의 블록 테이블에 정의하는 블록입니다. 따라서 다른 도면에서 그 블록을 호출(삽입)할 수 없습니다. 블록 테이블에 정의되어 있지 않으면 호출할 수 없습니다. 그러나 '블록 쓰기(WBLOCK)' 명령은 현재 도면이 아닌 외부에 파일로 저장되기 때문에 다른 도면에서도 호출(삽입)할 수 있습니다.

02. 선택한 객체를 파일로 저장하는 블록 쓰기(WBLOCK)

선택한 객체 또는 블록을 새로운 도면 파일(*.dwg)로 만듭니다. 즉, 외부 파일로 기록합니다.

명령: WBLOCK (단축키: W)

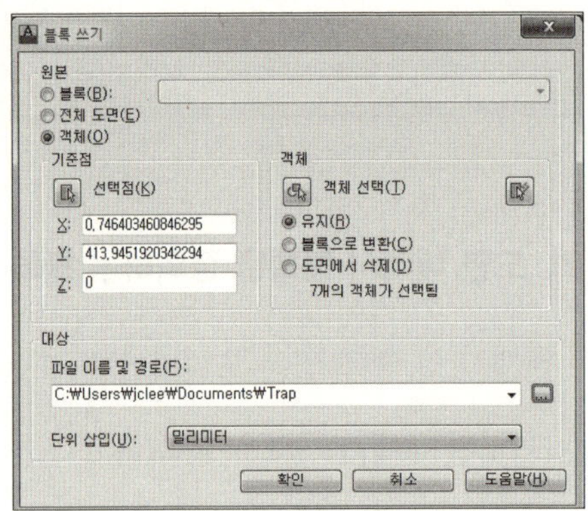

다음의 '블록 쓰기'대화상자에서 기준점과 객체를 선택한 후 외부로 저장할 파일 이름을 지정합니다.

03. 블록을 도면으로 호출하는 삽입(INSERT)

명명된 블록 또는 도면을 현재 도면에 호출하여 배치합니다. 저장된 도면도 하나의 블록과 같이 도면 내에 삽입할 수 있습니다. 앞에서 작성한 블록(Globe Valve)을 삽입합니다.

명령: INSERT (단축키:I)
메뉴 아이콘:

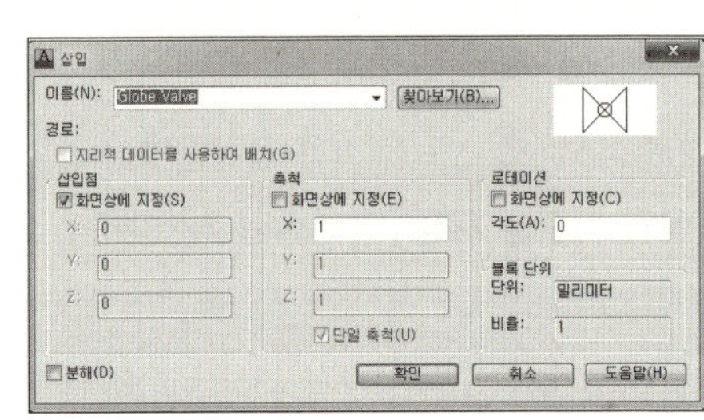

대화상자에서 삽입하고자 하는 블록의 명칭을 지정하고 축척, 로테이션 각도 등 삽입조건을 지정합니다.

{삽입점 지정 또는 [기준점(B)/축척(S)/X/Y/Z/회전(R)]:}에서 삽입하고자 하는 위치를 지정합니다.

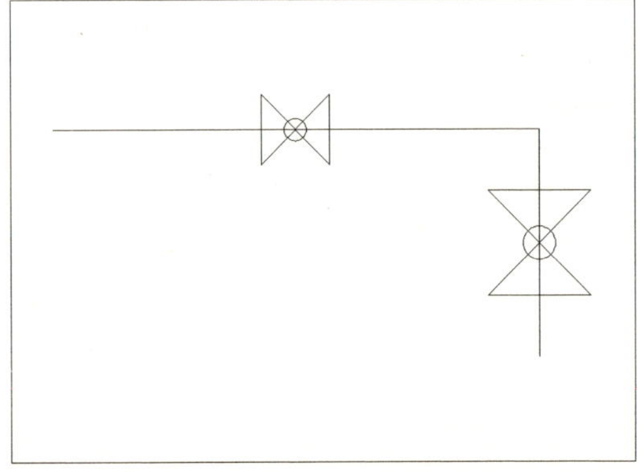

30. 외부 참조

기존 도면 데이터를 활용하는 방법 중 '삽입(INSERT)'와 함께 외부 도면을 참조하는 방법이 있습니다. 현재 도면 내에 존재하지 않아도 되는 도면은 삽입하지 않고 참조만으로 도면에 표시할 수 있습니다.

01. 외부 참조(External Reference)란?

'외부 참조(External Reference)'란 외부 도면 또는 이미지를 참조합니다. '삽입(INSERT)' 명령은 현재의 도면에 직접 삽입시켜 현재 도면 데이터베이스에 추가하는 것이고, 외부 참조는 현재의 도면에 삽입시키는 것이 아니라 단순히 외부의 도면을 참조(링크)만 하는 것입니다.

02. 외부 참조를 관리하는 외부 참조 관리자(XREF)

참조되는 도면(외부 참조), 부착된 DWF, DWFx 또는 DGN 언더레이, 가져온 래스터 이미지 등 참조되는 파일을 구성, 표시 및 관리합니다. DWG, DWF, DWFx, PDF 및 래스터 이미지 파일만 외부 참조 팔레트에서 직접 열 수 있습니다.

명령: EXTERNALREFERENCES(단축키: XREF)

메뉴 아이콘:

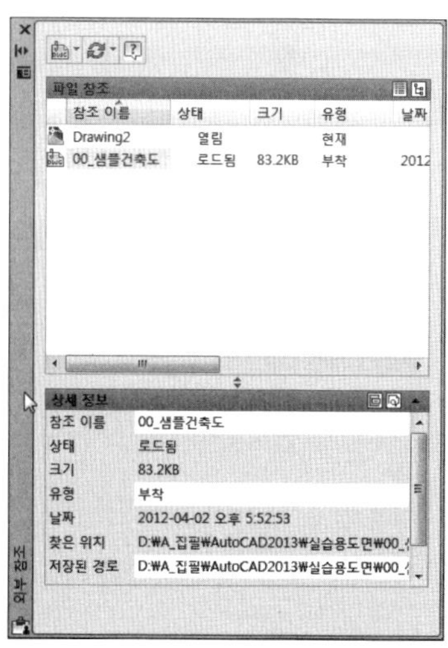

다음과 같은 외부 참조 팔레트가 나타납니다. 외부 참조 팔레트에서 파일을 선택하여 현재 도면에 참조합니다.

외부 참조 팔레트로 참조할 수 있지만 직접 참조 명령을 이용하여 참조할 수 있습니다. 명령어 'XATTACH', 'ATTACH' 또는 단축키 'XA'를 입력하거나 메뉴 아이콘 을 클릭하여 참조합니다.

다음과 같이 도면이 참조된 도면이 펼쳐집니다.

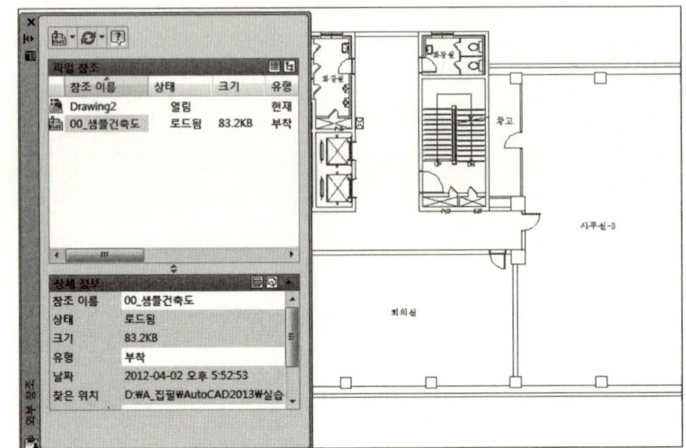

03. 외부 참조의 분리 및 결합

DWG 참조(외부 참조)를 도면에서 제거할 수도 있고, 완전히 하나의 도면으로 결합할 수도 있습니다.

(1) 외부 참조의 분리

외부 참조를 도면에서 완전히 제거하려면 지우는 것이 아니라 분리해야 합니다. 외부 참조를 지우면 그 외부 참조와 연관된 도면층 정의 등은 제거되지 않습니다. 분리 옵션을 사용하면 외부 참조 및 연관된 모든 정보가 제거됩니다.

분리하고자 하는 외부 참조 파일(00_샘플건축도)에 마우스를 대고 오른쪽 버튼을 누릅니다. 표시되는 메뉴 목록에서 '분리(D)'를 선택하여 클릭합니다.

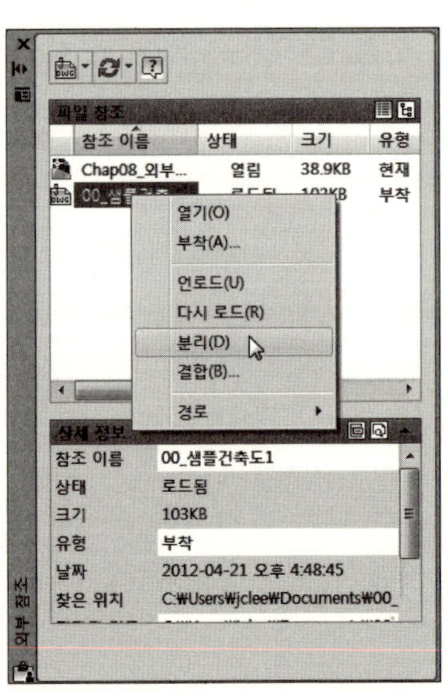

(2) 외부 참조 도면의 결합

외부 참조된 도면은 단순히 참조
만 하고 있을 뿐입니다. 화면상에서
는 하나의 도면처럼 보이지만 두 개
의 도면으로 구성되어 있습니다. 이
렇게 외부 참조된 도면을 하나의 도
면으로 결합할 수 있습니다.

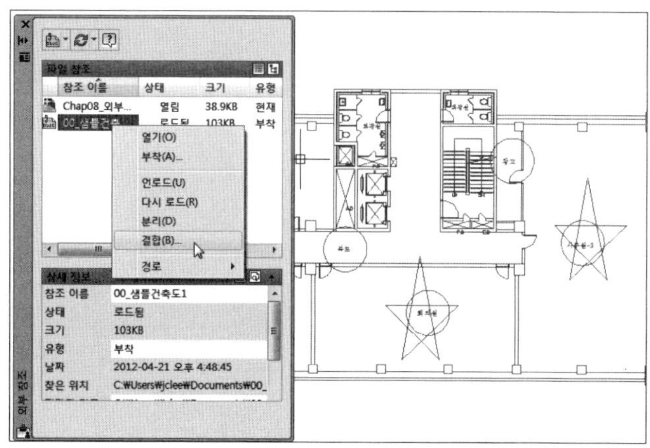

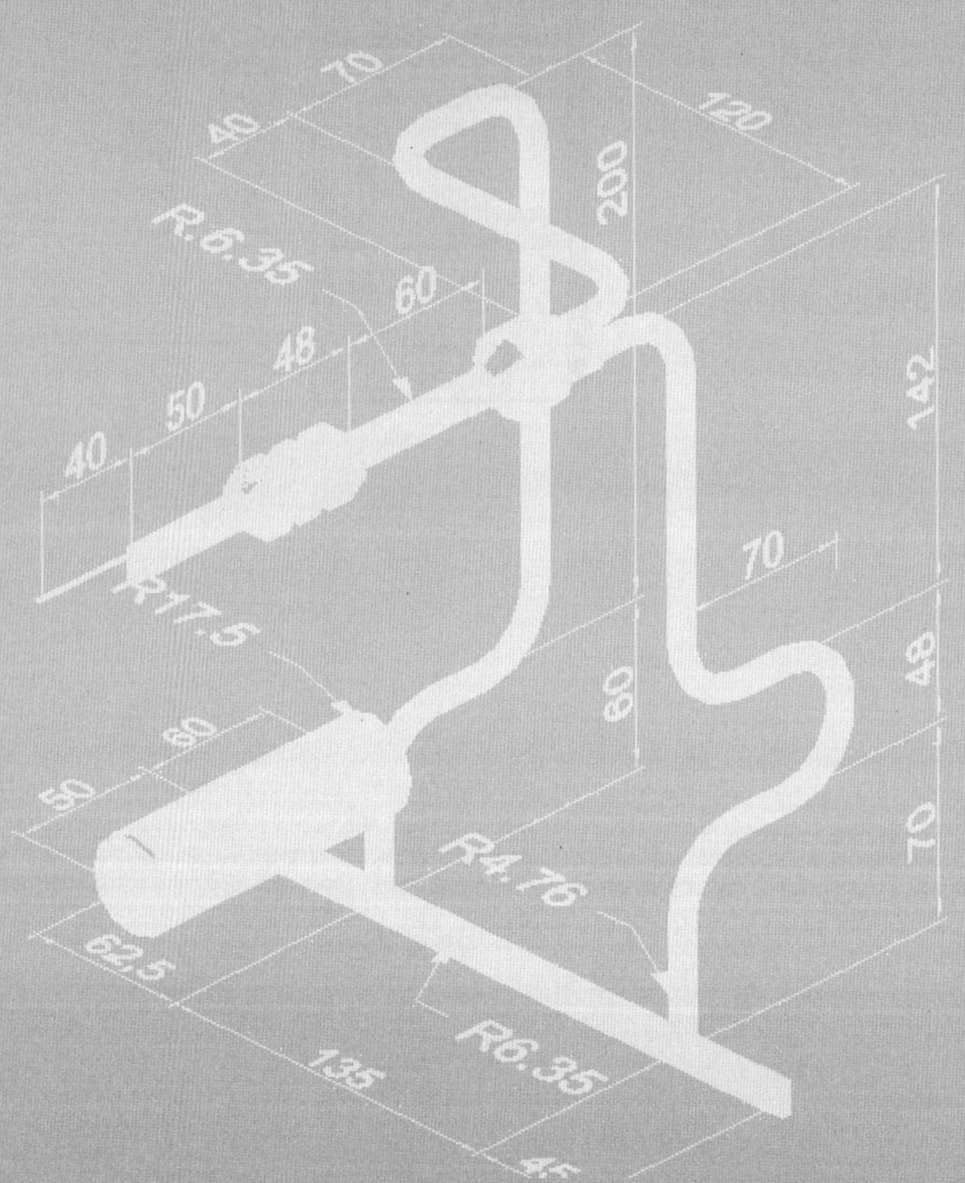

70
40
120
200
R.6.35
60
48
142
50
40
70
R17.5
60
80
50
48
R4.76
70
62.5
R6.35
135
45

배관기능사 시험 도면

배관기능사 및 배관산업기사 자격시험의 실기에서 CAD 도면 작성이 필수적입니다. 이번에는 배관기능사 및 산업기사 시험에서의 CAD 도면작성의 문제 분석과 이를 위한 기본적인 내용에 대해 알아보겠습니다.

1. CAD 도면작성 문제

배관기능사 및 배관산업기사 모두 CAD 작업은 필수입니다. 도면의 종류는 약간 다르지만 CAD 작업의 난이도는 별반 차이가 없습니다. 실제 시험에서 나오는 문제를 중심으로 도면 작성 방법에 대해 알아보겠습니다.

1-1. 요구 사항

다음은 배관기능사 자격시험의 CAD 작업의 시험지 지문의 예입니다.

● 주어진 입체도(등각투상도)를 보고 CAD S/W를 이용하여 아래 조건에 적합하게 출력하여 제출하시오.

(1) 도면 용지 A4(297 * 210mm) 규격 용지에 도면에 지시된 척도로 평면도와 단면도를 제도한다.

(2) 윤곽선은 첨부 도면과 같이 A4 규격에서 10mm의 간격으로 하며 윤곽선의 굵기는 0.5mm로 한다.(단, 인적사항, 표제란 양식으로 문제 도면과 동일한 양식으로 유사한 크기로 작성하여야 한다.)

(3) 도면의 왼쪽 상단에는 인적 사항을, 오른쪽 하단에는 표제란을 작성한다.

(4) 치수가 명시되지 않는 기기나 기구 등 부품은 문제 도면 크기에 유사한 크기로 임의로 그린다.

(5) 글자체는 가능한 굴림체, 돋움체, 궁서체 중 선택하여 사용여야 하나 CAD S/W에서 지원되니 아니하는 경우 다른 글자체를 사용하여도 무방하며, 부품란의 규격과 수량을 완성하시오.

(6) 저장할 파일의 확장자는 도면을 작성한 S/W의 확장자를 사용하여 저장한 후 함께 제출한다. 파일명은 TEST+(비 번호)의 순으로 작성하여야 한다.

　　예) TEST02.dwg(02번이 비 번호인 경우)

(7) 모든 배관 라인(Line)은 기기나 기구 등 부품과 겹치지 않도록 제도한다.

1-2. 수검자 유의사항

(1)문제지에는 비 번호를 기재하여 작품과 함께 반드시 제출하시오.

(2)정전 및 기계고장으로 인한 자료 손실을 방지하기 위해 10분에 1회 이상 수시로 저장하여야 한다.

(3)출력은 흑백으로 하나 동일 시험장에서는 통일되어야 한다.

(기능 미숙 또는 시험시간 초과로 본인이 출력하여 제출하지 못한 경우에는 1점 감점한다)

(4)시험 중에 하드디스크에 저장하거나 지급되지 아니한 디스켓을 사용할 때는 부정행위로 처리한다.

(5)시험장 내에서 안전수칙을 준수하고 시험위원의 지시를 반드시 지켜야 한다.

(6)시험 중 봉인을 훼손하거나 디스켓을 주고받는 행위는 부정행위로 처리하며 시험 종료 후 하드디스크에서 작업내용을 삭제해야 한다.

(7)허용되는 Part program 또는 block 이외의 블록(배관도면 등) 사용 시는 부정행위로 처리한다.

(8)레이어(Layer)와 색깔(Color)은 다음과 같이 지정하고 작성하여 흑백으로 작성하여 출력하여야 한다.(시험위원이 출력장치의 플롯 유형 테이블(펜 지정) 등의 통일하기 위하여 아래와 같이 지정하여 한 경우는 동일하게 지정하고, 별도 지정하는 경우에는 별도로 지정한 색깔로 한다.)

선의 굵기	색깔(Color)	용 도
0.50mm	하늘색(Cyan)	윤곽선
0.35mm	녹색(Green)	외형선, 인적 사항, 표제란, 부품란
0.20mm	노란색(Yellow)	숨은선, 일반 주석 등
0.18mm	흰색(White), 빨간색 (Red)	해칭선, 치수선, 치수보조선, 치수문자, 중심선

(9)기권 및 다음 사항에 해당 작품은 채점하지 아니하고 CAD 작업의 배점 점수를 0점 처리한다.

● 미완성

가. 시험시간(표준시간) 내에 도면과 같은 배관라인 및 엘보, 티 등 배관 부속품 및 관련 기기 등
의 제도 항목을 50%이상 완성하지 못한 작품(치수 및 문자, 부품란은 제외)

(10) 요구한 평면도를 제도하지 아니한 작품은 오작 처리한다.

다음은 배관기능사 실기시험의 CAD 도면의 예입니다.

작업날짜		배관기능사 08		품명	규격	수량	비고
성　　명				강관90° 엘보	15A		
지도교수	(인)			강관이경90° 엘보	20AX15A	1	
				강관 이경티이	20AX15A		
				레듀셔	15A		
				PVC관 소켓	16A	2	
				동관 얘 아답터	15A		
				STS관 소켓	15A		

요구 사항
1) 주어진 입체도를 보고 평면도와 정면도를 제3각 정투상도로 제도하시오.
2) 우측 상단 부품란에서 누락된 품명, 규격 또는 수량을 산출 하시오.

　※ 치수가 주어지지 아니한 부속의 치수,크기 등은 이도면의 치수및 형상과 유사하게 제도할 것

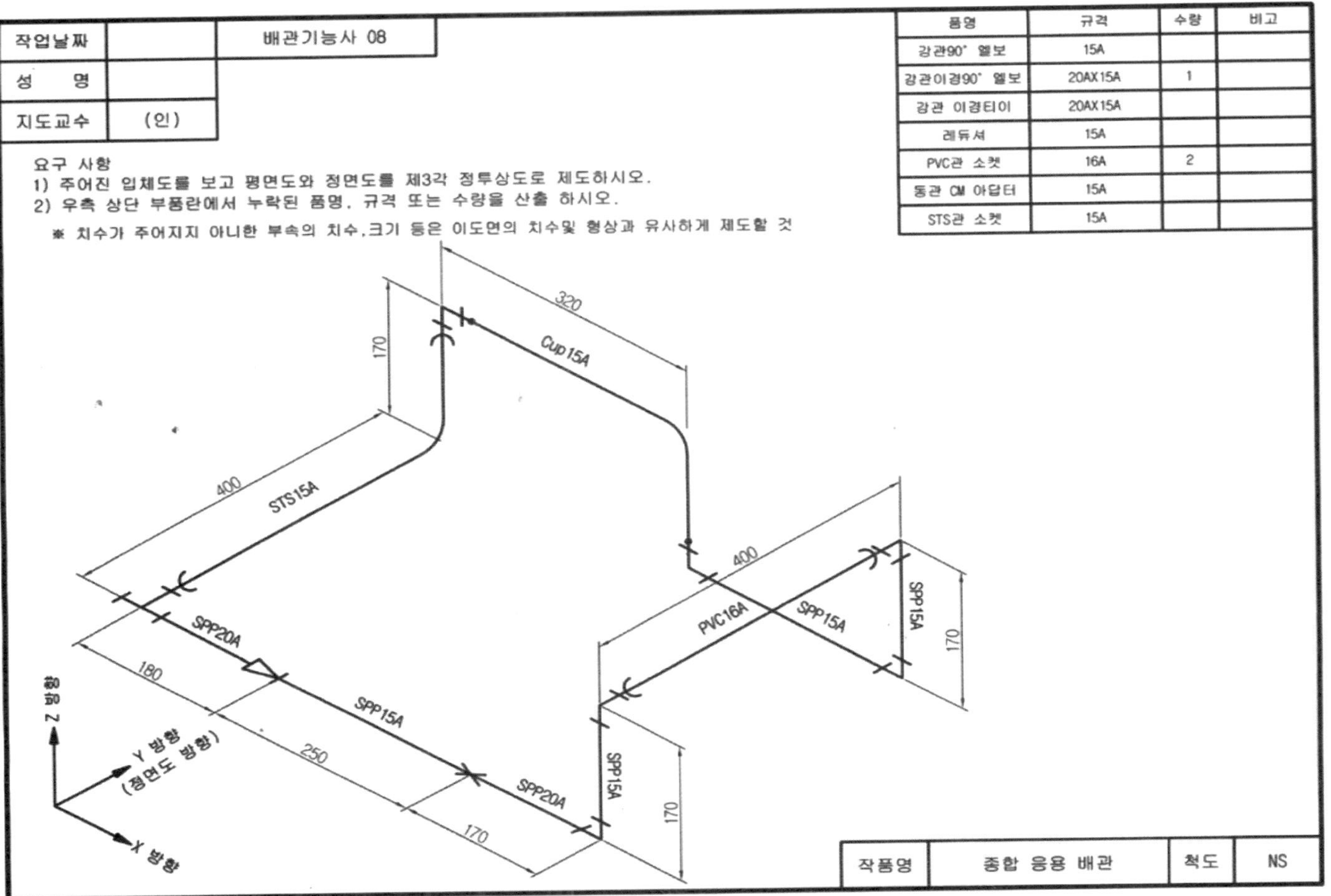

2. 환경 설정

작도하기 위한 환경을 설정합니다. 도면의 작도 영역, 도면층(Layer)과 색상(Color)을 설정하고 문자의 스타일을 설정합니다.

2-1. 작도 영역 설정

앞에서 설명했듯이 작도 영역은 출력하고자 하는 용지 크기와 척도를 고려하여 결정해야 합니다. 여기에서는 MVSETUP 명령을 이용하여 작도 영역을 설정하도록 하겠습니다. 'MVSETUP'은 축척과 용지 크기를 지정하여 도면 외곽선을 작도합니다.

명령: MVSETUP
{초기화 중...}
{도면 공간을 사용가능하게 합니까? [아니오(N)/예(Y)]
⟨Y⟩:} 에서 여기에서는 도면 공간을 사용하지 않기 때문에 'n'을 입력합니다.
{단위 유형 입력 [공학(S)/십진(D)/엔지니어링(E)/건축(A)/미터법(M)]:} 에서 사용하는 단위를 지정합니다. 'm'를 입력합니다.
다음과 같이 축척 목록이 나타납니다.

미터 축척	
(5000)	1:5000
(2000)	1:2000
(1000)	1:1000
(500)	1:500
(200)	1:200
(100)	1:100
(75)	1:75
(50)	1:50
(20)	1:20
(10)	1:10
(5)	1:5
(1)	전체

{축척 비율 입력:}에서 축척 비율 '10'을 입력합니다. 지정하고자 하는 축척이 없더라도 축척 비율을 숫자로 입력합니다. 예를 들어, 1:15인 경우 '15'를 입력합니다.

{용지 폭 입력:}에서 A4용지의 폭 '297'을 입력합니다.

{용지 높이 입력:}에서 A4용지의 높이 '210'을 입력합니다.

설정이 끝나면 다음과 같이 설정한 환경(A4용지, 1:10)에 맞춰 윤곽선이 나타납니다.

2-2. 레이어(Layer) 및 색상(Color) 설정

요강에 의하면 도면층 및 색상이 각 객체 별로 지정하게 되어 있습니다. 두 가지 방법으로 지정을 할 수 있습니다.

첫 번째는 각 객체를 작도할 때마다 도면층 및 색상을 바꾸면서 하는 방법이고,

두 번째는 모든 도면을 작성한 후 마지막에 도면층 및 색상을 바꾸는 방법입니다.

개인의 취향에 따라 어느 방법을 선택해도 관계없지만 바람직한 방법은 도면을 작성할 때는 가장 많이 사용하는 도면층 및 색상을 지정한 후 작도한 후, 모두 작성한 후 도면층과 색상을 바꾸는 방법이 좋습니다. 즉, 두 가지 방법을 혼용하는 것이 가장 효율적입니다.

그러면 도면층(Layer)을 정의해보도록 하겠습니다.

명령: LAYER(단축키: LA)

메뉴 아이콘: 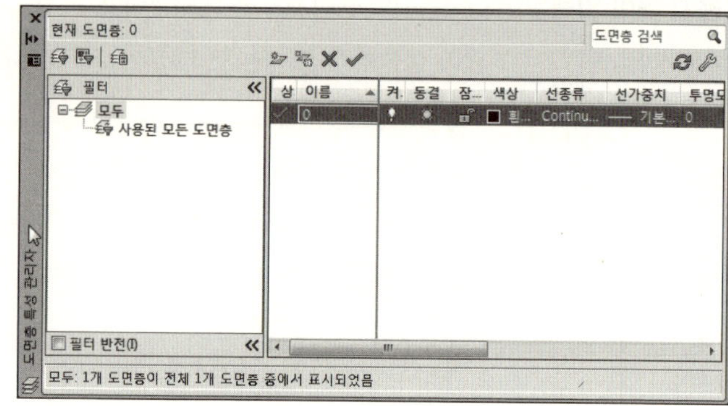

❶ 명령어 'LAYER' 또는 단축키 'LA'를
입력하거나 '홈' 탭의 '도면층' 패널 또는
도구막대에서 를 클릭합니다.

❷ 새로운 도면층을 작성합니다. '새 도면층 '를 눌러 새로운 도면층을 정의합니다. 배관기능사 시험의 요강
과 같이 '윤곽선'을 입력한 후 색상 부분의 'ㅁ 흰색'을 클릭하여 색상 팔레트에서 '하늘색'으로 지정합니다.

각 도면층에 해당하는 색상
을 지정해 놓고 실제 색상을
'Bylayer'로 지정해놓으면 도
면층을 바꿀 때 색상도 도면
층에 따라 바뀌게 되므로 편
리합니다.

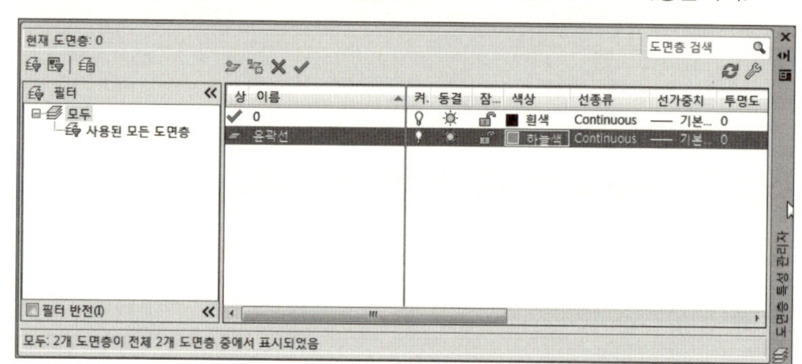

❸ 이와 같은 방법으로 차례
로 도면층을 추가해 가면서
색상을 지정합니다. 배관기
능사 시험의 요강을 확인하
면서 다음과 같이 도면층을
정의합니다.

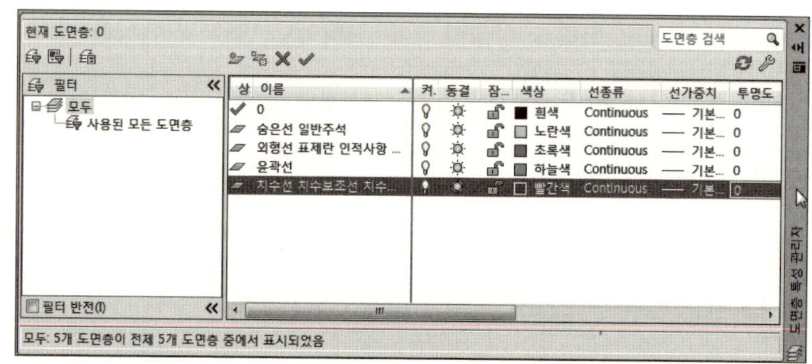

2-3. 문자 스타일(Text Style) 지정

문자를 작성하기 위해 문자의 스타일을 지정합니다. 문자 스타일에서는 글꼴, 높이, 효과 등을 지정합니다.

명령: STYLE(단축키:ST)
메뉴 아이콘: A

명령어 'STYLE' 또는 단축키 'ST'를 입력하거나 '홈' 탭의 '주석' 패널 또는 '스타일' 도구막대에서 A을 클릭합니다.

[문자 스타일 대화상자]

❶ **스타일(S):** 문자 스타일 명칭이 나열되고 사용하고자 하는 스타일 이름을 지정합니다. 문자의 길이는 최대 255자까지 가능하며 문자, 숫자, 특수 문자($,_,– 등)를 사용할 수 있습니다. AutoCAD를 시작하면 'STANDARD'가 기본 스타일로 자동 설정합니다. 스타일 명칭 앞에 있는 ▲ 마크는 스타일이 주석임을 나타냅니다.

> **✎ TIP**
>
> 스타일 이름은 가능한 짧고 이해하기 쉬운 이름으로 정하는 것이 좋습니다. '1', '2' 보다는 'BATANG', '굴림' 등 누가 보더라도 이해할 수 있도록 짧고 의미를 가진 쉬운 이름으로 정하는 것이 좋습니다.

❷ 스타일 목록 필터: 스타일 목록에 모든 스타일이 표시될지 또는 사용 중인 스타일만 표시될지 여부를 지정합니다.

❸ 미리 보기: 설정한 문자를 미리 보여줍니다.

❹ 글꼴: 스타일에 해당하는 글꼴(폰트) 파일을 지정합니다. AutoCAD에서 글꼴은 자체 컴파일된 쉐이프 파일(SHX)과 트루타입(TTF) 글꼴을 사용할 수 있습니다.

❺ 글꼴 이름(F): 현재 사용 가능한 글꼴이 표시됩니다. 목록 상자의 버튼을 눌러 선택합니다.

❻ 글꼴 스타일(Y): '큰 글꼴 사용(U)'을 체크하면 각 글꼴에 큰 글꼴을 선택할 수 있습니다. 여기에서 사용하고자 하는 큰 글꼴을 지정합니다.

❼ 크기: 문자의 크기(높이)를 지정합니다.

① 주석(I): 문자가 주석임을 지정합니다.

② 높이(T): 문자의 높이를 지정합니다. 여기에서 높이를 지정하면 '단일 행 문자(TEXT)'나 치수 문자의 높이가 고정됩니다.

❽ 효과(Effects): 문자 기입을 위한 각종 옵션을 선택합니다.

① 거꾸로(E): 문자가 뒤집혀 쓰여집니다.

② 반대로(K): 문자를 뒤로 씁니다.

③ 수직(V): 문자를 세로로 씁니다.

④ 폭(W): 문자의 가로, 세로의 비율을 지정합니다. 예를 들어 '2'를 입력하면 가로 방향의 크기가 세로 방향 크기의 2배로 기입됩니다.

⑤ 기울기 각도(O): 문자의 기울기를 지정합니다.

❾ 현재로 설정(C): 선택한 스타일을 현재 스타일로 설정합니다.

❿ 새로 만들기(N): 새로운 스타일을 작성합니다.

⓫ 삭제(D): 기존 스타일을 삭제합니다.

> **📖 TIP**
> '단일 행 문자(TEXT)'나 치수 기입에서 치수 문자의 높이를 유동적으로 사용하기 위해서는 치수 스타일에서 글꼴 높이 값을 지정하지 않아야 합니다.

|Note| 한 도면에서 두 가지 글꼴을 사용하려면…

한 도면에서 두 가지 이상의 폰트를 사용하려면 '문자 스타일(STYLE)' 명령에서 스타일 이름을 두 개 이상 작성하여 각각 사용하고자 하는 글꼴을 지정해야 합니다.

2-4. 선 종류(Line Type) 지정

도면의 해독을 용이하게 하기 위한 수단의 하나로 선의 용도에 따라 선 종류를 다르게 합니다. 예를 들어, 외형선은 실선, 중심선을 일점 쇄선, 보이지 않는 곳의 은선은 파선 등입니다. 선 스타일은 선 종류를 설정하는 명령입니다.

명령: LINETYPE(단축키: LT)

❶ 도면에서 사용할 선 종류를 로드합니다.
'홈' 탭의 '특성' 패널에서 선 종류 목록을 펼칩니다. 다음 그림과 같이 선 종류 목록이 펼쳐집니다. 가장 하단에 있는 '기타..'를 클릭합니다.

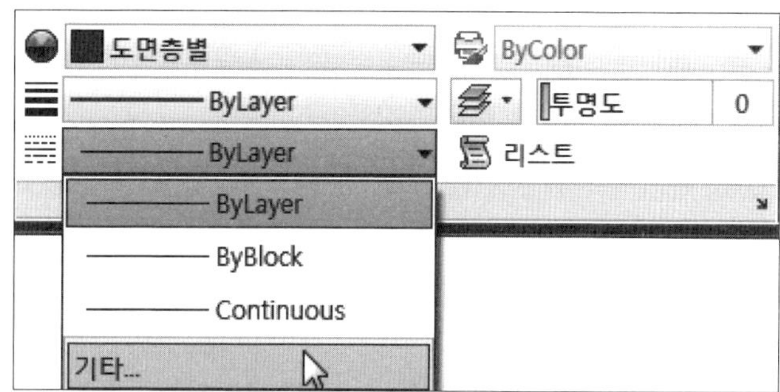

❷ 다음 그림과 같은 선 종류 관리자 대화상자가 나타납니다. 새로운 선 종류를 로드하기 위해 [로드(L)…]를 클릭합니다.

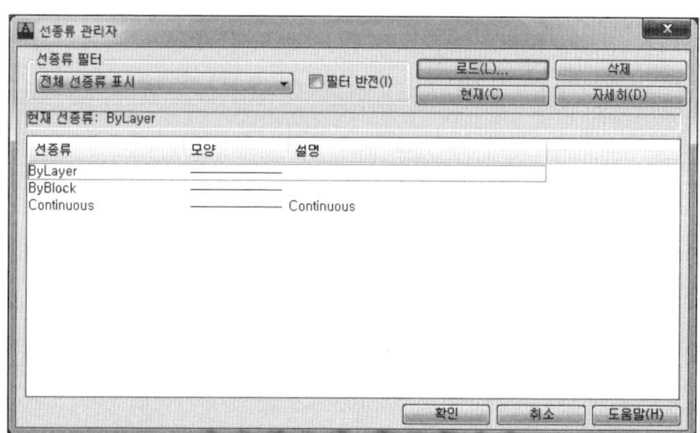

❸ 다음과 같은 '선 종류 로드 또는 다시 로드' 대화상자
가 나타납니다. 대화상자에서 로드하고자 하는 선 종류
(여기에서는 'HIDDEN')를 선택한 후 [확인]을 클릭합니
다.

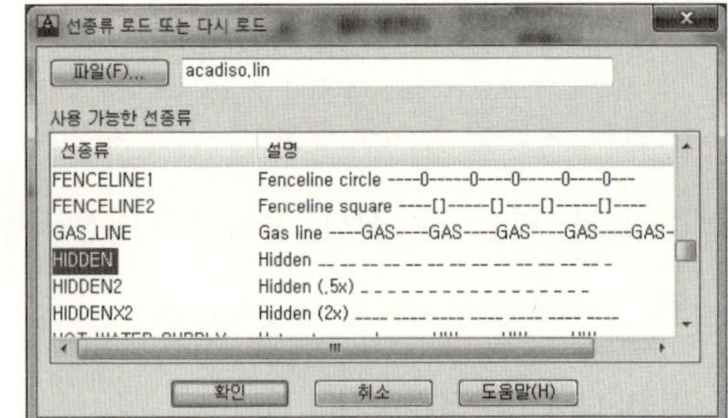

❹ 다시 선 종류 관리자 화면으로 돌아오
면 선 종류 'HIDDEN'이 로드된 것을 확
인할 수 있습니다. 오른쪽에 상단에 있는
[자세히(D)] 버튼을 클릭합니다. 다음 그
림과 같이 하단에 '상세 정보'가 펼쳐집
니다.

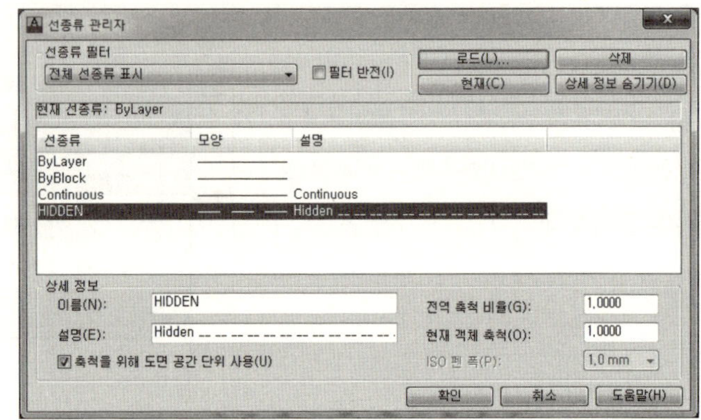

❺ [확인]을 클릭하여 종료합니다. 이제는 로드한 선 종류를 현재 선 종류
로 변경하겠습니다. '홈' 탭의 '특성' 패널에서 선 종류 목록을 펼칩니다.
목록 중에서 'HIDDEN'을 클릭합니다.

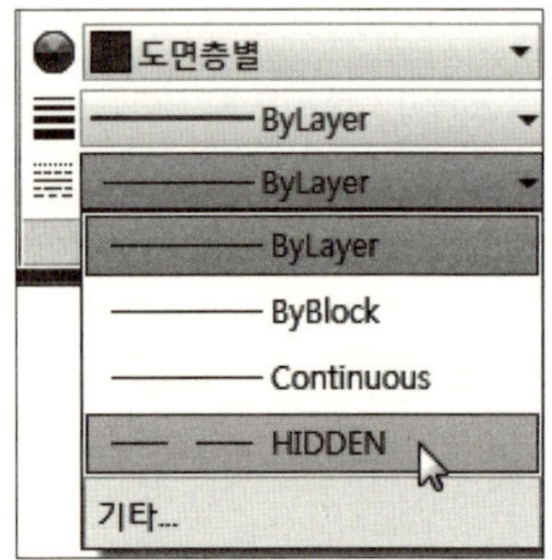

이렇게 도면에서 사용하고자 하는 선 종류(HIDDEN)를 로드한 후 사용합니다.

3-1. 테두리 작성

실제 도면의 작성 공간이 될 테두리를 작성합니다. 시험 요강에 나와있듯이 도면 용지 범위로부터 10mm 안쪽으로 작성합니다. 선으로 작성하는 방법도 있지만 직사각형 명령으로 작성하도록 하겠습니다.

❶ 간격 띄우기(OFFSET) 기능으로10mm(100)안쪽으로 띄워 테두리를 작성합니다.

명령어 'O' 또는 'OFFSET'을 입력하거나 ⬆을 클릭합니다.

{간격띄우기 거리 지정 또는 [통과점(T)/지우기(E)/도면층(L)] 〈통과점〉:}에서 '100'(10mm * 10(척도) = 100)을 입력합니다.

{간격띄우기할 객체 선택 또는 [종료(E)/명령취소(U)] 〈종료〉:}에서 직전에 작성한 직사각형을 선택합니다.

{간격띄우기할 면의 점 지정 또는 [종료(E)/다중(M)/명령취소(U)] 〈나가기〉:}에서 윤곽선의 안쪽 방향의 임의의 점을 지정합니다.

{간격띄우기할 객체 선택 또는 [종료(E)/명령취소(U)] 〈종료〉:}에서 〈엔터〉를 칩니다.

아래 그림과 같이 테두리 선이 간격 띄우기가 됩니다.

❷ 삭제(ERASE) 명령으로 바깥쪽 외곽선을 삭제합니다.

바깥쪽 테두리는 실제 A4용지의 테두리이므로 출력(플롯)을 할 때는 필요가 없는 선입니다. 따라서, 도면상에서는 지워야 합니다.

명령어 'ERASE' 또는 'E'를 입력하거나 ✏️을 클릭합니다.

{객체 선택: }에서 삭제하고자 하는 외곽선을 선택합니다.

{객체 선택: }에서 〈엔터〉를 칩니다. 다음 그림과 같이 테두리가 작성됩니다.

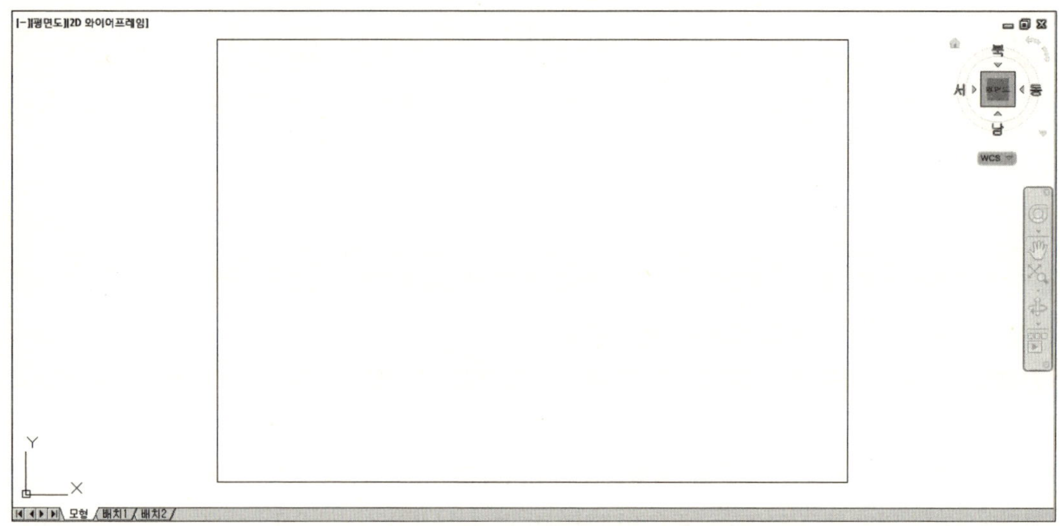

[A4용지의 10mm안쪽에 작성된 테두리]

3-2. 표제란 작성

오른쪽 하단의 표제란을 작성합니다. 표제란의 크기는 다음과 같습니다. 여기에서 제시한 크기는 규정된 것이 아닙니다. 도면의 균형에 맞도록 조정할 수 있습니다. 제시된 크기에 척도 값을 곱합니다. 여기에서는 1:10이기 때문에 (치수 x 10)을 합니다. 문자의 크기는 4mm로 합니다.

[문자 스타일 대화상자]

❶ 간격 띄우기(OFFSET) 명령으로
외곽선의 간격을 띄웁니다.

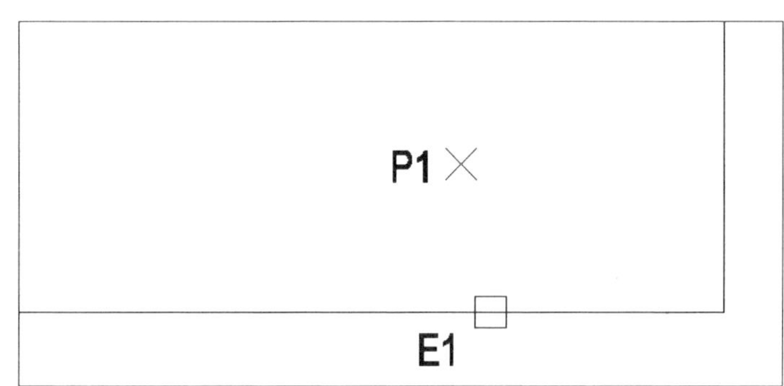

> **📝 TIP**
>
> 간격 띄우기를 하기 전에 사각형 외곽선이 폴리선과 같이 하나의 객체인 경우는 '분해(EXPLODE) 명령'으로 분해해야
> 합니다.
>
> 명령: EXPLODE 또는 [아이콘]
>
> {객체 선택: }에서 분해하고자 하는 외곽 테두리 선을 선택합니다.
>
> {객체 선택: }에서 〈엔터〉로 종료합니다.

명령어 'OFFSET' 또는 'O'를 입력하거나 을 클릭합니다.

{간격띄우기 거리 지정 또는 [통과점(T)/지우기(E)/도면층(L)] 〈통과점〉:}에서 '120'(12mm 간격)을 입력합
니다.

{간격띄우기할 객체 선택 또는 [종료(E)/명령취소(U)] 〈종료〉:}에서 띄우기 할 객체 E1을 선택합니다.

{간격띄우기할 면의 점 지정 또는 [종료(E)/다중(M)/명령취소(U)] 〈나가기〉:}에서 P1방향(위쪽 방향)을 지

정합니다.

**{간격띄우기할 객체 선택 또는
[종료(E)/명령취소(U)] 〈종료〉:}**
에서 〈엔터〉로 종료합니다.
다음과 같이 간격이 띄워집니다.

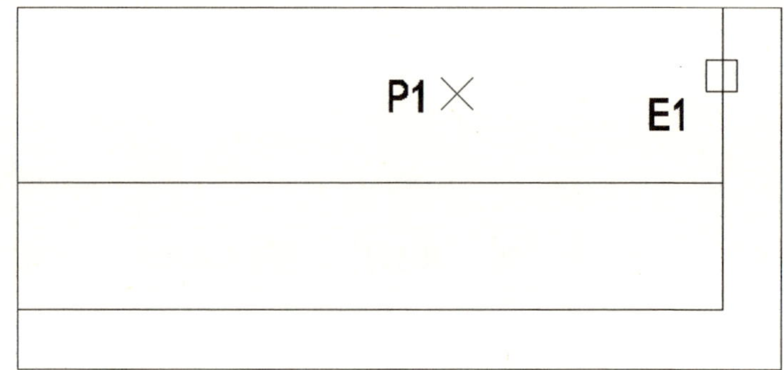

❷ 세로 방향의 선을 간격 띄우기 합니다.

명령어 'OFFSET' 또는 'O'를 입력하거나 을 클릭합니다.

{간격띄우기 거리 지정 또는 [통과점(T)/지우기(E)/도면층(L)] 〈통과점〉:}에서 '200'(20mm 간격)을 입력합니다.

{간격띄우기할 객체 선택 또는 [종료(E)/명령취소(U)] 〈종료〉:}에서 띄우기 할 객체 E1을 선택합니다.

{간격띄우기할 면의 점 지정 또는 [종료(E)/다중(M)/명령취소(U)] 〈나가기〉:}에서 P1방향(왼쪽 방향)을 지정합니다.

{간격띄우기할 객체 선택 또는 [종료(E)/명령취소(U)] 〈종료〉:}에서 직전에 간격 띄우기 한 수직선을 선택합니다.

{간격띄우기할 면의 점 지정 또는 [종료(E)/다중(M)/명령취소(U)] 〈나가기〉:}에서 P1방향(왼쪽 방향)을 지정합니다.

**{간격띄우기할 객체 선택 또는
[종료(E)/명령취소(U)] 〈종료〉:}**
에서 〈엔터〉로 종료합니다.
다음과 같이 간격이 띄워집니다.

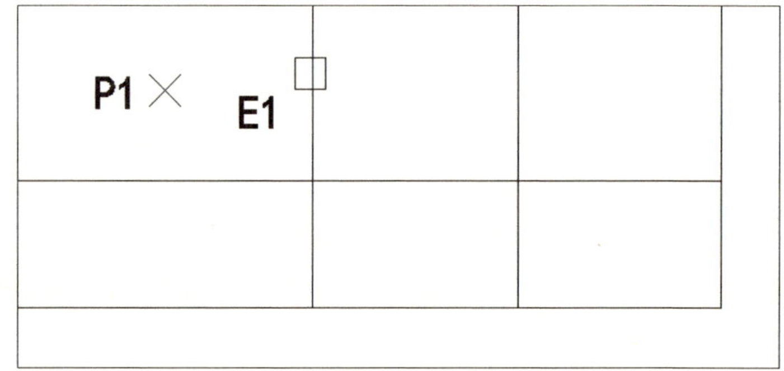

이와 같은 방법으로 550mm, 200mm 간격으로 세로선의 간격을 띄웁니다. 다음과 같이 간격이 띄워집니다.

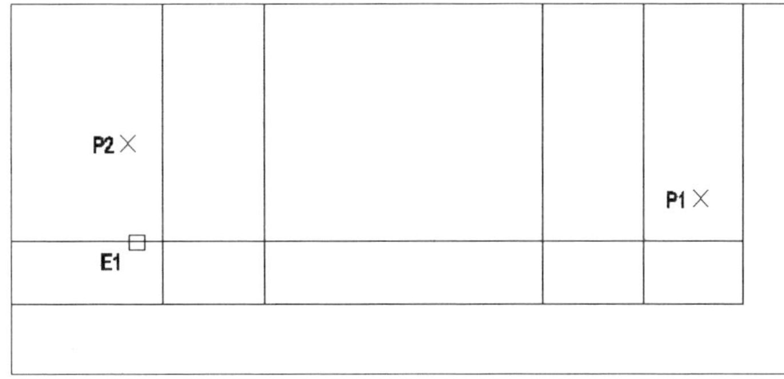

❸ 자르기(TRIM) 명령으로 선을 잘라 표를 완성합니다.

명령어 'TRIM' 또는 ''을 입력하거나 ⊬을 클릭합니다.

{현재 설정: 투영=UCS 모서리=없음}

{절단 모서리 선택 ... }

{객체 선택 또는 〈모두 선택〉:}에서 〈엔터〉를 눌러 모든 객체를 모서리로 선택합니다.

{자를 객체 선택 또는 Shift 키를 누른 채 선택하여 연장 또는

[울타리(F)/걸치기(C)/프로젝트(P)/모서리(E)/지우기(R)/명령취소(U)]:}에서 E1을 선택합니다.

{자를 객체 선택 또는 Shift 키를 누른 채 선택하여 연장 또는

[울타리(F)/걸치기(C)/프로젝트(P)/모서리(E)/지우기(R)/명령취소(U)]:}에서 P1를 지정합니다.

{반대 구석 지정:}에서 P2를 지정합니다. 두 점 사이의 객체가 선택되어 잘립니다.

{자를 객체 선택 또는 Shift 키를 누른 채 선택하여 연장 또는

[울타리(F)/걸치기(C)/프로젝트(P)/모서리(E)/지우기(R)/명령취소(U)]:}에서 〈엔터〉로 종료합니다. 다음과 같이 표가 완성됩니다.

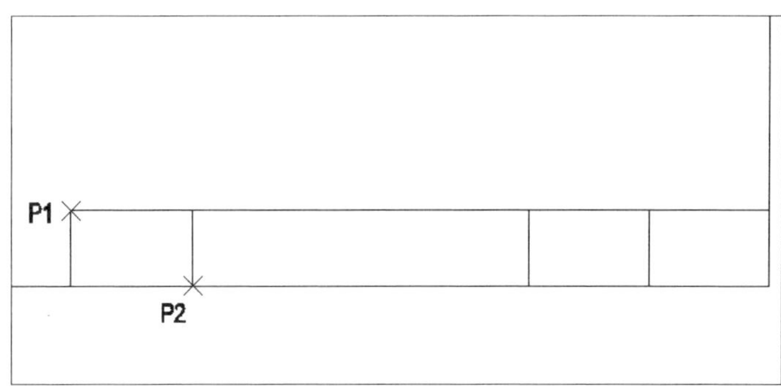

❹ 문자를 작성하겠습니다.

명령어 'MTEXT' 또는 'MT'를 입력하거나 **A**을 클릭합니다.

{현재 문자 스타일: "Standard" 문자 높이: 100 주석: 아니오}

{첫 번째 구석 지정:}에서 P1을 지정합니다.

{반대 구석 지정 또는 [높이(H)/자리맞추기(J)/선 간격두기(L)/회전(R)/스타일(S)/폭(W)/열(C)]:}에서 P2
를 지정합니다.

문자 편집기 탭 메뉴가 펼쳐집니
다. 탭 메뉴에서 문자 높이를 '40'
(4mm * 10), '자리맞추기' 목록에서
'중간 중심 MC'을 선택합니다.

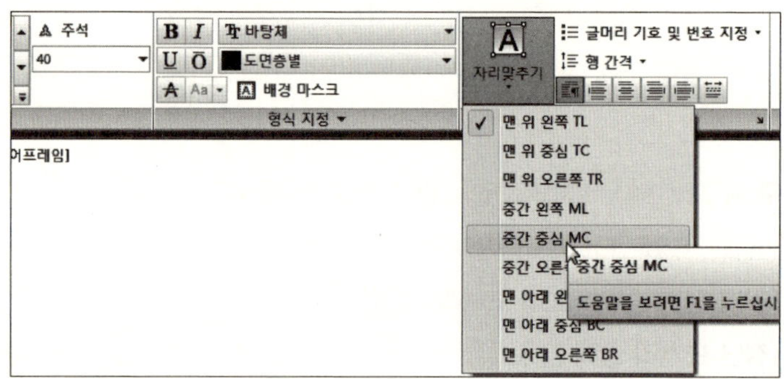

> **📖 TIP**
>
> 문자 작성은 '여러줄 문자(MTEXT)'와 '단일행 문자(TEXT)' 방법이 있습니다. '단일행 문자(TEXT)' 기능으로 작성하고자
> 할 때 문자를 칸의 중앙에 기입하기 위해서는 각 칸에 대각선 보조선을 긋고 '자리맞추기(J)' 옵션의 '중앙중간(MC)'을
> 선택하여 문자를 기입합니다.

문자 편집 상자에 '작품명'을 입력
합니다. 문자 입력 후 상단의 문자
편집기 탭메뉴에서 '문자 편집기
닫기 X'를 클릭합니다.

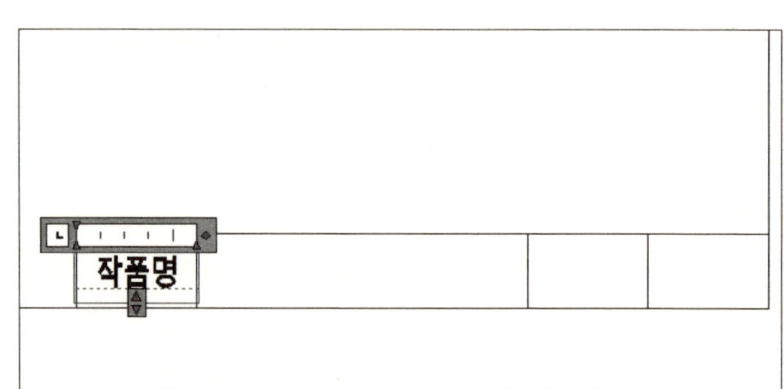

다음 그림과 같이 문자가 표의 정
가운데(중간 중앙) 표기됩니다.

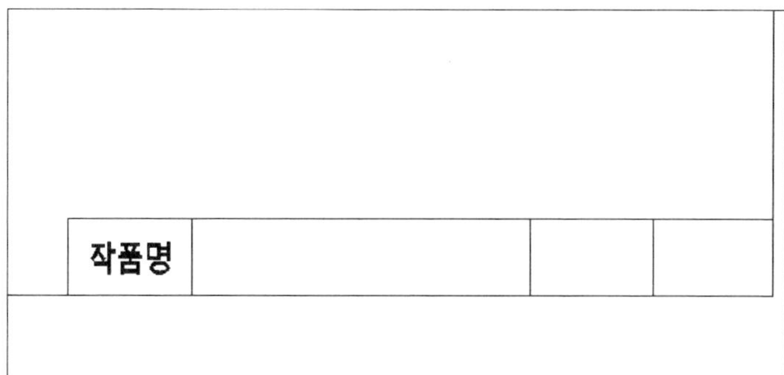

이와 같은 방법으로 '응용종합배
관', '척도', '1:10'을 입력하여 다음
그림과 같이 표제란을 완성합니다.

3-3. 인적 사항 작성

왼쪽 상단에 인적 사항 표를 작성하겠습니다. 표의 크기는 다음과 같이 합니다. 문자 높이는
3.5mm로 작성합니다. 여기에서 제시한 크기는 반드시 지켜야 하는 크기가 아닙니다. 도면의 균
형에 맞춰 지정합니다.

여기에서도 역시 척도(10)를 고려하여 각 치수에 10을 곱한 값으로 지정합니다. 문자의 높이는 3.5 x 10 = 35의 높이로 지정합니다.

❶ 간격 띄우기(OFFSET) 명령으로 외곽선의 간격을 띄웁니다.

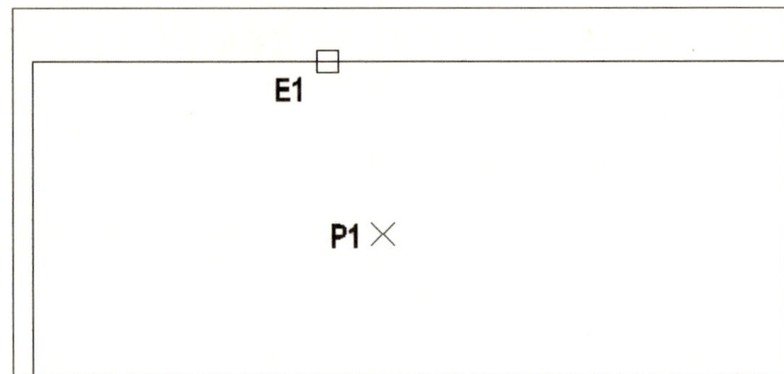

명령어 'OFFSET' 또는 'O'를 입력하거나 ⬚을 클릭합니다.

{간격띄우기 거리 지정 또는 [통과점(T)/지우기(E)/도면층(L)] 〈통과점〉:}에서 '100'(10mm 간격)을 입력합니다.

{간격띄우기할 객체 선택 또는 [종료(E)/명령취소(U)] 〈종료〉:}에서 띄우기 할 객체 E1을 선택합니다.

{간격띄우기할 면의 점 지정 또는 [종료(E)/다중(M)/명령취소(U)] 〈나가기〉:}에서 P1방향(아래쪽 방향)을 지정합니다.

{간격띄우기할 객체 선택 또는 [종료(E)/명령취소(U)] 〈종료〉:}에서 직전에 간격 띄우기가 된 선을 선택합니다.

{간격띄우기할 면의 점 지정 또는 [종료(E)/다중(M)/명령취소(U)] 〈나가기〉:}에서 P1방향(아래쪽 방향)을 지정합니다.
이와 같은 방법을 반복하여 다음과 같이 세 줄을 만듭니다.

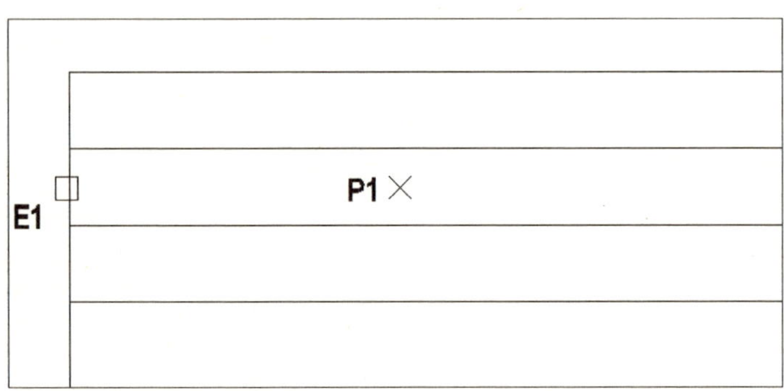

❷ 다음은 세로 방향의 선분을 간격 띄우기 합니다.

명령어 'OFFSET' 또는 'O'를 입력하거나 버튼을 클릭합니다.

{간격띄우기 거리 지정 또는 [통과점(T)/지우기(E)/도면층(L)] 〈통과점〉:} 에서 '250'(25mm 간격)을 입력합니다.

{간격띄우기할 객체 선택 또는 [종료(E)/명령취소(U)] 〈종료〉:} 에서 띄우기 할 객체 E1을 선택합니다.

{간격띄우기할 면의 점 지정 또는 [종료(E)/다중(M)/명령취소(U)] 〈나가기〉:} 에서 P1 방향(오른쪽 방향)을 지정합니다.

{간격띄우기할 객체 선택 또는 [종료(E)/명령취소(U)] 〈종료〉:} 에서 직전에 띄우기 한 선을 선택합니다.

{간격띄우기할 면의 점 지정 또는 [종료(E)/다중(M)/명령취소(U)] 〈나가기〉:} 에서 P1 방향(오른쪽 방향)을 지정합니다.

{간격띄우기할 객체 선택 또는 [종료(E)/명령취소(U)] 〈종료〉:} 에서 〈엔터〉로 종료합니다.

〈엔터〉 또는 버튼을 클릭하여 재기동합니다.

{간격띄우기 거리 지정 또는 [통과점(T)/지우기(E)/도면층(L)] 〈통과점〉:} 에서 '500'(50mm 간격)을 입력합니다.

{간격띄우기할 객체 선택 또는 [종료(E)/명령취소(U)] 〈종료〉:} 에서 직전에 간격 띄우기가 된 새로운 선을 선택합니다.

{간격띄우기할 면의 점 지정 또는 [종료(E)/다중(M)/명령취소(U)] 〈나가기〉:} 에서 오른쪽 방향을 지정합니다.

{간격띄우기할 객체 선택 또는 [종료(E)/명령취소(U)] 〈종료〉:} 에서 〈엔터〉로 종료합니다.

다음 그림과 같이 간격 띄우기 되어 표가 작성됩니다.

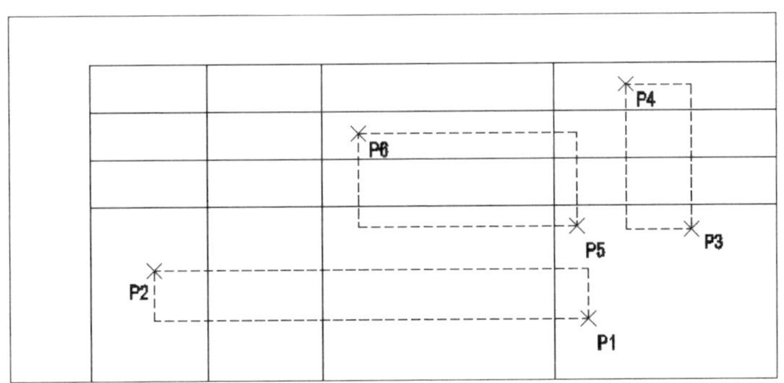

❸ 자르기(TRIM) 명령으로 표를 완성합니다.

명령어 'TRIM' 또는 'TR'을 입력하거나 ⊹을 클릭합니다.

{현재 설정: 투영=UCS 모서리=없음}

{절단 모서리 선택 ... }

{객체 선택 또는 〈모두 선택〉:}에서 〈엔터〉로 모든 객체를 모서리로 선택합니다.

{자를 객체 선택 또는 Shift 키를 누른 채 선택하여 연장 또는

[울타리(F)/걸치기(C)/프로젝트(P)/모서리(E)/지우기(R)/명령취소(U)]:}에서P1을 지정합니다.

{반대 구석 지정:}에서 P2를 지정합니다. 선택된 범위의 객체가 잘립니다.

{자를 객체 선택 또는 Shift 키를 누른 채 선택하여 연장 또는

[울타리(F)/걸치기(C)/프로젝트(P)/모서리(E)/지우기(R)/명령취소(U)]:}에서 P3를 선택합니다.

{반대 구석 지정:}에서 P4를 지정합니다. 선택된 범위의 객체가 잘립니다.

{자를 객체 선택 또는 Shift 키를 누른 채 선택하여 연장 또는

[울타리(F)/걸치기(C)/프로젝트(P)/모서리(E)/지우기(R)/명령취소(U)]:}에서 P5를 선택합니다.

{반대 구석 지정:}에서 P6를 지정합니다. 선택된 범위의 객체가 잘립니다.

{자를 객체 선택 또는 Shift 키를 누른 채 선택하여 연장 또는

[울타리(F)/걸치기(C)/프로젝트(P)/모서리(E)/지우기(R)/명령취소(U)]:}에서 〈엔터〉를 눌러 종료합니다. 다음 그림과 같이 표가 작성됩니다.

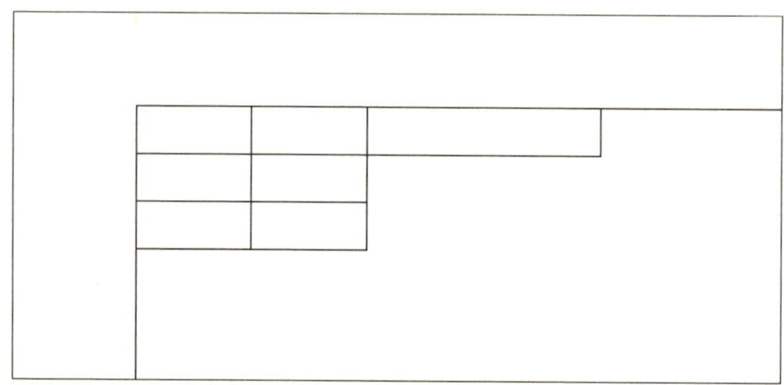

❹ 다음으로 문자를 기입합니다. 문자의 크기는 3.5mm로 합니다. 실제 CAD에서 작성할 때는 3.5 × 10 = 35의 크기로 지정해야 합니다.

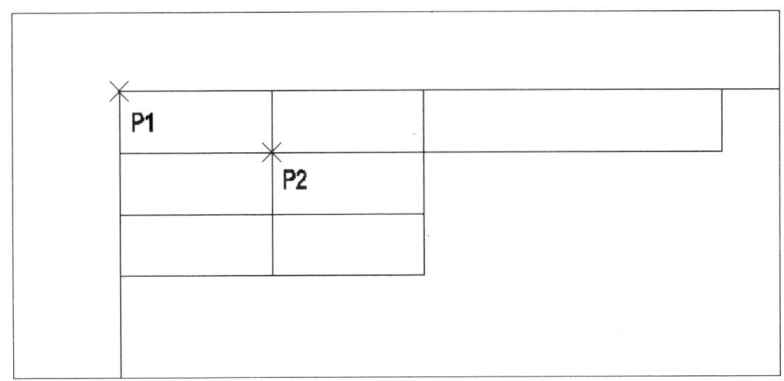

명령어 'MTEXT' 또는 'MT'를 입력하거나 **A**을 클릭합니다.

{현재 문자 스타일: "Standard " 문자 높이: 100 주석: 아니오}

{첫 번째 구석 지정:}에서 P1을 지정합니다.

{반대 구석 지정 또는 [높이(H)/자리맞추기(J)/선 간격두기(L)/회전(R)/스타일(S)/폭(W)/열(C)]:}에서 P2를 지정합니다.

문자 편집기 탭 메뉴가 펼쳐집니다. 탭 메뉴에서 문자 높이를 '35' (3.5mm * 10), '자리맞추기' 목록에서 '중간 중심 MC'을 선택합니다.

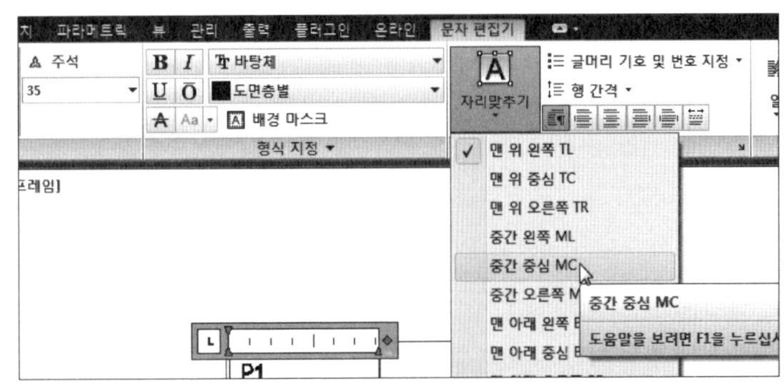

문자 편집 상자에 '수검번호'를 입력합니다. 문자 입력 후 상단의 문자 편집기 탭메뉴에서 '문자 편집기 닫기 X'를 클릭합니다.

다음 그림과 같이 문자(수검번호)가 표의 정 가운데(중간 중앙) 표기됩니다.

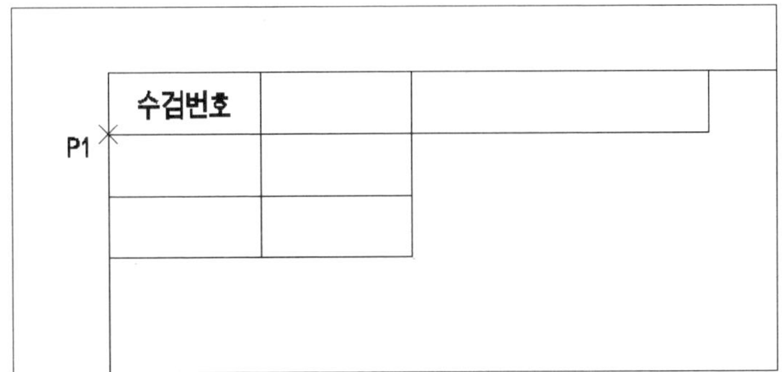

❺ 복사(COPY) 명령을 이용하여 문자를 복사합니다.

명령어 'COPY' 또는 'CO'를 입력하거나 🗗을 클릭합니다.

{객체 선택: }에서 문자(수검번호)를 선택합니다. **{선택1개를 찾음}**

{객체 선택: }에서 〈엔터〉로 선택을 종료합니다.

{기본점 지정 또는 [변위(D)/모드(O)] 〈변위(D)〉: }에서 기준점 P1을 지정합니다.

{두 번째 점 지정 또는 [배열(A)]〈첫 번째 점을 변위로 사용〉: }에서 아래 칸의 교차점을 지정합니다.

{두 번째 점 지정 또는 [배열(A)/ 종료(E)/명령취소(U)] 〈나가기〉: }에서 그 다음 아래 칸의 교차점을 지정합니다.

반복해서 점을 지정하여 다음과 같이 문자를 복사합니다.

수검번호	수검번호	
수검번호	수검번호	
수검번호	수검번호	

❻ 문자를 수정합니다.

명령어 'DDEDIT'를 입력하거나 🅰를 클릭합니다. 또는, 커서를 수정하고자 하는 문자에 대고 더블클릭합니다. 문자가 편집 모드가 되면 바꾸고자 하는 문자(성명)를 입력합니다.

문자의 입력이 끝나면 문자 편집 탭 메뉴에서 '문자 편집 종료'를 클릭합니다.

수검번호	수검번호	
성　명	수검번호	
수검번호	수검번호	

이와 같은 방법으로 차례로 나머
지 문자를 수정합니다.

수검번호	12345678	
성　명	한국인	
감독위원	(인)	

❼ '여러 줄 문자(MTEXT)' 또는 '단
일 행 문자(TEXT)' 기능을 이용하
여 '배관기능사'를 기입합니다. 다
음과 같이 인적 사항이 완성되었
습니다.

수검번호	12345678	배관기능사
성　명	한국인	
감독위원	(인)	

다음과 같이 표제란과 인적 사항
이 완성되었습니다. 이 상태에서
배관 도면을 작도합니다.

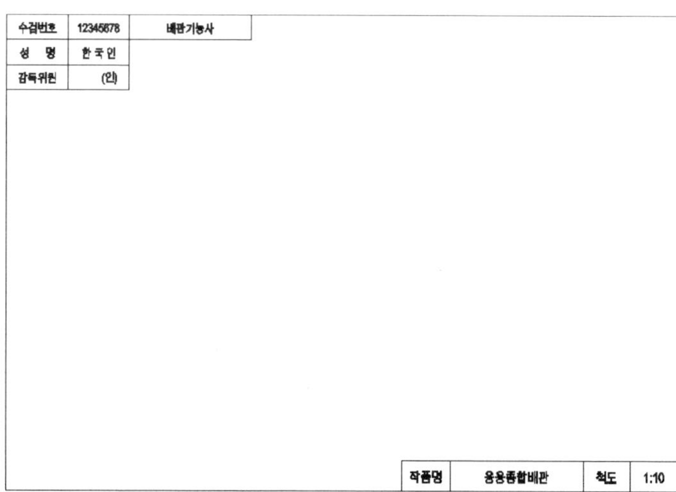

앞에서 학습한 표제란 및 인적 사
항의 작성 방법으로 부품표를 작
성합니다. 다음은 부품란의 크기입
니다. 문자 높이는 2.5 ～ 3.0mm
크기로 작성합니다.

품 명	규 격	수량	비고

4. 파이프 및 부품 작성

작업 준비가 끝났으므로 파이프를 작도하고 피팅류(엘보, 티 등)와 부품(레듀서 등)을 작도하겠습니다.

4-1. 파이프 작도

등각투영(아이소메트릭) 도면을 보고 평면도와 정면도를 작성하겠습니다. 먼저 파이프의 윤곽을 작도합니다. 여기에서는 도면에 나와있는 치수대로 작도하면 됩니다.

❶ 선(LINE) 명령으로 평면도의 윤곽을 작도합니다. 부품의 위치를 찾기 쉽게 하기 위해 180, 250, 170 단위로 끊어서 작도합니다. 선(LINE) 명령을 실행합니다.

{첫 번째 점 지정:}에서 작도하고자 하는 시작점을 지정합니다.

{다음 점 지정 또는 [명령 취소(U)]:}에서 커서의 방향을 0도 방향(3시 방향)으로 맞춘 후 '180'을 입력합니다.

{다음 점 지정 또는 [명령 취소(U)]:}에서 '250'을 입력합니다.

{다음 점 지정 또는 [닫기(C)/명령 취소(U)]:}에서 '170'을 입력합니다.

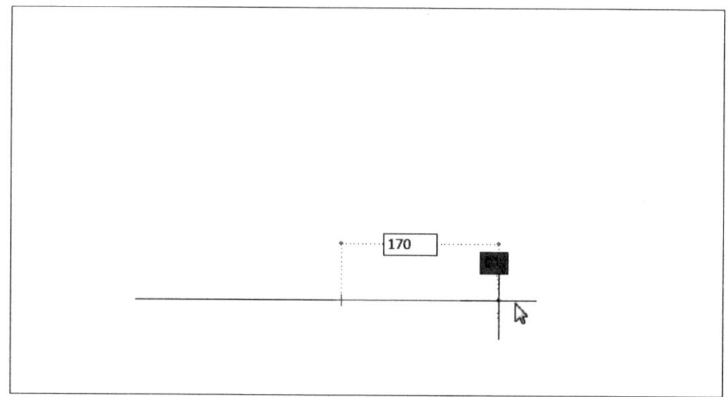

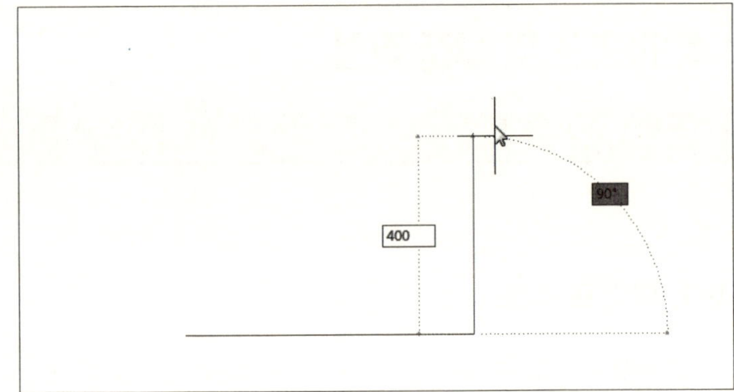

{다음 점 지정 또는 [닫기(C)/명령 취소(U)]:}에서 90도 방향(12시 방향)으로 맞춘 후 '400'을 입력합니다.

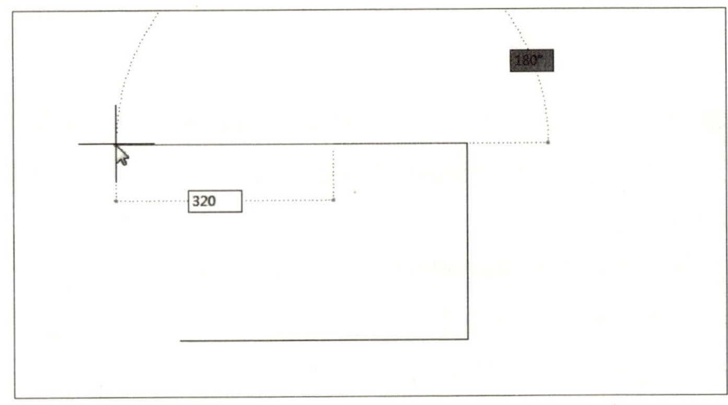

{다음 점 지정 또는 [닫기(C)/명령 취소(U)]:}에서 180도 방향(9시 방향)으로 맞춘 후 '280'을 입력합니다.

{다음 점 지정 또는 [닫기(C)/명령 취소(U)]:}에서 '320'을 입력합니다.

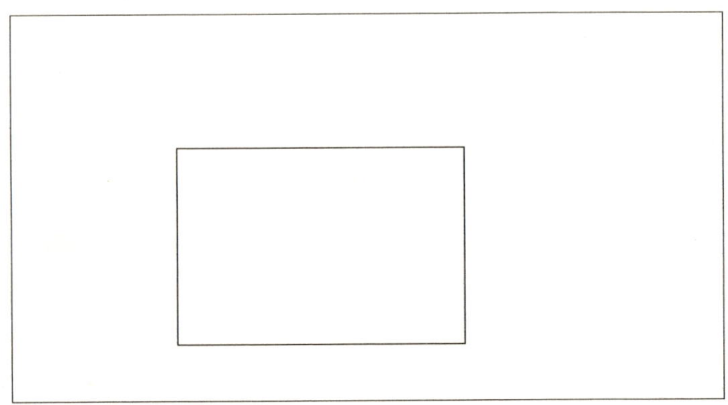

{다음 점 지정 또는 [닫기(C)/명령 취소(U)]:}에서 'C'를 입력하여 닫습니다. 다음 그림과 같이 평면도 윤곽이 작성되었습니다.

❷ 정면도 윤곽선을 작도하겠습니다.

〈엔터〉 또는 〈스페이스 바〉를 눌러 선(LINE) 명령을 재실행합니다.

{첫 번째 점 지정:}에서 평면도의 왼쪽 끝점에 커서를 대고 그대로 아래쪽으로 내려갑니다. 추적선(점선)이 나타납니다. 정면도를 작도하고자 하는 위치에서 클릭합니다.

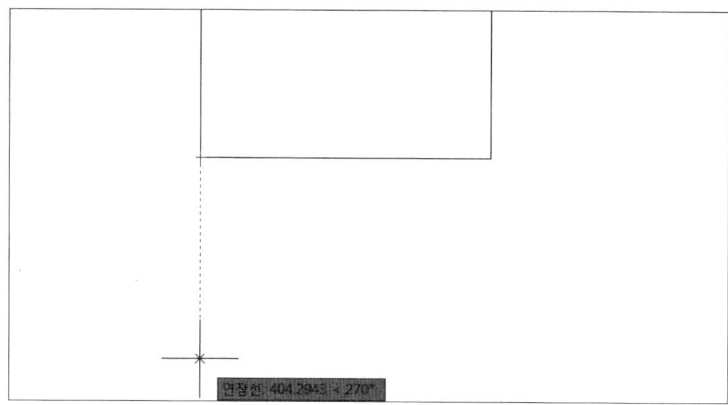

{다음 점 지정 또는 [명령 취소(U)]:}에서 커서의 방향을 0도 방향(3시 방향)으로 맞춘 후 '180'을 입력합니다.

{다음 점 지정 또는 [명령 취소(U)]:}에서 '250'을 입력합니다.

{다음 점 지정 또는 [닫기(C)/명령 취소(U)]:}에서 '170'을 입력합니다.

{다음 점 지정 또는 [닫기(C)/명령 취소(U)]:}에서 〈엔터〉를 눌러 종료합니다.

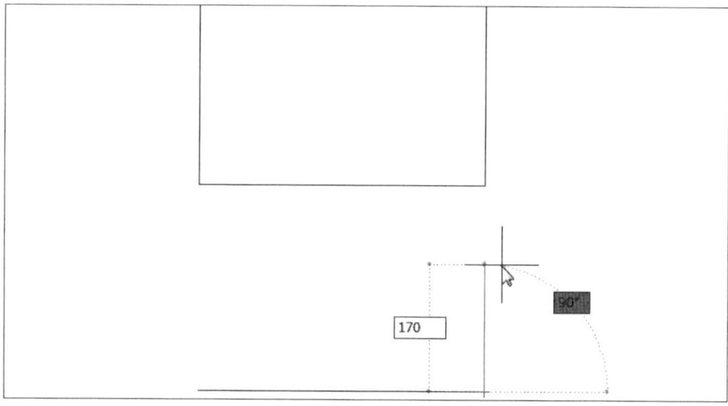

❸ 〈엔터〉 또는 〈스페이스 바〉를 눌러 선(LINE) 명령을 재실행합니다.

{첫 번째 점 지정:}에서 정면도의 왼쪽 끝점을 지정합니다.

{다음 점 지정 또는 [명령 취소(U)]:}에서 커서의 방향을 90도 방향(12시 방향)으로 맞춘 후 '170'을 입력합니다.

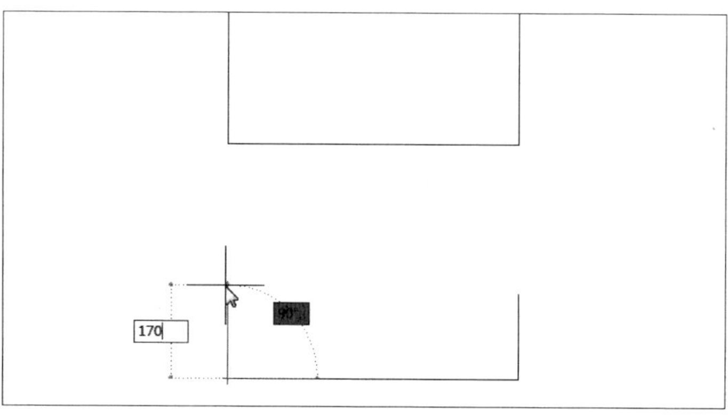

{다음 점 지정 또는 [명령 취소(U)]:}에서 커서를 0도 방향(3시 방향)으로 맞춘 후 '320'을 입력합니다.

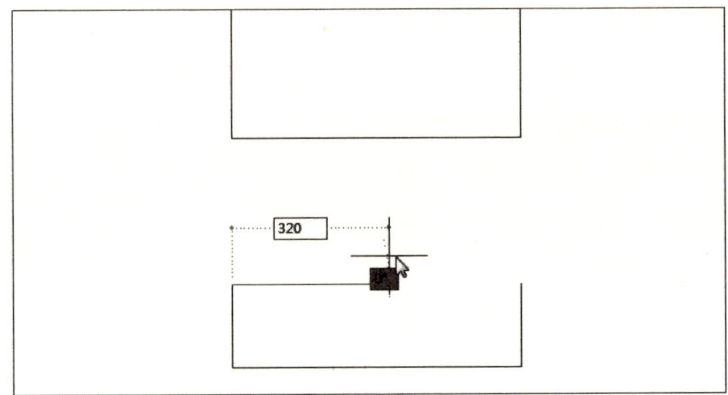

{다음 점 지정 또는 [닫기(C)/명령 취소(U)]:}에서 커서를 270도 방향(6시 방향)으로 맞춘 후'170'을 입력합니다.

{다음 점 지정 또는 [닫기(C)/명령 취소(U)]:}에서 〈엔터〉를 눌러 종료합니다.

다음과 같이 정면도 윤곽선이 작도됩니다.

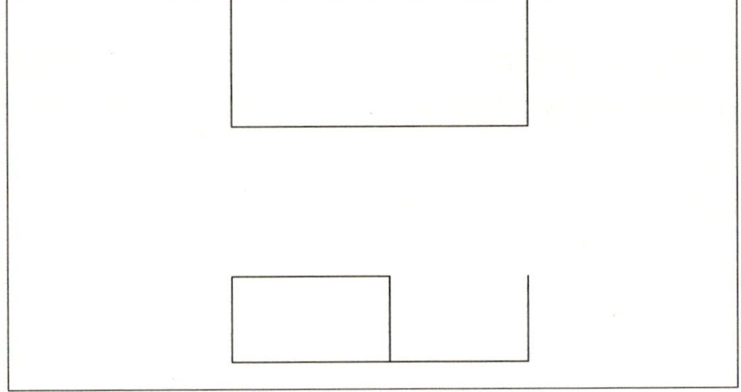

❹ 모깎기(FILLET) 명령으로 모깎기합니다.

명령어 'FILLET' 또는 'F'를 입력하거나 '홈' 탭의 '수정' 패널 또는 '수정' 도구막대에서 ⬛을 클릭합니다.

{첫 번째 객체 선택 또는 [명령 취소(U)/폴리선(P)/반지름(R)/자르기(T)/다중(M)]:}에서 'R'을 입력합니다.

{모깎기 반지름 지정 〈0.0000〉: }에서 반지름 값 '50'을 입력합니다.

{첫 번째 객체 선택 또는 [명령 취소(U)/폴리선(P)/반지름(R)/자르기(T)/다중(M)]:}에서 첫 번째 선을 선택합니다.

{두 번째 객체 선택 또는 Shift 키를 누른 채 선택하여 구석 적용 또는 [반지름(R)]:}에서 두 번째 선을 선택합니다. 다음과 같이 모깎기됩니다.

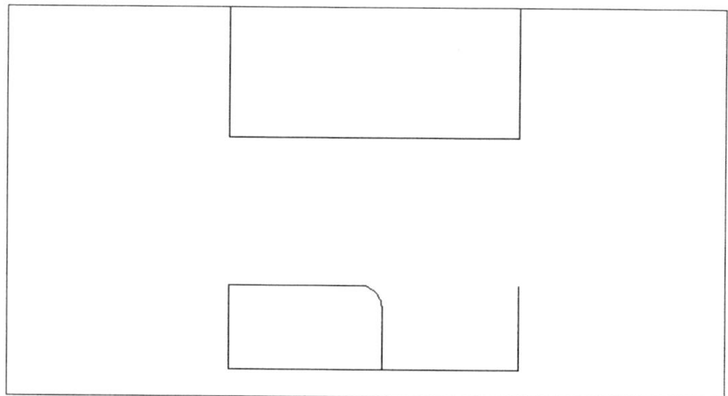

다음 그림과 같이 파이프 윤곽선이 완성되었습니다.

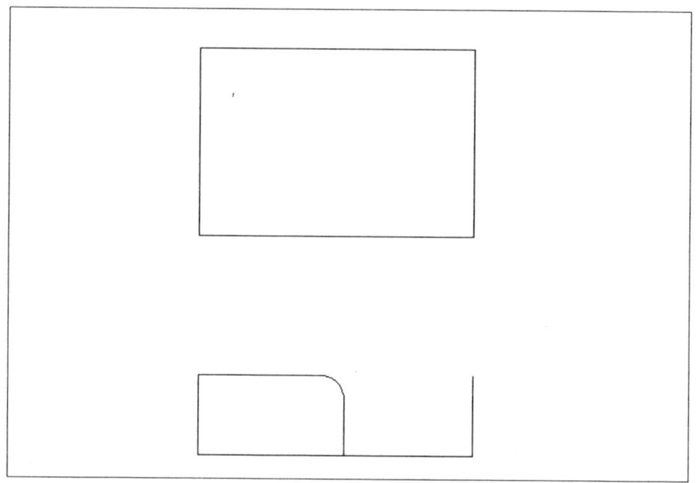

4-2. 부품 작성

지금부터 엘보 및 부품을 작도하도록 하겠습니다. 엘보의 경우는 템플릿 형상을 만들어 각 부위
에 복사한 후 필요없는 부분을 지우는 방법으로 작성합니다.

❶ 선(LINE) 명령과 원(CIRCLE) 명령을 이용하여 다음과 같이 작도합니다. 선의 한 변의 길이는 '35'이며 원의 반지름은 '17.5'입니다. 여기에서의 길이는 임의로 정한 값이며 도면의 척도에 따라 가감이 있을 수 있습니다.

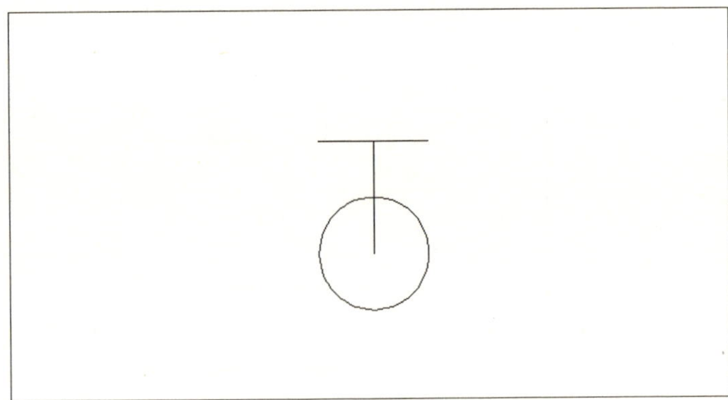

❷ 복사(COPY) 명령으로 원을 복사합니다.

{객체 선택:}에서 원을 선택한 후 〈엔터〉를 누릅니다.

{기본점 지정 또는 [변위(D)/모드(O)] 〈변위(D)〉:}에서 원의 중심을 지정합니다.

{두 번째 점 지정 또는 [배열(A)] 〈첫 번째 점을 변위로 사용〉:}에서 커서를 90도 방향(12시 방향)으로 맞춘 후 '55'를 입력하거나 '@55〈90'을 입력합니다.

{두 번째 점 지정 또는 [배열(A)/ 종료(E)/명령 취소(U)] 〈종료〉:}에서 〈엔터〉로 종료합니다.

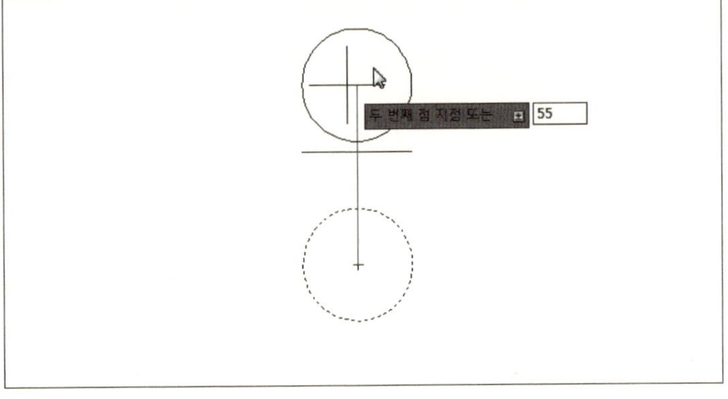

다음과 같이 복사되었습니다.

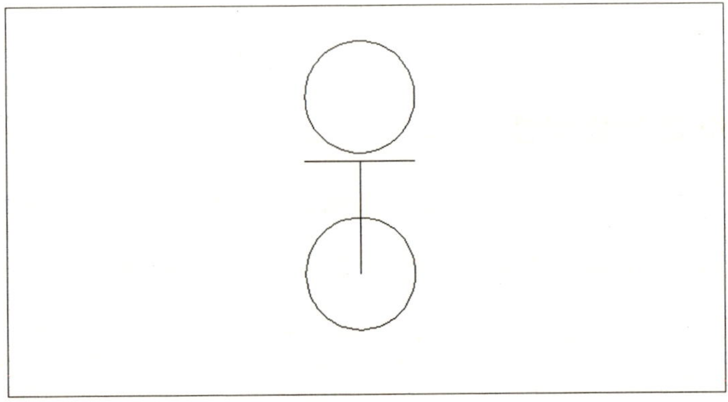

❸ 끊기(BREAK) 명령으로 위쪽 원의 절반을 자릅니다.

명령어 'BREAK' 또는 'BR'를 입력하거나 '홈' 탭의 '수정' 패널 또는 '수정' 도구막대에서 을 클릭합니다.

{객체 선택:}에서 위쪽의 원을 선택합니다.

{두 번째 끊기점을 지정 또는 [첫 번째 점(F)]:}에서 'F'를 입력합니다.

{첫 번째 끊기점 지정:}에서 첫
번째 점(사분점)을 지정합니다.

{두 번째 끊기점을 지정:}에서 두
번째 점(사분점)을 지정합니다. 다
음과 같이 끊어집니다.

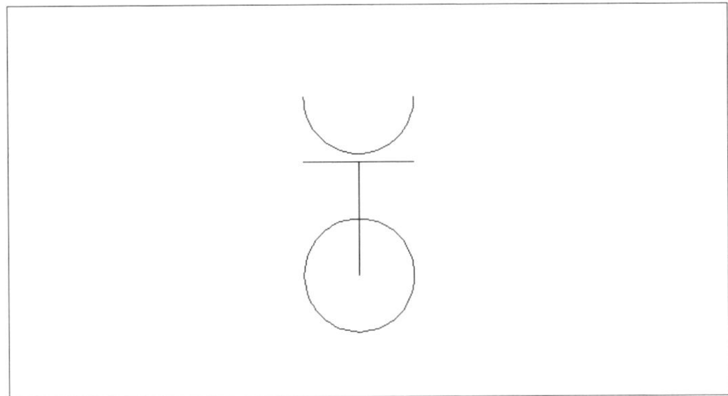

❹ 원형 배열(ARRAY) 명령으로 배열 복사합니다.

명령어 'ARRAY' 또는 'AR'을 입력하여 옵션 '원형(PO)'을 선택하거나 '홈' 탭의 '수정' 패널 또는 '수정' 도구막대에서 ▓을 클릭합니다.

{객체 선택:}에서 반원과 수평선을 선택합니다.

{객체 선택:}에서 〈엔터〉 또는 〈스페이스〉를 눌러 선택을 종료합니다.

{배열의 중심점 지정 또는 [기준점(B)/회전축(A)]:}에서 아래쪽 원의 중심을 지정합니다.

{그립을 선택하여 배열을 편집하거나 [연관(AS)/기준점(B)/항목(I)/사이의 각도(A)/채울 각도(F)/행(ROW)/레벨(L)/항목 회전(ROT)/종료(X)]〈종료〉:}에서 항목 옵션 'I'를 입력합니다.

{배열의 항목 수 입력 또는 [표현식(E)] 〈6〉:}에서 배열할 수량 '4'를 입력합니다.

{그립을 선택하여 배열을 편집하거나 [연관(AS)/기준점(B)/항목(I)/사이의 각도(A)/채울 각도(F)/행(ROW)/레벨(L)/항목 회전(ROT)/종료(X)]〈종료〉:}에서 'AS'를 입력합니다.

{연관 배열 작성 [예(Y)/아니오(N)] 〈예〉:}에서 'N'를 입력합니다.

{그립을 선택하여 배열을 편집하거나 [연관(AS)/기준점(B)/항목(I)/사이의 각도(A)/채울 각도(F)/행(ROW)/레벨(L)/항목 회전(ROT)/종료(X)]〈종료〉:}에서 〈엔터〉를 눌러 종료합니다.

> **✎ TIP**
> 연과 배열 작성에서 'N'를 입력한 이유
> 는 배열한 객체를 하나의 객체가 아니
> 라 각각 별개의 객체로 인식하게 하기
> 위함입니다. 그래야 나중에 불필요한
> 객체를 지울 때 편합니다.

다음과 같이 선택한 객체가 원형
으로 4개가 배열됩니다.

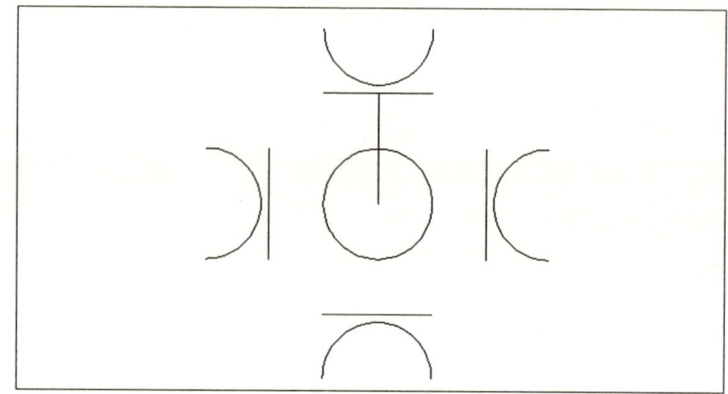

❺ 복사(COPY) 명령으로 각 피팅
위치(파이프가 꺾어지는 위치)에
복사합니다. 객체를 선택할 때 가
운데 수직선은 지운 후 복사합니
다. 다음과 같이 복사됩니다.

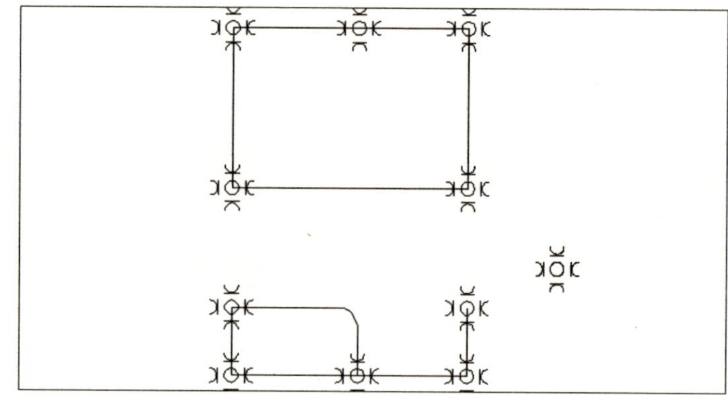

❻ 먼저 평면도를 완성하겠습니다.
지우기(ERASE) 명령으로 불필요
한 객체를 지웁니다.
다음과 같이 지웁니다.

 **TIP**
위에서 내려다 봤을 때 파이프가
시선과 동일한 선상에 있으면 원
을 작도합니다.

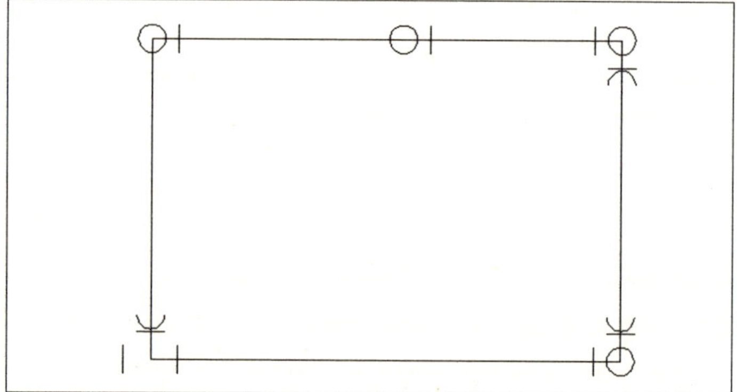

❼ 자르기(TRIM) 명령으로 입하 부분의 파이프를 자릅니다.

원으로 그려진 부분은 파이프가 오르내리는 부분입니다. 원 내부에서 파이프가 잘리는 쪽은 아래쪽 파이프입니다.

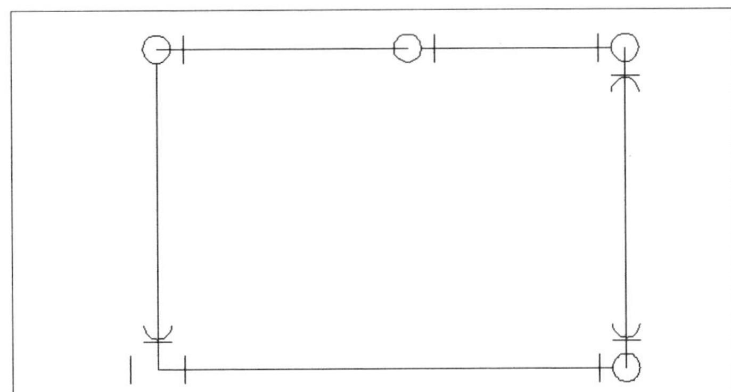

❽ 연장(EXTEND) 명령으로 왼쪽 하단의 티(Tee)를 완성합니다. 또는, 왼쪽 하단의 파이프를 클릭한 후 그립(파란색 점)이 나타나면 왼쪽 버튼을 누른 채로 끌고(드래그) 가서 티(Tee)에 연결합니다.

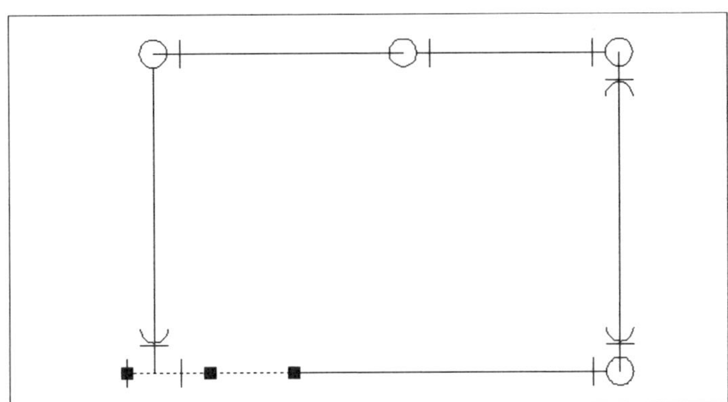

❾ 도넛(DONUT) 명령으로 용접점을 표시합니다.

명령어 'DONUT' 또는 단축키 'DO'를 입력하거나 '홈' 탭의 '그리기' 패널에서 을 클릭합니다.

{도넛의 내부 지름 지정 〈0.5000〉:} 에서 내부 지름 '0'을 입력합니다.

{ 도 넛 의   외 부   지 름   지 정 〈1.0000〉:} 에서 외부 지름 '20'을 입력합니다.

{도넛의 중심 지정 또는 〈종료〉:} 에서 용접점의 위치를 지정합니다.

{도넛의 중심 지정 또는 〈종료〉:} 에서 〈엔터〉로 종료합니다.

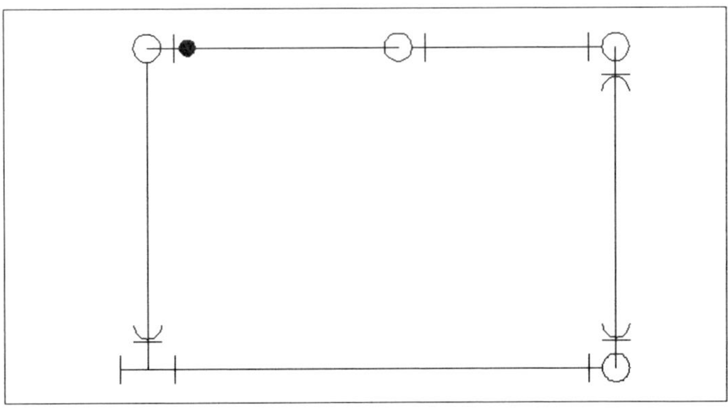

❿ 레듀셔를 작도하겠습니다. 복
사(COPY) 명령으로 선을 복사합니
다.

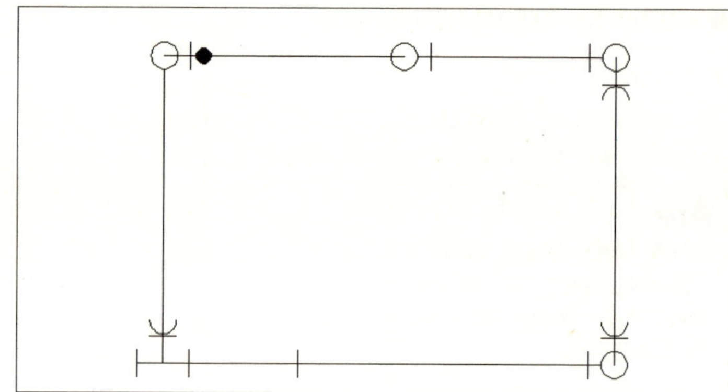

간격 띄우기(OFFSET) 명령으로
'40'만큼 왼쪽으로 간격을 띄웁니
다. 여기에서 '40'은 특별히 주어진
길이가 아니고 도면의 균형을 생
각하여 임의로 정한 길이입니다.

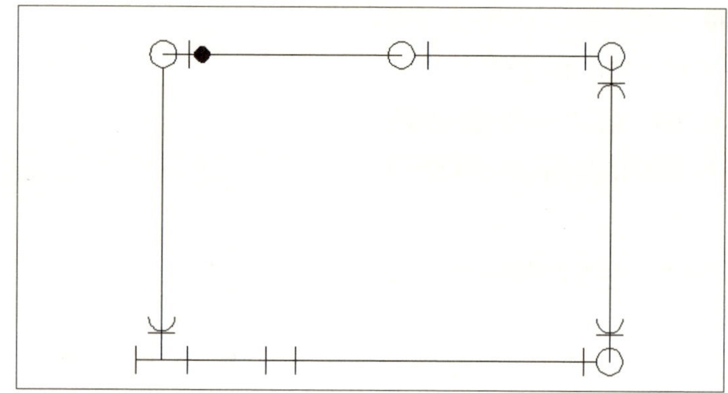

선(LINE) 명령으로 선을 그어 삼각
형을 작도합니다.

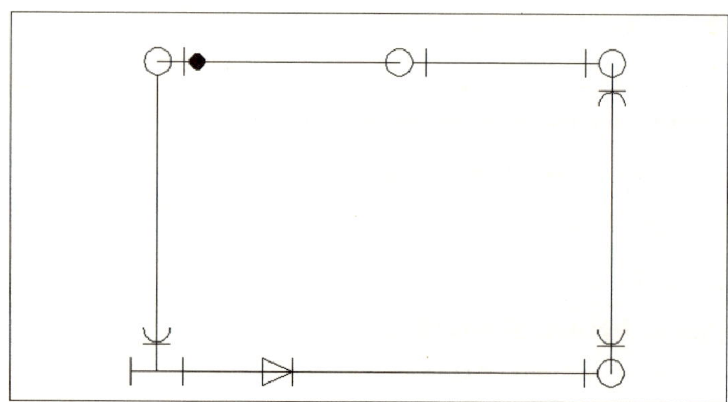

자르기(TRIM) 명령으로 레듀셔 가운데를 자르고 지우기(ERASE) 명령으로 보조선을 지웁니다. 다음과 같이 레듀셔가 작도됩니다.

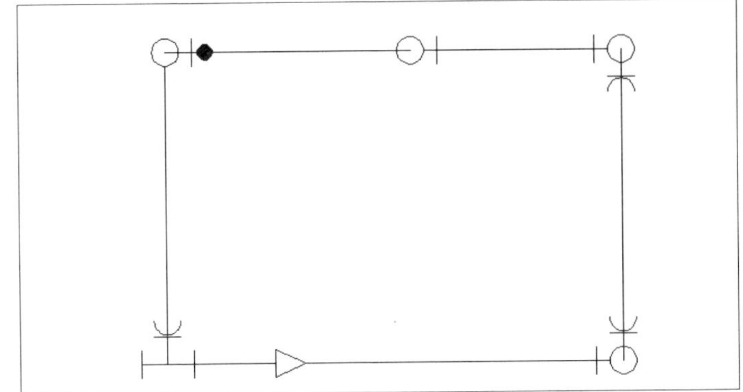

❶❶ 가스용접 표시(X)을 작도하겠습니다. 사각형을 그려 X를 그린 후 복사하여 붙이겠습니다.
직사각형(RECTANGLE) 명령으로 가로 40, 세로 25인 사각형을 작도한 후, 선(LINE) 명령으로 대각선을 긋습니다.

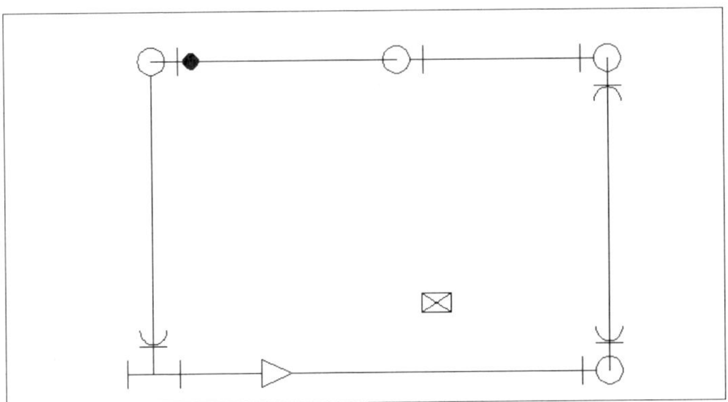

복사(COPY) 또는 이동(MOVE) 명령으로 대각선을 작도하고자 하는 위치에 배치합니다. 지우기(ERASE) 명령으로 사각형을 지웁니다. 이렇게 평면도를 완성합니다.

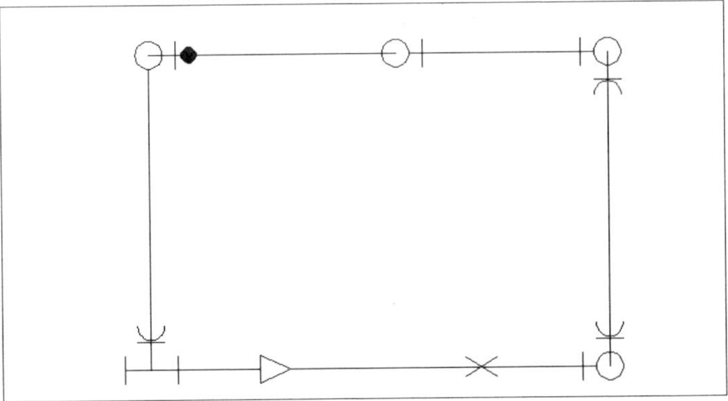

⓬ 정면도를 작도하겠습니다. 지우기(ERASE) 명령으로 불필요한 객체를 지웁니다.

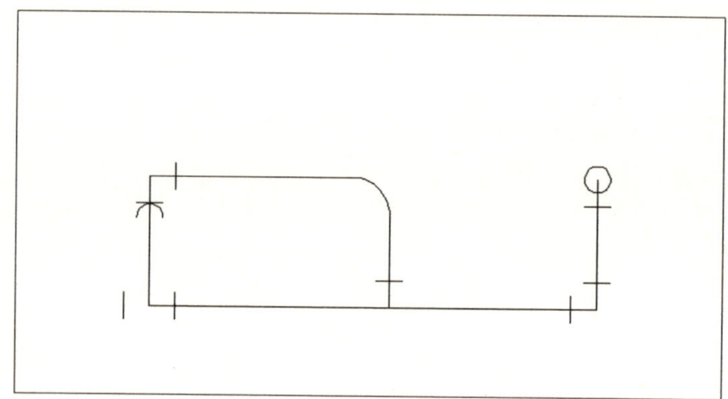

⓭ 연장(EXTEND) 또는 그립(맞물림) 기능을 이용하여 왼쪽 하단의 선(Tee)을 연결합니다. 교차점에 반지름이 '17.5'인 원을 작도합니다.

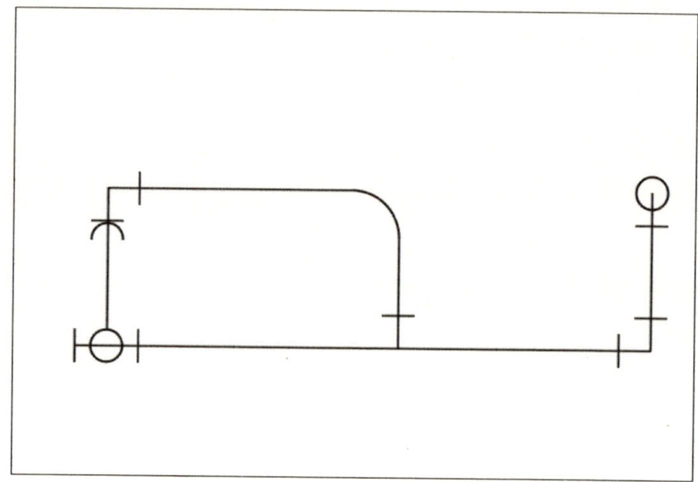

⓮ 도넛(DONUT) 명령을 이용하여 각 용접점(2개소)을 작도합니다.

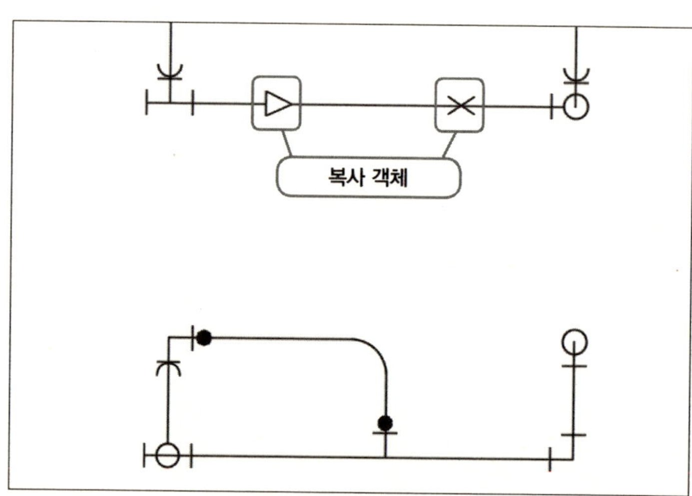

❶❺ 복사(COPY) 명령으로 평면도에 있는 레듀셔와 가스용접 표시(X)를 복사하여 정면도에 배치한 후, 자르기(TRIM) 명령으로 레듀셔 사이를 자릅니다.

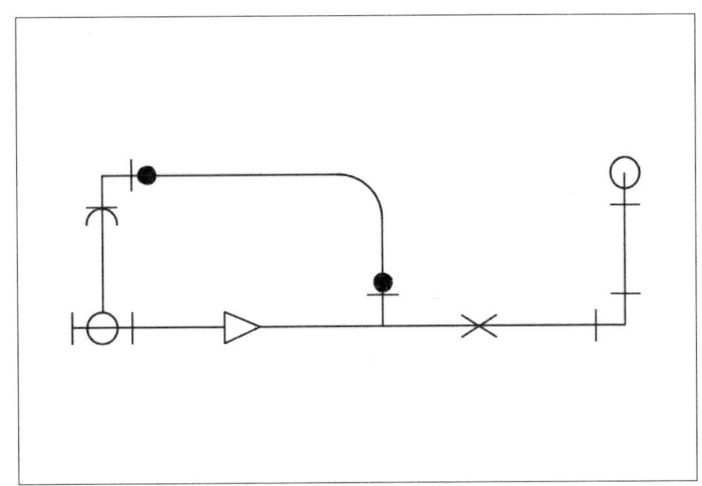

❶❻ 앞쪽과 뒤쪽에 있는 파이프를 구별하기 위해 뒤쪽의 수직선을 약간 띄우겠습니다.
간격 띄우기(OFFSET) 명령으로 거리 '10'만큼 띄웁니다. 이 간격은 임의의 값입니다.

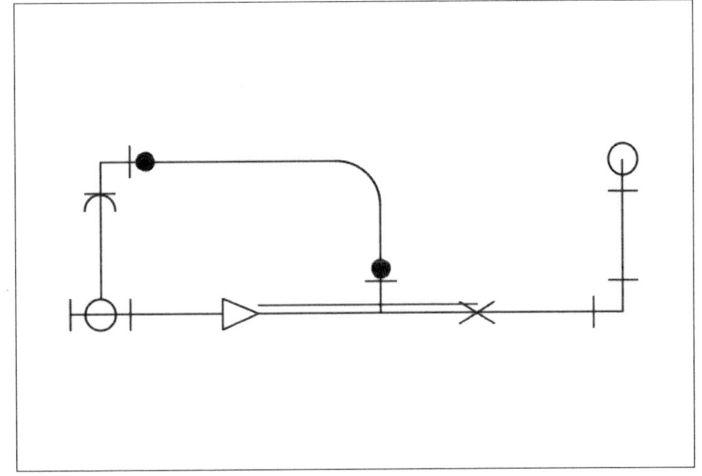

자르기(TRIM) 명령으로 수직선과
수평선이 맞닿는 부분을 자릅니다.
지우기(ERASE) 명령으로 자르기
위해 간격을 띄운 선을 지웁니다.
다음과 같이 평면도가 완성됩니다.

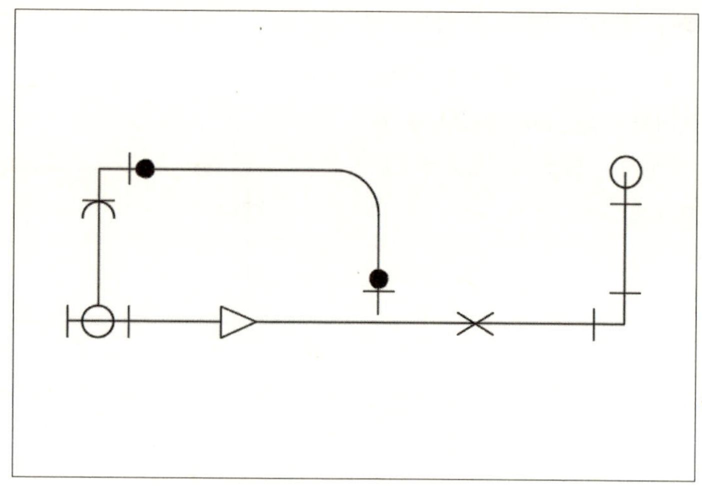

다음과 같이 평면도와 정면도 도
면이 완성되었습니다.

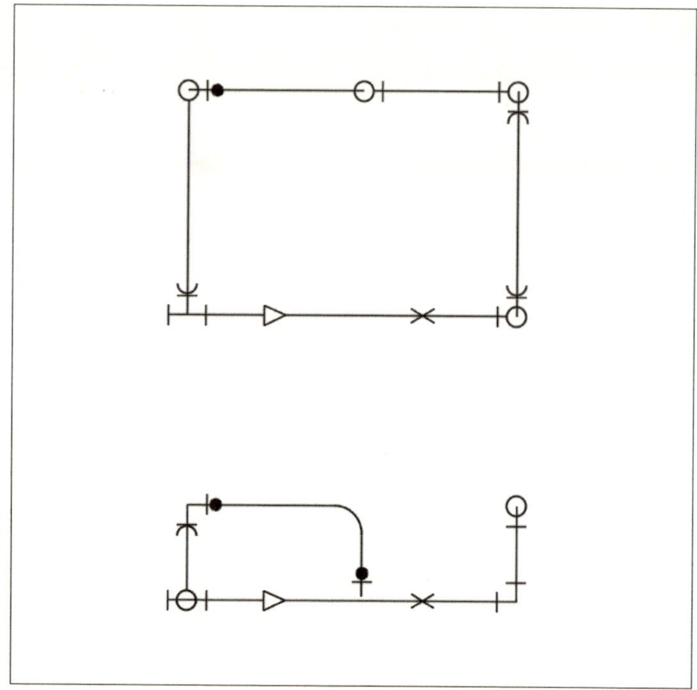

5. 치수 및 문자 기입

배관 도면이 완성되었으므로 치수 및 문자를 기입하겠습니다.

5-1. 치수 기입

치수 기입을 위한 환경을 설정한 후에 치수를 기입합니다.

❶ 치수 스타일 명령을 실행합니다. 명령어 'DDIM', 'D' 또는 'DST'를 입력하거나 메뉴 아이콘 ![]을 클릭합니다. 또는 '치수' 패널의 오른쪽 끝에 있는 ![]을 클릭합니다.
치수 스타일 관리자에서 'ISO–25'를 선택하고 [수정(M)…]을 클릭합니다.

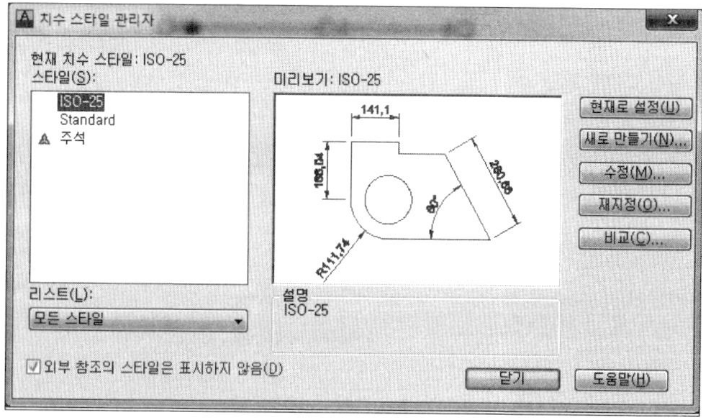

❷ '선' 탭에서 치수선과 치수 보조선 색상을 '빨간색'으로 바꾸고 '원점에서 간격 띄우기(F)' 값을 '1.5'로 설정합니다.

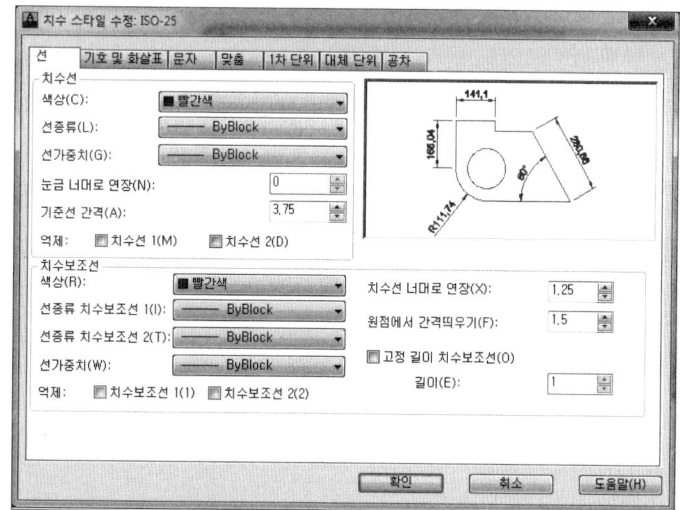

❸ '기호 및 화살표' 탭을 클릭합니다.
화살촉을 '닫고 채움'으로 설정하고
'중심 표식'을 '없음(N)'으로 설정합니다.

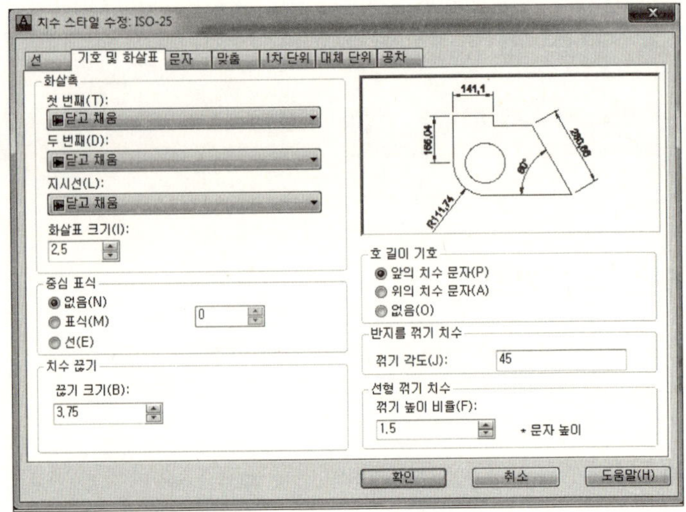

❹ '문자' 탭을 클릭합니다.
문자 색상(C)을 '빨간색', 문자 높이
(T)를 '2.5'로 설정합니다.

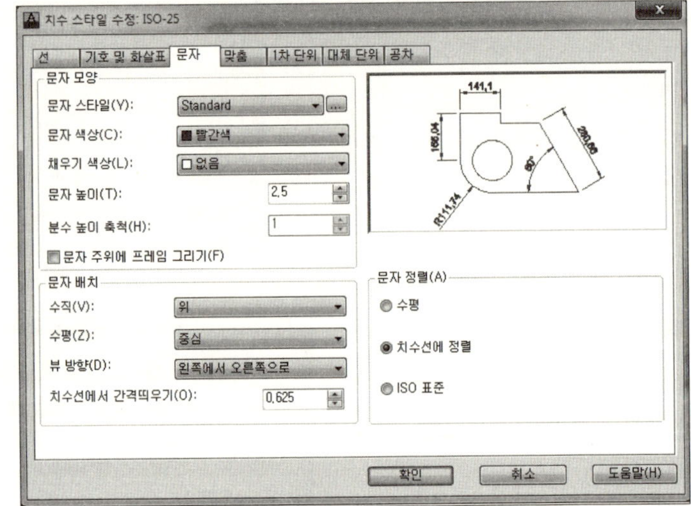

❺ '맞춤' 탬을 클릭합니다.
'치수 피처 축척'의 '전체 축척 사용
(S)'를 척도 값인 '10'으로 설정하고,
'치수보조선 사이에 치수선 그리기
(D)'의 체크를 제거합니다.

치수 스타일 설정이 끝나면 [확인]
을 클릭합니다. 메인 화면에서 [닫
기]를 클릭하여 종료합니다.

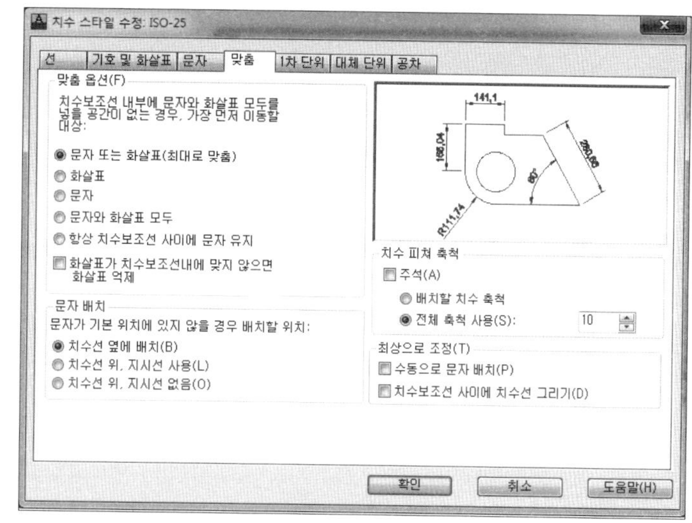

❻ 먼저 평면도의 치수를 기입하
겠습니다.

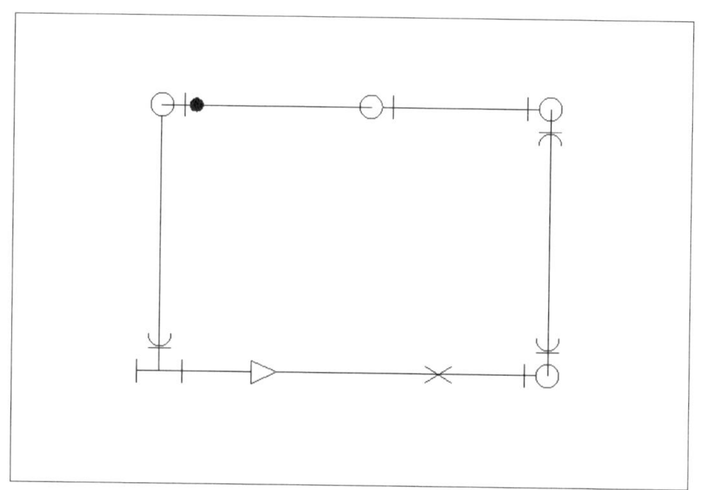

선형 치수 명령을 실행합니다. 명령어 'DLI'를 입력하거나 '주석' 탭의 '치수' 패널 또는 '치수' 도구막대에서
┝┥을 클릭합니다.
{첫 번째 치수보조선 원점 지정 또는 〈객체 선택〉:}에서 첫 번째 점을 지정합니다.
{두 번째 치수보조선 원점 지정:}에서 두 번째 점을 지정합니다.
{치수선의 위치 지정 또는 [여러 줄 문자(M)/문자(T)/각도(A)/수평(H)/수직(V)/회전(R)]:}에서 치수선의
위치를 지정합니다.

다음과 같이 선형 치수가 기입됩
니다.

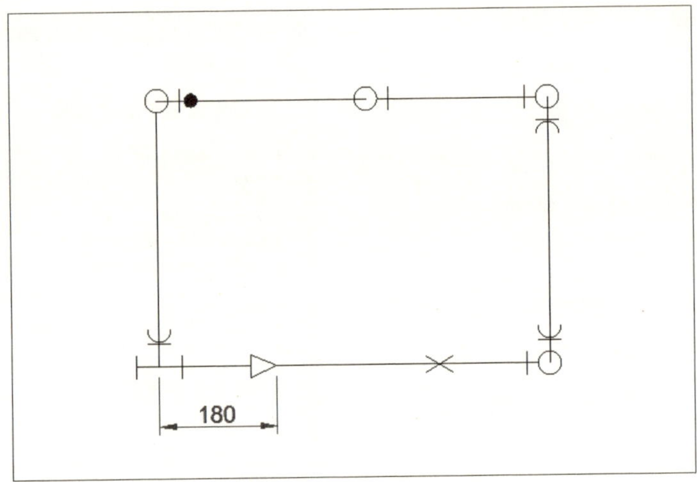

❼ 연속 치수를 기입합니다.

명령어 'DCO'를 입력하거나 '주석' 탭의 '치수' 패널 또는 '치수' 도구막대에서 을 클릭합니다.

{두 번째 치수보조선 원점 지정 또는 [명령 취소(U)/선택(S)] 〈선택(S)〉:}에서 첫 번째 점을 지정합니다.

{두 번째 치수보조선 원점 지정 또는 [명령 취소(U)/선택(S)] 〈선택(S)〉:}에서 두 번째 점을 지정합니다.

{두 번째 치수보조선 원점 지정 또는 [명령 취소(U)/선택(S)] 〈선택(S)〉:}에서 〈엔터〉로 종료합니다.

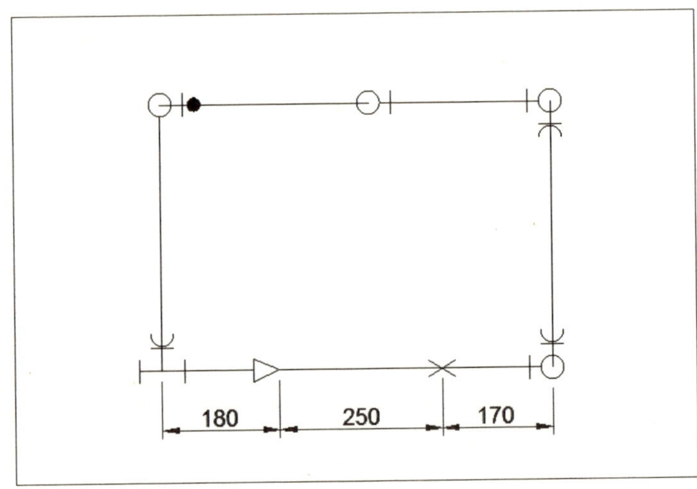

❽ 이와 같은 방법으로 다른 부분
도 다음과 같이 치수를 기입합니
다.

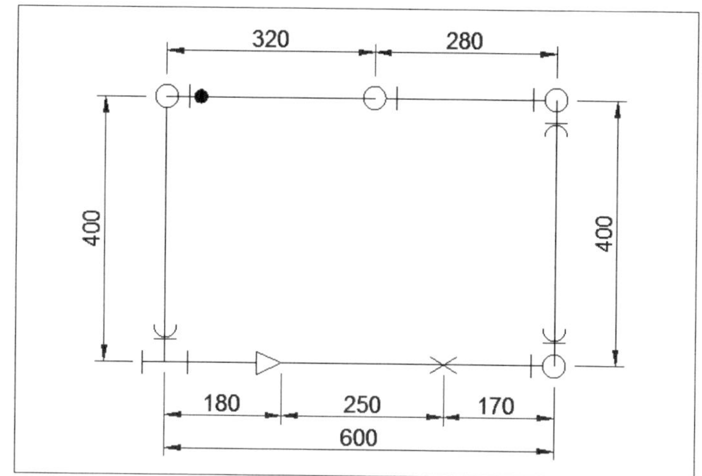

❾ 정면도의 치수도 동일한 방법
으로 기입합니다.

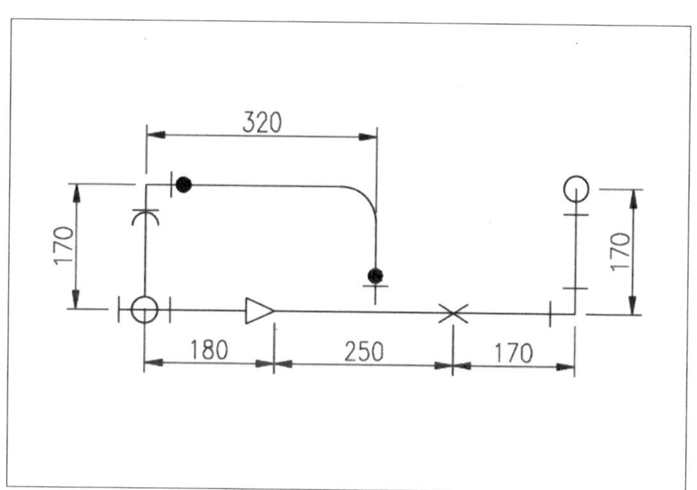

5-2. 문자 기입

재질과 파이프 크기를 나타내는 문자를 작성하도록 하겠습니다. 문자의 크기는 치수 문자와 동
일하게 2.5mm로 하겠습니다. 척도가 1/10이므로 25mm로 작성합니다. 가로 방향과 세로 방향으
로 문자를 작성한 후 복사하여 수정하는 방법으로 작성하겠습니다.

❶ 단일 행 문자를 기입합니다.

명령어 'TEXT' 또는 단축키 'DT'를 입력하거나 '홈' 탭의 '주석' 패널 또는 '문자' 도구막대에서 **A**을 클릭합니다.

{문자의 시작점 지정 또는 [자리맞추기(J)/스타일(S)]:}에서 문자의 시작점을 지정합니다.

{높이 지정 ⟨100.0000⟩:}에서 문자 높이 '25'를 지정합니다.

{문자의 회전 각도 지정 ⟨0⟩:}에서 문자 각도 '0'을 지정합니다.

화면에서 문자 'SPP20A'를 입력합니다. 다음과 같이 가로 방향의 문자가 작성됩니다.

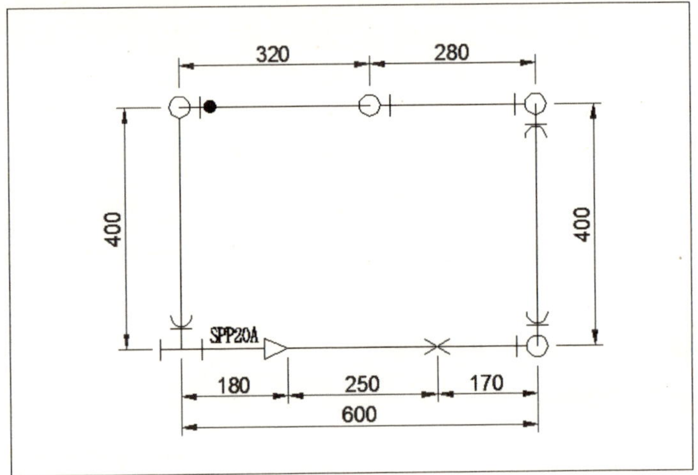

❷ 이번에는 세로 방향의 문자를 작성합니다.

⟨엔터⟩를 눌러 단일 행 문자 명령을 재실행합니다.

{문자의 시작점 지정 또는 [자리맞추기(J)/스타일(S)]:}에서 문자의 시작점을 지정합니다.

{높이 지정 ⟨25.0000⟩:}에서 디폴트 값을 그대로 채용하므로 ⟨엔터⟩를 누릅니다.

{문자의 회전 각도 지정 ⟨0⟩:}에서 문자 각도 '90'을 지정합니다.

화면에서 문자 'STS15A'를 입력합니다. 다음과 같이 세로 방향의 문자가 작성됩니다.

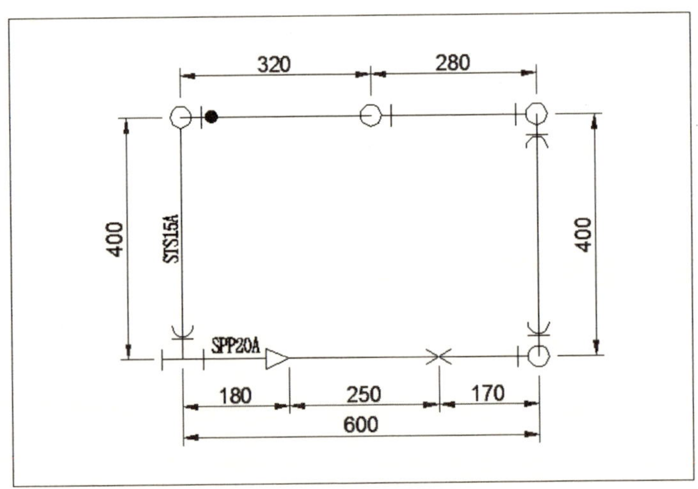

❸ 복사(COPY) 명령으로 문자를 작성할 위치에 복사합니다. 평면도, 정면도 모두 문자가 기입될 위치에 복사합니다.

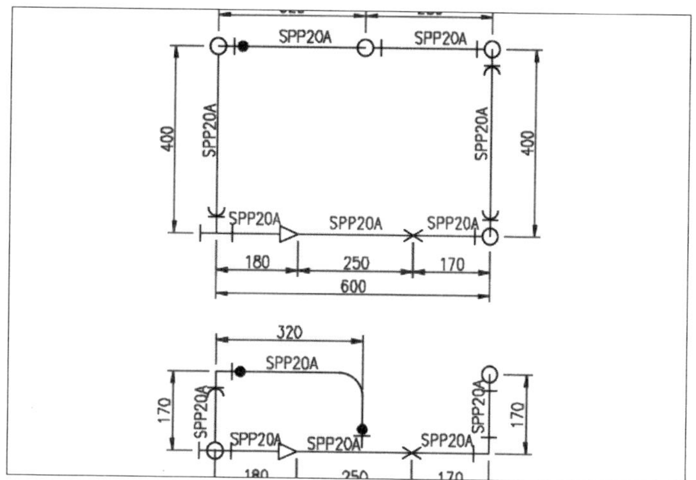

❹ 문자를 수정합니다. 수정하고자 하는 문자에 대고 더블클릭합니다. 다음과 같이 편집 모드로 바뀝니다. 이때, 문자를 수정합니다.

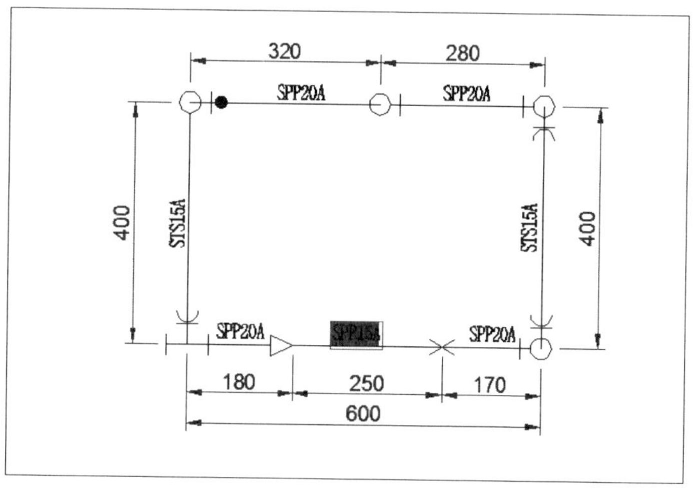

이러한 방법으로 다른 문자도 차
례로 선택하여 수정합니다.

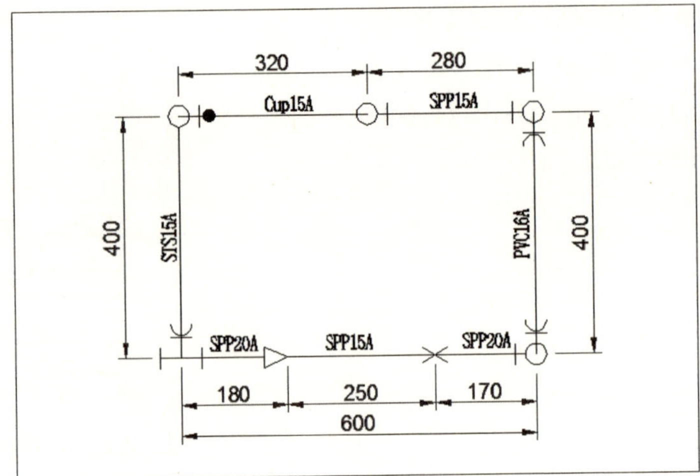

다음과 같이 치수 및 문자가 기입
되었습니다.

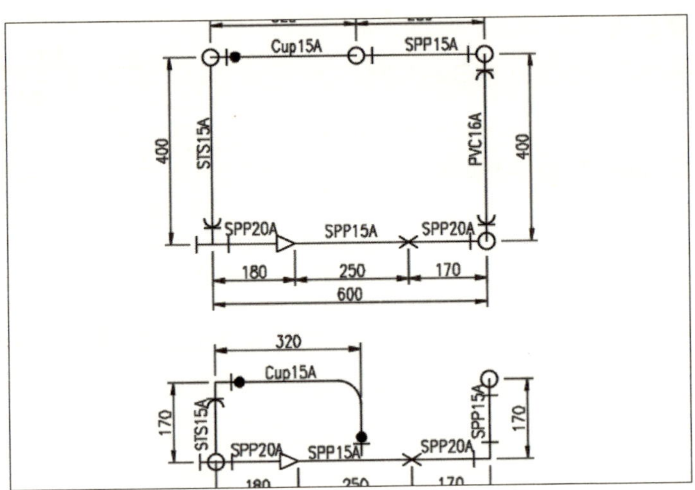

❶ 앞에서 학습한 표제란 및 인적 사항 작성을 토대로 수량표를 작성합니다.
간격 띄우기(OFFSET) 명령과 연장 (EXTEND) 명령을 이용하여 표를 작성합니다.

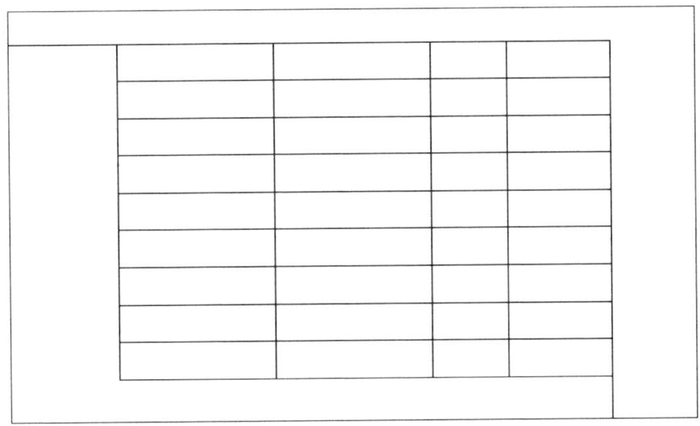

❷ 각 칸의 정중앙에 문자를 작성합니다. 정중앙에 작성하는 방법으로 앞의 표제란 및 인적 사항 작성을 참조합니다.

품 명	규 격	수량	비 고

❸ 품명과 규격, 수량을 복사하
여 수정하도록 하겠습니다. 복사
(COPY) 명령으로 각 칸에 복사합
니다.

품 명	규 격	수량	비 고
품 명	규 격	수량	
품 명	규 격	수량	
품 명	규 격	수량	
품 명	규 격	수량	
품 명	규 격	수량	
품 명	규 격	수량	
품 명	규 격	수량	

❹ 먼저 품명과 규격 문자를 수정
합니다.

품 명	규 격	수량	비 고
강관 90° 엘보	15A	수량	
강관이경90° 엘보	20A X 15A	1	
강관 이경티	20A X 15A	수량	
리듀셔	15A	수량	
PVC관 소켓	16A	2	
동관 CM 마답터	15A	수량	
STS 소켓	15A	수량	

❺ 도면을 보고 수량을 파악한 후 기입합니다. 수량을 파악할 때는 파악된 부품은 연필 등으로 체크해서 중복해서 산출하지 않도록 주의를 기울여야 합니다.

품 명	규 격	수량	비 고
강관 90° 엘보	15A	2	
강관이경90° 엘보	20A X 15A	1	
강관 이경티	20A X 15A	1	
리듀서	15A	1	
PVC관 소켓	16A	2	
동관 CM 마답터	15A	2	
STS 소켓	15A	2	

다음과 같이 도면이 완성되었습니다.

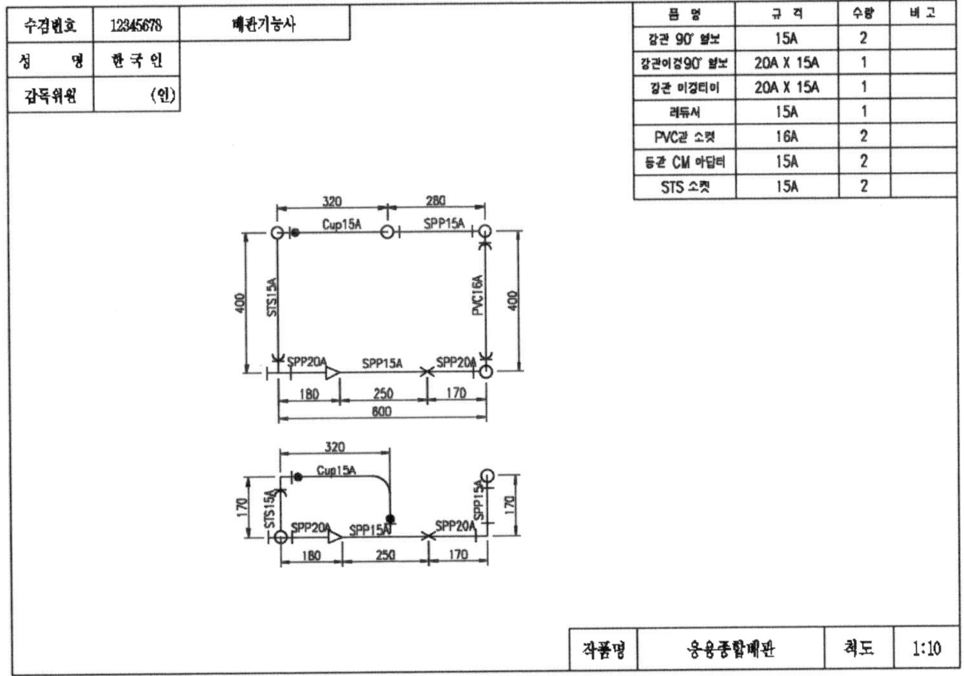

7. 도면의 출력

작성된 도면을 출력하도록 하겠습니다.

❶ 도면 출력 명령을 실행합니다. 명령어 'PLOT' 또는 'PRINT'을 입력하거나 '출력' 탭의 '플롯' 패널 또는 신속접근 도구막대에서 🖶 을 클릭합니다.

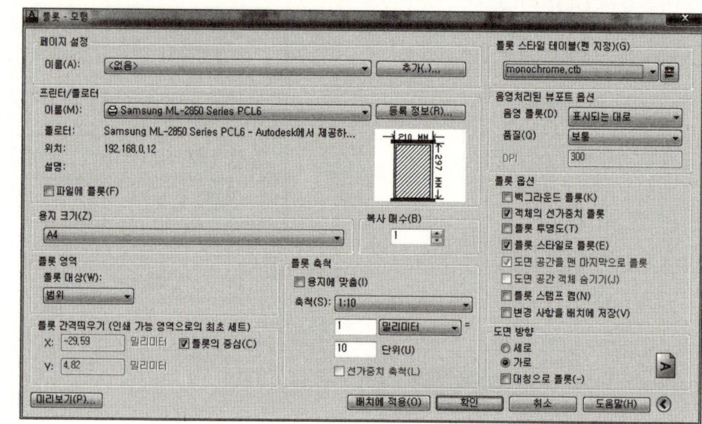

❷ 플롯 대화상자에서 출력 가능한 프린터/플로터를 지정합니다.

용지 크기(Z)를 'A4', 플롯 대상(W)를 '범위', 플롯의 중심(C)를 체크합니다.

플롯 축척에서 '용지에 맞춤(I)' 체크를 끄고 '단위(U)'에 척도인 '10'을 입력한 후 도면 방향은 '가로'를 선택합니다.

'플롯 스타일 테이블(펜 지정)(G)' 목록에서 'monochrome.ctb'를 선택합니다.

❸ 플롯 스타일 테이블 옆의 아이콘 🗒 을 클릭합니다. 테이블 편집기에서 각 색상에 맞는 선 가중치(W) 값을 지정합니다. 시험 요강에 따라 선 가중치 값을 지정합니다.

(예: 하늘색 0.5mm, 녹색 0.35mm, 노란색 0.20mm, 흰색과 빨간색 0.18mm)

정의가 끝나면 [저장 및 닫기]를 클릭합니다.

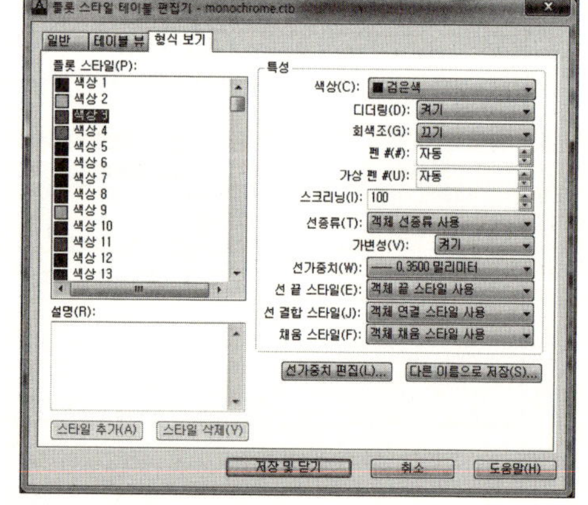

❹ 플롯 대화상자로 돌아오면 [미리보기(P)…]를 클릭합니다. 다음 그림과 같이 출력의 미리보기 화면이 나타납니다. 이때 출력하고자 하는 화면이면 마우스 오른쪽 버튼을 눌러 바로가기 메뉴에서 '플롯'을 클릭하여 출력합니다. 이상의 과정으로 도면을 작성하여 제출합니다.

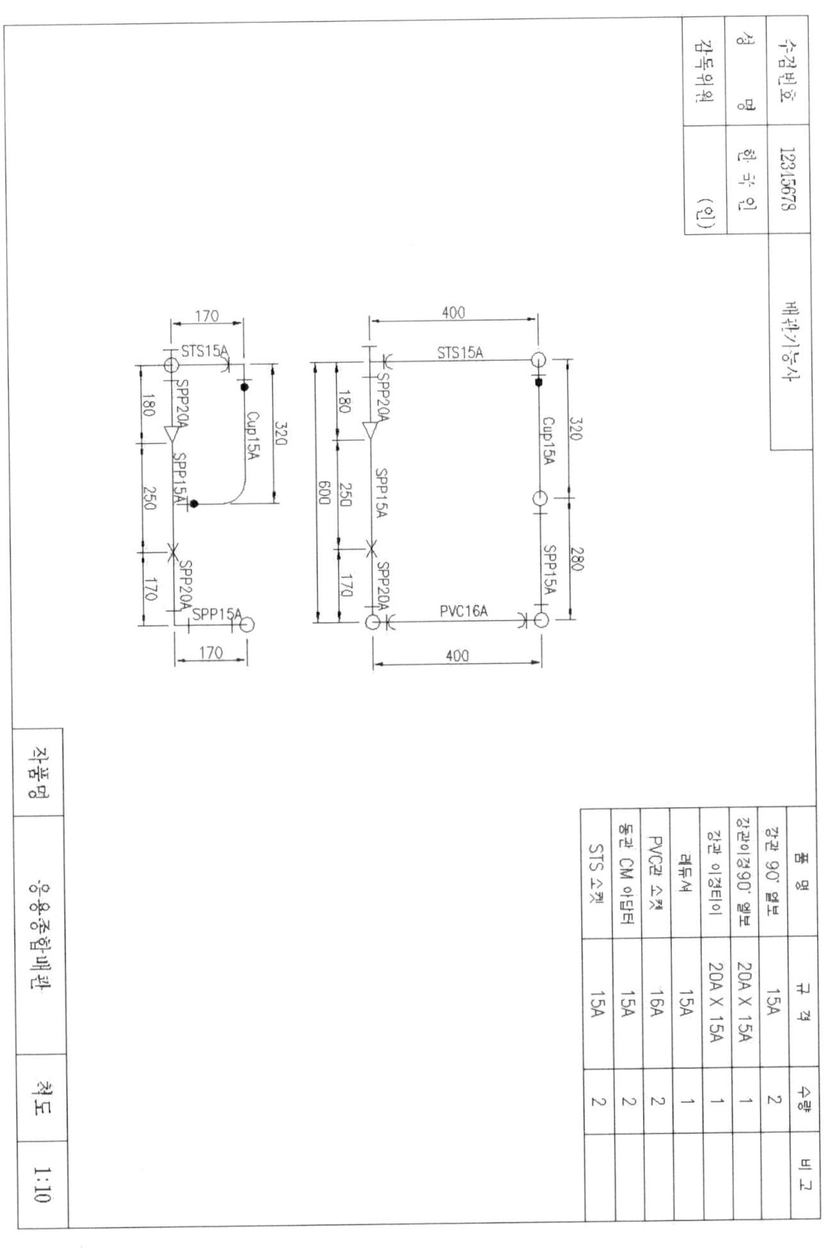

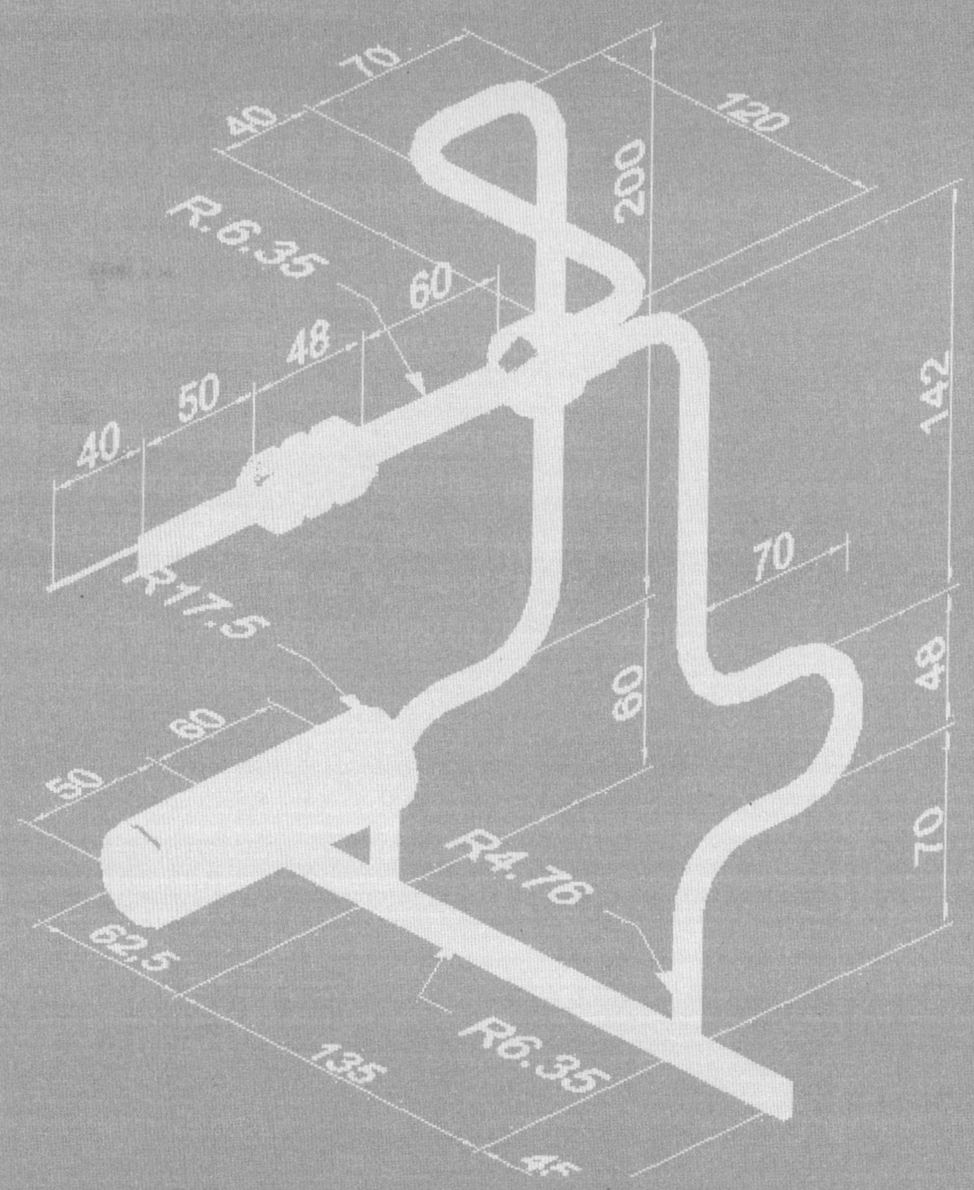

70
40
120
R.6.35
200
60
48
50
40
142
R17.5
70
60
60
50
48
R4.76
62.5
70
135
R6.35
45

3차원 기초

지금부터 3차원에 대해 학습하겠습니다. 3차원은 기존 X, Y 좌표에 Z좌표가 추가됩니다. 하지만 입체적인 모델을 다루기 때문에 보다 현실감이 있어 흥미롭게 학습할 수 있습니다.

1. 2차원과 3차원의 차이

2차원(2 Dimension) 모델과 3차원(3 Dimension) 모델의 차이를 간단히 표현하면 'Z값'이라 할 수 있습니다. 2차원은 X축과 Y축 두 개의 축으로 좌표를 지정하여 표현했으나 3차원은 여기에 Z축의 값을 더해 세 개의 축으로 표현하는 것입니다. 따라서, 3차원 객체를 작성하거나 편집할 때는 특성에 Z값에 해당하는 '고도(Elevation)'와 '두께(Thickness)'를 고려해야 합니다.

고도와 두께를 가진 데이터를 표현하기 위해 2차원의 객체보다 많은 정보를 갖고 있습니다. 또, 표현하는 객체의 종류도 다양합니다. 2차원의 벡터 데이터 외에 면(Surface), 메쉬(Mesh), 솔리드(Solid)와 같은 객체가 3차원의 정보를 가진 객체입니다.

2차원에 비해 하나의 축이 더 추가됨으로써 도면의 작성이나 편집하는데 있어 작업이 추가되고 이를 표현하는데 있어서도 보는 위치(시점)를 정의한다거나 음영처리, 렌더링 등 비주얼 스타일 등 표현 방법이 다양합니다. 이런 측면에서 보면 기본적으로 2차원 작업보다는 조작이 많아지고 데이터가 늘어나며 관리가 복잡해지는 측면은 무시할 수 없습니다. 그러나 2차원과 3차원의 차이를 알고 이 차이에 대한 기본적인 내용만 이해한다면 3차원 작업을 하는데 큰 어려움은 없을 것입니다.

1-1. 바닥으로부터 높이를 정의하는 '고도(Elevation)'

'고도(Elevation)'는 바닥으로부터 얼마만큼 떨어져 있는가를 의미합니다. 좌표의 Z값을 의미합니다. 이 값은 플러스(+) 또는 마이너스(-) 값을 지정할 수 있습니다. 기본 값은 '0'입니다.

지정하는 방법은 미리 '고도(Elevation)' 값을 정의한 후 객체를 작성할 수도 있고, 객체를 작성한 후 'Z값' 특성(Properties)을 수정할 수도 있습니다.

{명령:}에서 'ELEVATION'을 입력합니다.

{ELEVATION에 대한 새 값 입력 〈0.0000〉:}에서 지정하고자 하는 고도 값을 입력합니다.

여기에서 입력한 값이 Z값이 됩니다. 이렇게 설정한 후 객체를 작도하면 객체의 Z 값에는 여기에서 설정한 값이 지정되게 됩니다.

1-2. 객체의 두께를 정의하는 '두께(Thickness)'

'두께(Thickness)'는 객체가 가지는 Z축 방향의 두께를 말합니다. 즉, 객체 자체가 갖고 있는 Z 값이라 생각하면 됩니다.

지정하는 방법은 미리 '두께(Thickness)' 값을 정의한 후 객체를 작성할 수도 있고, 객체를 작성한 후 '두께' 특성(Properties)을 수정할 수도 있습니다.

{THICKNESS에 대한 새 값 입력 〈0.0000〉:}에서 지정하고자 하는 두께 값을 입력합니다.

여기에서 두께를 설정한 후 객체(선, 원 등)를 작도하면 여기에서 설정한 두께 값을 갖는 객체가 작도됩니다.

|Note| 고도 및 두께의 변경

고도와 두께 값을 바꾸고자 할 때는 '특성(PROPERTIES)' 명령으로 쉽게 수정할 수 있습니다. 특성 명령은 명령어 영역에서 'PROPERTIES' 또는 'CH', 'MO', 'PR', 'PROPS'를 입력하거나 '뷰' 탭의 '팔레트' 패널 또는 도구막대에서 █을 클릭합니다. 또는, 바로가기 메뉴에서 '특성(S)'을 클릭합니다.

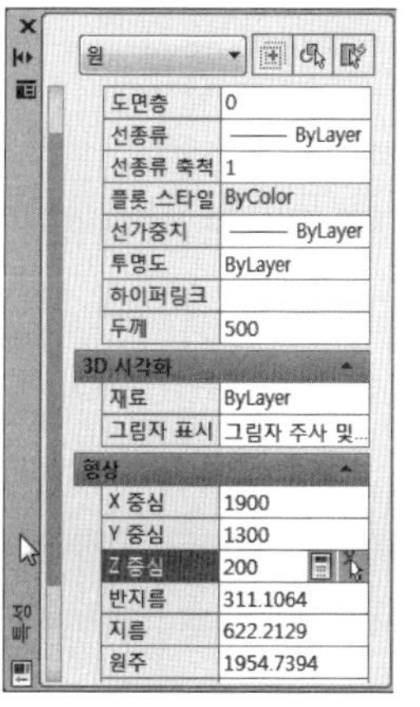

원의 경우, 특성 팔레트에서 '두께' 항목과 고도 값을 갖는 'Z 중심'의 값을 지정합니다.

다음의 간단한 실습으로 2차원과 3차원의 차이를 알아보겠습니다.

❶ '원(CIRCLE)' 명령으로 반지름이 '50'인 원을 3개 작도합니다. 구분을 쉽게 하기 위해 각 객체의 색상을 다르게 지정하여 작도합니다.

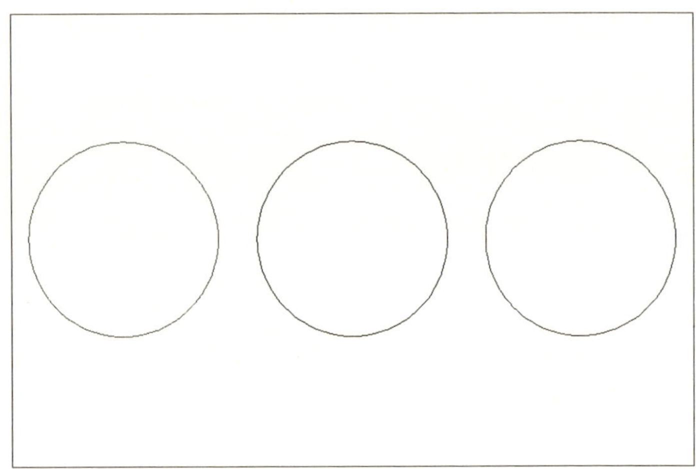

❷ '특성(PROPERTIES)' 명령으로 객체의 특성을 수정합니다. 명령어 'PROPERTIES' 또는 'CH', 'MO', 'PR', 'PROPS'를 입력하거나 '뷰' 탭의 '팔레트' 패널 또는 '표준' 도구막대에서 을 클릭합니다. 가운데 원을 선택합니다. 또는, 가운데 원을 더블클릭합니다. 다음과 같이 특성 팔레트가 나타납니다. 특성 팔레트에서 일반의 '두께' 항목에 '100', 'Z 중심'에 '50'을 입력합니다.

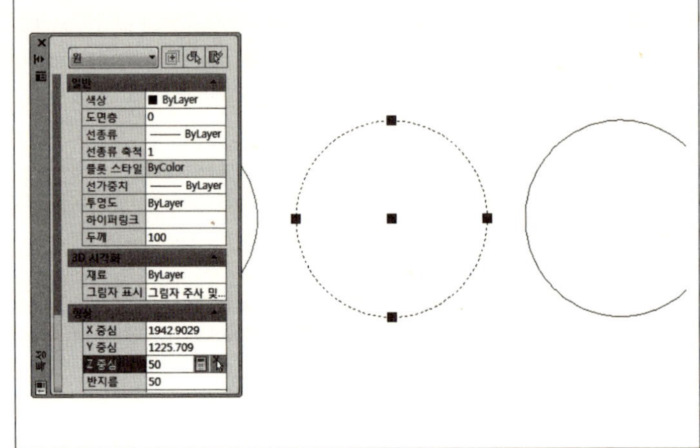

❸ 입력을 마친 후 〈ESC〉 키를 누릅니다. 이번에는 오른쪽의 원을 선택합니다. 특성 팔레트에서 '두께' 항목에 '100', 'Z 중심' 항목에 '100'을 입력합니다. 설정이 끝나면 〈ESC〉 키를 누릅니다.

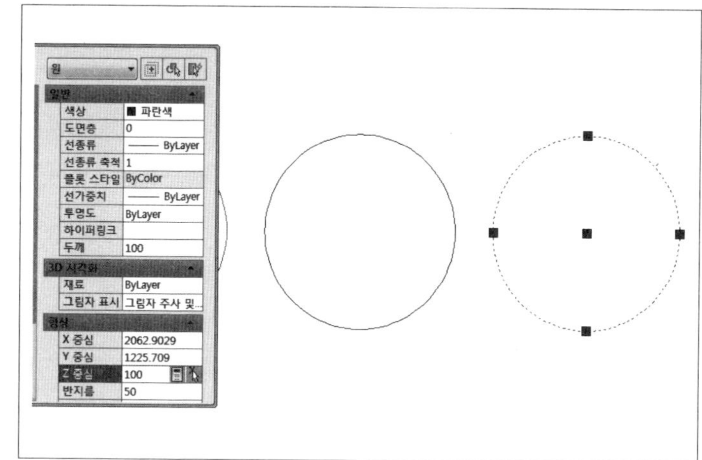

❹ 현재의 평면도 시점에서는 아무런 변화를 느낄 수 없습니다. 시점(보는 위치)을 바꾸어 보도록 하겠습니다. 먼저, 시점을 쉽게 조작하기 위해 '뷰' 도구막대를 표시하겠습니다. '뷰' 탭의 '윈도우' 패널에서 '도구막대' 드롭다운 리스트를 펼쳐 'ACAD'를 클릭하여 목록에서 '뷰'를 체크합니다. 다음 그림과 같은 '뷰' 도구막대가 나타납니다.

❺ '뷰' 도구막대에서 '남서 등각 투영' 메뉴 아이콘 을 클릭합니다. 또는 '뷰'탭의 '뷰' 패널에서 아이콘 을 클릭합니다. 다음 그림과 같이 시점이 바뀌어 표현됩니다. 두께(Thickness)가 있는 두 객체(두 번째, 세 번째 객체)와 두께가 '0'인 객체(첫 번째)의 차이를 알 수 있을 것입니다.

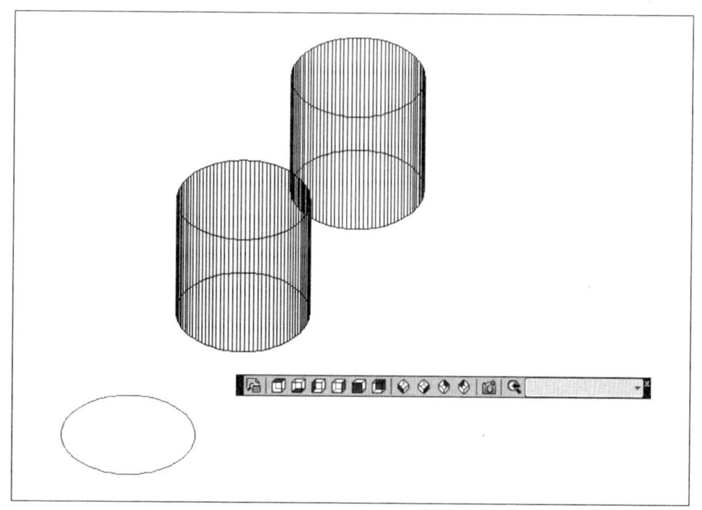

❻ 고도(Elevation)를 확인을 위해 시점을 정면으로 바꿔 보겠습니다. '뷰' 도구막대에서 '정면도 ▢' 뷰를 클릭합니다. 다음 그림과 같이 정면도로 바뀝니다.

첫 번째 원은 고도 '0', 두께 '0'이고, 두 번째 원은 고도 '50', 두께 '100'이며, 세 번째 원은 고도 '100', 두께 '100'입니다. 고도는 바닥에서 얼마나 위쪽으로 이동했는가, 두께는 객체가 가진 Z축 방향의 길이입니다.

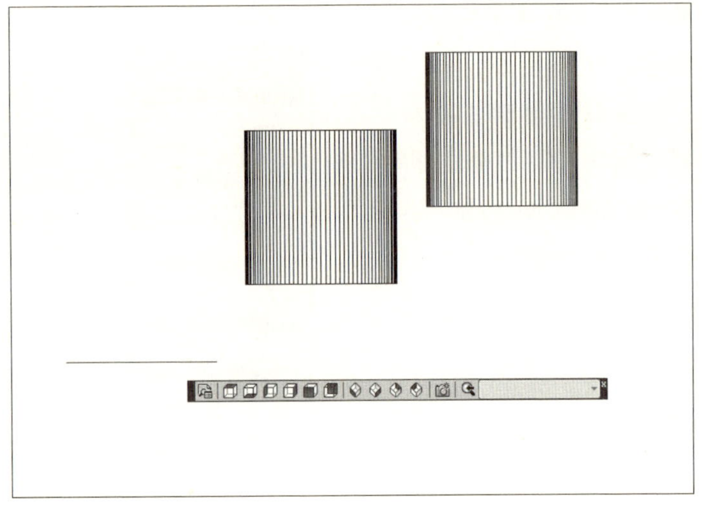

2. 3차원 작업을 위한 작업공간

'작업공간'은 사용자가 자신의 맞는 작업공간(사용자 인터페이스)을 구축하여 쉽게 접근할 수 있는 기능입니다. 본격적인 3차원 작업에 앞서 3차원 작업공간으로 바꾸도록 하겠습니다.

❶ 화면 하단의 상태막대에서 작업공간 아이콘 ⚙ 옆의 역삼각형(▼)을 클릭합니다. 표시된 목록에서 '3D 모델링'을 선택하여 클릭합니다.

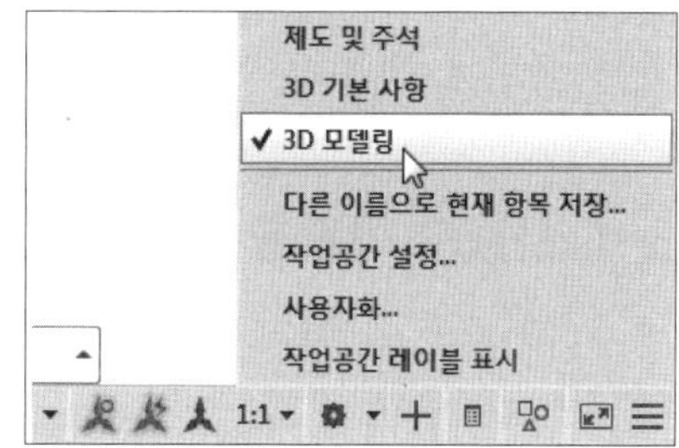

❷ 다음과 같은 '3D 모델링'관련 메뉴로 바뀌면서 3차원 작업을 위한 공간으로 바뀝니다.

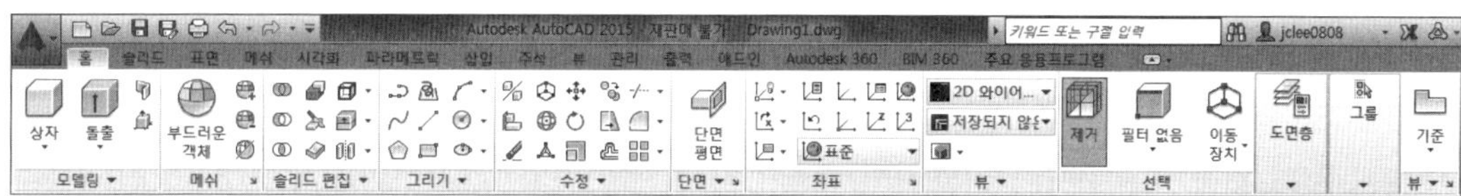

> **📖 TIP**
>
> AutoCAD가 제공하는 3차원 작업공간인 '3D 모델링'의 환경은 사용자에 따라 불편할 수 있습니다. 따라서, 사용자가 3차원 작업을 위해 필요한 블록이나 명령 컨트롤 등을 도구 팔레트, 리본의 패널, 도구막대에 저장하여 작업하기 용이한 환경을 구축하여 작업하는 것이 3차원 작업의 효율을 향상시킬 수 있습니다.

3. UCS 및 UCS관리자

UCS는 사용자가 자유롭게 정의할 수 있어 3차원의 모델을 작성하거나 편집하는데 유용합니다. UCS 명령은 사용자가 3차원 도면작업을 용이하게 하기 위해 사용자 좌표계(UCS)를 설정하는 역할을 합니다. 또, UCS 관리자는 이름을 부여하여 UCS를 관리하고 UCS를 복원하고 UCS 아이콘을 조정합니다. UCS의 실제 사용 방법은 나중에 3차원 객체를 작도하면서 실습하겠습니다.

3-1. 사용자 좌표를 조정하는 UCS

사용자 좌표계(UCS)를 설정하고 관리합니다. 여기에서는 기본 개념만 이해하고 뒤쪽의 예제 실습을 통해 실제 사용방법과 기능에 대해 익혀보겠습니다.

명령: UCS

메뉴 아이콘: ⊿

{현재 UCS 이름: *표준*}

{UCS의 원점 지정 또는 [면(F)/이름(NA)/객체(OB)/이전(P)/뷰(V)/표준(W)/X/Y/Z/Z축(ZA)] 〈표준(W)〉:}

❶ UCS의 원점 지정 ⊿: 한 점, 두 점 또는 세 점을 지정하여 UCS를 지정합니다. 한 점을 지정할 경우 X, Y, Z 방향이 그대로 이동됩니다.

❷ 면(F) ⊿: 3D 솔리드의 선택한 면에 UCS를 정렬합니다. 면을 선택하려면 면의 경계 내부 또는 모서리를 클릭합니다. 면이 강조되고 첫 번째 찾은 면의 가장 가까운 모서리에 UCS의 X축이 정렬됩니다.

❸ 이름(NA): 자주 사용하는 UCS를 이름을 부여하여 저장합니다.

❹ 객체(OB) ⊿: 선택한 3D 객체를 기준으로 새로운 좌표계를 정의합니다. 새로운 UCS는 선택한 객체의 돌출 방향과 동일한 돌출 방향(양의 Z축)을 갖습니다. 즉, 선택한 객체가 작도될 때의 평면을 XY면으로 정의합니다. 원점은 선택한 객체에 따라 다음과 같이 정해집니다. 원이나 호는 중심점, 선의 경우는 가까운 끝점, 치수는 치수 문자의 중간점, 2D 폴리선은 폴리선의 시작점, 솔리드는 솔리드의 첫 번째 점, 문자, 블록, 속성 정의 등은 삽입점이 원점이 됩니다.

❺ 이전(P) ⊿: 이전 UCS로 되돌아갑니다.

❻ 뷰(V) : 관측 방향에 수직인(화면에 평행인) XY 평면으로 새로운 좌표계를 설정합니다. UCS 원점은 변경되지 않고 유지됩니다.

❼ 표준(W) : 현재 사용자 좌표계를 표준 좌표계로 설정합니다.

❽ X, Y, Z : 지정한 축을 중심으로 현재 UCS를 회전합니다.

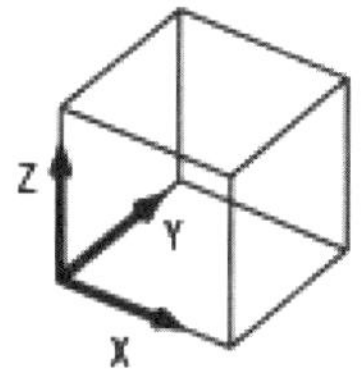

표준 좌표계

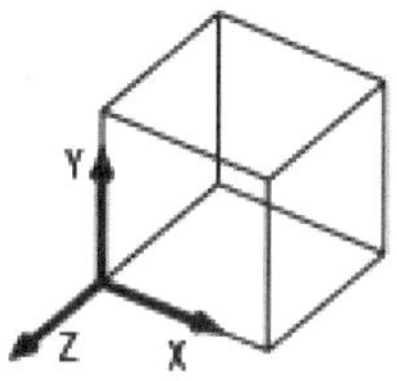

X축을 중심으로
90도 회전

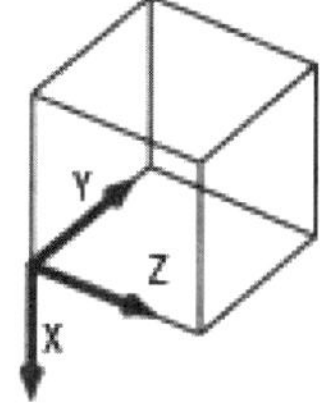

Y축을 중심으로
90도 회전

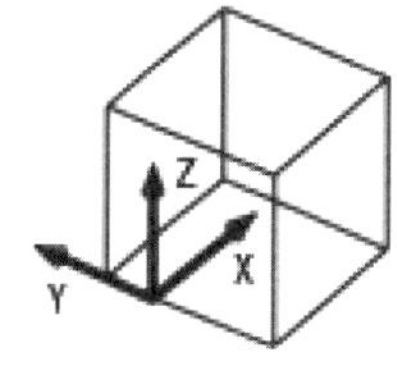

Z축을 중심으로
90도 회전

❾ Z축(ZA) : 원점과 Z 축의 + 방향을 지정하여 UCS를 정의합니다. Z축을 정의하면 오른손 법칙에 의해 XY 평면을 쉽게 알 수 있습니다.

|Note| 작업 면인 XY 평면

Z축(ZA) : 원점과 AutoCAD의 모든 객체는 기본적으로 XY평면에서 작도해야 합니다. 2차원에서는 가로 방향의 X축과 세로 방향의 Y축으로 XY 평면으로 맞추어져 있어 별도의 설정 과정을 거치지 않고 선이나 원을 작도했습니다. 그러나 3차원에서는 다양한 면에 객체를 작도해야 하므로 UCS를 바꾸는 작업이 필요합니다. 설계자가 작도하고자 하는 면에 UCS를 XY 평면으로 맞추는 것이 중요합니다. 이를 자유자재로 바꿀 수 있어야 자유로운 3차원 작업을 할 수 있는 것입니다.Z 축의 + 방향을 지정하여 UCS를 정의합니다. Z축을 정의하면 오른손 법칙에 의해 XY 평면을 쉽게 알 수 있습니다.

같은 원을 작도하더라도 XY평면이 어디에 맞춰져 있느냐에 따라 평면(위쪽 그림)에 그려지기도 하고 세로면(아래쪽 그림)에 그려지기도 합니다.

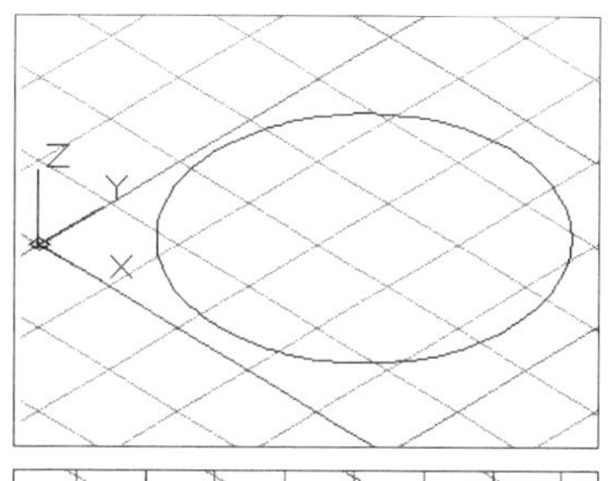

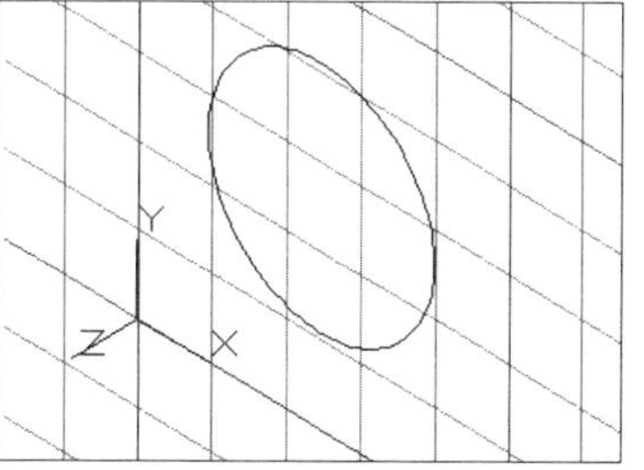

3-2. UCS를 관리하는 UCS 관리자

정의된 사용자 좌표계와 명명되지 않은 사용자 좌표계를 표시하고 수정하며, 명명된 UCS와 직교 UCS를 복원하고 뷰포트의 UCS 아이콘 및 UCS 설정 값을 지정합니다.

명령: UCSMAN(단축키: UC)

메뉴 아이콘:

다음과 같은 대화상자가 표시됩니다.

❶ 명명된 UCS 탭: 사용자 좌표계 목록을 표시하고 현재 UCS를 설정합니다.

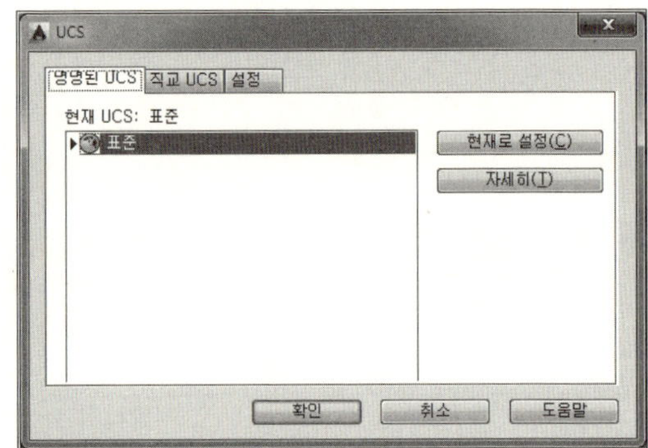

① 현재 UCS: 현재 UCS의 이름을 표시합니다. 저장 및 명명되지 않은 UCS는 '미지정'이 됩니다.

② 현재로 설정(C): 선택된 좌표계를 현재의 좌표계로 설정합니다.

③ 자세히(T): UCS 세부 사항 대화상자를 통해 UCS 좌표 데이터를 표시합니다.

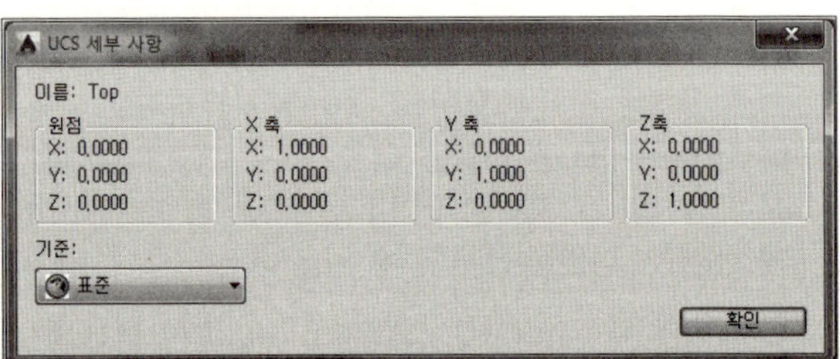

❷ 직교 UCS: UCS를 직교 UCS 설정값 중 하나로 변
경합니다.

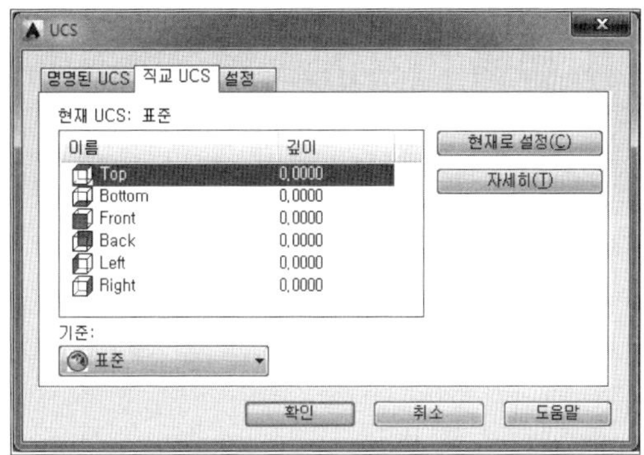

① 이름: 현재 도면에서 정의된 여섯 가지 좌표계를 목록을 표시합니다. 직교 좌표계는 기준 목록에서 지정한
UCS를 기준으로 정의됩니다. 깊이 값 목록은 직교 좌표계와 UCS 기준 설정 값(UCSBASE 시스템 변수에
저장됨)의 원점을 통과하는 평행한 평면 사이의 거리입니다.

② 현재로 지정(C): 직교 UCS를 정의하기 위한 기준 좌표계를 설정합니다. 기본적으로 WCS가 기준 좌표계입
니다. 목록에는 현재 도면의 모든 명명된 UCS가 표시됩니다.

❸ 설정: 뷰포트에 저장된 UCS 아이콘 설정 값과 UCS
설정 값을 표시하고 수정합니다.

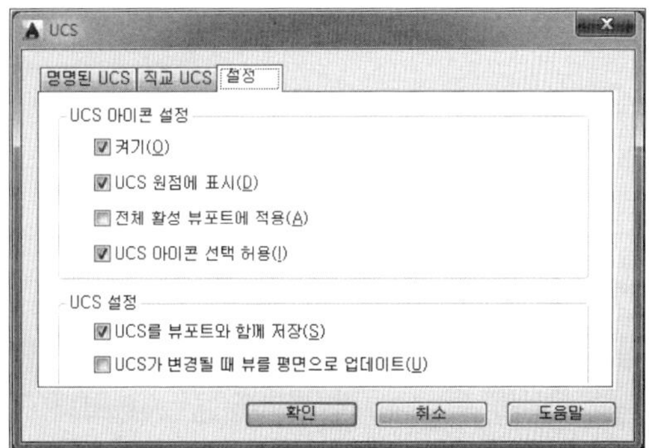

① UCS 아이콘 설정: 현재 뷰포트에 대한 UCS 아이콘 표시와 관련된 환경(켜기, 원점에표시 여부, UCS 아이
콘 선택여부 등)을 설정합니다.

② UCS 설정: UCS 설정 값이 업데이트될 때의 UCS 동작을 지정합니다.

4. 뷰를 작성하고 편집하는 뷰 관리자(VIEW)

뷰 관리자는 모형 명명된 뷰와 카메라 뷰, 배치 뷰 및 사전 설정 뷰를 포함한 명명된 뷰를 작성하고 편집합니다.

명령: VIEW(단축키: V)

메뉴 아이콘: 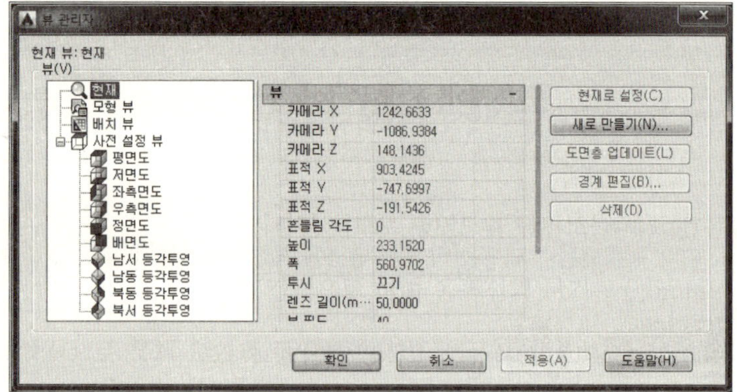

❶ 뷰 관리자를 실행합니다. 명령어 'VIEW' 또는 'V'를 입력하거나 '뷰' 탭의 '뷰' 패널에서 을 클릭합니다. 다음과 같은 뷰 관리자 대화상자가 표시됩니다. [새로 만들기(N)]를 클릭합니다.축키: V)

❷ 다음 그림과 같이 새로운 뷰 대화상자가 표시됩니다. '뷰 이름(N)' 항목에 뷰 이름(Test View)을 입력합니다. '비주얼 스타일(V)' 항목에서 '실제'를 선택하고 '배경' 목록에서 '그라데이션'을 지정합니다. [확인]을 클릭하여 뷰 관리자로 되돌아갑니다.

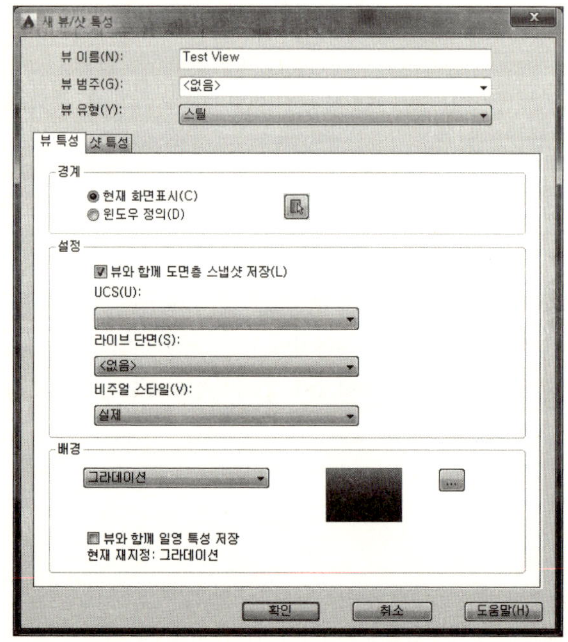

❸ 다시 뷰 관리자로 돌아오면 'Test View'가 만들어졌다는 것을 알 수 있습니다. [현재로 설정(C)]을 클릭한 후 [적용(A)]을 클릭합니다.

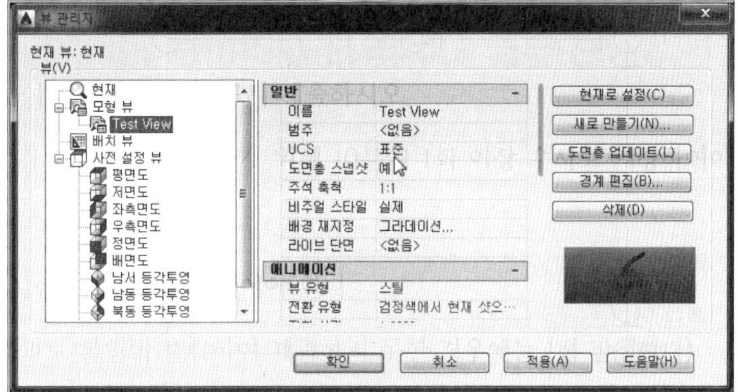

❹ 다음 그림과 같이 'Test View'에 설정된 뷰로 표시됩니다.

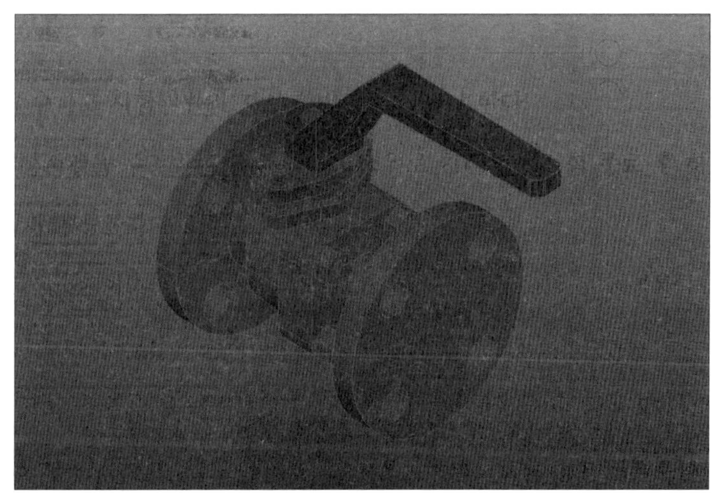

5. 3차원 뷰를 자유롭게 제어하는 3D 궤도(3DORBIT)

현재의 뷰포트에서 선택된 객체 또는 전체 모형을 다양한 3차원 뷰를 제공합니다. 와이어프레임 또는 음영 모드에서 실시간으로 볼 수도 있습니다. 필요에 따라서는 연속 궤도 기능을 이용하여 동적으로 움직이게 할 수도 있습니다.

명령: 3DORBIT(단축키: 3DO, ORBIT)

메뉴 아이콘:

❶ 자유 궤도: 3D 궤도 명령을 실행합니다. 명령어 '3DORBIT', '3DO', 'ORBIT'를 입력하거나 탐색도구에서 '자유 궤도'를 클릭합니다. 또는 '궤도' 도구막대에서 ⃝을 클릭합니다.

다음 그림과 같이 녹색의 큰 원(궤도의 표시)이 나타납니다. 이때 마우스 왼쪽 버튼을 누른 채로 회전하고자 하는 방향으로 움직입니다. 마우스의 궤도에 따라 뷰가 자유롭게 바뀝니다. 이처럼 자유 궤도는 설계자가 보고자 하는 뷰를 마우스를 움직여 자유롭게 볼 수 있습니다.

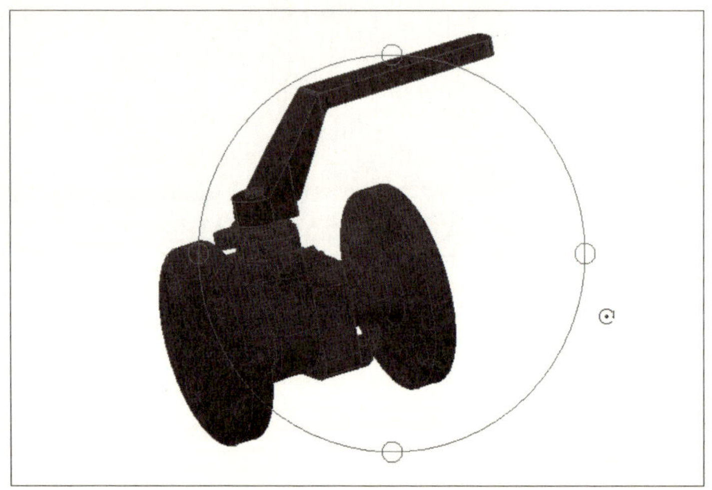

❷ 구속된 궤도: 제한된 궤도는 XY 평면 또는 Z 축을 따라 3D 궤도를 제한합니다. 다음 그림과 같이 마우스 오른쪽 버튼을 눌러 바로가기 메뉴에서 '기타 검색 모드(O)'의 '구속된 궤도(C)'를 클릭합니다. 또는 '궤도' 도구막대에서 을 클릭합니다.

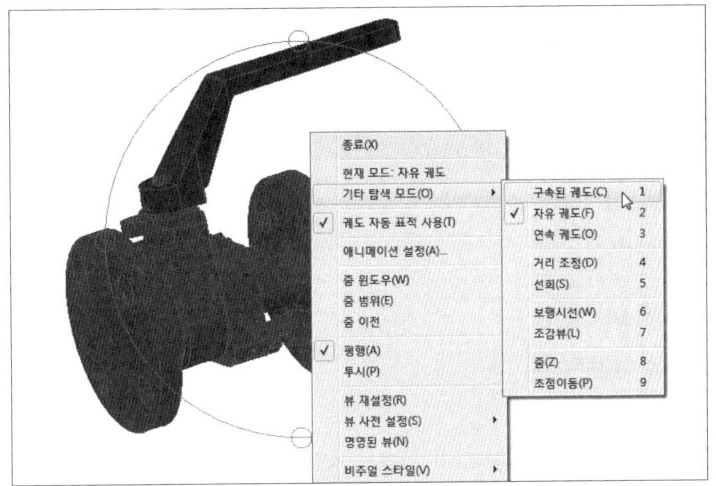

❸ 녹색의 원이 사라지고 마우스를 움직여보면 제한된 범위 내에서 움직인다는 것을 알 수 있습니다. 이처럼 구속된 궤도는 궤도의 폭을 제한합니다. 마우스 왼쪽 버튼을 누른 채로 뷰를 돌리다 보면 Z 축을 따라 회전하다가 일정 뷰에서 더 이상 회전하지 않습니다.

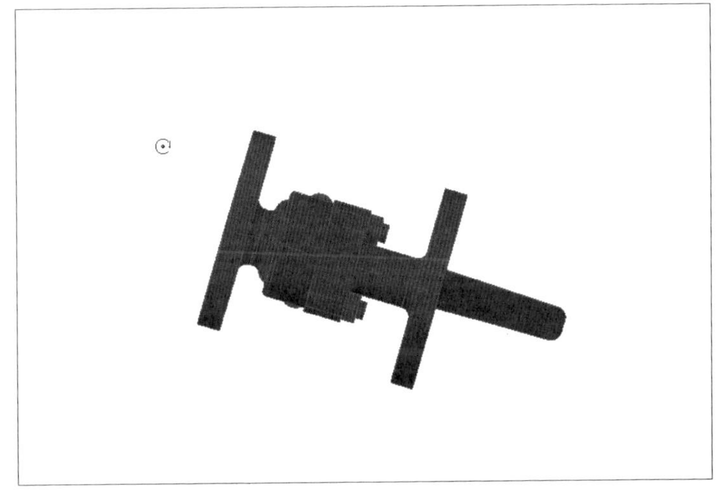

❹ 연속 궤도: 다음 그림과 같이 마우스 오른쪽 버튼을 눌러 바로가기 메뉴에서 '기타 검색 모드(O)'의 '연속 궤도(O)'를 클릭합니다. 또는 '궤도' 도구막대에서 을 클릭합니다.

마우스 왼쪽 버튼을 눌러 궤도를 지정합니다. 마우스 왼쪽 버튼을 놓으면 지정한 궤도를 따라 애니메이션처럼 연속적으로 움직입니다. 궤도를 지정할 때 마우스가 움직이는 속도에 따라 회전 속도가 달라집니다. 종료하고자 할 때는 〈ESC〉를 누르거나 바로가기 메뉴에서 '나가기(X)'를 클릭합니다.

3차원의 입체적인 물체를 작성하고 편집하기 위해서는 다양한 시점(관점)의 뷰를 필요로 합니다. 뷰가 필요할 때마다 하나의 화면에서 뷰를 바꾸어 가면서 작업을 진행하면 대단히 번거롭습니다. 여러 창을 펼쳐놓고 각기 다른 뷰(평면도, 정면도, 등각 투영도 등)를 설정해 놓으면 보다 효율적인 3차원 작업을 할 수 있습니다. 뷰포트 명령은 이런 경우에 활용할 수 있도록 여러 개의 창을 만들어 관리하는 기능입니다.

명령: VPORTS

메뉴 아이콘: ▦

❶ 뷰포트 명령을 실행합니다. 명령어 'VPORTS'를 입력하거나 '뷰' 탭의 '뷰포트' 패널 또는 '뷰포트' 도구막대에서 ▦을 클릭합니다. 다음과 같은 대화상자가 표시됩니다. '표준 뷰포트(V)' 목록에서 '셋: 오른쪽'을 선택합니다.

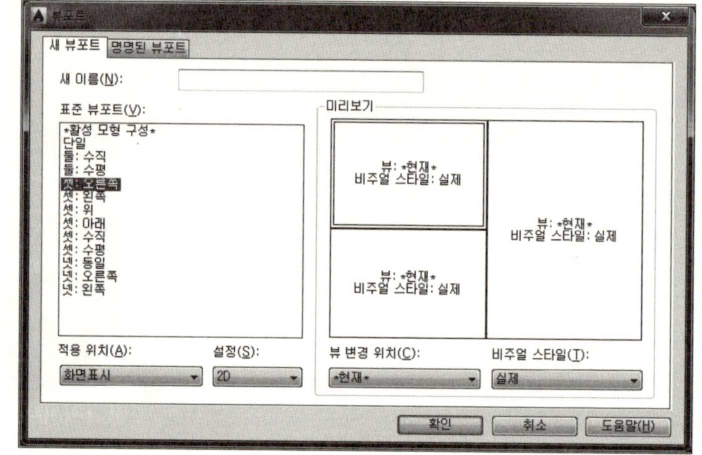

❷ 다음 그림과 같이 세 개의 창으로 분할됩니다. 테두리가 굵은 선인 창(오른쪽 창)이 현재 활성화된 창입니다.

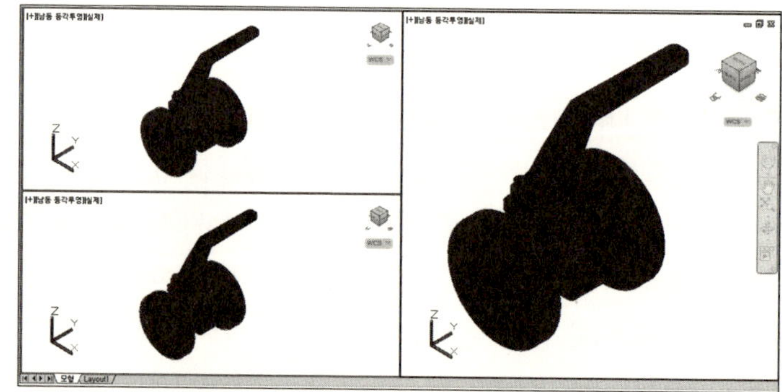

7. 모델을 다양하게 표현하는 비주얼 스타일

'비주얼 스타일'은 뷰포트에 모서리 및 음영처리의 표시를 조정하는 설정 값의 집합입니다. 즉, 작도된 객체의 표현 방법입니다. 비주얼 스타일을 적용하거나 설정값을 변경한 후 뷰포트에서 그 효과를 즉시 확인할 수 있습니다. AutoCAD에서는 2D와이어프레임, 3D 와이어프레임, 3D 숨기기, 실제, 개념 등 기본적으로 제공하는 비주얼 스타일 외에도 사용자가 설정에 의해 작성할 수도 있습니다.

|Note| 비주얼 스타일 목록

'홈' 탭의 '뷰' 패널 또는 '시각화' 탭의 '비주얼 스타일' 패널에는 다음과 같이 12개의 다양한 비주얼 스타일을 제공합니다. 표현하고자 하는 스타일을 클릭합니다. 추가로 새로운 비주얼 스타일이 필요한 경우에는 새로운 스타일을 만들어 추가할 수 있습니다.

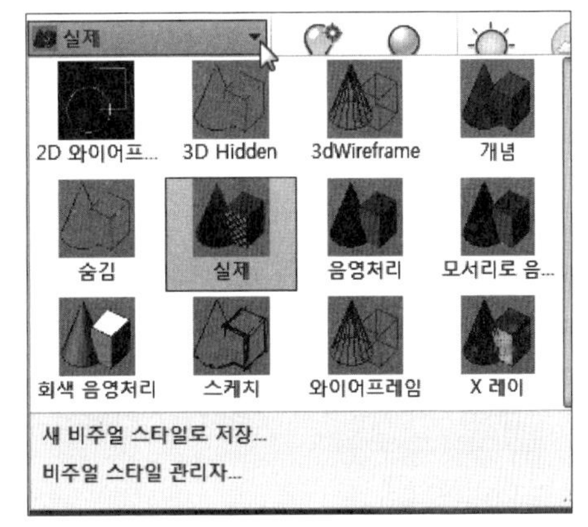

7-1. 2D 와이어프레임

경계를 나타내는 선과 곡선을 사용하여 객체를 표시합니다. 래스터와 OLE 객체, 선 종류 및 선 가중치를 볼 수 있습니다.

메뉴 아이콘:

❶ '홈' 탭의 '뷰' 패널의 비주얼 스타일 목록에서 '2D 와이어프레임 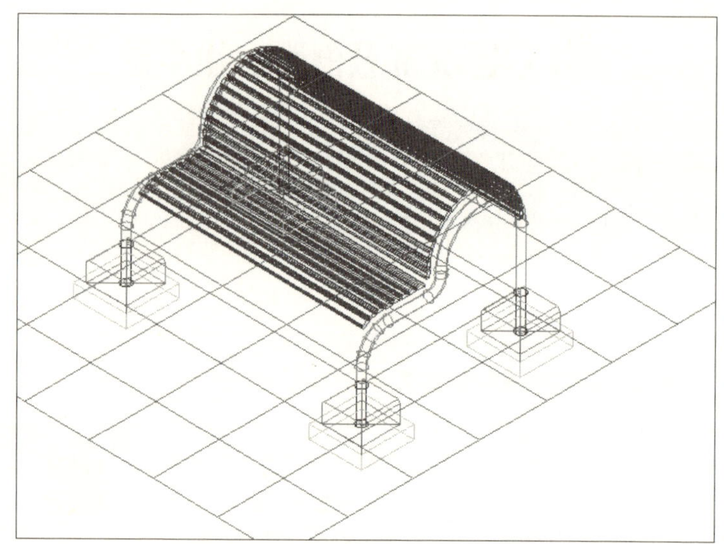'을 클릭합니다. 또는 '뷰' 탭의 '비주얼 스타일' 패널에서 선택합니다. 다음 그림과 같이 2D와이어프레임 이미지를 표시합니다.

7-2. 3D 숨김

객체를 3D 와이어프레임 표현을 사용하여 표시하고 뒷면을 표현하는 선을 숨깁니다.

메뉴 아이콘:

❷ '홈' 탭의 '뷰' 패널의 비주얼 스타일 목록에서 '3D 숨김'을 선택하여 클릭합니다. 다음 그림과 같이 현재의 시점에서 보이지 않는 부분은 은선 처리(숨김)하여 표시합니다.

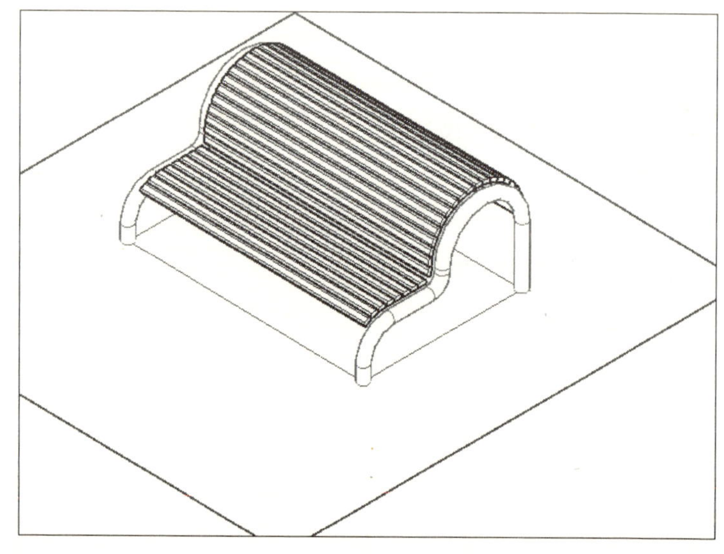

7-3. 3D 와이어프레임

경계를 나타내는 선과 곡선을 사용하여 3차원 와이어 프레임으로 표시합니다.

메뉴 아이콘: ◎

❸ '홈' 탭의 '뷰' 패널의 비주얼
스타일 목록에서 '3D 와이어프레
임'을 선택하여 클릭합니다. 다음
그림과 같이 3D 와이어프레임
이미지를 표시합니다.

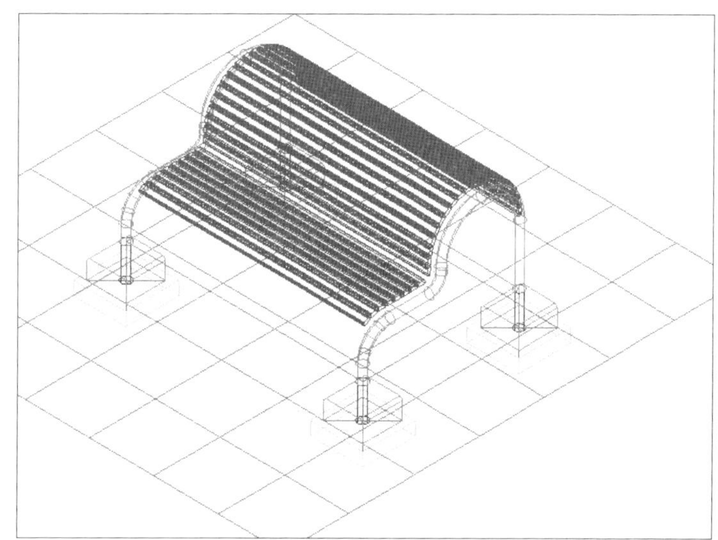

7-4. 개념

객체를 음영처리하며 다각형 면 사이의 모서리를 부드럽게 만듭니다. 쉐이딩에서는 어두운 색상
에서 밝은 색상으로 보다는 차갑고 따뜻한 색상 사이에의 변환인 Gooch 면 스타일을 사용합니다.
표현은 실제 질감이 표현되지 않으나 모형의 상세를 쉽게 확인할 수 있도록 해 줍니다.

메뉴 아이콘: ⬤

❹ '홈' 탭의 '뷰' 패널의 비주얼 스타일 목록에서 '개념'을 선택하여 클릭합니다. 다음 그림과 같이 모형의 객체를 이해할 수 있도록 표시합니다.

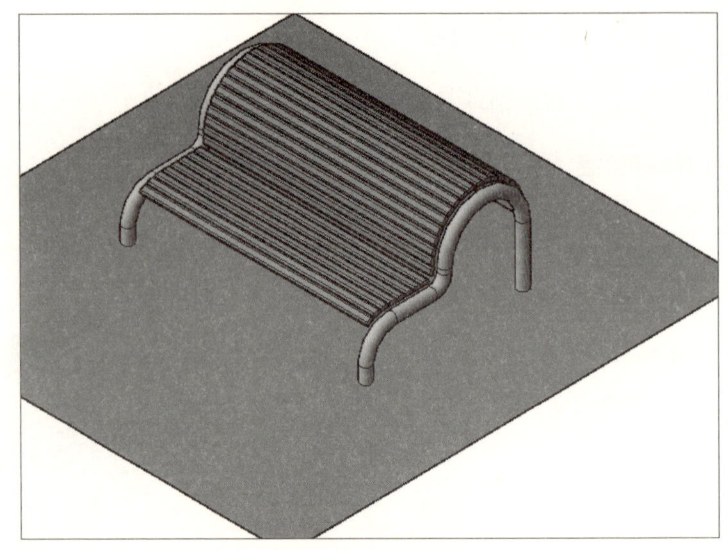

7-5. 실제

실제 객체를 음영처리하며 다각형 면 사이의 모서리를 부드럽게 만듭니다. 객체에 부여한 재료 특성을 반영하여 표시합니다.

메뉴 아이콘: ◉

❺ '홈' 탭의 '뷰' 패널의 비주얼 스타일 목록에서 '실제'를 선택하여 클릭합니다. 다음 그림과 같이 실물 객체와 유사하게 음영 처리합니다.

7-6. X광선

전체 장면이 부분적으로 투명하도록 면의 불투명도를 변경합니다.

❻ '홈' 탭의 '뷰' 패널 비주얼 스
타일 목록에서 'X레이'를 선택하
여 클릭합니다. 다음 그림과 같
이 X광선으로 표현됩니다.

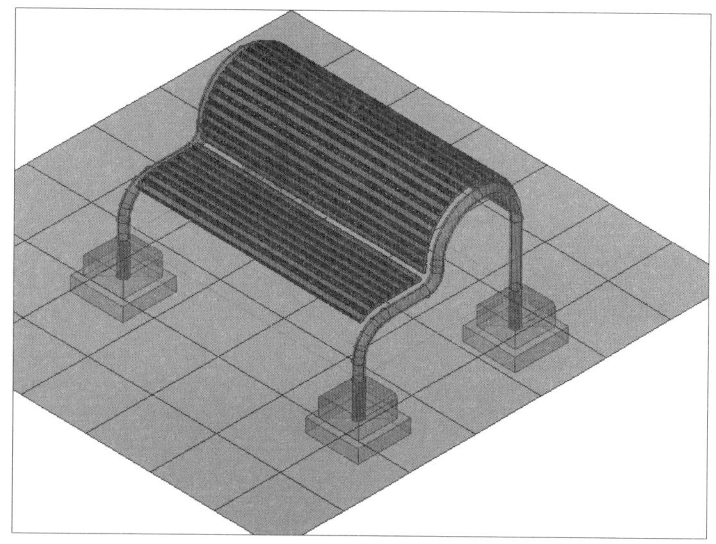

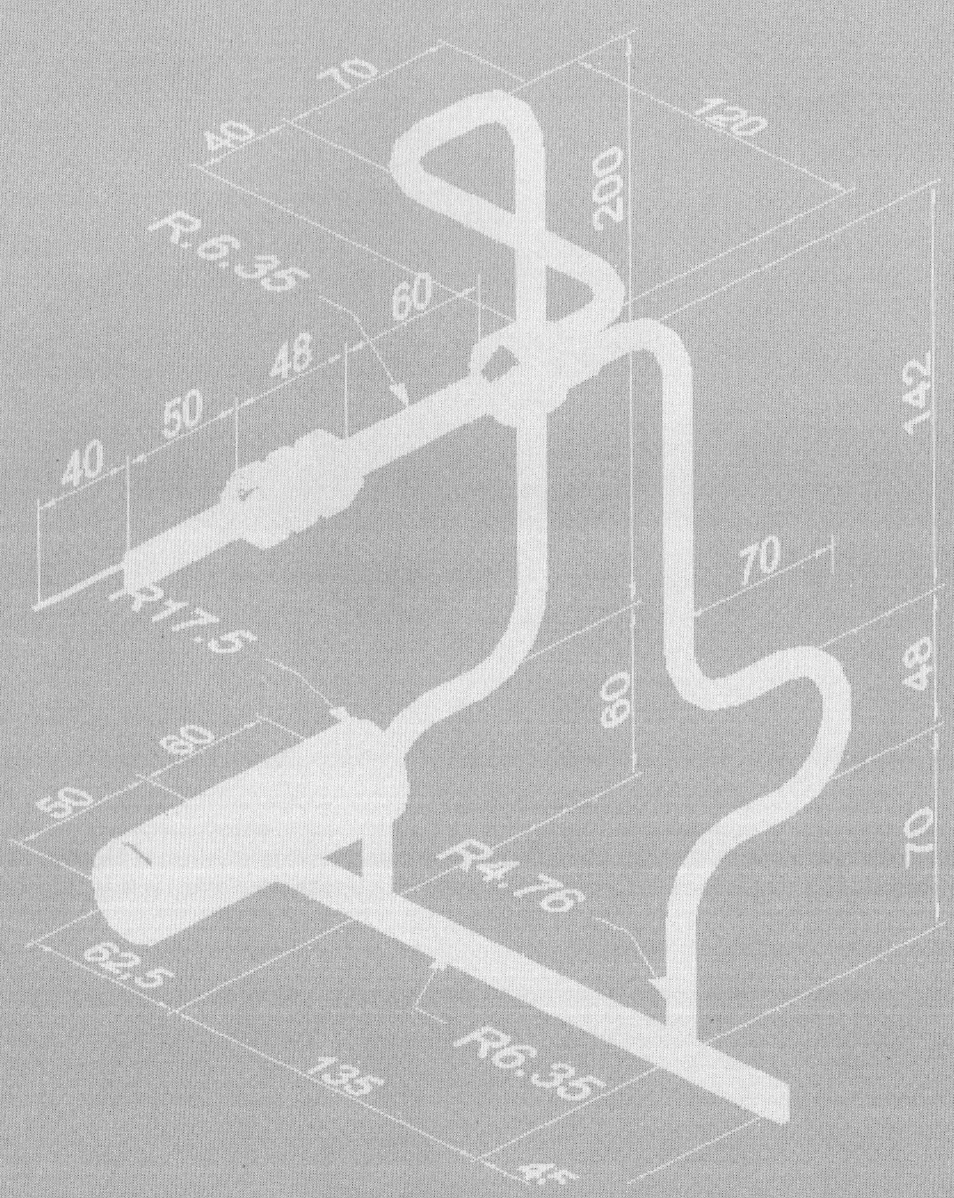

70
40
120
R.6.35
60
200
48
50
40
142
R17.5
70
80
60
50
R4.76
48
62.5
70
R6.35
135
45

솔리드 모델링

AutoCAD에서는 솔리드 객체의 작성 및 편집을 위한 다양한 기능을 제공하고 있습니다. 기본 객체의 작성, 돌출이나 회전체의 작성 등 솔리드 객체의 작성에 대해 알아보겠습니다.

1. 솔리드 기본 객체

기본 3D 형상(솔리드 기본 객체)인 상자, 원추, 원통, 구, 쐐기, 피라미드 및 토러스(도너츠)를 작성합니다.

01. 상자(BOX)

3D 솔리드 상자를 작도합니다.

명령: BOX
메뉴 아이콘: ▣

{첫 번째 구석 지정 또는 [중심(C)]:}에서 시작점 '50,50'을 지정합니다.

{반대 구석 지정 또는 [정육면체(C)/길이(L)]:}에서 반대편 구석 '@100,100'을 지정합니다. {높이 지정 또는 [2점(2P)]:}에서 높이 '200'을 입력합니다.

02. 쐐기(WEDGE)

경사진 면이 있는 다섯 면의 3D 솔리드 쐐기를 작성합니다.

명령: WEDGE(단축키:WE)
메뉴 아이콘: ◣

{첫 번째 구석 지정 또는 [중심(C)]:}에서 시작점 '300,50'을 지정합니다.

{반대 구석 지정 또는 [정육면체(C)/길이(L)]:}에서 반대편 구석 '@200,100'을 지정합니다. {높이 지정 또는 [2점(2P)] 〈200.0000〉:}에서 높이 '200'을 지정합니다.

다음 그림과 같이 상자와 삼각 기둥이 작도됩니다.

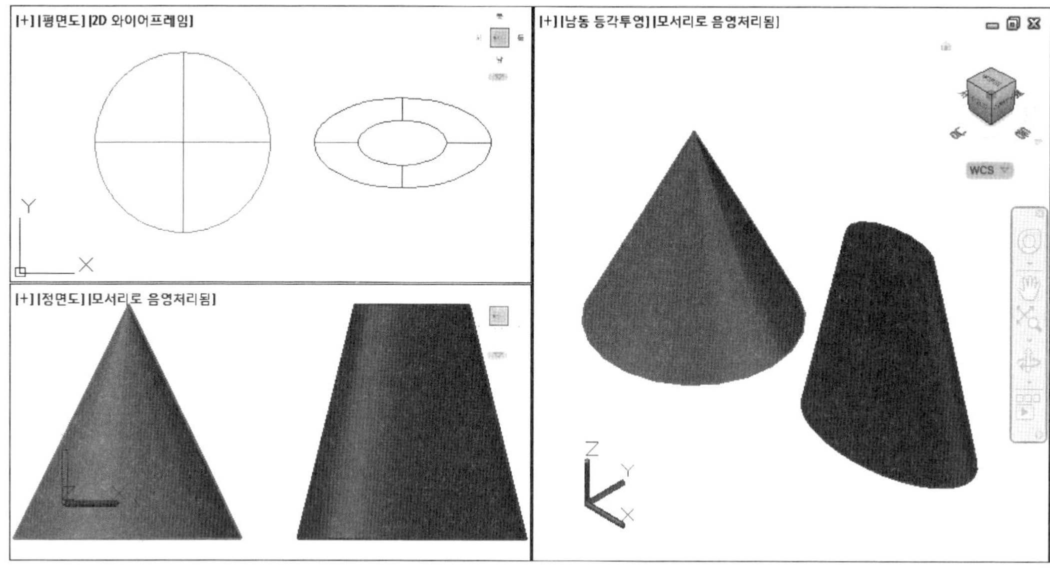

03. 원추(CONE)

대칭적으로 점, 원형 또는 타원형 평면을 향해 점점 줄어드는 원형 또는 타원형 밑면을 사용하여 3D 솔리드를 작성합니다.

명령: CONE

메뉴 아이콘:

{**기준 중심점 지정 또는 [3P/2P/Ttr/타원형(E)]:**}에서 중심점 '150,150'을 지정합니다.

{**기준 반지름 지정 또는 [지름(D)] ⟨50.0000⟩:**}에서 밑면의 반지름 '100'을 입력합니다.

{**높이 지정 또는 [2Point(2P)/축 끝점(A)/상단 반지름(T)] ⟨100.0000⟩:**}에서 높이 '200'을 지정합니다.

⟨엔터⟩ 또는 ⟨스페이스 바⟩를 눌러 원추 명령을 재실행합니다.

{**기준 중심점 지정 또는 [3P/2P/Ttr/타원형(E)]:**}에서 타원형 'E'를 입력합니다.

{**첫 번째 축의 끝점 지정 또는 [중심(C)]:**}에서 한 점 '300,150'을 지정합니다.

{**첫 번째 축의 다른 끝점 지정:**}에서 축의 다른 끝점 '@200,0'을 지정합니다.

{두 번째 축의 끝점 지정:}에서 두 번째 축의 끝점 '400,100'을 지정합니다.

{높이 지정 또는 [2Point(2P)/축 끝점(A)/상단 반지름(T)] ⟨200.0000⟩:}에서 상단 반지름 'T'를 입력합니다.

{상단 반지름 지정 ⟨50.0000⟩:}에서 반지름 '50'을 입력합니다.

{높이 지정 또는 [2점(2P)/축 끝점(A)] ⟨200.0000⟩:}에서 높이 '200'을 입력합니다.

다음 그림과 같이 상단이 뾰족한 원추와 상단의 반지름이 '50'인 타원형 원추(절두체 원추)가 작도됩니다.

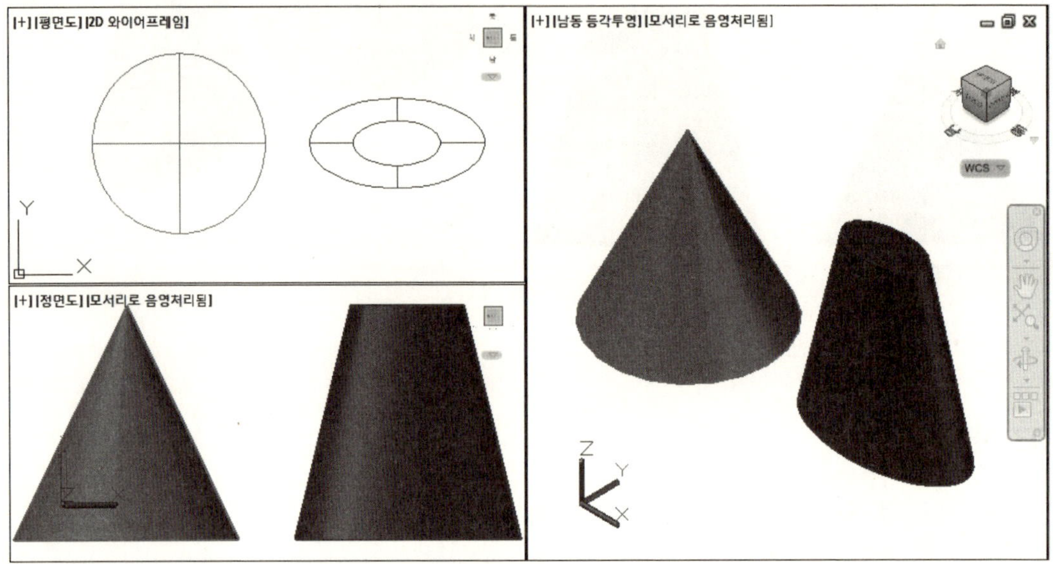

04. 구(SPHERE)

3D 솔리드 구를 작도합니다. 중심점에서 시작하는 경우 구의 중심 축은 현재 사용자 좌표계(UCS)의 Z축에 평행합니다.

명령: SPHERE

메뉴 아이콘:

{중심점 지정 또는 [3점(3P)/2점(2P)/Ttr-접선 접선 반지름(T)]:}에서 구의 중심점 '150,150'을 지정합니다.

{반지름 지정 또는 [지름(D)] ⟨100.0000⟩:}에서 구의 반지름 '100'을 지정합니다.

05. 원통(CYLINDER)

원형 또는 타원형 밑면 및 상단을 가진 3D 솔리드를 작성합니다.

명령: CYLINDER(단축키: CYL)

메뉴 아이콘: 🔘

{기준 중심점 지정 또는 [3P/2P/Ttr/타원형(E)]:}에서 중심점 '450,150'을 지정합니다.

{기준 반지름 지정 또는 [지름(D)] ⟨120.0000⟩:}에서 반지름 '100'을 입력합니다.

{높이 지정 또는 [2점(2P)/축 끝점(A)] ⟨200.0000⟩:}에서 높이 '200'을 입력합니다.

⟨엔터⟩ 또는 ⟨스페이스 바⟩를 눌러 원통 명령을 재실행합니다.

{기준 중심점 지정 또는 [3P/2P/Ttr/타원형(E)]:}에서 타원형 옵션 'E'를 입력합니다.

{첫 번째 축의 끝점 지정 또는 [중심(C)]:}에서 축의 한쪽 끝점 '650,150'을 지정합니다.

{첫 번째 축의 다른 끝점 지정:}에서 축의 반대편 끝점 '@200,0'을 지정합니다.

{두 번째 축의 끝점 지정:}에서 '750,100'을 입력합니다.

{높이 지정 또는 [2점(2P)/축 끝점(A)] ⟨200.0000⟩:}에서 타원형 원통의 높이 '200'을 입력합니다.

다음 그림과 같이 반지름이 100인 구, 원과 타원형의 원통이 작도됩니다.

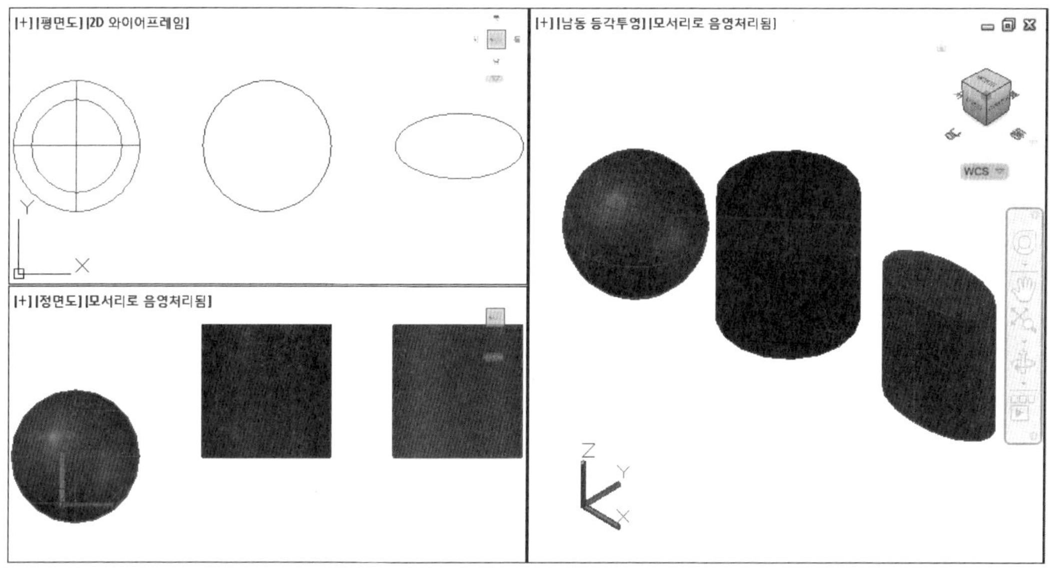

06. 피라미드(PYRAMID)

3D 솔리드 피라미드를 작도합니다.

명령: PYRAMID(단축키:PYR)

메뉴 아이콘:

{4 면 외접}

{기준 중심점 지정 또는 [모서리(E)/변(S)]:}에서 피라미드의 중심점 '150,150'을 지정합니다.

{기준 반지름 지정 또는 [내접(I)] 〈100.0000〉:}에서 '120'을 입력합니다.

{높이 지정 또는 [2점(2P)/축 끝점(A)/상단 반지름(T)] 〈200.0000〉:}에서 높이 '200'을 입력합니다.

〈엔터〉 또는 〈스페이스 바〉를 눌러 피라미드 명령을 재실행합니다.

{4 면 외접}

{기준 중심점 지정 또는 [모서리(E)/변(S)]:}에서 변 옵션 'S'를 입력합니다.

{면의 수 입력 〈4〉:}에서 육각형을 작도하기 위해 '6'을 입력합니다.

{기준 중심점 지정 또는 [모서리(E)/변(S)]:}에서 기준점 '450,150'을 지정합니다.

{기준 반지름 지정 또는 [내접(I)] 〈100.0000〉:}에서 반지름 '120'을 입력합니다.

{높이 지정 또는 [2점(2P)/축 끝점(A)/상단 반지름(T)] 〈150.0000〉:}에서 상단 반지름을 지정하기 위해 'T'를 입력합니다.

{상단 반지름 지정 〈0.0000〉:}에서 상단 반지름 '60'을 입력합니다.

{높이 지정 또는 [2점(2P)/축 끝점(A)] 〈200.0000〉:}에서 높이 '200'을 입력합니다.

07. 토러스(TORUS)

3D 도넛형의 솔리드 토러스를 작도합니다.

명령: TORUS(단축키: TOR)

메뉴 아이콘:

{중심점 지정 또는 [3점(3P)/2점(2P)/Ttr-접선 접선 반지름(T)]:}에서 '800,150'을 입력합니다.

{반지름 지정 또는 [지름(D)] ⟨120.0000⟩:}에서 바깥 원의 반지름 '100'을 입력합니다.

{튜브 반지름 지정 또는 [2점(2P)/지름(D)] ⟨30.0000⟩:}에서 튜브의 반지름 '20'을 입력합니다.

다음 그림과 같이 사각형 피라미드와 상단의 반지름을 부여한 육각형 피라미드(절두체 피라미드)와 도넛 모양의 토러스가 작도됩니다.

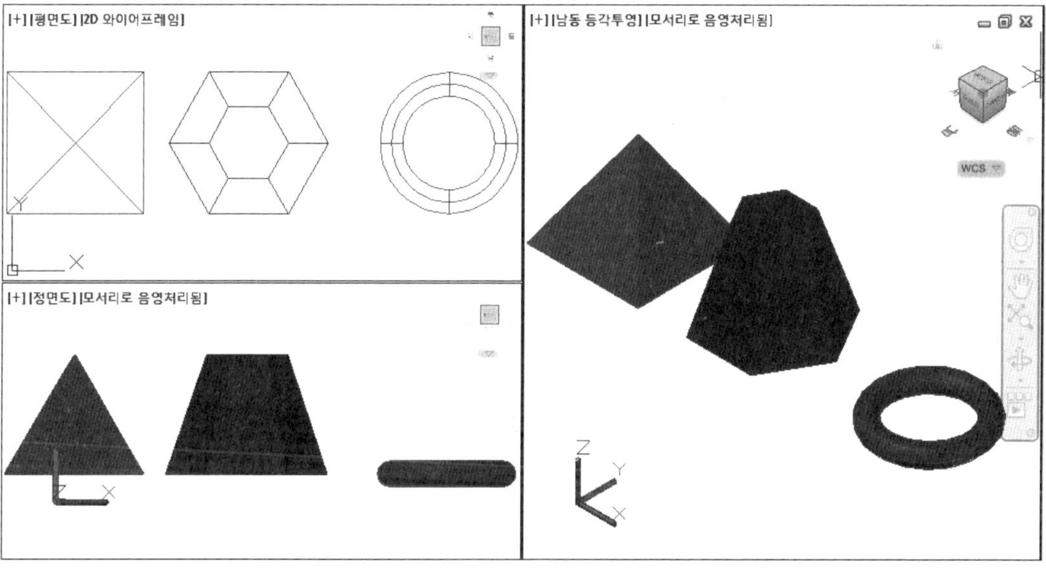

2. 벽체 모양의 폴리솔리드(POLYSOLID)

기존 선, 2D 폴리선, 호 또는 원을 직사각형 프로파일이 있는 솔리드로 변환할 수 있습니다. 폴리솔리드는 곡선 세그먼트를 가질 수 있으나 윤곽은 항상 기본적으로 직사각형입니다. 맞물림(그립) 편집에 의해 위 아래의 두께가 다른 폴리솔리드를 만들 수도 있습니다.

명령: POLYSOLID(단축키:PSOLID)

메뉴 아이콘:

❶ '폴리선(PLINE) ' 명령으로 다음과 같이 작도합니다. 길이는 긴 쪽이 '3000'이고 짧은 쪽은 각 '1000'입니다.

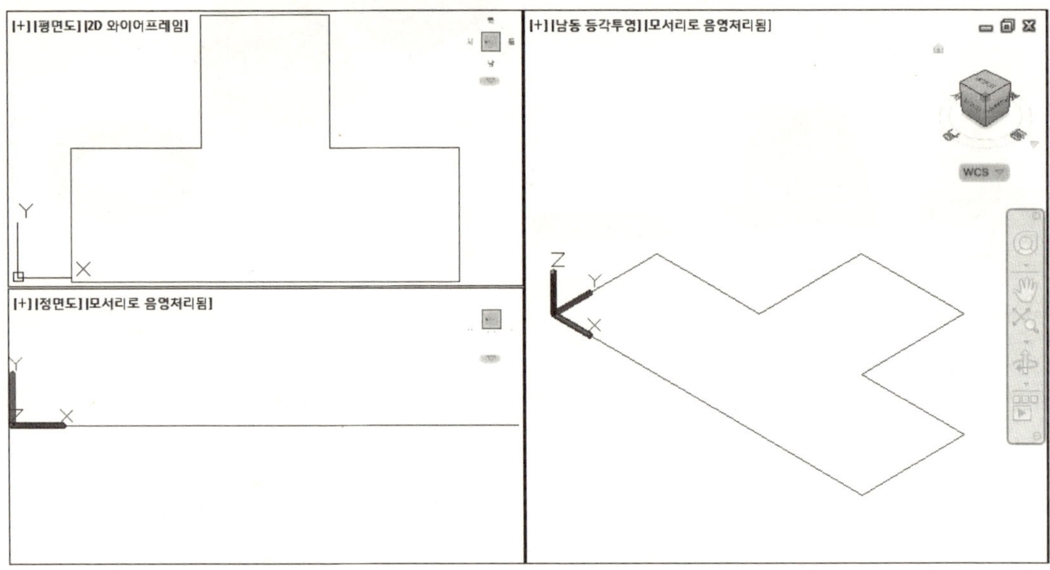

❷ 폴리솔리드 명령을 실행합니다. 명령어 'POLYSOLID' 또는 'PSOLID'를 입력하거나 '솔리드' 탭의 '기본체' 패널 또는 '모델링' 도구막대에서 을 클릭합니다.

{높이 = 80.0000, 폭 = 5.0000, 자리맞추기 = 중심}

{시작점 지정 또는 [객체(O)/높이(H)/폭(W)/자리맞추기(J)] 〈객체(O)〉:}에서 높이 옵션 'H'를 입력합니다.

{높이 지정 〈80.0000〉:}에서 높이 '500'을 입력합니다.

{높이 = 500.0000, 폭 = 5.0000, 자리맞추기 = 중심}

{시작점 지정 또는 [객체(O)/높이(H)/폭(W)/자리맞추기(J)] 〈객체(O)〉:}에서 폭 옵션 'W'를 입력합니다.

{폭 지정 〈5.0000〉:}에서 폭 '50'을 입력합니다.

{높이 = 350.0000, 폭 = 50.0000, 자리맞추기 = 중심}

{시작점 지정 또는 [객체(O)/높이(H)/폭(W)/자리맞추기(J)] 〈객체(O)〉:}에서 객체 옵션 'O'를 입력합니다.

{객체 선택:}에서 작도된 폴리선을 선택합니다. 다음 그림과 같이 폴리선이 높이 '500', 폭 '50'인 폴리솔리드로 변환됩니다.

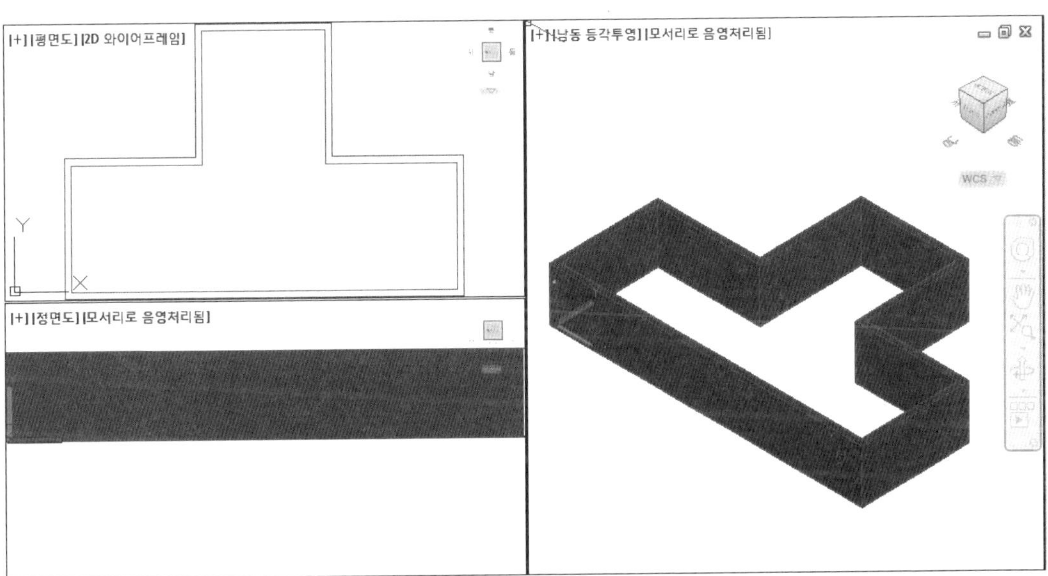

❸ 〈엔터〉 또는 〈스페이스 바〉를 눌러 폴리솔리드를 재실행합니다.

{높이 = 500.0000, 폭 = 50.0000, 자리맞추기 = 중심}

{시작점 지정 또는 [객체(O)/높이(H)/폭(W)/자리맞추기(J)] 〈객체(O)〉:}에서 자리맞추기옵션 'J'를 입력합니다.

{자리맞추기 입력 [왼쪽(L)/중심(C)/오른쪽(R)] 〈중심(C)〉:}에서 오른쪽 'R'을 입력합니다. {높이 = 500.0000, 폭 = 50.0000, 자리맞추기 = 오른쪽}

{**시작점 지정 또는 [객체(O)/높이(H)/폭(W)/자리맞추기(J)] 〈객체(O)〉:}**에서 객체스냅 '끝점' 을 이용하여 시작점을 지정합니다.

{다음점 지정 또는 [호(A)/명령 취소(U)]:}에서 직교모드를 켠 후 180도(9시) 방향으로 맞추고 '1000'을 입력합니다.

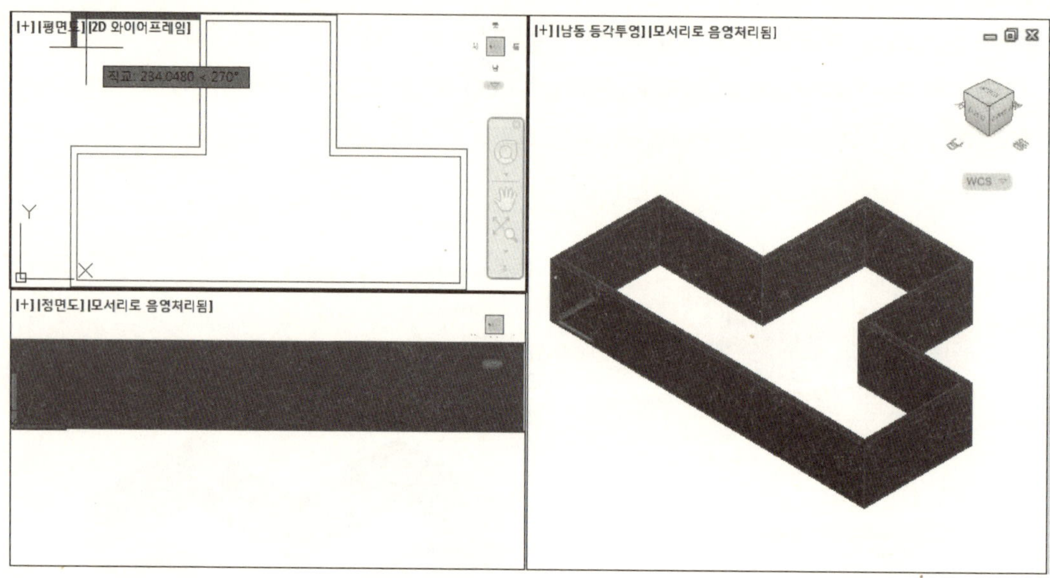

❹ **{다음점 지정 또는 [호(A)/명령 취소(U)]:}**에서 270도(6시) 방향으로 맞추고 '1000'을 입력합니다.

{다음점 지정 또는 [호(A)/명령 취소(U)]:}에서 〈엔터〉 또는 〈스페이스 바〉를 눌러 종료합니다. 다음 그림과 같이 폴리솔리드가 작도됩니다.

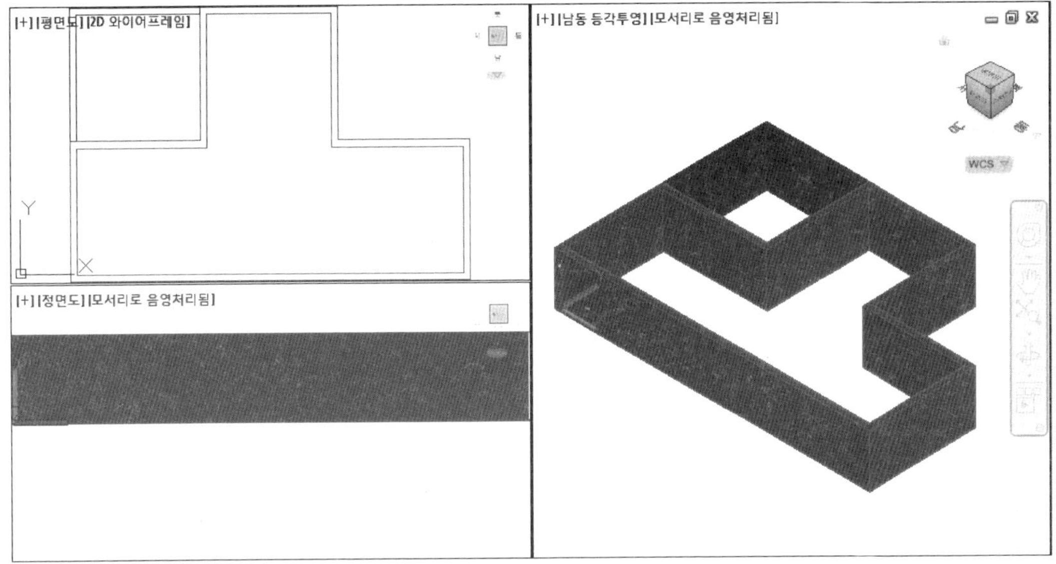

[+] [평면도] [2D 와이어프레임]
[+] [정면도] [모서리로 음영처리됨]
[+] [남동 등각투영] [모서리로 음영처리됨]
WCS

3. 돌출(EXTRUDE)

2차원 객체(선, 호, 원, 폴리선, 스플라인 등) 또는 3D 면을 거리 및 방향을 부여하여 돌출시켜 3차원 객체로 만듭니다. 이때, 열린 객체는 2차원 표면(Surface), 닫힌 객체는 솔리드(Solid) 3차원 객체가 됩니다.

명령: EXTRUDE(단축키: EXT)

메뉴 아이콘:

❶ 원, 다각형, 스플라인 명령을 이용하여 다음 그림과 같이 2차원 객체를 작도합니다.

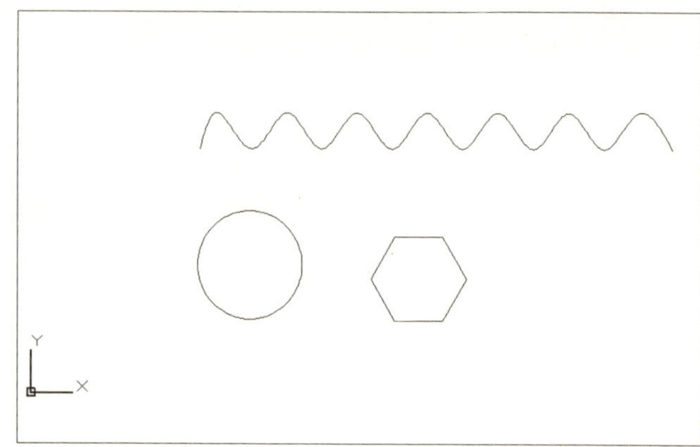

❷ 뷰를 등각투영으로 설정한 후, 돌출 명령을 실행합니다. 명령어 'EXTRUDE' 또는 'EXT'를 입력하거나 '솔리드' 탭의 '솔리드' 패널 또는 '모델링' 도구막대에서 을 클릭합니다.

{현재 와이어프레임 밀도: ISOLINES=4, 닫힌 윤곽 작성 모드 = 솔리드}

{돌출할 객체 선택 또는 [모드(MO)]: _MO}

{닫힌 윤곽 작성 모드 [솔리드(SO)/표면(SU)] ⟨솔리드⟩: _SO}

{돌출할 객체 선택 또는 [모드(MO)]:}에서 돌출시키고자 하는 객체인 원을 선택합니다. {1개를 찾음}

{돌출할 객체 선택 또는 [모드(MO)]:}에서 ⟨엔터⟩ 또는 ⟨스페이스 바⟩를 눌러 선택을 종료합니다.

{돌출의 높이 지정 또는 [방향(D)/경로(P)/테이퍼 각도(T)]:}에서 돌출 높이 '300'을 입력합니다. 다음 그림과 같이 선택한 원이 돌출되어 원통이 작성됩니다. 폐쇄 공간의 객체를 돌출시키면 솔리드(Solid) 객체가 됩니다.

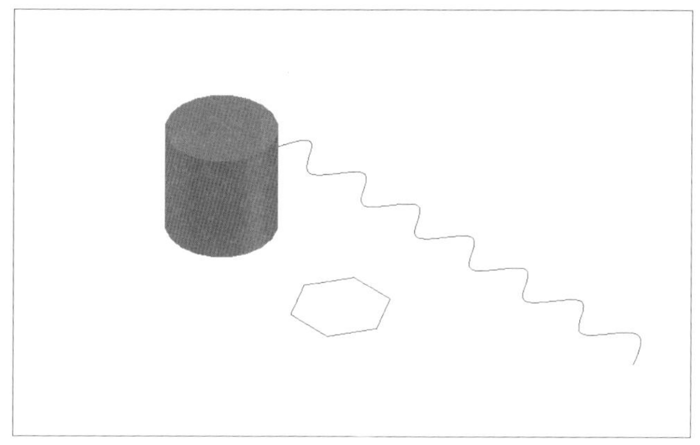

❸ 〈엔터〉 또는 〈스페이스 바〉를 눌러 돌출 명령을 재실행합니다.

{돌출할 객체 선택 또는 [모드(MO)]: _MO}

{닫힌 윤곽 작성 모드 [솔리드(SO)/표면(SU)] 〈솔리드〉: _SO}

{돌출할 객체 선택 또는 [모드(MO)]:}에서 돌출시키고자 하는 객체인 육각형을 선택합니다. **{1개를 찾음}**

{돌출할 객체 선택 또는 [모드(MO)]:}에서 〈엔터〉 또는 〈스페이스 바〉를 눌러 선택을 종료합니다.

{돌출의 높이 지정 또는 [방향(D)/경로(P)/테이퍼 각도(T)]〈300.0000〉:}에서 테이퍼 각도 옵션 'T'를 입력합니다.

{돌출에 대한 테이퍼 각도 지정 〈0〉:}에서 각도 '15'를 입력합니다.

{돌출의 높이 지정 또는 [방향(D)/경로(P)/테이퍼 각도(T)] 〈300.0000〉:}에서 높이 '300'을 입력합니다.

다음 그림과 같이 지정한 각도로 테이핑이 되면서 돌출됩니다.

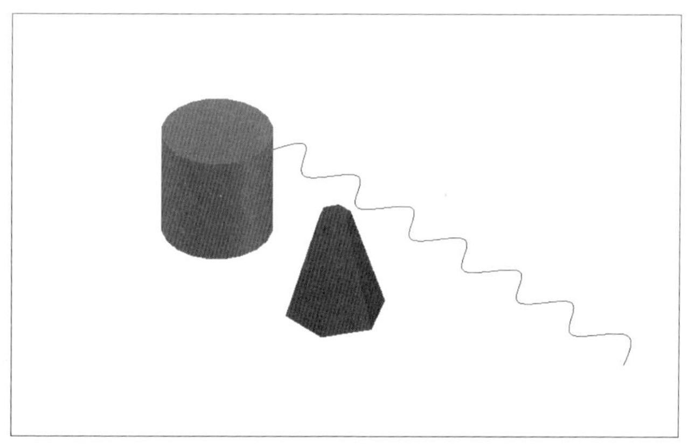

❹ 돌출 명령을 재실행합니다.

{현재 와이어프레임 밀도: ISOLINES=4, 닫힌 윤곽 작성 모드 = 솔리드}

{돌출할 객체 선택 또는 [모드(MO)]: _MO}

{닫힌 윤곽 작성 모드 [솔리드(SO)/표면(SU)] 〈솔리드〉: _SO}

{돌출할 객체 선택 또는 [모드(MO)]:}에서 돌출시키고자 하는 객체인 스플라인을 선택합니다. {1개를 찾음}

{돌출할 객체 선택 또는 [모드(MO)]:}에서 〈엔터〉 또는 〈스페이스 바〉를 눌러 선택을 종료합니다.

{돌출의 높이 지정 또는 [방향(D)/경로(P)/테이퍼 각도(T)]〈150.0000〉:}에서 돌출 높이 '300'을 입력합니다. 다음 그림과 같이 스플라인 선이 돌출됩니다. 열린 공간의 객체는 표면(Surface) 객체가 됩니다.

4. 눌러 당기기(PRESSPULL)

경계 영역을 자동 인식하여 누르거나 당깁니다. 원이나 사각형과 같은 폐쇄 객체뿐 아니라 선이나 호로 이루어진 폐쇄 공간도 쉽게 인식합니다. 점토를 당기거나 밀어 넣는 듯한 조작입니다.

명령: PRESSPULL

메뉴 아이콘:

❶ 다음과 같은 도면이 있다고 가정하겠습니다. 이해를 돕기 위해 3개의 뷰포트(VPORTS)로 나누어 표현 하겠습니다.

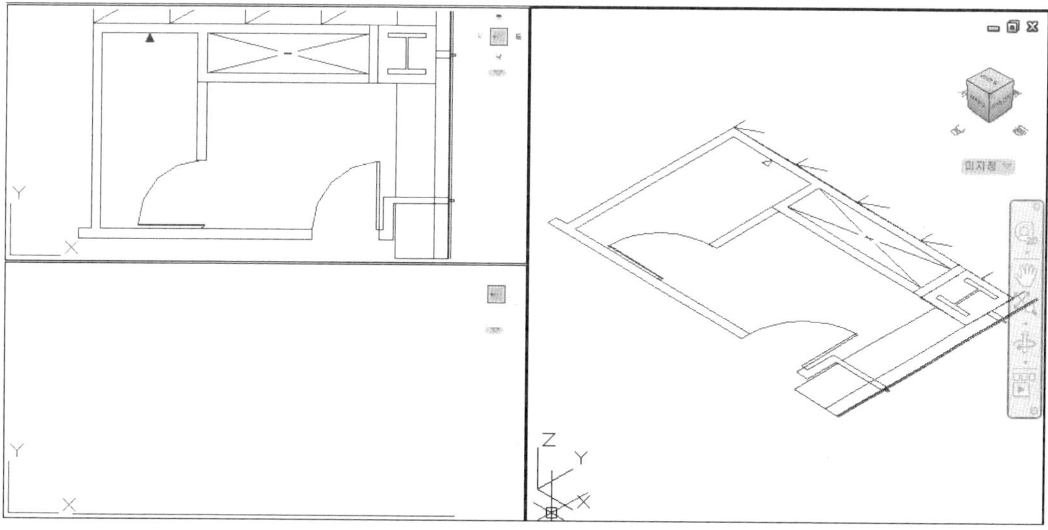

❷ 눌러 당기기 명령을 실행합니다. 명령어 'PRESSPULL'을 입력하거나 '솔리드' 탭의 '솔리드' 패널 또는 '모델링' 도구막대에서 를 클릭합니다.

{누르거나 당기기 할 내부 경계 영역을 클릭하십시오.}에서 누르기/당기기 할 영역 벽체를 선택합니다. **{1 루프이(가) 추출됨.}** 누르거나 당길 높이 '2500'을 입력합니다. **{1 영역이(가) 작성됨.}**를 표시하면서 다음 그림과 같이 벽체가 '2500' 높이의 솔리드 객체가 작성됩니다.

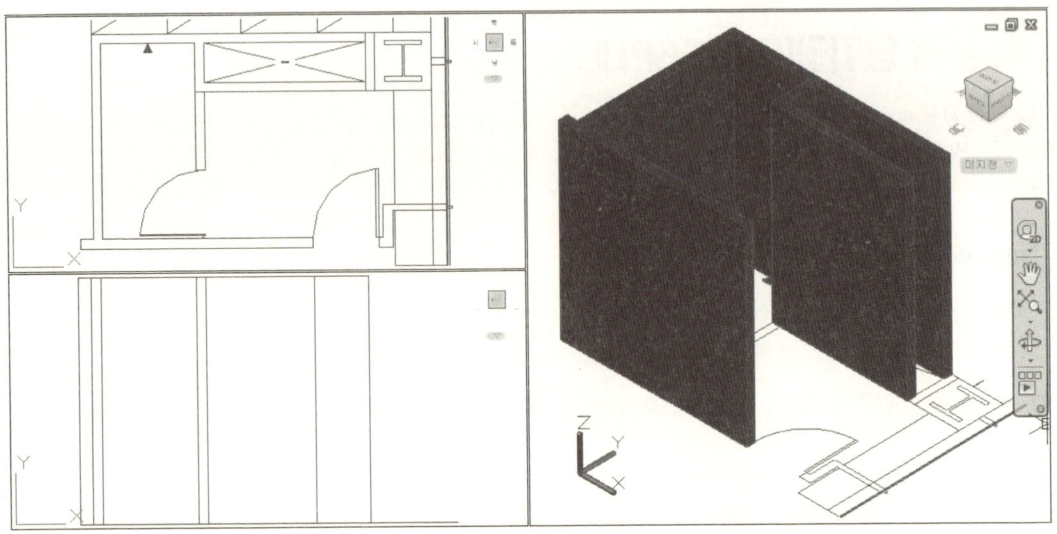

❸ 〈엔터〉 또는 〈스페이스 바〉를 눌러 눌러 당기기 명령을 재실행합니다.

{누르거나 당기기 할 내부 경계 영역을 클릭하십시오.}에서 기둥 내부 한 점을 지정합니다. 높이를 '3000'을 입력합니다. 폐쇄공간을 찾아 기둥이 '3000' 높이로 돌출됩니다.

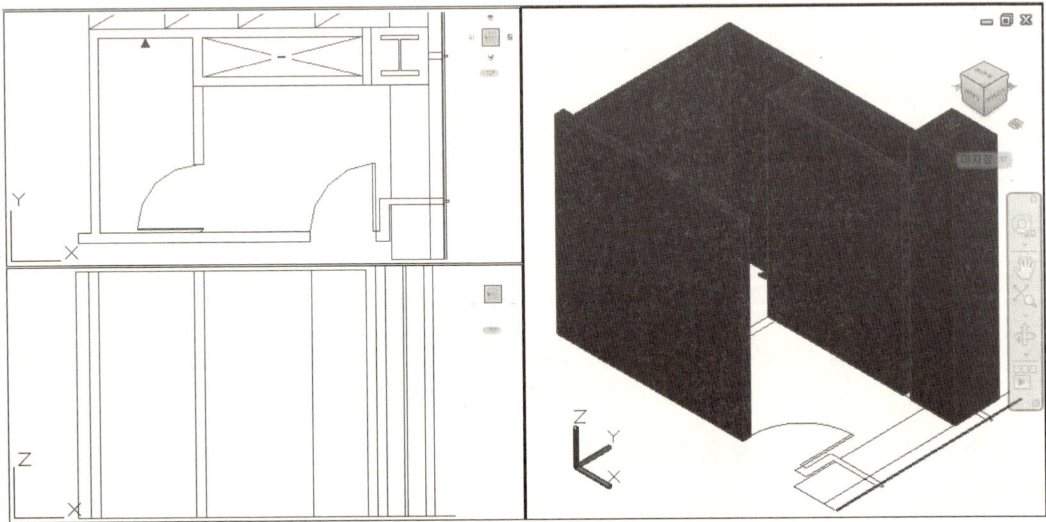

❹ 눌러 당기기 명령을 이용하여 벽체의 높이를 '2500'으로 만듭니다. 다음 그림과 같이 벽체가 작성됩니다.

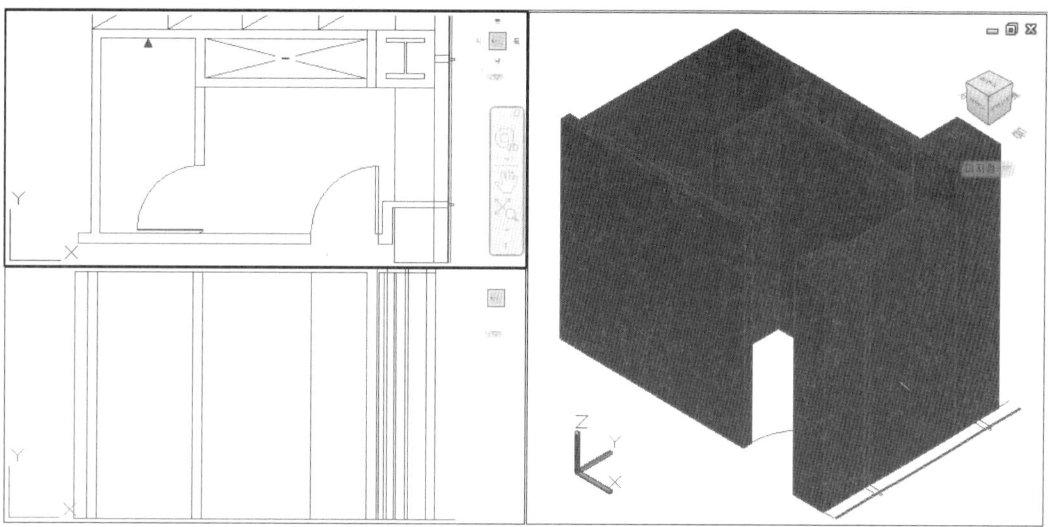

❺ '원(CIRCLE)' 명령으로 솔리드 상자 위에 반지름이 '200'인 원을 작도합니다.

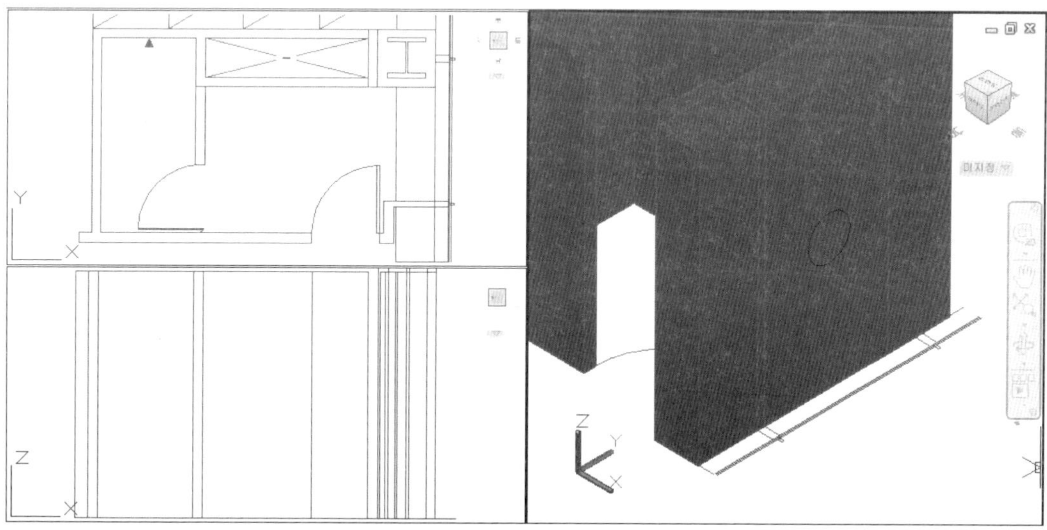

❻ 누르기/당기기 명령을 실행합니다. 명령어 'PRESSPULL'을 입력하거나 '솔리드' 탭의 '솔리드' 패널 또는 '모델링' 도구막대에서 를 클릭합니다.

{누르거나 당기기 할 내부 경계 영역을 클릭하십시오.}에서 직전에 작도한 원을 선택합니다. **{1 루프이(가) 추출됨.} {1 영역이(가) 작성됨.}**

누르거나 당기기 길이 '500'을 입력합니다. 다음 그림과 같이 솔리드 객체가 '500'만큼 돌출됩니다.

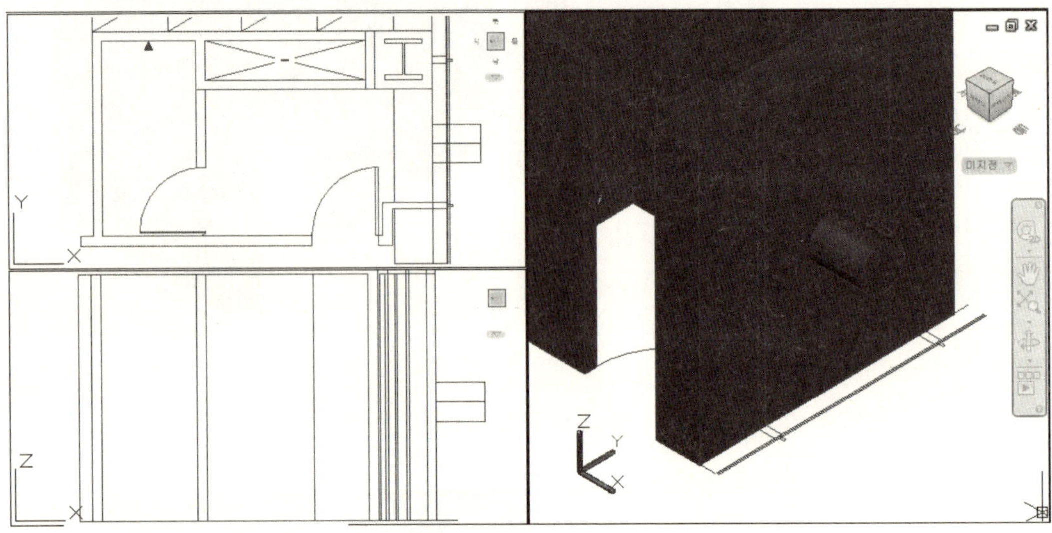

5. 회전(REVOLVE)

2D 객체를 축을 중심으로 회전하여 3D 솔리드 또는 표면을 작성합니다. 닫혀있는 객체를 회전하면 솔리드 객체가 되고, 열려있는 객체를 회전하면 표면 객체로 바뀝니다.

명령: REVOLVE

메뉴 아이콘:

❶ 선, 원, 폴리선 및 스플라인 명령으로 다음과 같이 작도합니다.

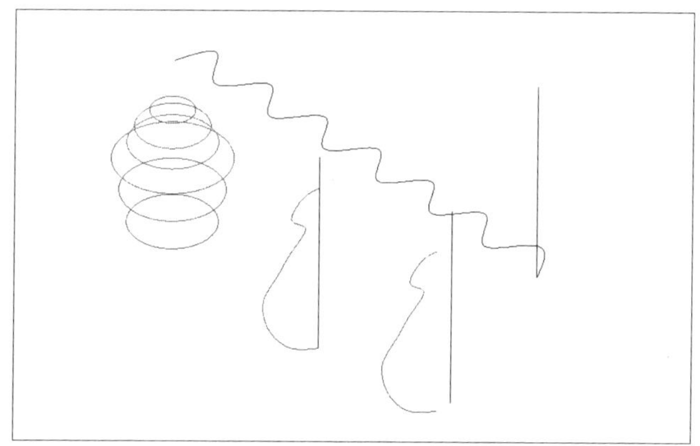

❷ 회전 명령을 실행합니다. 명령어 'REVOLVE'를 입력하거나 '솔리드' 탭의 '솔리드' 패널 또는 '모델링' 도구 막대에서 █을 클릭합니다.

{회전할 객체 선택 또는 [모드(MO)]:}에서 회전할 스플라인 객체를 선택합니다. **{1개를 찾음}**

{회전할 객체 선택 또는 [모드(MO)]:}에서 〈엔터〉 또는 〈스페이스 바〉를 눌러 선택을 종료합니다.

{축 시작점 지정 또는 다음에 의해 축 지정 [객체(O)/X/Y/Z] 〈객체(O)〉:}에서 객체 옵션 'O'를 입력합니다.

{객체 선택:}에서 축이 되는 수직선을 선택합니다.

{회전 각도 지정 또는 [시작 각도(ST)/반전(R)/표현식(EX)] 〈360〉:}에서 '360'을 입력합니다. 다음 그림과 같이 회전체 솔리드가 작성됩니다.

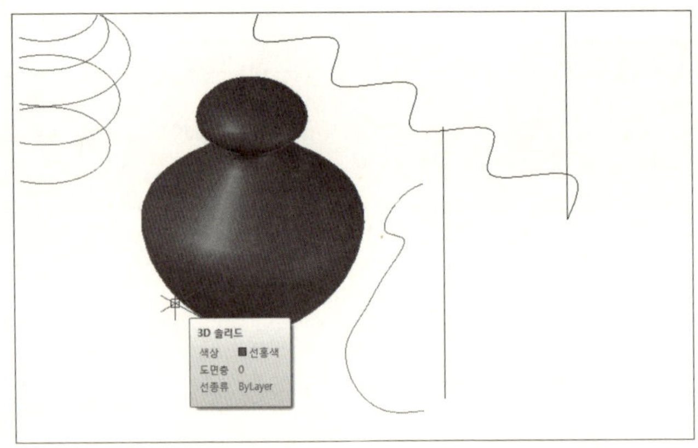

❸ 이번에는 회전축이 회전 객체와 떨어진 경우를 회전해보도록 하겠습니다. 솔리드의 회전 명령을 재실행합니다.

{현재 와이어프레임 밀도: ISOLINES=4, 닫힌 윤곽 작성 모드 = 솔리드}

{회전할 객체 선택 또는 [모드(MO)]: _MO}

{닫힌 윤곽 작성 모드 [솔리드(SO)/표면(SU)] 〈솔리드〉: _SO}

{회전할 객체 선택 또는 [모드(MO)]:}에서 회전할 스플라인 객체를 선택합니다. **{1개를 찾음}**

{회전할 객체 선택 또는 [모드(MO)]:}에서 〈엔터〉 또는 〈스페이스 바〉를 눌러 선택을 종료합니다.

{축 시작점 지정 또는 다음에 의해 축 지정 [객체(O)/X/Y/Z] 〈객체(O)〉:}에서 객체 옵션 'O'를 입력합니다.

{객체 선택:}에서 축이 되는 수직선을 선택합니다.

{회전 각도 지정 또는 [시작 각도(ST)/ 반전(R)/표현식(EX)] 〈360〉:}에서 '360'을 입력합니다. 다음 그림과 같이 회전체 표면(Surface)이 작성됩니다.

6. 로프트(LOFT)

몇 개의 객체를 이어 붙여서 솔리드 또는 면을 작성합니다. 단면의 지정 순서에 따라 객체의 모양이 달라지므로 객체 선택 순서를 고려해 지정해야 합니다.

명령: LOFT

메뉴 아이콘:

❶ 앞의 실습 도면에 이어서 실습하겠습니다. 로프트 명령을 실행합니다. 명령어 'LOFT'를 입력하거나 '솔리드' 탭의 '솔리드' 패널 또는 '모델링' 도구막대에서 을 클릭합니다.

{올림 순서로 횡단 선택 또는 [점(PO)/다중 모서리 결합(J)/모드(MO)]: _MO}

{닫힌 윤곽 작성 모드 [솔리드(SO)/표면(SU)] 〈솔리드〉: _SO}

{올림 순서로 횡단 선택 또는 [점(PO)/다중 모서리 결합(J)/모드(MO)]:} 에서 가장 아래쪽 원을 선택합니다. **{1개를 찾음}** 차례로 올라가면서 원을 선택합니다. 다음 그림과 같이 선택한 객체를 토대로 가상의 형상을 보여줍니다.

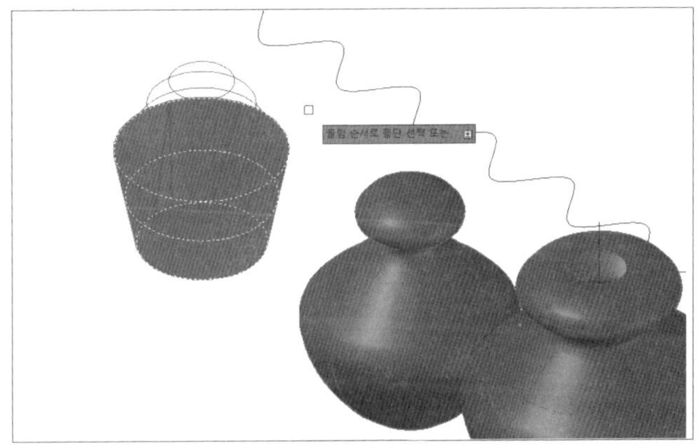

{올림 순서로 횡단 선택 또는 [점(PO)/다중 모서리 결합(J)/모드(MO)]:} 에서 〈엔터〉 또는 〈스페이스 바〉를 눌러 선택을 종료합니다.

{6개의 횡단이 선택됨}

{옵션 입력 [안내(G)/경로(P)/횡단만(C)/설정(S)] 〈횡단만〉:} 에서 〈엔터〉를 누릅니다. 다음 그림과 같이 솔리드 객체가 작성됩니다.

❷ '선(LINE)' 명령으로 오른쪽 수직선의 끝부분에 길이가 '1350'인 선을 작도합니다.

❸ 로프트 명령을 실행합니다.

{올림 순서로 횡단 선택 또는 [점(PO)/다중 모서리 결합(J)/모드(MO)]: _MO}

{닫힌 윤곽 작성 모드 [솔리드(SO)/표면(SU)] 〈솔리드〉: _SO}

{올림 순서로 횡단 선택 또는 [점(PO)/다중 모서리 결합(J)/모드(MO)]:}에서 아래쪽의 굴곡이 있는 스플라인을 선택합니다. **{1개를 찾음}**

{올림 순서로 횡단 선택 또는 [점(PO)/다중 모서리 결합(J)/모드(MO)]:}에서 직전에 작도한 위쪽의 직선을 선택합니다.

{올림 순서로 횡단 선택 또는 [점(PO)/다중 모서리 결합(J)/모드(MO)]:}에서 〈엔터〉 또는 〈스페이스 바〉를 눌러 선택을 종료합니다.

{2개의 횡단이 선택됨}

{옵션 입력 [안내(G)/경로(P)/횡단만 (C)/설정(S)] 〈횡단만〉:}에서 〈엔터〉를 누릅니다. 다음 그림과 같이 솔리드 객체가 작성됩니다.

7. 경로를 따라 입체 형상을 만드는 스윕(SWEEP)

2D 곡선을 경로에 따라 스윕하여 3D 솔리드 또는 곡면을 작성합니다

명령: SWEEP

메뉴 아이콘:

❶ '원(CIRCLE)' 기능을 이용하여 반지름
이 '10'인 원을 작도합니다.

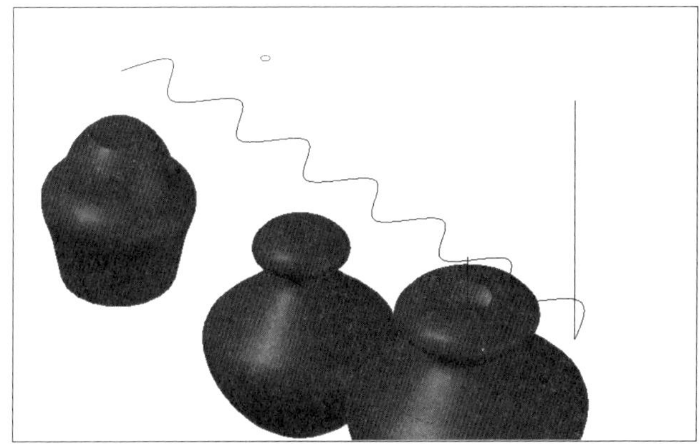

❷ 스윕 명령을 실행합니다. 명령어 'SWEEP'를 입력하거나 '솔리드' 탭의 '솔리드'패널 또는 '모델링' 도구막대
에서 을 클릭합니다.

{현재 와이어프레임 밀도: ISOLINES=4, 닫힌 윤곽 작성 모드 = 솔리드}

{스윕할 객체 선택 또는 [모드(MO)]: _MO}

{닫힌 윤곽 작성 모드 [솔리드(SO)/표면(SU)] 〈솔리드〉: _SO}

{스윕할 객체 선택 또는 [모드(MO)]:}에서 직전에 작도한 원을 선택합니다. {1개를 찾음}

{스윕할 객체 선택 또는 [모드(MO)]:}에서 〈엔터〉 또는 〈스페이스 바〉를 눌러 선택을 종료합니다.

{스윕 경로 선택 또는 [정렬(A)/기준점(B)/축척(S)/비틀기(T)]:}에서 스플라인 경로를 선택합니다. 다음 그
림과 같이 경로의 곡선을 따라 원 솔리드 객체가 작성됩니다.

❸ 명령 취소 'U'를 실행하여 스윕을 취소한 후, 다시 스윕 명령을 실행합니다.

{현재 와이어프레임 밀도: ISOLINES=4, 닫힌 윤곽 작성 모드 = 솔리드}

{스윕할 객체 선택 또는 [모드(MO)]: _MO}

{닫힌 윤곽 작성 모드 [솔리드(SO)/표면(SU)] 〈솔리드〉: _SO}

{스윕할 객체 선택 또는 [모드(MO)]:}에서 지그재그 스플라인을 선택합니다. {1개를 찾음}

{스윕할 객체 선택 또는 [모드(MO)]:}에서 〈엔터〉 또는 〈스페이스 바〉를 눌러 선택을 종료합니다.

{스윕 경로 선택 또는 [정렬(A)/기준점(B)/축척(S)/비틀기(T)]:}에서 수직선을 선택합니다. 다음 그림과 같이 경로의 수직선을 따라 지그재그 곡선이 스윕되면서 표면 객체가 작성됩니다.

8. 솔리드의 연산

솔리드의 장점 중 하나인 솔리드 객체의 부울 연산과 편집 기능을 이용해야 복잡한 3차원 객체를 효율적으로 완성할 수 있는 것입니다. 이번에는 솔리드 객체의 더하기, 빼기, 교집합 등 연산 기능에 대해 알아보겠습니다.

01. 영역 또는 솔리드를 하나로 만드는 합집합(UNION)

선택한 영역 또는 솔리드 객체를 하나의 객체로 결합합니다.

명령: UNION(단축키: UNI)

메뉴 아이콘: ◎

❶ 다음과 같은 모델이 있다고 가정하겠습니다.

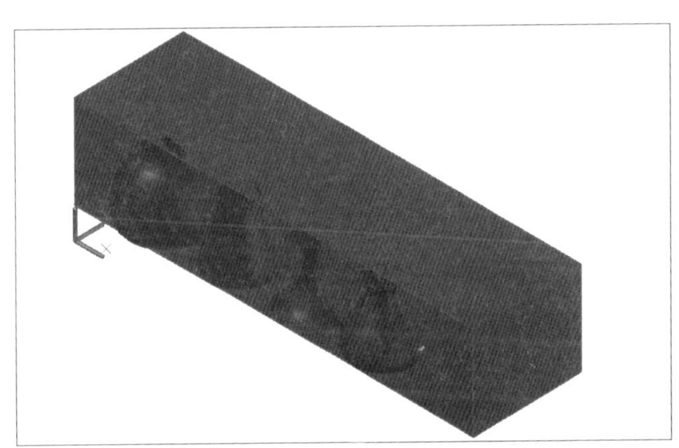

❷ 합집합 명령을 실행합니다. 명령어 'UNION' 또는 'UNI'를 입력하거나 '솔리드' 탭의 '부울' 패널 또는 '모델링' 도구막대에서 ◎을 클릭합니다.

{객체 선택:}에서 외부 상자 객체를 선택합니다.

{객체 선택:}에서 내부 첫 번째 항아리 객체를 선택합니다.

{객체 선택:}에서 〈엔터〉 또는 〈스페이스 바〉를 눌러 종료합니다.

다음 그림과 같이 두 개의 객체가 하나로 합쳐진 것을 알 수 있습니다.

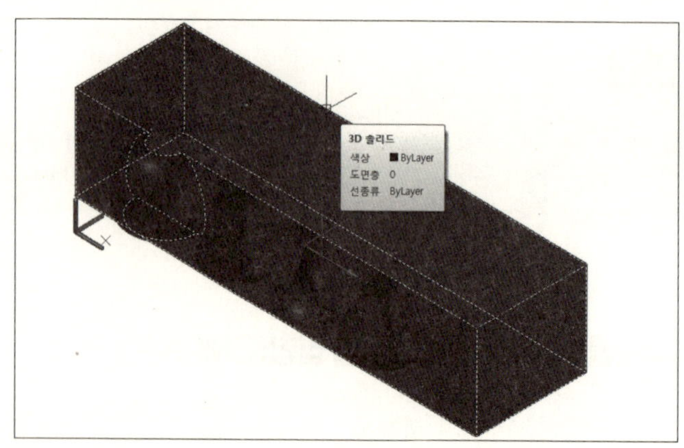

02. 영역 또는 솔리드의 차이를 만드는 차집합(SUBTRACT)

선택한 3D 솔리드, 표면 또는 2D 영역을 차집합으로 결합합니다. 기존 3D 솔리드 세트를 그와 겹치는 다른 세트에서 빼서 3D 솔리드 또는 표면을 작성할 수 있습니다. 겹치는 표면이나 2D 영역으로도 가능합니다.

명령: SUBTRACT(단축키:SU)

메뉴 아이콘:

❸ 명령어 'SUBTRACT' 또는 'SU'를 입력하거나 '솔리드' 탭의 '부울' 패널 또는 '모델링' 도구막대 을 클릭합니다.

{제거 대상인 솔리드, 표면 및 영역을 선택 ..}

{객체 선택:}에서 외부 상자를 선택합니다. **{1개를 찾음}**

{객체 선택:}에서 〈엔터〉 또는 〈스페이스 바〉를 눌러 선택을 종료합니다

{제거할 솔리드, 표면 및 영역을 선택 ..}

{객체 선택:}에서 두 번째 항아리를 선택합니다. **{ 1개를 찾음}**

{객체 선택:}에서 세 번째 항아리를 선택합니다. **{ 1개를 찾음. 총 2개}**

{객체 선택:}에서 〈엔터〉 또는 〈스페이스 바〉를 눌러 종료합니다.

다음 그림과 같이 외부 상자에서 선택한
두 개의 항아리를 뺀 형상이 작성됩니다.

03. 두 객체의 공통 부분을 추출하는 교집합(INTERSECTION)

겹치는 솔리드, 표면 또는 영역으로부터 서로 중복이 되는 3D 솔리드, 표면 또는 2D 영역을 작

성합니다. 기존 3D 솔리드, 표면 또는 영역이 서로 겹치는 공통 체적으로 3D 솔리드를 작성할 수

있습니다. 메쉬를 선택한 경우, 먼저 솔리드나 표면으로 변환한 다음 작업을 완료합니다.

명령:INTERSECT(단축키:IN)
메뉴 아이콘: ⓪

❹ 명령어 'INTERSECT' 또는 'IN'을 입
력하거나 '솔리드' 탭의 '부울' 패널 또는
'모델링' 도구막대에서 ⓪을 클릭합니다.
{객체 선택:}에서 외부 상자 객체를 선
택합니다.
{객체 선택:}에서 네 번째 항아리를 선
택합니다. **{1개를 찾음, 총 2개}**
{객체 선택:}에서 〈엔터〉 또는 〈스페이스
바〉를 눌러 선택을 종료합니다.

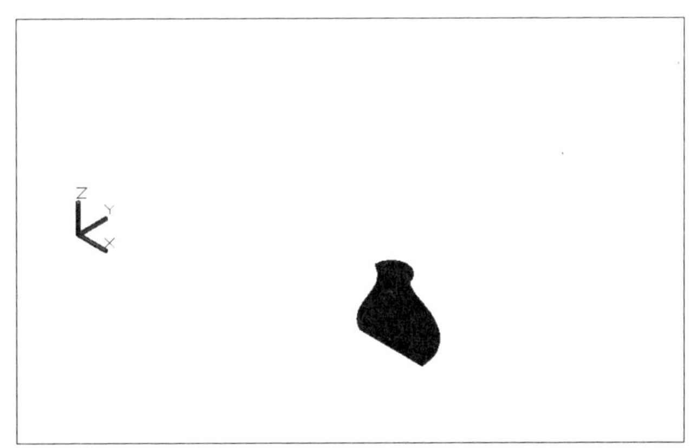

다음 그림과 같이 두 객체가 겹치는 부분(항아리의 일부)만 남고 나머지는 제거됩니다.

9. 편집 장치(기즈모)의 조작

3D 장치(편집 장치)를 사용하여 선택한 객체를 3D 축이나 평면을 따라 이동, 회전 또는 크기(축척)을 조정할 수 있습니다. 이 장치를 '기즈모(GIZMO)'라고 하는데 시스템 변수 'DEFAULTGIZMO' 값에 의해 지정됩니다.

01. 편집 장치(기즈모)의 선택

편집 장치는 '메쉬' 또는 '솔리드' 탭의 '선택' 패널에서 사용하고자 하는 편집 장치를 선택합니다.

시스템 변수 'DEFAULTGIZMO' 모드에 의해 편집 장치를 지정할 수 있습니다. 편집 장치를 지정하는 모드는 다음과 같습니다.

0: 3D 작업공간에서 객체를 선택하면 3D 이동 장치가 기본적으로 표시됩니다.
1: 3D 작업공간에서 객체를 선택하면 3D 회전 장치가 기본적으로 표시됩니다.
2: 3D 작업공간에서 객체를 선택하면 3D 축척 장치가 기본적으로 표시됩니다.
3: 3D 작업공간에서 객체를 선택할 때 기본적으로 아무 장치도 표시되지 않습니다.

이 장치는 객체를 선택한 후 지정할 수도 있고, 명령을 먼저 실행하고 난 후 지정할 수도 있습니다. 또, 객체가 선택된 상태에서 기존 지정된 장치에서 다른 장치로 쉽게 바꿀 수 있습니다. 예를 들어, A라는 객체에 이동 장치가 나타나 있는 상태에서 회전 장치로 바꾸고자 할 때는 그 상태에서 바로 회전 장치로 바꾸면 됩니다.

02. 이동 장치의 조작

실습을 통해 이해하도록 하겠습니다. 이동 장치를 조작해보겠습니다.

❶ '메쉬'탭의 '선택' 패널에서 선택 모드(SUBOBJSELECTIONMODE)를 '면'으
로 지정하고 편집 장치를 '이동 장치'로 지정합니다.

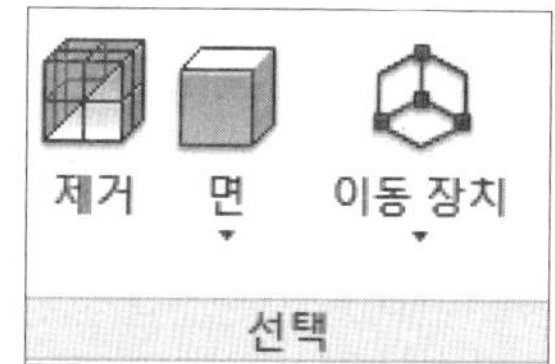

❷ 편집하고자 하는 면을 차례로 선택합
니다. 다음 그림과 같이 처음 선택한 면
에 이동 장치 아이콘이 나타납니다.

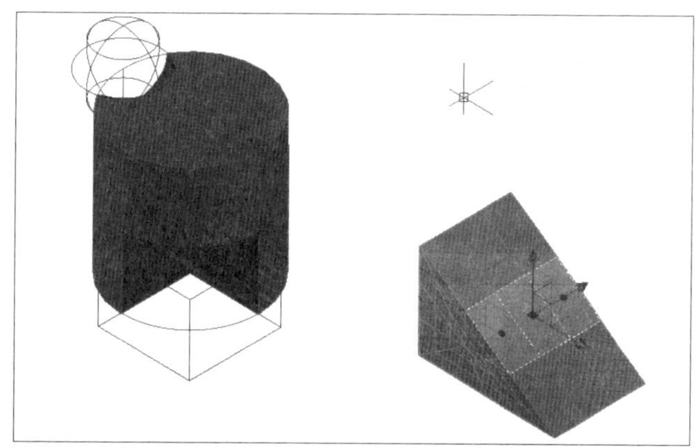

❸ 이때 마우스를 장치 아이콘의 Z축으로 가져가면 다음 그림과 같이 Z축 방향으로 안내선(파란색)이 나타납
니다. 지정된 축의 색상이 금빛으로 바뀝니다.

{ 신축 **}**

**{신축점 지정 또는 [기준점(B)/명령 취
소(U)/종료(X)]:}**에서 마우스로 끌고 갑
니다. 마우스의 이동에 따라 선택한 면이
이동됩니다.

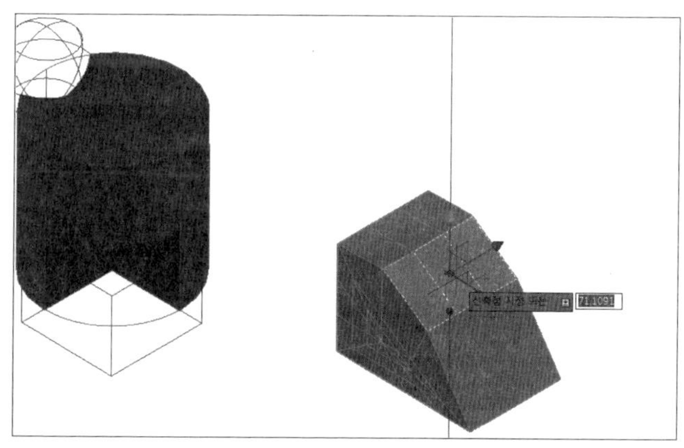

❹ 다음 그림과 같이 선택한 면이 지정한
위치로 이동(신축)됩니다.

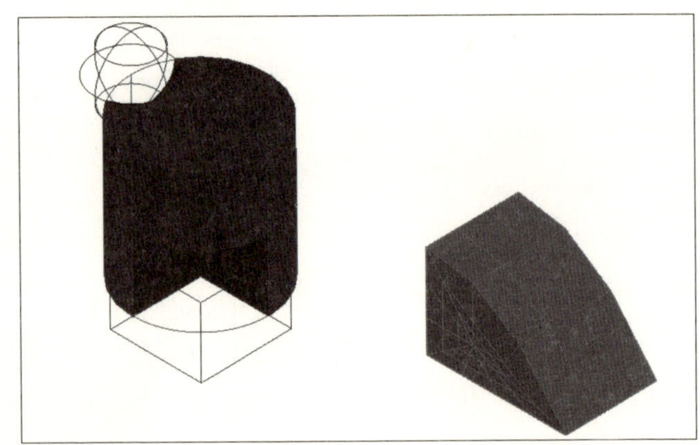

03. 회전 장치의 조작

이번에는 회전 장치를 조작해보겠습니다.

❺ '메쉬' 또는 '솔리드'탭의 '선택'패널에서 선택 모드(SUBOBJSELECTION
MODE)를 '모서리'로 지정하고 편집 장치를 '회전 장치'로 지정합니다.

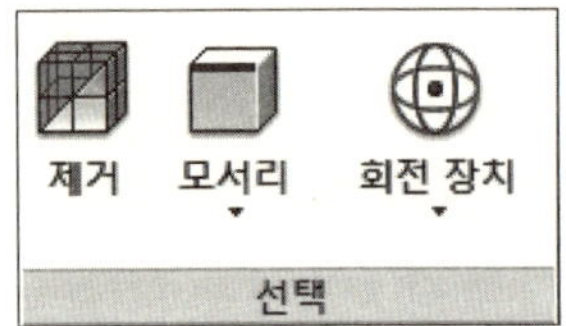

❻ 쐐기의 각 모서리를 선택하면 다음 그
림과 같이 빨간색의 굵은 선이 모서리에
나타나면서 회전 장치 아이콘이 나타납
니다. 이때 회전하고자 하는 축을 지정합
니다. 지정한 축은 금빛으로 바뀝니다.

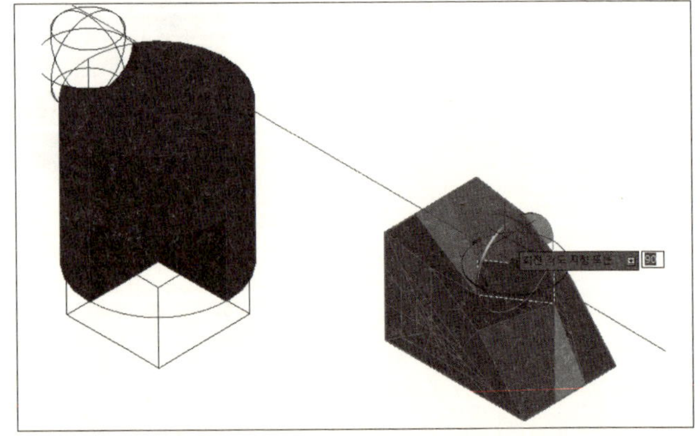

❼ {** 회전 **}

{회전 각도 지정 또는 [기준점(B)/명령 취소(U)/참조(R)/종료(X)]:}에서 회전 각도 '90'를 입력합니다. 다음 그림과 같 이 선택한 모서리가 지정한 각도(90도)만 큼 회전합니다.

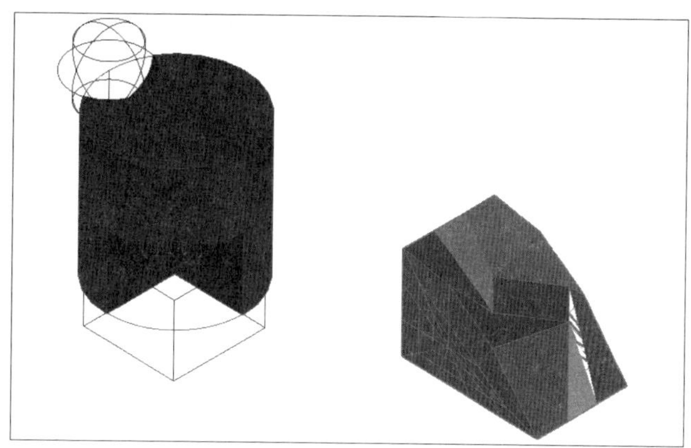

|Note| 맞물림 회전 도구

맞물림 회전 도구를 사용하면 객체 및 하위 객체를 자유롭게 이동하거나 축의 회전을 제한할 수 있습니다. 맞물림 도구의 가운데 상자(또는 기본 맞물림)에서 지정된 이 위치는 이동의 기준점을 설정하며, 선택한 객체 가 회전할 동안 UCS의 위치를 임시로 변경합니다.

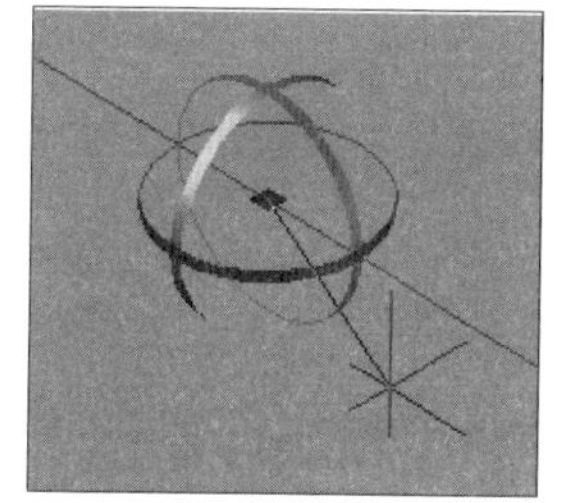

---

04. 축척 장치의 조작

❽ 이번에는 축척 장치를 알아보겠습니다. '메쉬'또는 '솔리드' 탭의 '선택'패널 에서 선택 모드(SUBOBJSELECTIONMODE)를 '정점'으로 지정하고 편집 장치 를 '축척 장치'로 지정합니다.

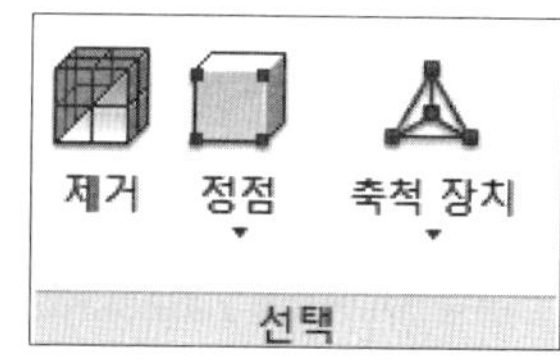

❾ 편집하고자 하는 정점을 클릭합니다.
지정한 정점에 빨간색 점이 나타납니다.
정점 선택이 끝났으면 축척하고자 하는
축을 선택합니다. 선택한 축을 위, 아래
로 움직입니다.

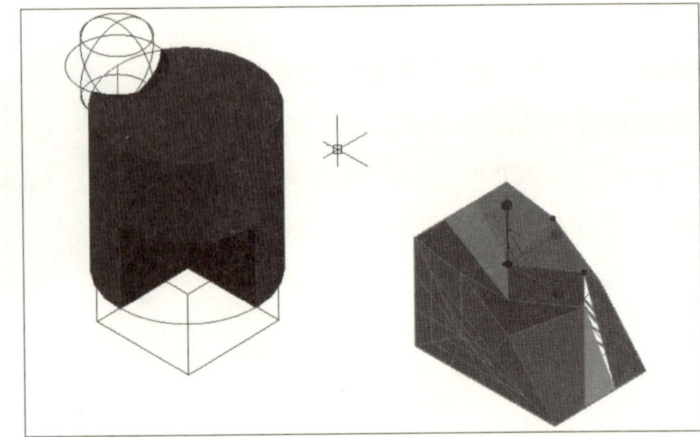

❿ 이번에는 원점을 클릭한 후

{ 신축 **}**

**{신축점 지정 또는 [기준점(B)/명령 취
소(U)/종료(X)]:}**에서 마우스를 움직여
신축 길이를 지정합니다. 마우스의 움직
임에 따라 모양이 바뀌는 것을 알 수 있
습니다.

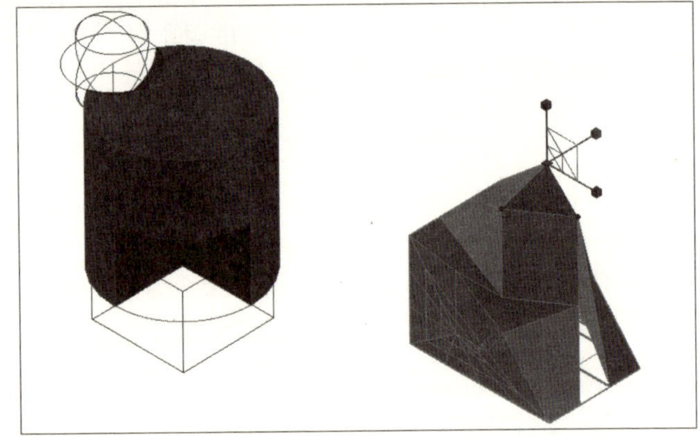

|**Note**| 장치 아이콘(GIZMO)

편집 장치를 지정하고 객체를 선택하면 다음 그림과 같은 장치 아이콘이 나타납니다. 이 장치는 3차원 뷰에서만 사용할 수 있습니다. 앞에서부터 차례로 '이동', '회전', '축척'아이콘입니다. 이 아이콘은 처음 지정한 선택 세트(정점, 모서리, 면)의 중심 위치에 나타나지만 사용자가 위치를 지정할 수 있습니다.

장치의 가운데 상자(또는 기준 그립)는 수정을 위한 기준점을 설정합니다. 장치에 있는 축 핸들이 이동이나 회전을 축이나 평면으로만 제한합니다. 장치의 축을 지정하면 해당 축에 제한하여 편집할 수 있습니다.

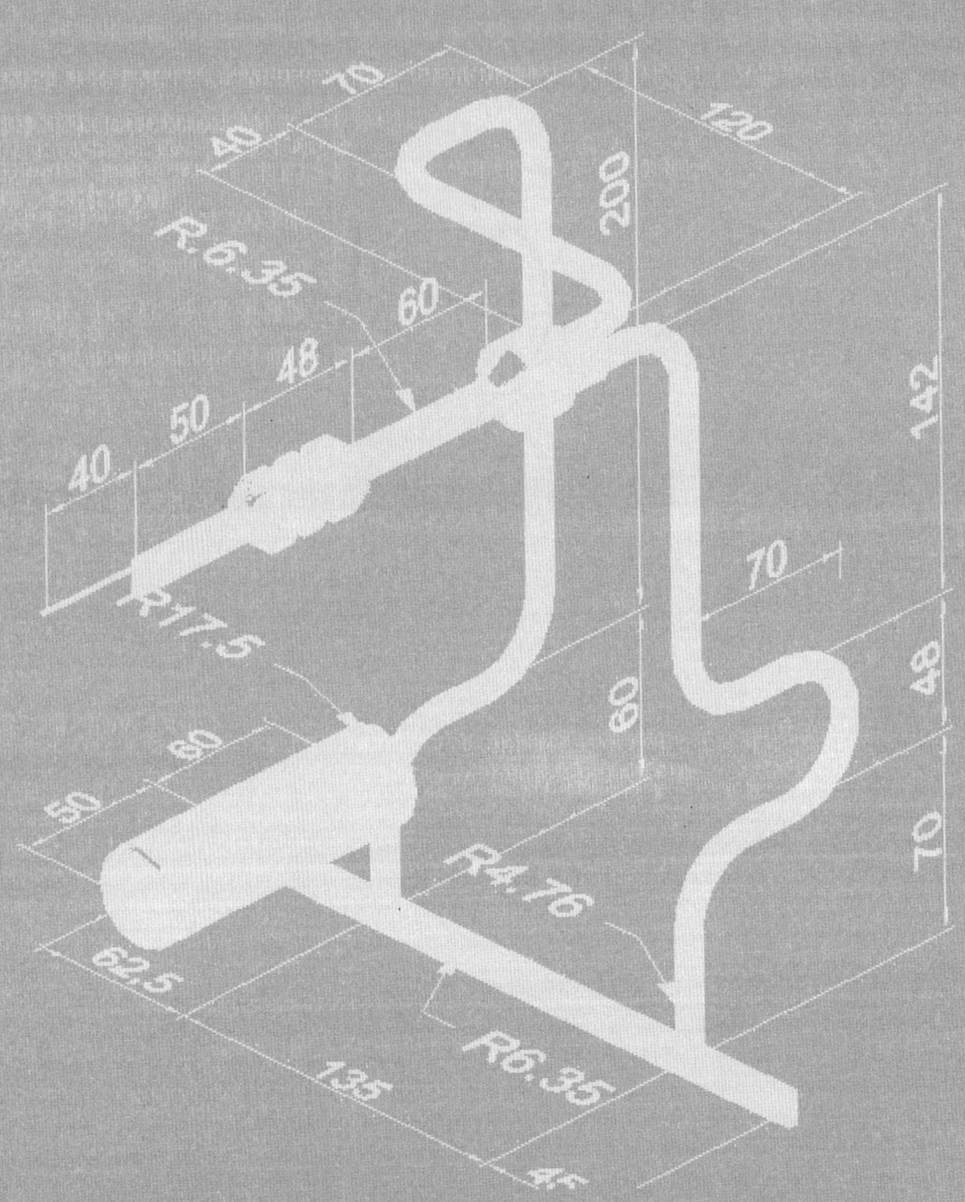

70
40
120
R.6.35
200
60
48
50
142
40
R17.5
70
60
80
50
48
70
R4.76
62.5
R6.35
135
45

동관 제작 도면 모델링

지금까지 학습한 3차원 모델링 기능을 이용하여 다음의 동관 제작 도면을 모델링하겠습니다.

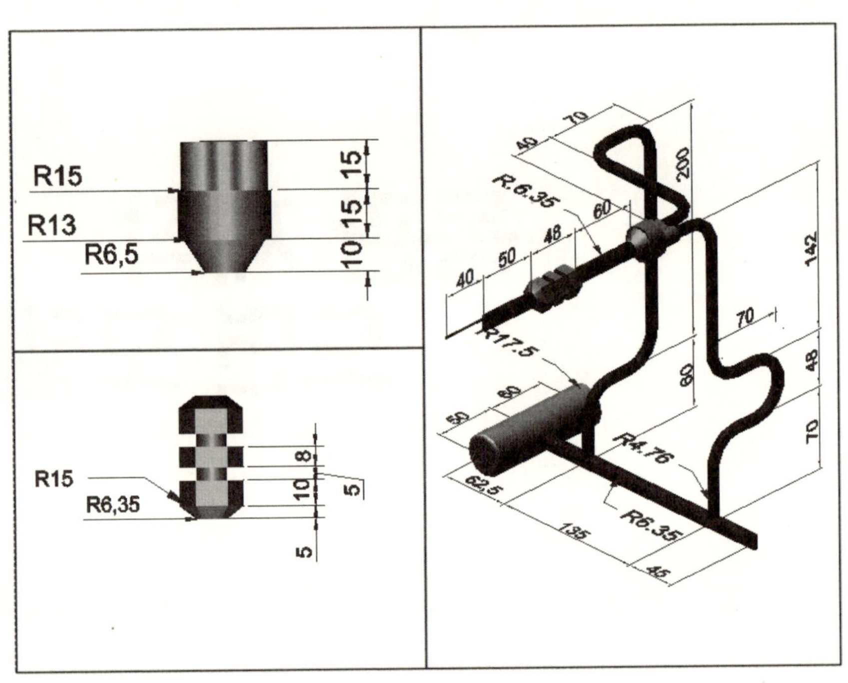

1/2"동관: 12.7mm, 3/8"동관: 9.52mm

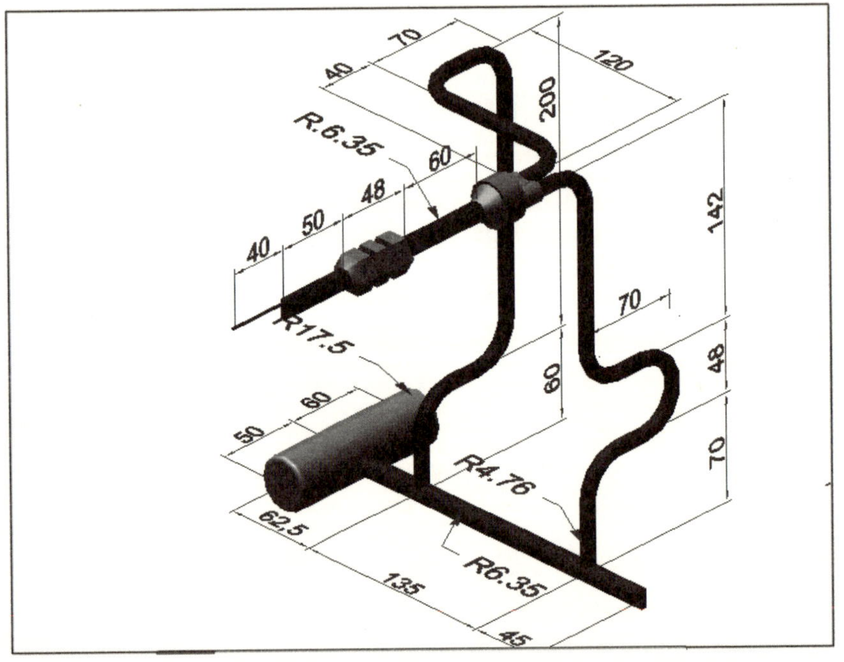

1. 환경 설정

모델링할 환경을 설정합니다.

❶ 작업환경을 '3D 모델링'으로 설정합니다. 하단의 그리기 도구 오른쪽의 '작업환경 ⚙'을 클릭한 후 리스트에서 '3D 모델링'을 선택합니다.

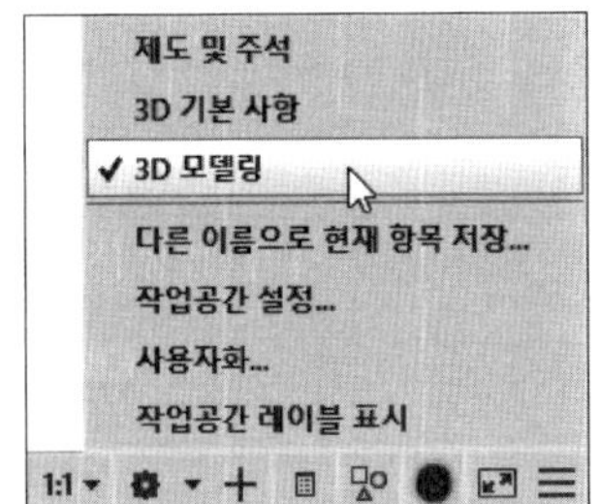

❷ 다음과 같이 '3D 모델링' 메뉴가 나타납니다.

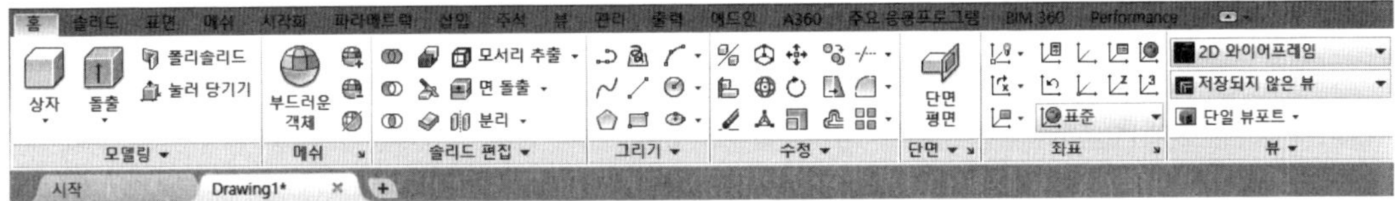

❸ 뷰포트를 3개로 만들도록 하겠습니다. 명령어 'VPORTS'를 입력하거나 '시각화–모형 뷰포트'의 '뷰포트 구성'을 클릭하여 '셋: 오른쪽'을 클릭합니다.

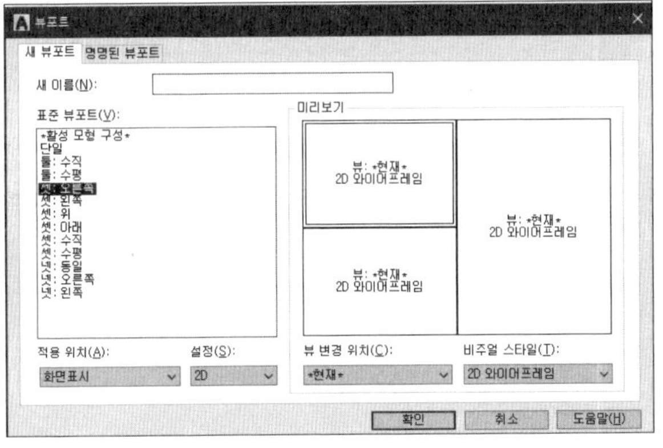

다음과 같이 설정한 뷰포트(셋: 오른쪽)가 펼쳐집니다.

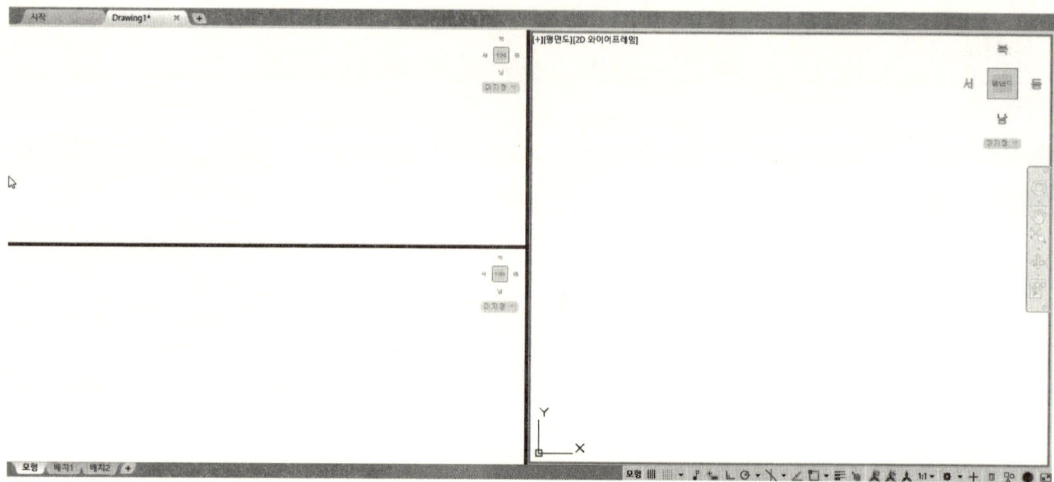

❹ 각 뷰포트별로 뷰를 설정합니다. 먼저 오른쪽 뷰포트에 클릭을 한 후 '시각화–뷰'에서 '남동 등각투영 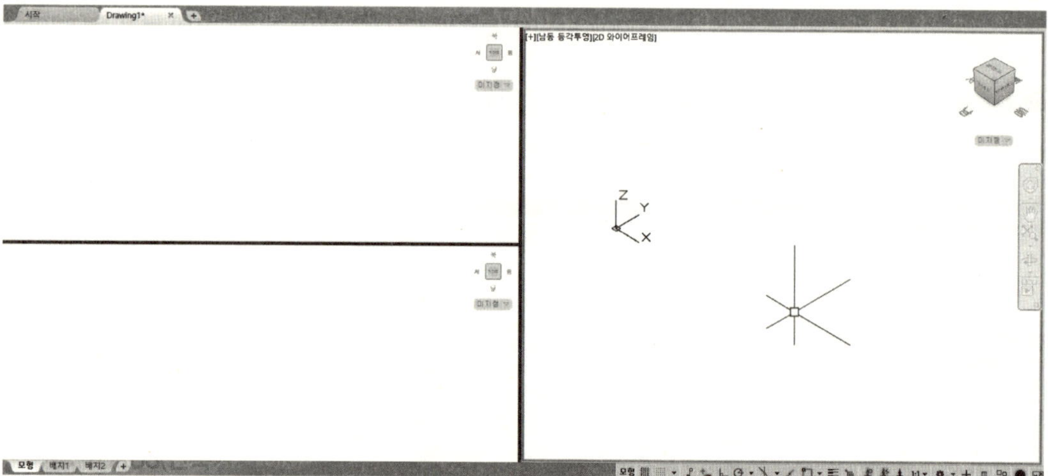'
을 지정합니다. 다음과 같이 오른쪽 뷰포트가 남동 등각투영 뷰가 됩니다.

❺ 뷰포트에서 왼쪽 위를 클릭합니다. '시각화–뷰'에서 '평면도 ▢'를 지정합니다. 다음과 같이 왼쪽 위 뷰포트가 평면도 뷰가 됩니다. 계속해서 왼쪽 아래 뷰포트를 클릭합니다. '시각화–뷰'에서 '정면도 ▢'를 지정합니다. 다음과 같이 왼쪽 위 뷰포트가 정면도 뷰가 됩니다.

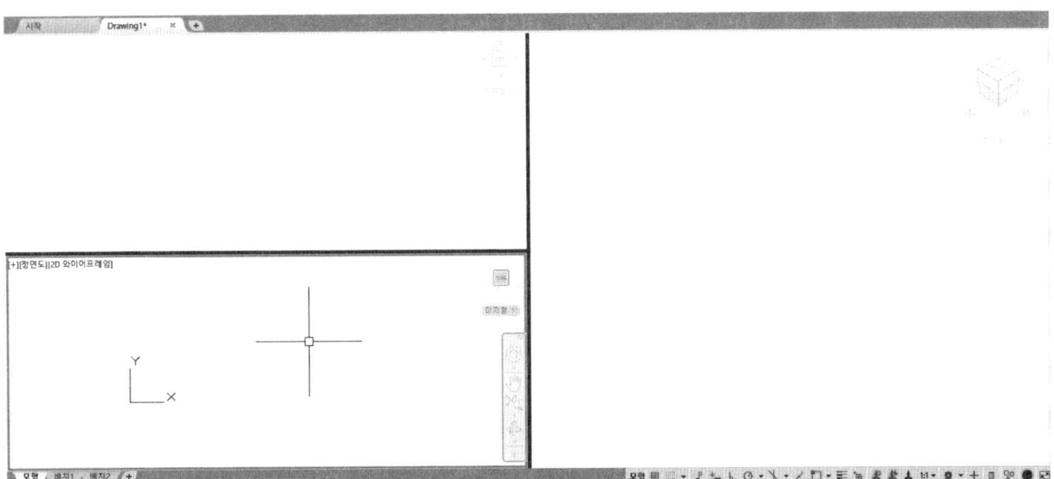

2. 윤곽선 작도

파이프의 윤곽선을 작도한 후 돌출 또는 스윕 기능으로 파이프를 모델링합니다.

❶ 선(LINE) 기능으로 선을 작도합니다.

{첫 번째 점 지정:}에서 '0,0'을 입력합니다.

{다음 점 지정 또는 [명령 취소(U)]:}에서 직교모드를 켠 후(〈직교 켜기〉) Y축 방향으로 맞추고 '50'을 입력합니다.

{다음 점 지정 또는 [명령 취소(U)]:}에서 계속해서 Y축 방향으로 맞추고 '60'을 입력합니다.

{다음 점 지정 또는 [닫기(C)/명령 취소(U)]:}에서 〈엔터〉를 눌러 종료합니다.

〈엔터〉 또는 〈스페이스 바〉를 눌러 재기동합니다.

{첫 번째 점 지정:}에서 객체스냅 '끝점 ✒'을 클릭한 후 직전에 작도한 선분의 연결부 끝점을 지정합니다.

{다음 점 지정 또는 [명령 취소(U)]:}에서 마우스 커서를 X축으로 맞춘 후 '62.5'를 입력합니다.

{다음 점 지정 또는 [명령 취소(U)]:}에서 X축으로 맞춘 후 '135'를 입력합니다.

{다음 점 지정 또는 [닫기(C)/명령 취소(U)]:}에서 X축으로 맞춘 후 '45'를 입력합니다.

{다음 점 지정 또는 [닫기(C)/명령 취소(U)]:}에서 〈엔터〉를 눌러 종료합니다.

다음과 같이 선분이 작도됩니다.

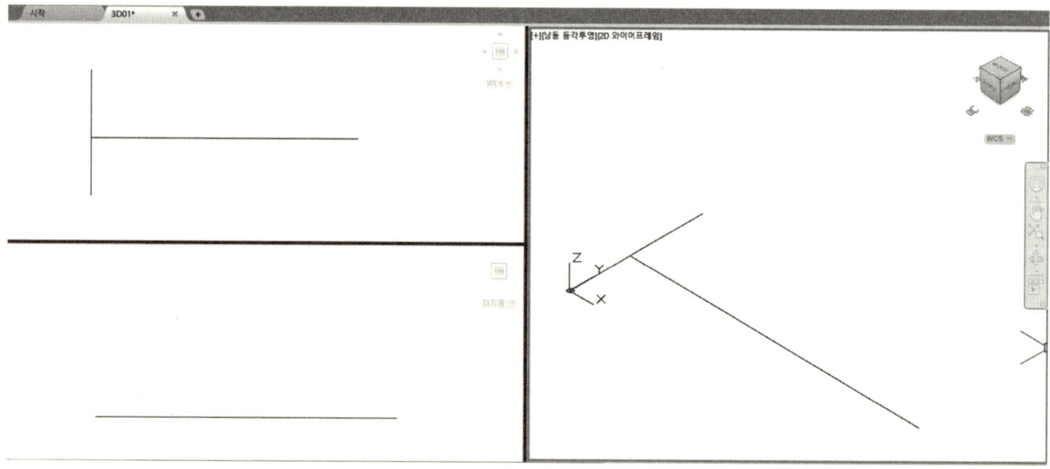

❷ 폴리선으로 세로 방향의 파이프 라인을 작도합니다. 이때 사전에 UCS를 맞춰야 합니다.

{**명령**}에서 'UCS'를 입력합니다.

{**UCS의 원점 지정 또는 [면(F)/이름(NA)/객체(OB)/이전(P)/뷰(V)/표준(W)/X(X)/Y(Y)/Z(Z)/Z축(ZA)] 〈표준):**}에서 'ZA'를 입력합니다.

{**새 원점 지정 또는 [객체(O)] 〈0,0,0):**}에서 선분의 교차점(P1)을 지정합니다.

{**Z-축 양의 구간에 있는 점 지정 〈0.0000,50.0000,1.0000):**}에서 다음과 같이 임의의 Z축 방향의 한 점(P2)을 지정합니다.

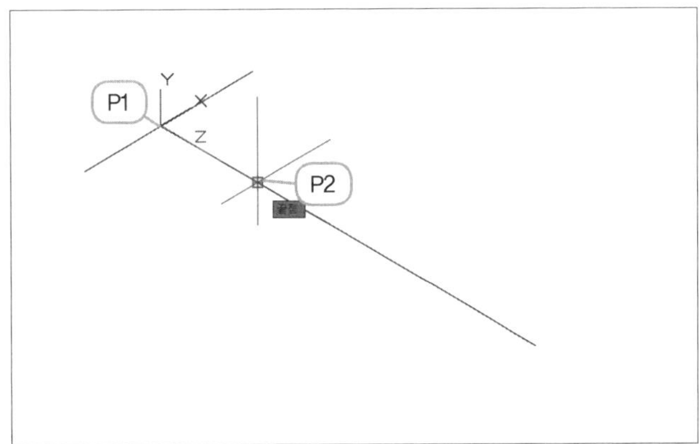

❸ 폴리선으로 세로 방향의 파이프 윤곽선을 작도합니다.

{**명령**}에서 'PLINE'을 입력합니다.

{**시작점 지정:**}에서 시작점(P1)을 지정합니다.

{**다음 점 지정 또는 [호(A)/반폭(H)/길이(L)/명령 취소(U)/폭(W)]:**}에서 위쪽 방향으로 맞추고 '70'을 입력합니다.

{**다음 점 지정 또는 [호(A)/닫기(C)/반폭(H)/길이(L)/명령 취소(U)/폭(W)]:**}에서 오른쪽 방향으로 맞추고 '70'을 입력합니다.

{**다음 점 지정 또는 [호(A)/닫기(C)/반폭(H)/길이(L)/명령 취소(U)/폭(W)]:**}에서 위쪽 방향으로 '48'을 입력합니다.

{**다음 점 지정 또는 [호(A)/닫기(C)/반폭(H)/길이(L)/명령 취소(U)/폭(W)]:**}에서 왼쪽 방향으로 '70'을 입력합니다.

{**다음 점 지정 또는 [호(A)/닫기(C)/반폭(H)/길이(L)/명령 취소(U)/폭(W)]:**}에서 위쪽 방향으로'142'를 입력합니다.

{**다음 점 지정 또는 [호(A)/닫기(C)/반폭(H)/길이(L)/명령 취소(U)/폭(W)]:**}에서 왼쪽 방향으로'40'을 입력합니다.

**{다음 점 지정 또는 [호(A)/닫기(C)/반
폭(H)/길이(L)/명령 취소(U)/폭(W)]:}**
에서 〈엔터〉를 눌러 종료합니다. 다음과
같이 작도됩니다.

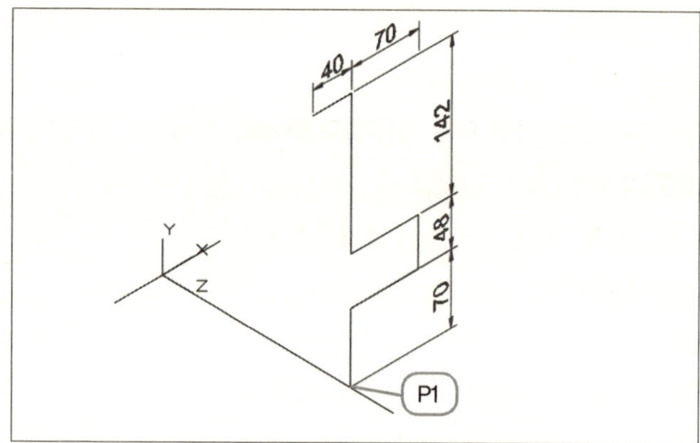

❹ 모깎기(FILLET) 기능으로 각 모서리를 부드럽게 처리합니다. 반경은 '24'입니다.

{명령:}에서 'FILLET'를 입력합니다.

{첫 번째 객체 선택 또는 [명령 취소(U)/폴리선(P)/반지름(R)/자르기(T)/다중(M)]:}에서 'R'을 입력합니다.

{모깎기 반지름 지정 〈0.0000〉:}에서 반지름 값 '24'를 입력합니다.

{첫 번째 객체 선택 또는 [명령 취소(U)/폴리선(P)/반지름(R)/자르기(T)/다중(M)]:}에서 폴리선 'P'를 입력
합니다.

{2D 폴리선 선택 또는 [반지름(R)]:}에
서 직전에 작도한 폴리선을 선택합니다.

{5 선은(는) 모깎기됨}라는 메시지와 함
께 다음과 같이 꺾어지는 위치에 반경
'24'인 호가 작도됩니다.

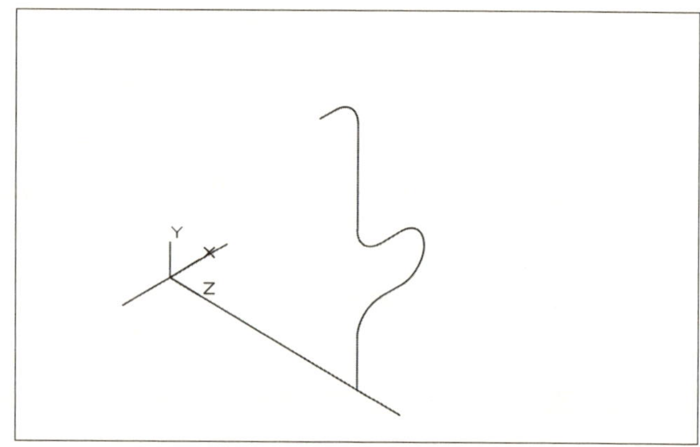

❺ 동일한 방법으로 뒤쪽 파이프의 윤곽선을 작도합니다.

{명령}에서 'PLINE'을 입력합니다.

{시작점 지정:}에서 시작점(P1)을 지정합니다.

{현재의 선 폭은 0.0000임}

{다음 점 지정 또는 [호(A)/반폭(H)/길이(L)/명령 취소(U)/폭(W)]:}에서 위쪽 방향으로 맞추고 '60'을 입력합니다.

{다음 점 지정 또는 [호(A)/닫기(C)/반폭(H)/길이(L)/명령 취소(U)/폭(W)]:}에서 오른쪽 방향으로 맞추고 '70'을 입력합니다.

{다음 점 지정 또는 [호(A)/닫기(C)/반폭(H)/길이(L)/명령 취소(U)/폭(W)]:}에서 위쪽 방향으로 '200'을 입력합니다.

{다음 점 지정 또는 [호(A)/닫기(C)/반폭(H)/길이(L)/명령 취소(U)/폭(W)]:}에서 〈엔터〉를 눌러 종료합니다.

> **TIP**
>
> 여기에서 '200'까지만 작도한 이유는 위쪽 파이프틀 UCS가 평면이기 때문입니다. 즉, 세로 방향의 파이프와 위쪽 평면 방향의 파이프가 서로 다른 평면이기 때문입니다.〈/

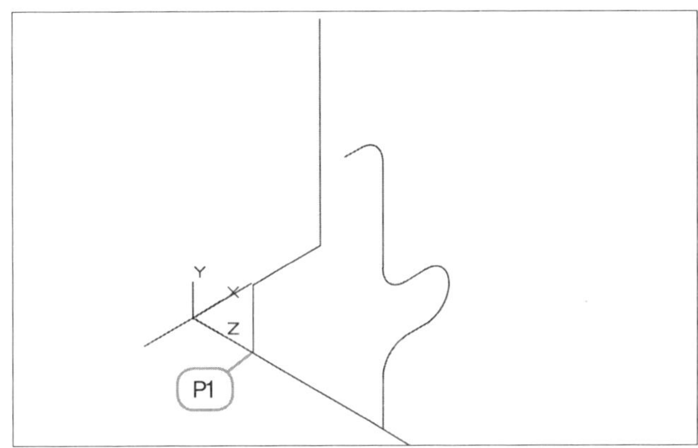

❻ 모깎기(FILLET) 기능으로 각 모서리를 부드럽게 처리합니다.

{명령:}에서 'FILLET'를 입력합니다.

{첫 번째 객체 선택 또는 [명령 취소(U)/폴리선(P)/반지름(R)/자르기(T)/다중(M)]:}에서 폴리선 'P'를 입력합니다.

{2D 폴리선 선택 또는 [반지름(R)]:}에서 직전에 작도한 폴리선을 선택합니다.

{2 선은(는) 모깎기됨}라는 메시지와 함께 다음과 같이 꺾어지는 위치에 반경 '24'인 호가 작도됩니다.

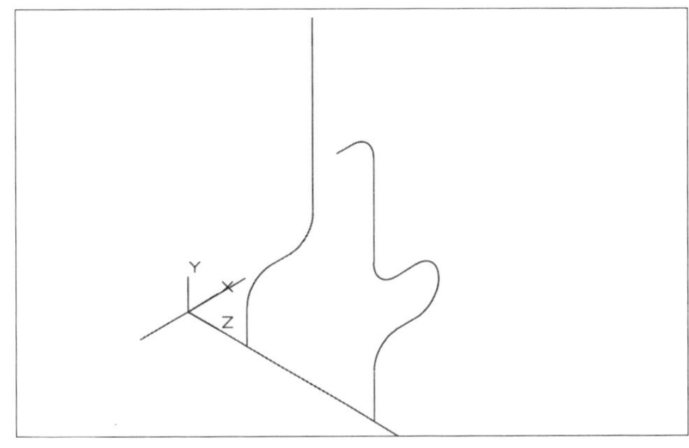

❼ 이번에는 선(LINE) 명령으로 평면의 파이프 윤곽선을 작도합니다.

{명령:}에서 'LINE'을 입력합니다.

{첫 번째 점 지정:}에서 시작점(P1)을 지정합니다.

{다음 점 지정 또는 [명령 취소(U)]:}에서 왼쪽 방향으로 맞추고 '70'을 입력합니다.

{다음 점 지정 또는 [명령 취소(U)]:}에서 앞쪽 방향으로 맞추고 '120'을 입력합니다.

{다음 점 지정 또는 [닫기(C)/명령 취소(U)]:}에서 왼쪽 방향으로 맞추고 '40'을 입력합니다.

{다음 점 지정 또는 [닫기(C)/명령 취소(U)]:}에서 〈엔터〉를 눌러 종료합니다.

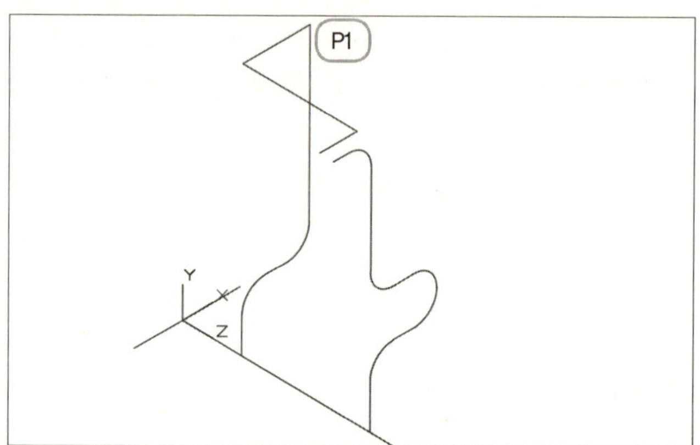

❽ 모깎기(FILLET) 기능으로 각 모서리를 부드럽게 처리합니다.

{명령:}에서 'FILLET'를 입력합니다.

{첫 번째 객체 선택 또는 [명령 취소(U)/폴리선(P)/반지름(R)/자르기(T)/다중(M)]:}에서 다중 'M'을 입력합니다.

{첫 번째 객체 선택 또는 [명령 취소(U)/폴리선(P)/반지름(R)/자르기(T)/다중(M)]:}에서 첫 번째 객체 E1을 선택합니다.

{두 번째 객체 선택 또는 Shift 키를 누른 채 선택하여 구석 적용 또는 [반지름(R)]:}에서 두 번째 객체 E2를 선택합니다.

{첫 번째 객체 선택 또는 [명령 취소(U)/폴리선(P)/반지름(R)/자르기(T)/다중(M)]:}에서 첫 번째 객체 E2을 선택합니다.

{두 번째 객체 선택 또는 Shift 키를 누른 채 선택하여 구석 적용 또는 [반지름(R)]:}에서 두 번째 객체 E3를 선택합니다.

{첫 번째 객체 선택 또는 [명령 취소(U)/폴리선(P)/반지름(R)/자르기(T)/다중(M)]:}에서 첫 번째 객체 E3을 선택합니다.

{두 번째 객체 선택 또는 Shift 키를 누른 채 선택하여 구석 적용 또는 [반지름(R)]:}에서 두 번째 객체

E4(폴리선)를 선택합니다.

{첫 번째 객체 선택 또는 [명령 취소 (U)/폴리선(P)/반지름(R)/자르기(T)/다 중(M)]:}에서 〈엔터〉를 눌러 종료합니다.

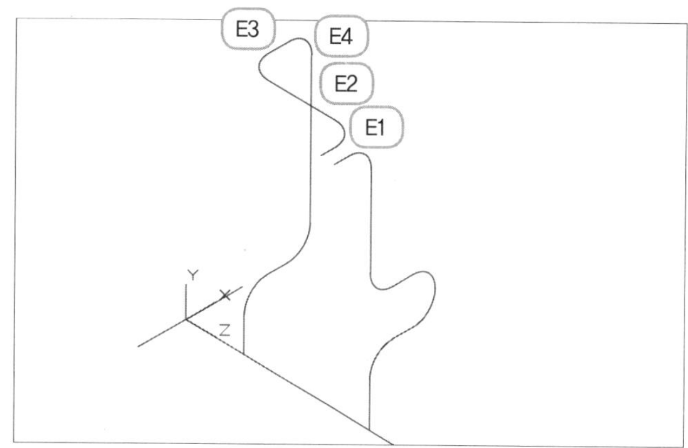

❾ 결합(JOIN) 기능으로 선분으로 작도한 윤곽선을 하나의 폴리선으로 결합합니다.

{명령:}에서 'JOIN'을 입력합니다.

{한 번에 결합할 원본 객체 또는 여러 객체 선택:}에서 결합할 객체를 모두 선택합니다.

{결합할 객체 선택:}에서 〈엔터〉를 눌러 선택을 종료합니다.

{5개 객체가 1개 스플라인으로 변환되었습니다.}라는 메시지가 표시됩니다.

마우스를 결합한 객체에 가져 가면 다음 과 같이 스플라인 객체로 변환되어 하나 의 객체로 결합된 것을 알 수 있습니다.

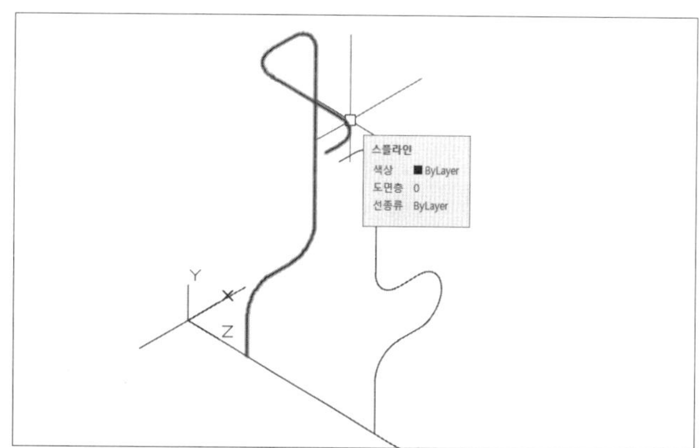

3. 기본 파이프 모델링

파이프 윤곽선을 3D 모델로 변환합니다.

❶ UCS를 '표준'으로 변환합니다.

{명령:}에서 'UCS'를 입력합니다.

{현재 UCS 이름: *이름 없음*}

{UCS의 원점 지정 또는 [면(F)/이름(NA)/객체(OB)/이전(P)/뷰(V)/표준(W)/X(X)/Y(Y)/Z(Z)/Z축(ZA)] 〈표준〉:}에서 〈엔터〉를 입력합니다.

❷ 원(CIRCLE) 기능으로 반지름이 '17.5'인 원을 두 개 작도하고, 반지름 '6.25'인 원을 세 개 작도합니다. 원을 작도한 후 복사를 하는 방법도 있습니다.

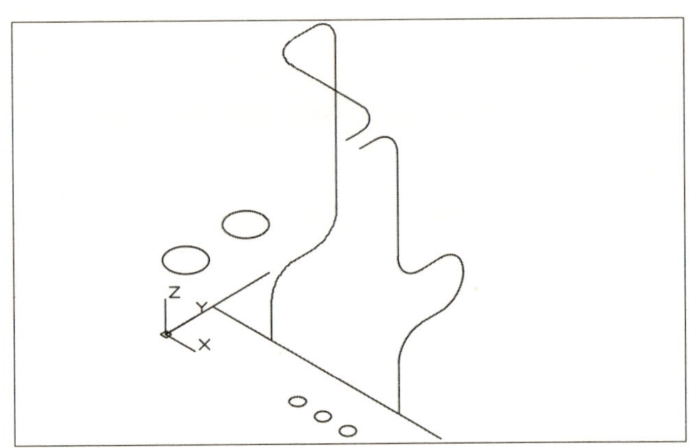

❸ 스윕(SWEEP) 기능으로 파이프를 모델링합니다.

{명령:}에서 'SWEEP'를 입력하거나 '솔리드' 탭의 '솔리드' 패널에서 '스윕 🔄'을 클릭합니다.

{현재 와이어프레임 밀도: ISOLINES=4, 닫힌 윤곽 작성 모드 = 솔리드}

{스윕할 객체 선택 또는 [모드(MO)]: _MO 닫힌 윤곽 작성 모드 [솔리드(SO)/표면(SU)] 〈솔리드〉: _SO}

{스윕할 객체 선택 또는 [모드(MO)]:}에서 원을 선택합니다. {1개를 찾음}

{스윕할 객체 선택 또는 [모드(MO)]:}에서 〈엔터〉를 눌러 선택을 종료합니다.

{스윕 경로 선택 또는 [정렬(A)/기준점(B)/축척(S)/비틀기(T)]:}에서 파이프 윤곽선을 선택합니다. 다음과 같이 파이프가 모델링됩니다.

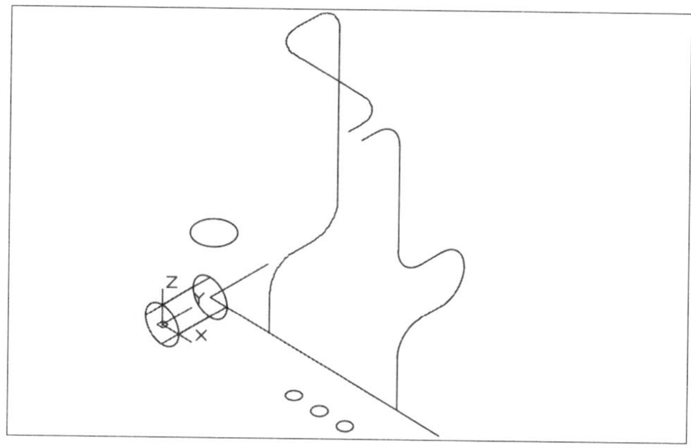

❹ 비주얼 스타일을 변경하겠습니다. '홈' 탭의 '뷰' 패널에서
비주얼 스타일 드롭다운 리스트에서 '개념'을 선택합니다.

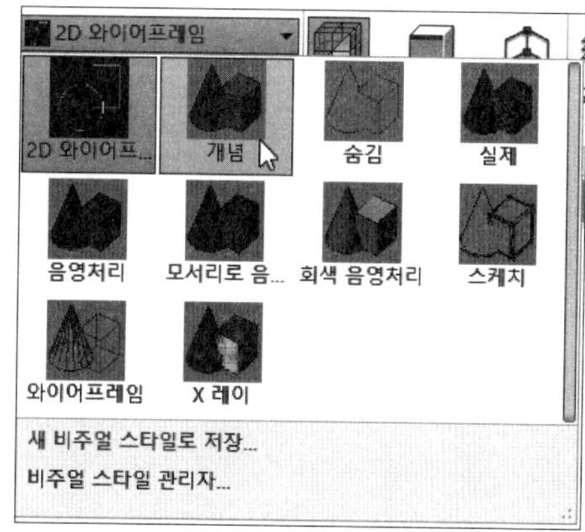

다음과 같이 비주얼(표시) 스타일이 설정
되어 표시됩니다.

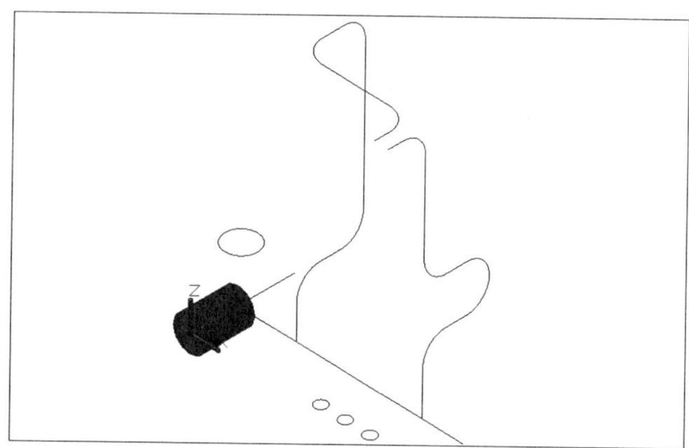

❺ 다시 스윕(SWEEP) 기능으로 작도한 원(스윕할 객체)을 파이프 윤곽선(경로)을 따라 모델링합니다.

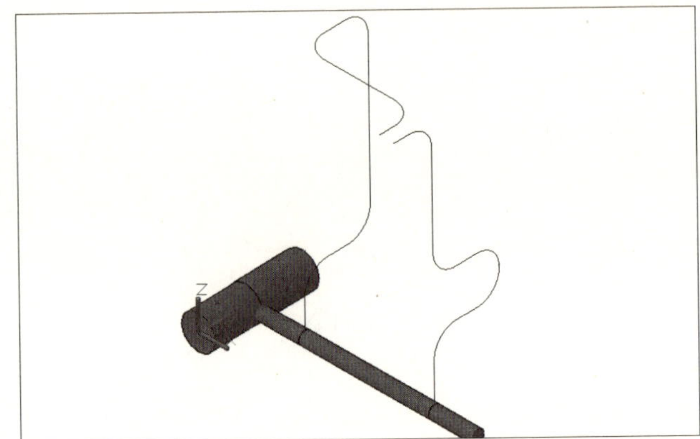

❻ 이제는 세로 방향의 파이프를 작도합니다. 원(CIRCLE) 기능으로 반지름이 '4.75'인 원을 두 개 작도합니다.

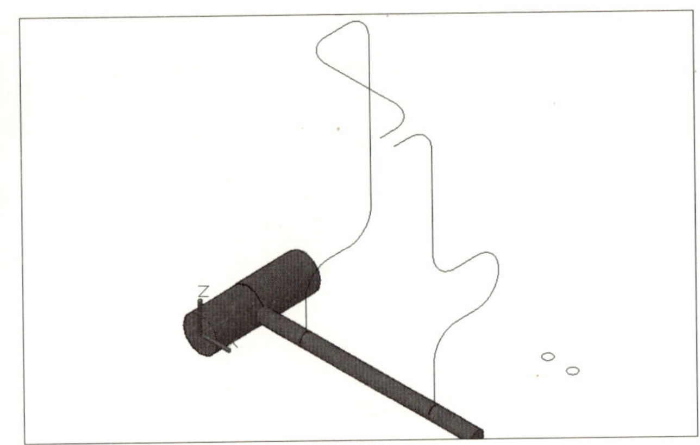

❼ 스윕(SWEEP) 기능으로 파이프를 모델링합니다.

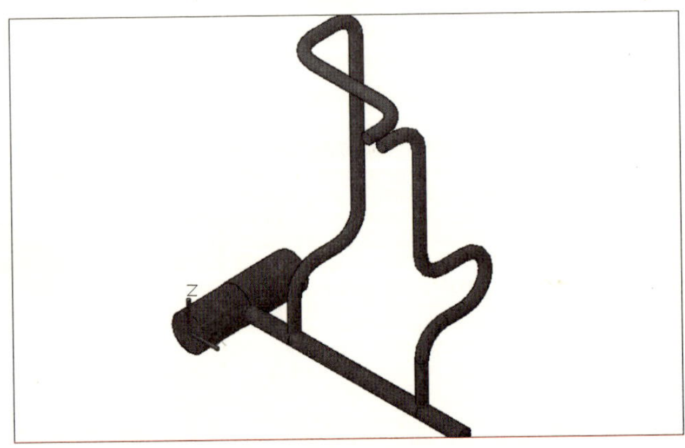

4. 조인트 및 후레아 모델링

두 개의 파이프를 연결하는 조인트와 후레아를 모델링합니다.

❶ 먼저 윤곽선을 작도합니다. 선(LINE) 기능으로 길이 '15'인 선을 작도한 후 양쪽 끝점에 원(CIRCLE) 기능으로 반지름이 '7.5'인 원을 작도합니다.

❷ 원(CIRCLE) 기능의 '점선–접선–반지름(TTR)' 기능으로 반지름이 '7.5'인 원을 작도합니다.

{명령:}에서 'CIRCLE'를 입력합니다.

{원에 대한 중심점 지정 또는 [3점(3P)/2점(2P)/Ttr – 접선 접선 반지름(T)]:}에서 'T'를 입력합니다.

{원의 첫 번째 접점에 대한 객체위의 점 지정:}에서 첫 번째 원의 접선(E1)을 선택합니다.

{원의 두 번째 접점에 대한 객체위의 점 지정:}에서 두 번째 원의 접선(E2)을 선택합니다.

{원의 반지름 지정 〈7.5000〉:}에서 반지름 '7.5'를 입력합니다.

원의 접선과 접선이 만나는 반지름 '7.5'인 원이 작도됩니다.

반대편도 동일한 방법으로 원을 작도합니다. 다음과 같이 작도됩니다.

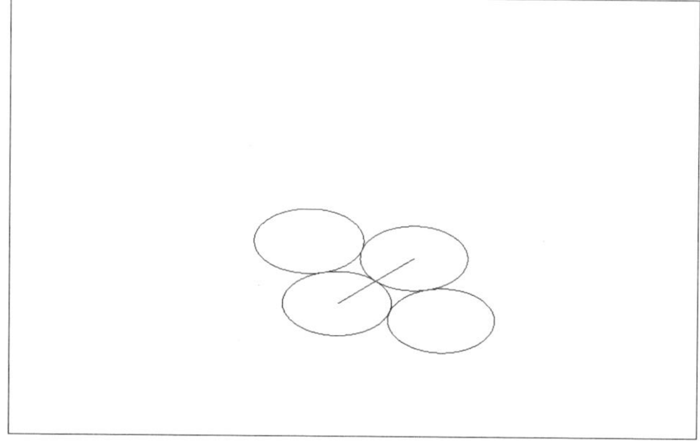

❸ 자르기(TRIM) 기능으로 땅콩 모양의 윤곽을 만듭니다.

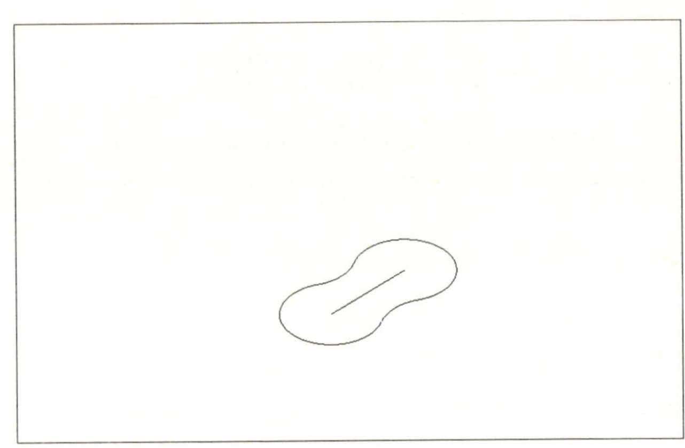

❹ 눌러당기기(PRESSPULL) 기능으로 높이 '15'만큼 돌출합니다.

{명령:}에서 'PRESSPULL'을 입력하거나 '솔리드' 탭의 '솔리드' 패널에서 '눌러당기기 🔲'를 클릭합니다.

{객체 또는 경계 영역 선택:}에서 땅콩 모양의 폐쇄 공간 안쪽을 지정합니다.

{돌출 높이 지정 또는 [다중(M)]:}에서 '15'를 입력합니다.

{1개의 돌출이 작성됨}

{객체 또는 경계 영역 선택:}에서 〈엔터〉를 눌러 종료합니다.

다음과 같이 선택한 공간이 '15'만큼 돌출됩니다.

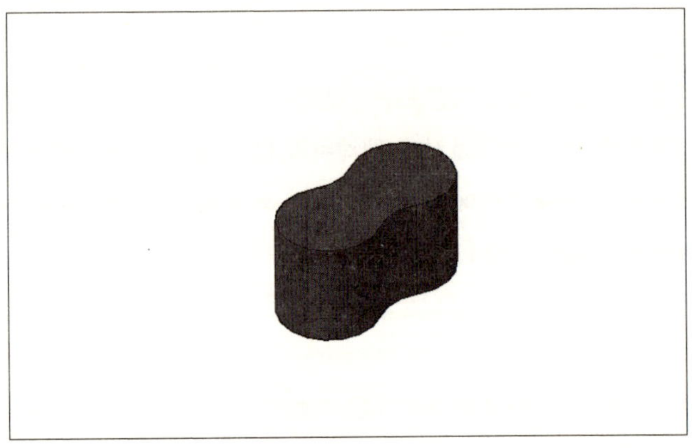

❺ 원(CIRCLE) 기능으로 반지름이 '15'인 원을 작도합니다.

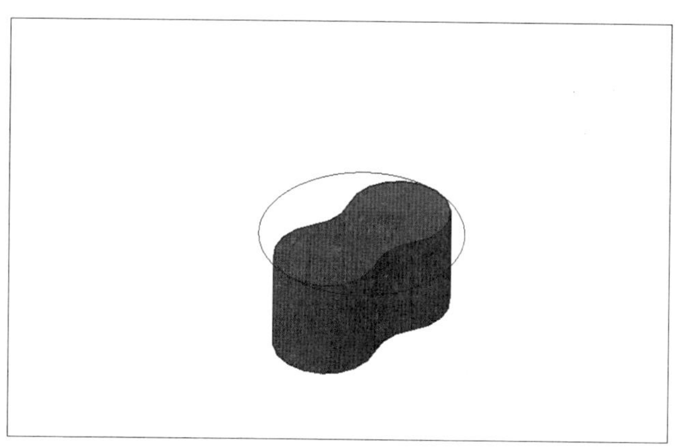

❻ 돌출(EXTRUDE) 또는 눌러당기기(PRESSPULL) 기능을 이용하여 높이 '15'만큼 돌출합니다. 이번에는 돌출 기능으로 조작하겠습니다.

{명령:}에서 'EXTRUDE'를 입력하거나 '솔리드' 탭의 '솔리드' 패널에서 '돌출 📭'을 클릭합니다.

{돌출할 객체 선택 또는 [모드(MO)]: _MO 닫힌 윤곽 작성 모드 [솔리드(SO)/표면(SU)] 〈솔리드〉: _SO}

{돌출할 객체 선택 또는 [모드(MO)]:}에서 원을 선택합니다. {1개를 찾음}

{돌출할 객체 선택 또는 [모드(MO)]:}에서 〈엔터〉를 눌러 선택을 종료합니다.

{돌출 높이 지정 또는 [방향(D)/경로(P)/테이퍼 각도(T)/표현식(E)] 〈15.0000〉:}에서 돌출 높이 '15'를 지정합니다. 다음과 같이 돌출됩니다.

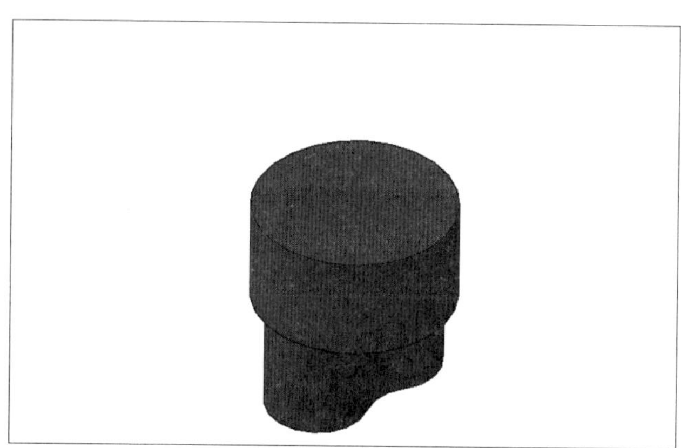

❼ 원(CIRCLE) 기능으로 반지름이 '13'인
원을 작도한 후. 선(LINE) 기능으로 중심
으로부터 길이 '10'인 선을 작도합니다.
선의 끝점에 반지름이 '6.5'인 원을 작도
합니다.

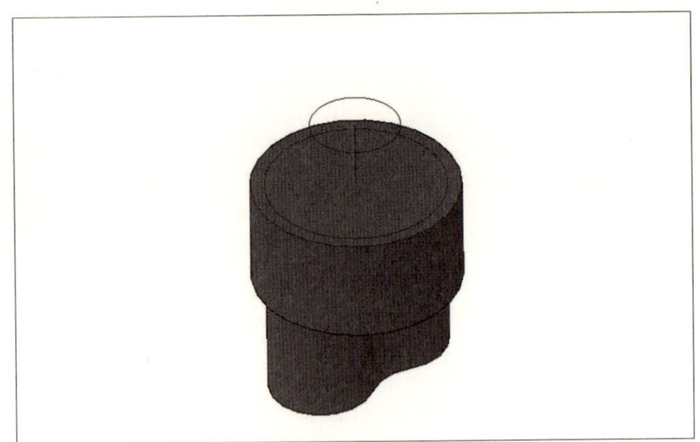

❽ 로프트(LOFT) 기능으로 두 개의 원을 잇는 원통을 모델링합니다.

{명령:}에서 'LOFT'를 입력하거나 '솔리드' 탭의 '솔리드' 패널에서 '로프트 ▣'를 클릭합니다.

{현재 와이어프레임 밀도: ISOLINES=4, 닫힌 윤곽 작성 모드 = 솔리드}

{올림 순서로 횡단 선택 또는 [점(PO)/다중 모서리 결합(J)/모드(MO)]: _MO 닫힌 윤곽 작성 모드 [솔리드(SO)/표면(SU)] 〈솔리드〉: _SO}

{올림 순서로 횡단 선택 또는 [점(PO)/다중 모서리 결합(J)/모드(MO)]:}에서 아래쪽 원을 선택합니다. {1개를 찾음}

{올림 순서로 횡단 선택 또는 [점(PO)/다중 모서리 결합(J)/모드(MO)]:}에서 위쪽 원을 선택합니다. {1개를 찾음, 총 2개}

{올림 순서로 횡단 선택 또는 [점(PO)/다중 모서리 결합(J)/모드(MO)]:}에서 〈엔터〉를 눌러 선택을 종료합니다. {2개의 횡단이 선택됨}

{옵션 입력 [안내(G)/경로(P)/횡단만
(C)/설정(S)] 〈횡단만〉:}에서 〈엔터〉를
누릅니다.

다음과 같이 모델링됩니다.

❾ 원(CIRCLE) 기능으로 반지름이 '6.35'
인 원을 작도한 후 돌출(EXTRUDE) 또는
눌러당기기(PRESSPULL) 기능을 이용하
여 길이 '60'만큼 돌출합니다.

❿ 지금부터 후레아를 작도합니다. 원
(CIRCLE) 기능으로 원통의 끝점에 반지
름 '6.35'의 원을 작도한 후 선(LINE) 기
능으로 길이 '5'인 선을 긋습니다. 다각형
(POLYGON) 기능으로 반지름이 '15'인 육
각형을 작도합니다.

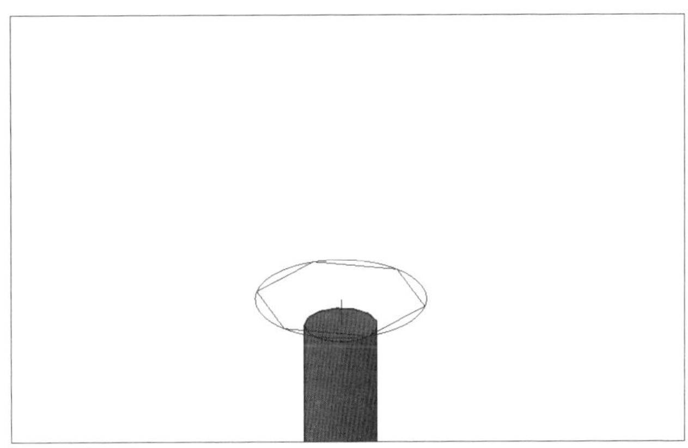

⓫ 로프트(LOFT) 기능으로 원과 육각형
을 잇는 모델을 작성합니다.

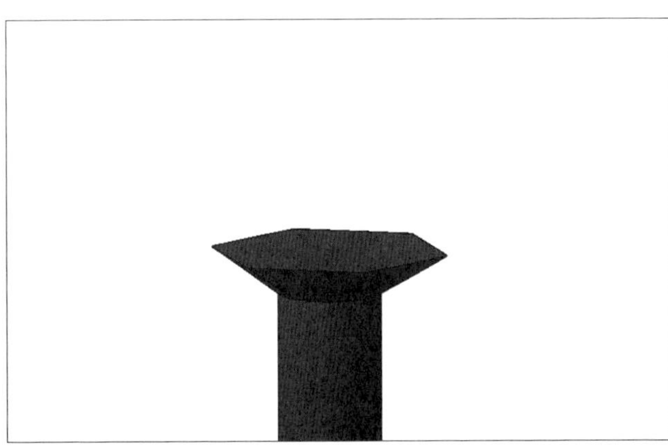

❿ 다각형(POLYGON) 기능으로 반지름 '15'인 육각형을 작도하고 선(LINE) 기능으로 길이 '10'인 선을 긋습니다. 돌출(EXTRUDE) 또는 눌러당기기(PRESSPULL) 기능을 이용하여 길이 '10' 만큼 돌출합니다. 지우기(ERASE) 기능으로 육각형의 외부의 원을 지웁니다.

❸ 원(CIRCLE) 기능으로 원통의 끝점에 반지름 '6.35'의 원을 작도한 후 돌출(EXTRUDE) 또는 눌러당기기(PRESSPULL) 기능을 이용하여 길이 '5' 만큼 돌출합니다.

❹ 다각형(POLYGON) 기능으로 반지름 '15'인 육각형을 작도하고 돌출(EXTRUDE) 또는 눌러당기기(PRESSPULL) 기능을 이용하여 길이 '8' 만큼 돌출합니다.

❶❺ 대칭(MIRROR) 기능으로 대칭 복사합니다.

{명령:}에서 'MIRROR'을 입력합니다.

{객체 선택:}에서 범위를 지정하여 원통, 육각형, 육각형과 원을 잇는 모델을 선택합니다.

{반대 구석 지정: 3개를 찾음}

{객체 선택:}에서 〈엔터〉를 눌러 선택을 종료합니다.

{대칭선의 첫 번째 점 지정:}에서 육각형의 중간점(P1)을 지정합니다.

{대칭선의 두 번째 점 지정:}에서 육각형의 반대편 중간점(P2)을 지정합니다.

{원본 객체를 지우시겠습니까? [예(Y)/아니오(N)] 〈아니오〉:}에서 'N'을 지정합니다.

다음과 같이 대칭 복사됩니다.

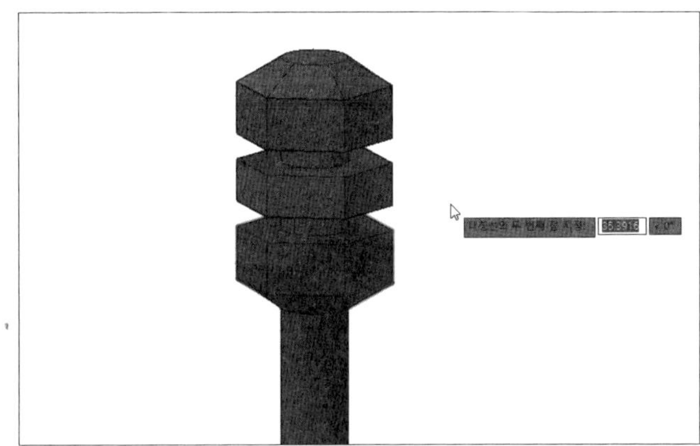

❶❻ 합집합(UNION) 기능으로 후레아를 하나로 묶습니다.

{명령:}에서 'UNION'을 입력합니다.

{객체 선택:}에서 범위를 지정하여 합집합으로 만들 객체를 선택합니다. **{7개를 찾음}**

{객체 선택:}에서 〈엔터〉를 눌러 종료하면 다음과 같이 하나의 솔리드 객체로 결합됩니다.

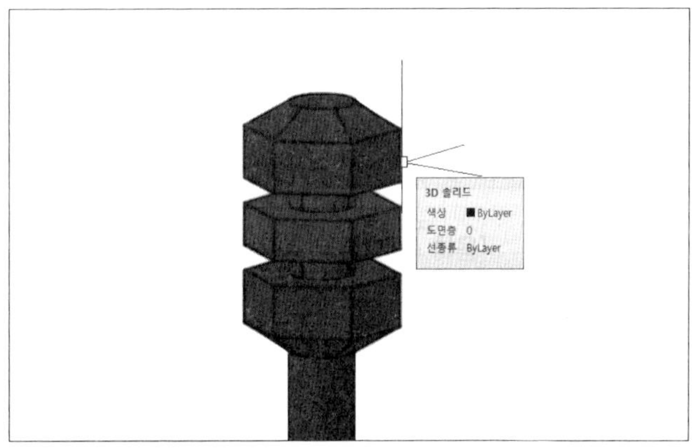

❿ 원(CIRCLE) 기능으로 원통의 끝
점에 반지름 '6.35'의 원을 작도한
후 돌출(EXTRUDE) 또는 눌러당기기
(PRESSPULL) 기능을 이용하여 길이
'50'만큼 돌출합니다.

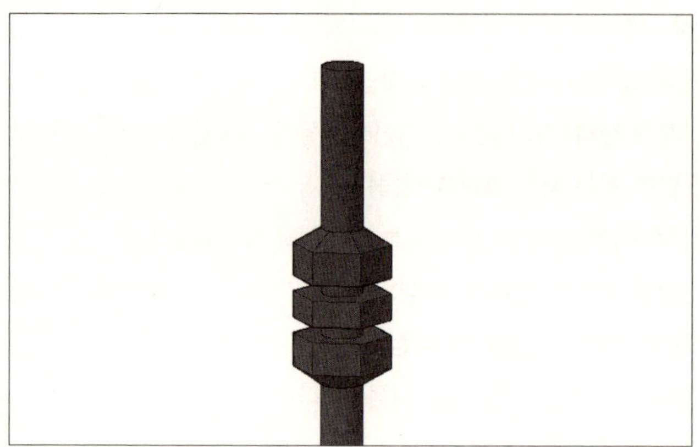

❽ 모세관을 모델링합니다. 선(LINE) 기
능으로 원의 사분점과 중심점을 잇는 선
을 작도한 후, 원(CIRCLE) 기능으로 선의
중간점에 반지름 '1'인 원을 작도합니다.

❾ 돌출(EXTRUDE) 또는 눌러당기기
(PRESSPULL) 기능을 이용하여 길이
'40'만큼 돌출합니다.

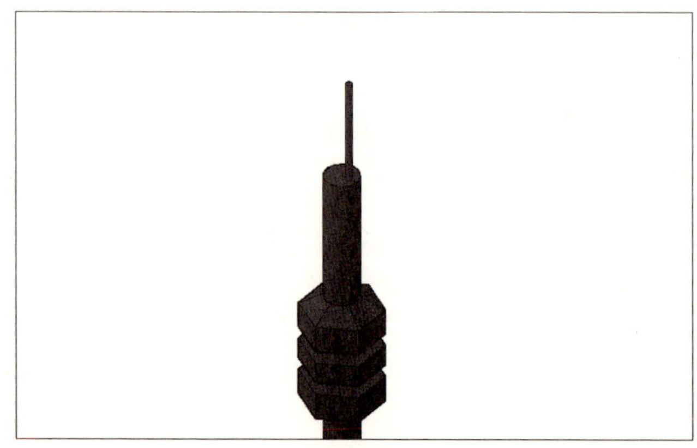

❷⓿ 작성된 모델을 본체로 이동합니다. 이동하기 전에 기즈모(GIZUMO) 장
치를 이용하여 위치에 맞춰 회전합니다. '홈' 탭의 '선택' 패널에서 '회전
장치'를 선택합니다.

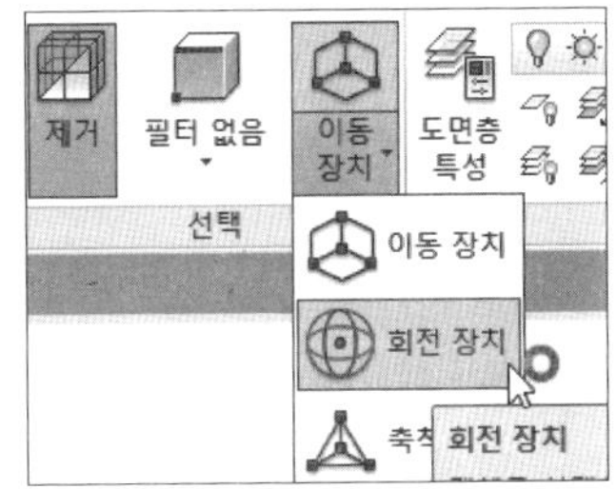

❷① 회전하고자 하는 모델을 선택합니다.
그러면 다음과 같이 선택한 객체 한 가운
데 회전 장치가 나타납니다.

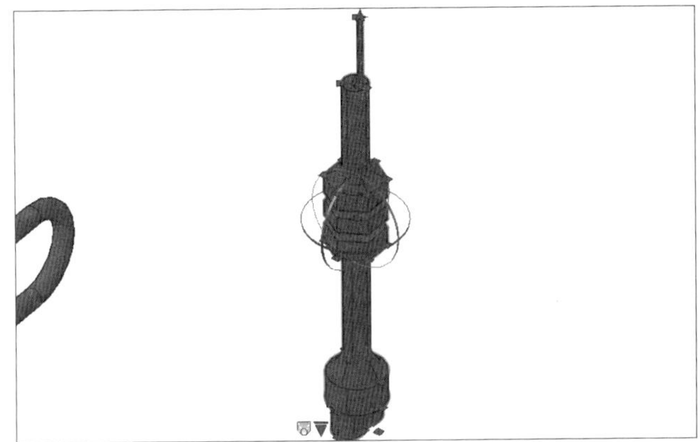

❷② 장치를 이용하여 상화좌우로 회전하
여 모델을 부착하고자 하는 모델의 방향
에 맞춥니다.

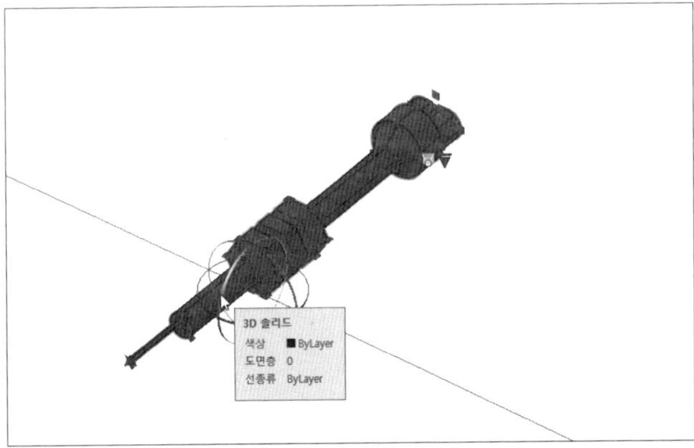

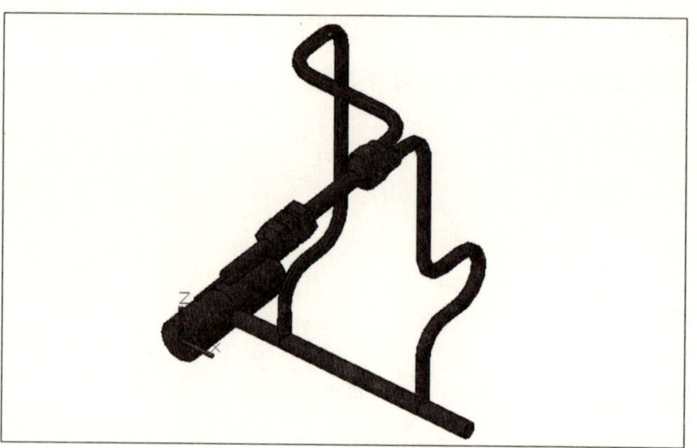

❷ 이동(MOVE) 기능으로 모델을 제자리
에 이동하여 연결합니다.

파이프 말단의 처리와 분리된 파이프를 합집합으로 결합합니다.

❶ 말단부를 삼각형 모양으로 처리합니다. 먼저 윤곽선을 작도합니다. 선(LINE) 기능으로 다음과 같은 크기로 두 개의 삼각형을 작도합니다.

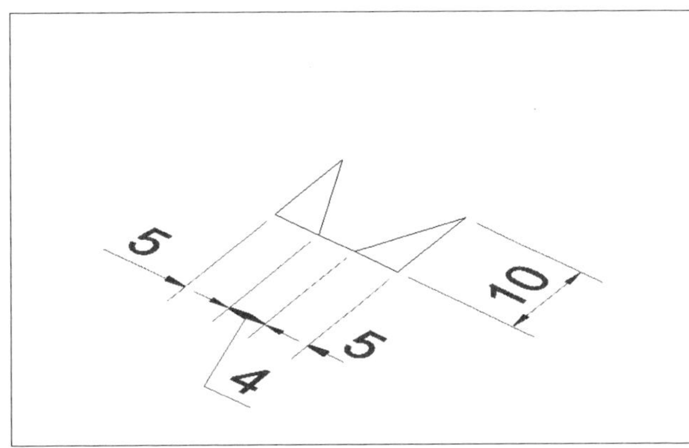

❷ 눌러당기기(PRESSPULL) 기능으로 높이 '20'만큼 돌출합니다.

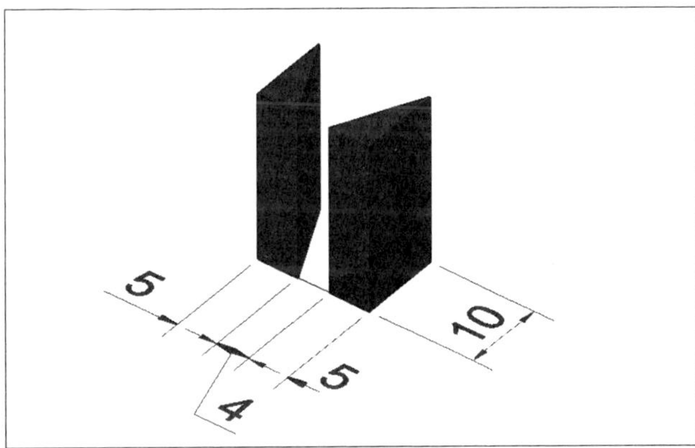

❸ 복사(COPY) 기능으로 직전에 작성한
모델을 파이프의 말단부에 복사합니다.

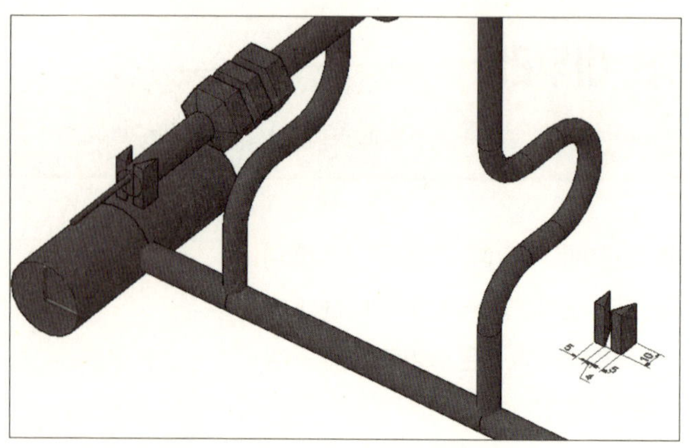

❹ 차집합(SUBTRACT) 기능으로 말단부를 비스듬하게 깎아냅니다.

{**명령:**}에서 'SUBTRACT'를 입력하거나 '솔리드' 탭의 '솔리드' 패널에서 '차집합 ◐'을 클릭합니다.

{**제거 대상인 솔리드, 표면 및 영역을 선택 ..**}

{**객체 선택:**}에서 파이프를 선택합니다. {**1개를 찾음**}

{**객체 선택:**}에서 〈엔터〉를 누릅니다.

{**제거할 솔리드, 표면 및 영역을 선택 ..**}

{**객체 선택:**}에서 삼각형 모델을 두 개 선택합니다. {**총 2개**}

{**객체 선택:**}에서 〈엔터〉를 눌러 선택을
종료합니다. 다음과 같이 삼각형 모양이
됩니다.

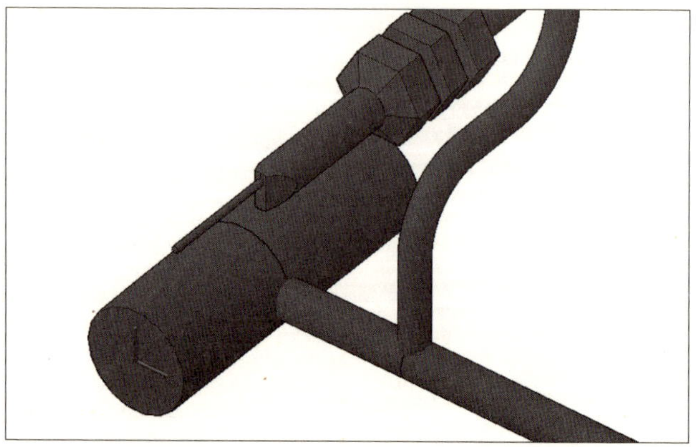

❺ 이와 같은 방법으로 아래쪽 파이프도
삼각형 모양으로 마무리합니다.

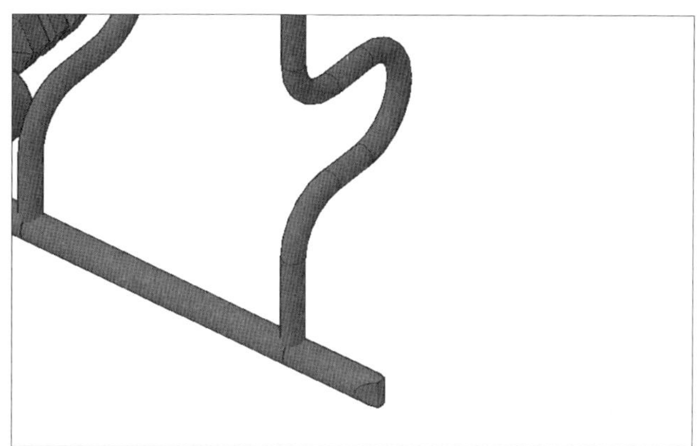

❻ 모깎기(FILLET) 기능으로 본체의 파이프 모서리를 매끄럽게 처리합니다.

{명령:}에서 'FILLET'를 입력합니다.

{현재 설정: 모드 = 자르기, 반지름 = 3.0000}

{첫 번째 객체 선택 또는 [명령 취소(U)/폴리선(P)/반지름(R)/자르기(T)/다중(M)]:}에서 처리하고자 하는
모서리를 선택합니다.

{모깎기 반지름 입력 또는 [표현식(E)] 〈3.0000〉:}에서 〈엔터〉를 누릅니다.

{모서리 선택 또는 [체인(C)/루프(L)/반지름(R)]:}에서 〈엔터〉를 누릅니다.

{1개의 모서리(들)이(가) 모깎기를 위해 선택됨.}라는 메시지와 함께 매끄럽게 처리됩니다.

반대편도 동일한 방법으로 매끄럽게 처
리합니다.

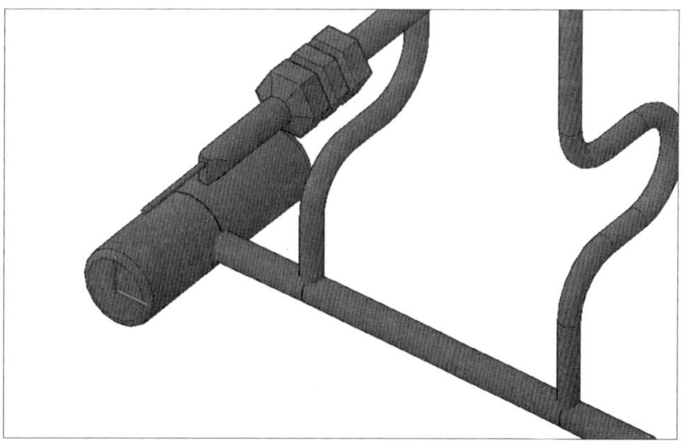

❼ 합집합(UNION) 기능으로 분리된 파이
프를 하나로 결합합니다. 결합이 되면 파
이프와 파이프 사이의 연결된 선이 사라
집니다.

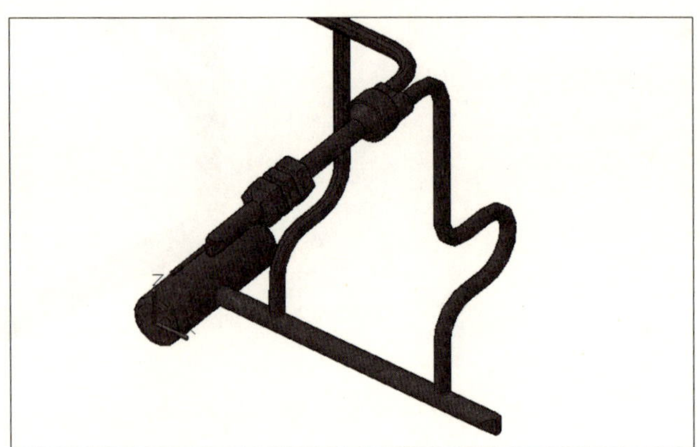

6. 재질 정의

파이프에 재질을 정의하여 현실감을 더합니다.

❶ 먼저 비주얼 스타일을 '실제'로 설정합니다. '홈' 탭의 '뷰'
패널에서 비주얼 스타일 드롭다운 리스트에서 '실제'를 선택
합니다.

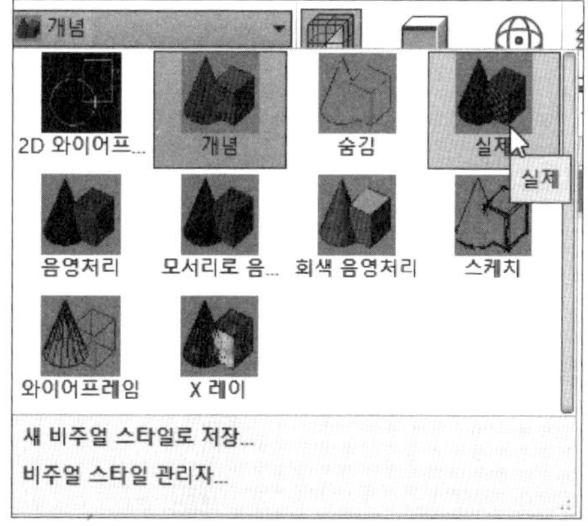

❷ 재료검색기(RMAT) 기능을 실행합니다.

{명령:}에서 'RAMT'를 입력하거나 '뷰'탭의 '팔레트' 패널에
서 '재료검색기 ⚫'를 클릭합니다. 다음과 같은 재료 검색기
팔레트가 나타납니다.

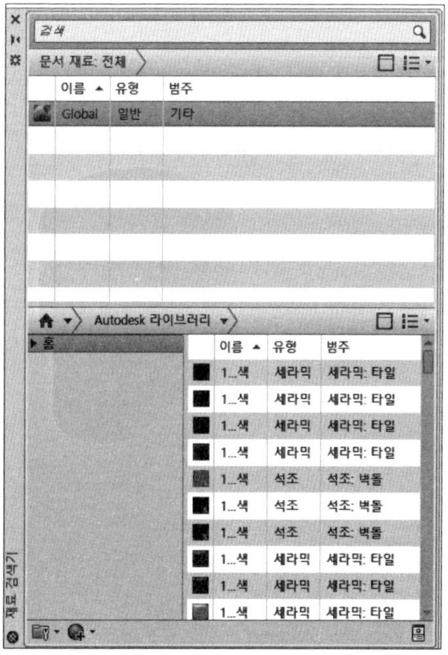

❸ 하단의 라이브러리 리스트에서 정의
하고자 하는 재료를 선택하여 드래그한
후 파이프로 가져갑니다. 예를 들어, '금
속 1400F 열'을 선택한 후 드래그하여 파
이프로 가져갑니다. 선택한 파이프에 재
질이 부여되어 표시됩니다.
정의한 재질 목록은 상단의 '문서 재료'
에 표시됩니다.

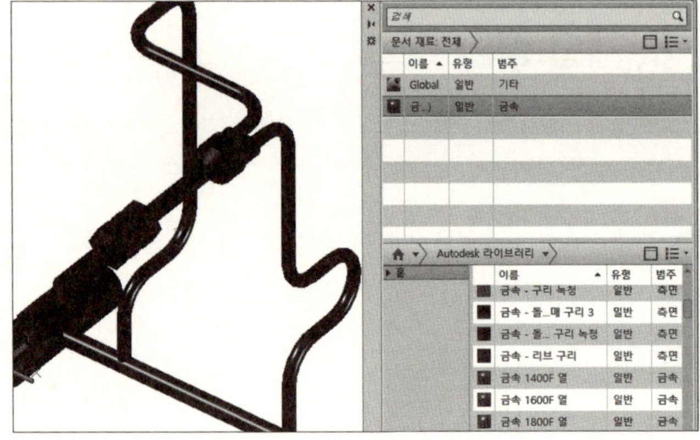

❹ 다른 부위도 정의하고자 하는 재질을
선택한 후 드래그하여 재질을 정의합니
다.

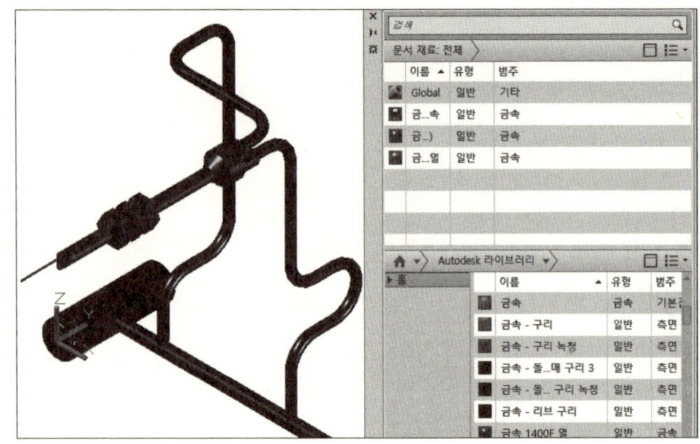

❺ 비주얼 스타일을 '음영 처리'로 설정
하면 다음과 같이 표시됩니다.

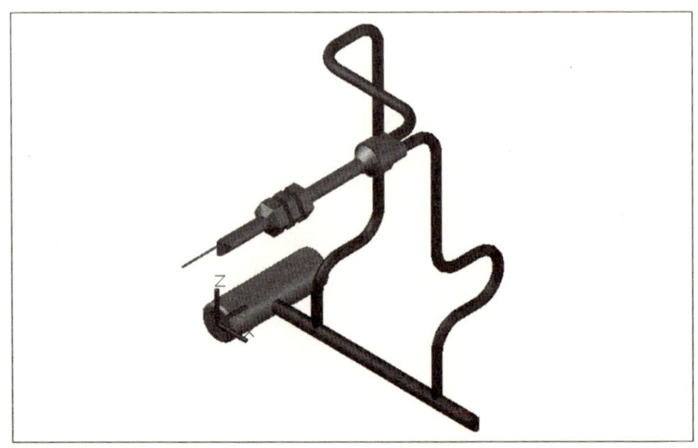

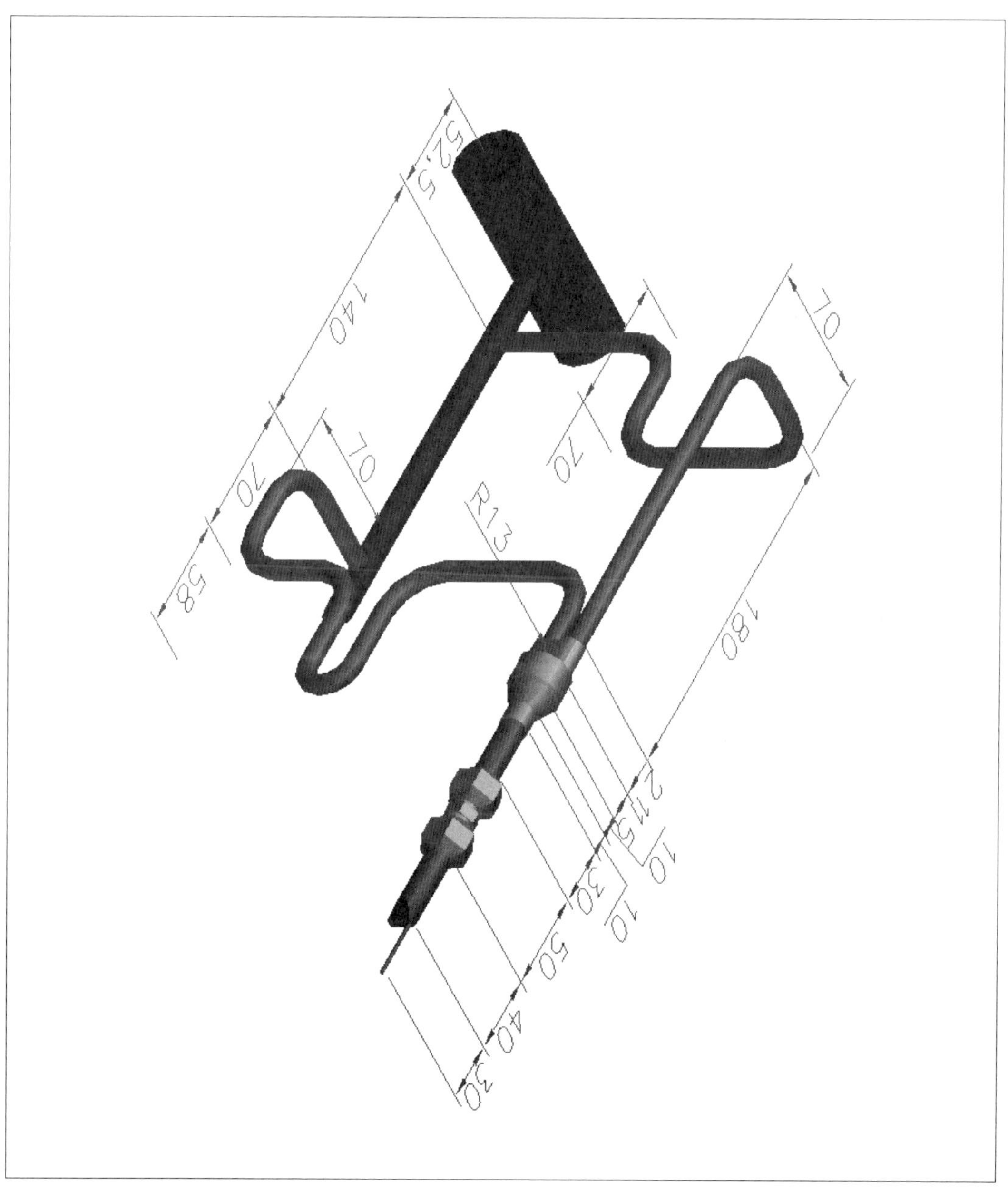
52.5
140
70
70
70
58
R13
180
215
10
30
50
40
30

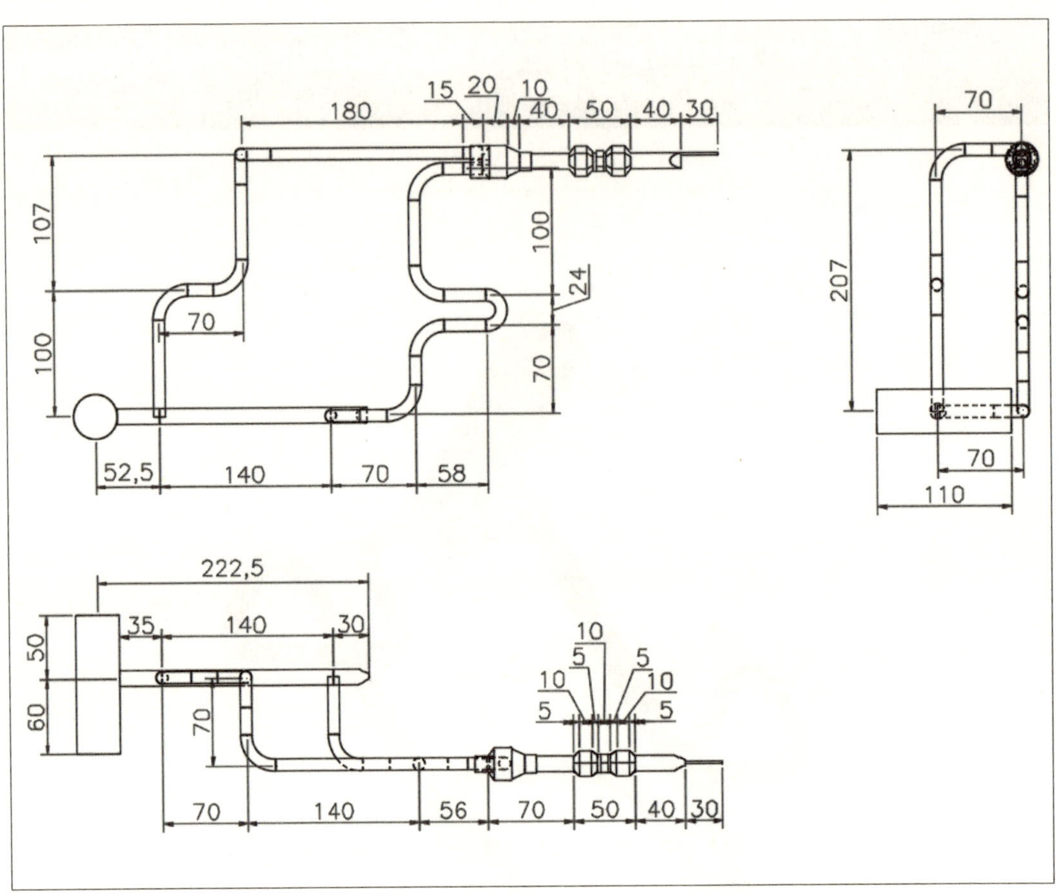

180
15 20
10
40 50 40 30
107
100
70
100
24
70
52,5
140
70
58
70
207
70
110
222,5
35
140
30
50
60
70
70
140
56
70
50 40 30
10
5
10
5
10
5
10
5